環状高分子の合成と機能発現

Synthesis and New Functions of Cyclic Polymers

《普及版／Popular Edition》

監修 手塚育志

シーエムシー出版

はじめに

　宇宙空間から素粒子まで,「かたち」をイメージすることは,その本質を理解することと密接に関係している。やわらかい「ひも」状の高分子セグメントで組み立てられる「かたち(トポロジー)」にも限りない自由度があり,高分子の基本特性を決定する。したがって,直鎖状,分岐状,さらに環状構造高分子の「かたち」を精密かつ自在に設計・合成することは,高分子の「かたち」に基づくブレークスルー物性・機能の創出に繋がるものと期待される。

　今世紀に入り環拡大重合および高分子環化技術の革新が進み,さまざまな物性測定や機能評価を行うために必要なスケール・純度で,多様な化学構造や官能基を持つ単環・多環状高分子試料が提供可能になってきた。さらに,複雑な高次・多環構造高分子の分離・精製・キャラクタリゼーション手法,計算機シミュレーションによる物性予測・解析の発展もめざましい。これらのブレークスルーによって,高分子基礎化学・高分子基礎物理の理解が深まるとともに,トポロジー効果に基づく高分子材料開発の新指針が生み出されている。

　本書は,この研究領域の目覚しい進展をふまえ,トポロジー幾何学に基づく環状高分子の理論解析から,分子設計,合成,構造・物性解析および環状構造固有の特性(トポロジー効果)による実用化探索まで,広範な最先端研究成果を概観する。さらに本書は,現代数学・トポロジー幾何学に接点を持つ高分子材料科学の基礎研究分野プロジェクト(科研費特設分野研究「連携探索型数理科学」,科研費新学術領域研究「次世代物質探索のための離散幾何学」)による「高分子トポロジー化学」研究の成果でもあり,今後さらに幅広い方面の学際的研究が発展し,従来の直鎖状や分岐状とは異なる新たな物性・機能を有する環状高分子による材料開発の契機となることが期待される。高分子トポロジーの精密設計・合成プロセスに基づく多様なグラフ図形の実体化によって,生物進化の歴史で特筆される「カンブリア爆発」に対比される革新が高分子サイエンス・テクノロジー分野でも始まっている。

　本書の出版に当たり,ご多用のところご寄稿を頂いた著者のみなさまに心より御礼申し上げます。また本書の企画から編集までご尽力いただいたシーエムシー出版・渡邊翔氏に深く感謝いたします。

平成 30 年 12 月 (執筆者を代表して)

東京工業大学　物質理工学院

手塚育志

普及版の刊行にあたって

本書は 2018 年に『環状高分子の合成と機能発現』として刊行されました。普及版の刊行にあたり内容は当時のままであり加筆・訂正などの手は加えておりませんので，ご了承ください。

2025 年 5 月

シーエムシー出版　編集部

---- 執筆者一覧(執筆順) ----

手塚 育志	東京工業大学 物質理工学院 材料系 教授
出口 哲生	お茶の水女子大学 基幹研究院 自然科学系 教授
上原 恵理香	お茶の水女子大学 出口研究室
下川 航也	埼玉大学 大学院理工学研究科 教授
井田 大地	京都大学 大学院工学研究科 高分子化学専攻 准教授
工藤 宏人	関西大学 化学生命工学部 化学・物質工学科 教授
大内 誠	京都大学 大学院工学研究科 高分子化学専攻 教授
鳴海 敦	山形大学 大学院有機材料システム研究科 准教授
細井 悠平	名古屋工業大学大学院 生命・応用化学専攻
高須 昭則	名古屋工業大学大学院 生命・応用化学専攻 教授
磯野 拓也	北海道大学 大学院工学研究院 応用化学部門 助教
佐藤 敏文	北海道大学 大学院工学研究院 応用化学部門 教授
落合 文吾	山形大学 大学院理工学研究科 教授
杉田 一	神奈川大学大学院 工学研究科 応用化学専攻 博士後期課程
太田 佳宏	神奈川大学 工学部 物質生命化学科 特別助教
横澤 勉	神奈川大学 工学部 物質生命化学科 教授
廣瀬 雄基	産業技術総合研究所 化学プロセス研究部門 化学システムグループ 外来研究員
平 敏彰	産業技術総合研究所 化学プロセス研究部門 化学システムグループ 主任研究員
井村 知弘	産業技術総合研究所 化学プロセス研究部門 化学システムグループ グループ長
竹内 大介	弘前大学 理工学部 物質創成化学科 教授
小坂田 耕太郎	東京工業大学 化学生命科学研究所 教授
久保 智弘	Postdoctoral Research Fellow, Department of Chemistry, University of Michigan
斎藤 礼子	東京工業大学 物質理工学院 応用化学系 准教授
山本 拓矢	北海道大学 大学院工学研究院 応用化学部門 准教授
足立 馨	京都工芸繊維大学 大学院工芸科学研究科 物質合成化学専攻 助教
本多 智	東京大学 大学院総合文化研究科 広域科学専攻 助教

岡　　　美奈実	東京大学　大学院総合文化研究科　広域科学専攻
寺　尾　　　憲	大阪大学　大学院理学研究科　高分子科学専攻　准教授
横　山　明　弘	成蹊大学　理工学部　物質生命理工学科　教授
中　薗　和　子	東京工業大学　物質理工学院　特任助教
高　田　十志和	東京工業大学　物質理工学院　教授
野　田　結実樹	アドバンスト・ソフトマテリアルズ㈱　代表取締役
小　林　定　之	東レ㈱　化成品研究所　樹脂研究室　研究主幹
圓　藤　紀代司	元　大阪市立大学　大学院工学研究科　教授
角　田　貴　洋	金沢大学　理工研究域　物質化学系／新学術創成研究機構 ナノ生命科学研究所　助教
生　越　友　樹	金沢大学　新学術創成研究機構　ナノ生命科学研究所　教授
田　村　篤　志	東京医科歯科大学　生体材料工学研究所　有機生体材料学分野　准教授
由　井　伸　彦	東京医科歯科大学　生体材料工学研究所　有機生体材料学分野　教授
下　元　浩　晃	愛媛大学　大学院理工学研究科　物質生命工学専攻　特任講師
井　原　栄　治	愛媛大学　大学院理工学研究科　物質生命工学専攻　教授
久　保　雅　敬	三重大学　工学部　分子素材工学科　教授
高　野　敦　志	名古屋大学　大学院工学研究科　有機・高分子化学専攻　准教授
羽　渕　聡　史	Associate Professor, Biological and Environmental Sciences and Engineering Division, King Abdullah University of Science and Technology
塩　見　友　雄	長岡技術科学大学　名誉教授
竹　下　宏　樹	滋賀県立大学　工学部　材料科学科　准教授
竹　中　克　彦	長岡技術科学大学　技学研究院　物質材料工学専攻　教授
山　崎　慎　一	岡山大学大学院　環境生命科学研究科　准教授
平　田　修　造	電気通信大学　大学院情報理工学研究科　助教
バッハ　マーティン	東京工業大学　物質理工学院　材料系　教授
春　藤　淳　臣	九州大学　大学院統合新領域学府／大学院工学研究院／カーボンニュートラル・エネルギー国際研究所（I2CNER）　准教授
田　中　敬　二	九州大学　大学院工学研究院／大学院統合新領域学府／カーボンニュートラル・エネルギー国際研究所（I2CNER）　教授

執筆者の所属表記は，2018年当時のものを使用しております。

目次

【第Ⅰ編　総論】

第1章　環状高分子の合成戦略とトポロジー効果　　手塚育志

1　はじめに …………………………… 1
2　環状高分子合成法の新展開 ………… 1
　2.1　テレケリクス環化（RC法）…… 1
　2.2　環拡大重合（RE法）…………… 3
　2.3　ESA-CF法 ……………………… 4
3　環状高分子のトポロジー効果 ……… 5
4　おわりに …………………………… 8

【第Ⅱ編　理論】

第1章　環状高分子におけるトポロジー効果の理論　　出口哲生，上原恵理香

1　はじめに …………………………… 10
2　結び目と絡み目：トポロジーの説明
　 …………………………………………… 11
3　環状高分子とランダムウォークあるいは
　ランダムポリゴン …………………… 12
　3.1　ガウス型ランダムウォークとその合
　　　成 ………………………………… 12
　3.2　環状鎖の回転半径と対相関関数 … 12
　3.3　3次元のランダムウォークは容易に
　　　閉じない ………………………… 13
　3.4　排除体積を持つ環状鎖のランダムな
　　　配置の集団を生成する方法 ……… 14
4　トポロジー的絡み合い効果 ………… 14
　4.1　トポロジー的絡み合い効果とその歴
　　　史的背景 ………………………… 14
　4.2　結び目環状鎖の分配関数 ……… 15
　4.3　結び目確率のシミュレーションと結
　　　果：排除体積とトポロジー効果の競
　　　合 ………………………………… 16
　4.4　トポロジー的膨張：トポロジー的エ
　　　ントロピー力の効果 ……………… 17
5　結語 ………………………………… 19

第2章　グラフ理論と結び目理論の環状高分子への応用　　下川航也

1　グラフ理論と環状高分子 …………… 21
2　結び目理論と環状高分子 …………… 24

第3章　環状みみず鎖モデルに基づく稀薄溶液物性の解析　　井田大地

1　環状Gauss鎖 ……………………… 27
2　環状みみず鎖―鎖の固さの影響 …… 29
3　実験データ解析 …………………… 34
4　いくつかのトピックス ……………… 36

【第Ⅲ編　設計・合成（環状高分子）】

第1章　環拡大重合法による分子量が制御された環状ポリマーの合成
工藤宏人

1　はじめに ……………………………… 39
2　環拡大重合法による分子量の制御 …… 40
3　環状チオエステル化合物とチイランとの環拡大重合 ……………………… 41
4　環状カルバミン酸チオエステル化合物とチイランとの環拡大重合 ……………… 44
5　まとめ ………………………………… 45

第2章　環拡大カチオン重合による環状ポリマーの精密合成
大内　誠

1　緒言 …………………………………… 47
2　環拡大カチオン重合の実現に向けて …………………………………… 48
3　$SnBr_4$を用いたイソブチルビニルエーテルの環拡大カチオン重合 ………… 50
4　後希釈による環状ポリマー鎖の単分散化 …………………………………… 52
5　さまざまなビニルエーテルの環拡大カチオン重合：環状トポロジーが感温性挙動とガラス転移温度に与える影響 ……… 53
6　まとめ ………………………………… 55

第3章　ビニルモノマーの環拡大重合
鳴海　敦

1　はじめに ……………………………… 57
2　環状開始剤によるビニルモノマーの環拡大重合 ……………………………… 57
　2.1　解離-結合（dissociation-combination）機構の活用 …………………… 57
　2.2　環状ジチオカルボニル化合物を用いた低温でのラジカル重合 ………… 57
　2.3　環状アルコキシアミンによる制御ラジカル重合 ……………………… 59
　　2.3.1　開始剤合成 ………………… 59
　　2.3.2　重合結果および特性評価 …… 60
　　2.3.3　モデル反応 ………………… 62
　　2.3.4　ブラシ化 …………………… 64
3　環状連鎖移動剤を用いたビニルモノマーの重合 ……………………………… 65
　3.1　交換連鎖移動（degenerative chain transfer）機構の活用 ………… 65
　3.2　環状RAFT剤存在下でのビニルモノマーの重合 ……………………… 65
　3.3　環状RAFT剤によるビニルモノマーの環拡大重合 …………………… 65
4　おわりに ……………………………… 66

第4章 希釈条件を必要としない閉環反応による環状ポリソルビン酸エステルの設計と合成
　　　　　　　　　　　　　　　　　　　　　　　　細井悠平，高須昭則

1 ソルビン酸エステルの立体規則性アニオン重合 ································· 69
2 N-ヘテロ環状カルベンによるビニルポリマーのアニオン重合と希釈条件を必要としない環化反応制御 ················· 70
3 使用できるビニルモノマーの拡張 ····· 74

第5章 有機分子触媒重合とクリック反応の組み合わせによる両親媒性環状ブロック共重合体の合成
　　　　　　　　　　　　　　　　　　　　　　　　磯野拓也，佐藤敏文

1 はじめに ································· 77
2 単環状 BCP の合成 ····················· 78
3 8の字型およびタッドポール型 BCP の合成 ··· 80
4 三つ葉型および四つ葉型 BCP の合成 ··· 83
5 かご型 BCP の合成 ····················· 85
6 まとめ ···································· 87

第6章 立体配座が規制されたモノマーの環化重合による大環状構造をもつポリマーの合成
　　　　　　　　　　　　　　　　　　　　　　　　落合文吾

1 緒言 ······································· 89
2 α-ピネンから得たキラルビスアクリルアミドの環化重合と得られたポリマーのキラルテンプレートとしての可能性 ····· 90
3 環構造と水素結合を利用した19員環を形成する環化重合 ··························· 92
4 19員環を形成する環化重合の応用 ···· 93
5 終わりに ································· 96

第7章 分子内触媒移動を利用する環状高分子の合成
　　　　　　　　　　　　　　　　　　　　　　　　杉田 一，太田佳宏，横澤 勉

1 はじめに ································· 97
2 環状ポリフェニレン ···················· 97
3 他の環状アリレーン ···················101
4 おわりに ································106

第8章 環状トポロジーを有する界面活性剤の合成と応用
　　　　　　　　　　　　　　　　　　　　　　　　廣瀬雄基，平 敏彰，井村知弘

1 はじめに ································107
2 環状 POE アルキルエーテルの合成 ··108
3 環状 POE アルキルエーテルの界面物性 ··110
　3.1 表面張力低下能 ·················110
　3.2 自己集合挙動 ····················111

3.3	ミセルの熱安定性 …………112		活性阻害の抑制 ……………114
4	環状POEアルキルエーテルによる酵素	5	おわりに ……………………115

第9章　配位重合を用いた環状高分子の合成とミセル形成
竹内大介，小坂田耕太郎

1	環状高分子の合成 ……………117	3	2-アルコキシメチレンシクロプロパンの
2	遷移金属錯体触媒による2-フェニルまた		開環重合による環状高分子合成 ……119
	は2-アルキルメチレンシクロプロパンの	4	おわりに ……………………124
	重合 …………………………118		

第10章　遷移金属触媒を用いた環拡大重合法による環状高分子の合成
久保智弘

1	はじめに ……………………125	3	Veigeらによる環拡大重合法による環状
2	Grubbsらによる環拡大重合法による環		ポリアセチレン誘導体の合成・評価・応
	状ポリオレフィンの合成・評価・応用		用 ……………………………128
	………………………………126	4	おわりに ……………………130

第11章　テンプレート重合による環状高分子の合成
斎藤礼子

1	緒言 …………………………132	4	長鎖高分子を鋳型とする環状高分子合成
2	環状化合物を鋳型とする環状体合成		………………………………137
	………………………………133	5	おわりに ……………………140
3	環状オリゴマーの特性 ………135		

第12章　静電相互作用による自己組織化（ESA-CF）による多環高分子の合成
手塚育志

1	はじめに ……………………142	2.3	縮合形およびハイブリッド形多環ト
2	高分子トポロジー化学：多環状高分子ト		ポロジー ……………………147
	ポロジーの精密設計 …………143	2.4	高分子の精密折りたたみ：$K_{3,3}$グラ
2.1	ESA-CFプロセス ……………144		フ高分子の合成 ……………148
2.2	スピロ形および連結形多環トポロ	3	おわりに ……………………149
	ジー …………………………145		

第13章　環状高分子が形作る分子集合体の機能　山本拓矢

1　はじめに……………………………151
2　環状両親媒性ブロック共重合体の自己組織化………………………………152
3　可逆的かつ繰り返し可能なトポロジー変換………………………………155
4　結論………………………………157

第14章　環状高分子合成に向けた反応性オリゴマー／ポリマーの設計
　　　　　　　　　　　　　　　　　足立　馨

1　はじめに……………………………161
2　カチオン重合を用いたテレケリクスの設計………………………………162
3　アニオン重合を用いたテレケリクスの設計………………………………164
4　制御ラジカル重合を用いたテレケリクスの設計…………………………166
5　その他の重合法を用いたテレケリクスの設計……………………………169
6　おわりに……………………………169

第15章　結合の切断・再生に基づく機能性環状高分子材料の開発
　　　　　　　　　　　　　本多　智, 岡　美奈実

1　はじめに……………………………171
2　網目状-星型-8の字型トポロジーの組換えに伴い粘弾性を制御できる高分子の開発………………………………172
3　環状-直鎖状トポロジーの組換えによって流動性が変化する高分子の開発……175
4　おわりに……………………………179

第16章　環状アミロースからの剛直環状高分子の合成と溶液中における構造・物性解析　寺尾　憲

1　はじめに（剛直な環状鎖）…………181
2　線状アミロース誘導体の剛直性とらせん構造………………………………182
3　環状アミロース誘導体の合成と溶液中における分子形態…………………184
4　環状アミロース誘導体濃厚溶液の液晶性………………………………188
5　環状アミロース誘導体のキラル分離能………………………………188

第17章　分子内水素結合を利用した大環状化合物の合成　横山明弘

1　はじめに……………………191
2　アミド………………………191
3　ホルムアミジンとウレア……196
4　ヒドラジド…………………198
5　イミン………………………199
6　まとめ………………………200

【第Ⅳ編　設計・合成（環状分子・超分子）】

第1章　ロタキサンの動的特性を用いた環状ポリマーの合成
中薗和子，高田十志和

1　はじめに……………………202
2　ロタキサンと高分子………203
3　[1]ロタキサンを用いた高分子の環化……………………204
4　自己組織化による環化：[c2]デイジーチェーンを用いた高分子の環化……211
5　さいごに……………………211

第2章　環動高分子材料　セルム製品シリーズ　野田結実樹

1　はじめに……………………214
2　環動高分子材料の特徴……215
3　環動高分子材料セルム製品…216
4　エラストマー応用例………217
4.1　高分子誘電アクチュエータ・センサー……………………217
4.2　鏡面研磨メディア………218
5　おわりに……………………219

第3章　ポリロタキサンを導入したポリマー材料開発　小林定之

1　はじめに……………………221
2　ポリロタキサン導入ポリアミド6の開発……………………223
3　ポリロタキサン導入ガラス強化系ポリアミド6の開発………………224
4　ポリロタキサン導入炭素繊維強化プラスチックの開発……………226
5　おわりに……………………228

第4章　ポリカテナン構造環状ジスルフィドポリマーの合成・特性化と形状記憶材料機能　圓藤紀代司

1　はじめに……………………230
2　環状ジスルフィドの熱重合…231
3　生成ポリマーの構造決定……233
3.1　ポリマーのNMR, ESI-MSスペク

トル解析 …………………… 233
　3.2　生成ポリマーの光分解挙動 …… 233
　3.3　原子間顕微鏡測定と動的光散乱測定
　　　　……………………………… 236
4　生成ポリマーの構造の性質 ………… 236
　4.1　熱的性質 …………………… 236
　4.2　力学的性質 ………………… 237
5　架橋体の合成と特性 ………………… 239
6　形状記憶特性 ………………………… 239
7　おわりに ……………………………… 241

第5章　環状ホスト分子を基とした超分子集合体の創製

角田貴洋, 生越友樹

1　はじめに ……………………………… 244
2　柱状化合物の合成と特性 …………… 244
3　Pillar[n]arene による超分子集合体
　　……………………………………… 246
　3.1　一次元チャンネル集合体 ……… 246
　3.2　二次元シートの形成 …………… 248
　3.3　三次元集合体の形成 …………… 249
4　おわりに ……………………………… 250

第6章　シクロデキストリン含有ポリロタキサンの　　　　バイオマテリアル応用

田村篤志, 由井伸彦

1　超分子を用いたバイオマテリアル設計
　　……………………………………… 252
2　ポリロタキサンの自己会合を利用したバイオマテリアル ……………………… 253
3　ポリロタキサンの分子可動性を利用したバイオマテリアル ………………… 255
4　分解性ポリロタキサンの医薬応用 …… 256
5　おわりに ……………………………… 259

第7章　ビスジアゾカルボニル化合物を用いた環化重合体の合成

下元浩晃, 井原栄治

1　はじめに ……………………………… 261
2　ビナフチルリンカーモノマーの重合
　　……………………………………… 263
3　シクロヘキシレン, フェニレンリンカーを有するビスジアゾカルボニル化合物の環化重合 ……………………………… 267
4　環化重合体のガラス転移温度 ……… 269
5　まとめ ………………………………… 270

第8章　環状高分子を利用する可動性架橋高分子の合成

久保雅敬

1　はじめに ……………………………… 271
2　可動性架橋高分子 …………………… 271
3　環状マクロモノマーを利用する可動性架橋高分子の合成 ……………………… 272
4　擬ポリロタキサンを経由する2段階の架橋反応 ………………………………… 275

5 おわりに……………………276

【第Ⅴ編　解析】

第1章　環状高分子の精密キャラクタリゼーション　　高野敦志

1 はじめに……………………278
2 環状高分子の一次構造の証明………279
3 環状高分子の含有率測定……………281
　3.1 新しいHPLCによる高分解能分析
　　　…………………………281
　3.2 LCCCによる環状高分子の分析‥282
　3.3 LCCCによるオタマジャクシ型高分子の分析………………285
4 環状高分子の位相幾何学的（トポロジー）構造評価………………287
5 終わりに……………………287

第2章　環状および多環状高分子の拡散挙動の単一分子分光解析　　羽渕聡史

1 高分子粘弾性の分子レベルでの解析に向けて………………289
2 絡み合い条件下での高分子拡散挙動の単一分子解析のための実験系の構築……289
3 単一分子拡散挙動の定量的解析のための手法の構築………………291
4 Semi-dilute溶液中での環状高分子の拡散挙動………………292
5 溶融体中での環状高分子の拡散挙動…………………295
6 溶融体中での多環状高分子の拡散挙動…………………297
7 最後に………………299

第3章　環状高分子の結晶化挙動　　塩見友雄，竹下宏樹，竹中克彦

1 はじめに……………………301
2 結晶ラメラにおける分子鎖の折り畳み構造………………301
3 融解挙動……………………302
4 結晶化速度…………………303
　4.1 核形成速度………………303
　4.2 結晶成長速度……………304
5 おわりに……………………309

第4章　環状高分子の結晶化におけるトポロジー効果　　山崎慎一

1 はじめに……………………311
2 環状ポリエチレン（C-PE）と直鎖状ポリエチレン（L-PE）の合成………312
3 一次核生成速度 I と結晶成長速度 G の過

| 冷却度 ΔT 依存性 ………………313
| 4 C-PE と L-PE の一次核生成速度 I の ΔT 依存性 ………………314
| 5 C-PE と L-PE の結晶成長速度 G の ΔT 依存性 ………………316
| 6 おわりに ………………317

第5章 単一分子分光法による環状共役高分子のコンフォメーションおよび励起状態の解析
平田修造, バッハ マーティン

1 はじめに ………………319
2 共役系高分子のコンフォメーションの決定手法 ………………320
3 環状と線状のフェニレンビニレン高分子のコンフォメーションの決定 ………………323
4 環状と直鎖状のフェニレンビニレン高分子の光物性の違い ………………324
5 おわりに ………………327

第6章 環状自己組織化単分子膜の設計と表面特性
春藤淳臣, 山本拓矢, 手塚育志, 田中敬二

1 はじめに ………………329
2 環状 SAM の設計・調製 ………………329
3 SAM の調製とキャラクタリゼーション ………………331
4 SAM の表面特性 ………………333
5 おわりに ………………336

【第Ⅰ編　総論】

第1章　環状高分子の合成戦略とトポロジー効果

手塚育志[*]

1　はじめに

やわらかい「ひも」状の高分子セグメントで組み立てられる「かたち（トポロジー）」には限りない自由度があり，高分子の基本特性を決定する本質的な役割を担っている。したがって，非直鎖状高分子の分枝および環構造単位を精密かつ自在に設計・合成することは，「かたち」に基づく高分子のブレークスルー物性・機能の創出につながると期待される。とりわけ今世紀に入り環拡大重合および高分子環化の革新的手法の導入が進み，物性測定や機能評価を行うために充分なスケール・純度の，多様な化学構造や官能基を持つ単環・多環状高分子試料が提供可能になってきた。さらに，複雑な高次構造の高分子の分離・精製・キャラクタリゼーション手法，計算機シミュレーションによる物性予測・解析の発展もめざましい。これらのブレークスルーによって，高分子基礎化学・高分子基礎物理の知見の深化とともに，トポロジー効果に基づく高分子材料開発の新指針が生み出されている[1,2]。

本書は，近年の「環状高分子」に関する研究の目覚しい進展をふまえて，環状高分子のトポロジー幾何学に基づく理論解析から，分子設計，合成，構造・物性解析および環状構造固有の特性（トポロジー効果）による実用化探索まで，この領域の先端研究を牽引する研究者が解説する。本書が，従来の直鎖状や分岐状の高分子とは異なる環状高分子による新たな物性・機能を有する高分子材料の開発の契機となることを期待する。

2　環状高分子合成法の新展開

2.1　テレケリクス環化（RC法）

単環状高分子は，両末端に反応性基を有する直鎖状高分子（テレケリクス）と等モル量の2官能性カップリング剤による2分子環化反応によって合成できる（図1）。実際，このプロセスは環状モデル高分子合成に適用されてきたが，高分子間の鎖延長反応を抑制するための高希釈条件，テレケリクスとカップリング剤の厳密な等モル条件が求められるため，高収率の実用的手法ではなかった。

そこで，等モル条件の担保される非対称・相補的テレケリクスを用いる1分子環化プロセスが導入され，高分子環化反応の高効率化が達成された。ただ相補的な反応性官能基としてカルボ

---

[*]　Yasuyuki Tezuka　東京工業大学　物質理工学院　材料系　教授

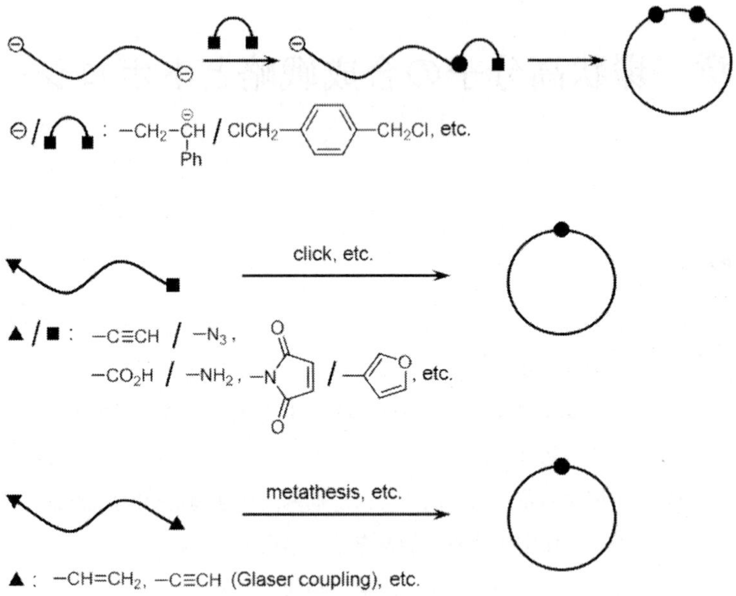

図1 テレケリクス高分子環化反応

ン酸基とアミノ基を組み合わせるアミド化反応や，マレイミド基とフラン基のDiels-Alder付加反応による1分子環化プロセスでは，保護・脱保護のプロセスを含む多段階の前駆体合成プロセスが必要となる。しかし最近，アルキン／アジド基末端の付加（クリック反応）による高分子環化反応が開発された[3]。この高分子クリック環化プロセスでは，アルキン／アジド末端基が銅触媒の添加によって活性化され，保護・脱保護プロセスを省略した効率的な高分子環化反応が達成される[4]。さらに，両末端にアジド基を持つテレケリクスと立体歪みのある8員環ジアルキン試薬を用いる2分子クリック環化反応では，非等モル条件でも2段階反応の逐次加速効果によって効率的な高分子環化反応が進行する。この高分子クリック環化プロセスは，ATRP法，RAFT法やリビングROP（開環重合）法と組み合わせた種々の機能性環状高分子の合成に応用され[3]，実用展開を視野に置いたスケールアップ合成[5]，高速合成プロセスの検討[6]，も進んでいる。

一方，対称型テレケリクスは，2官能性開始剤を用いるリビング重合の直接停止反応によって，非対称型テレケリクスに比べ簡便に合成される。実際，両末端にアルケン基を有するテレケリクスの希釈下での分子内メタセシス反応により，高収率の環状高分子合成が達成された[1]。このメタセシス高分子環化（クリップ）反応は，親水性・疎水性セグメントを組み合わせた両親媒性環状ブロック共重合体や多環状高分子の合成に応用された[1]。さらに，アルキン基のGlaser縮合[7]やブロモベンジル基のラジカルカップリング反応[8]も対称型テレケリクスを用いる1分子高分子環化に適用された。

第1章 環状高分子の合成戦略とトポロジー効果

2.2 環拡大重合(RE法)

環拡大重合(RE法)は,環状開始剤にモノマーを連続的に挿入して環状高分子を生成するため,テレケリクス環化(RC法)の希釈条件が必要とされない(図2)。一方,重合成長する環状高分子セグメント中に反応性の高い開始剤ユニットが保持され,これを除去する際には環状構造の切断反応が併発する。これに対応するため,重合成長末端に架橋反応性モノマーの短いセグメントをブロック共重合反応によって導入し,次いで共有結合架橋することで,安定構造の環状高分子が合成された[9](図3)。

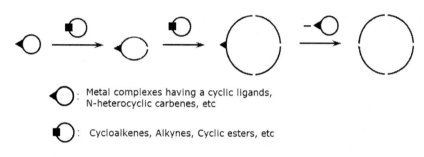

図2 環拡大重合反応による環状高分子の合成

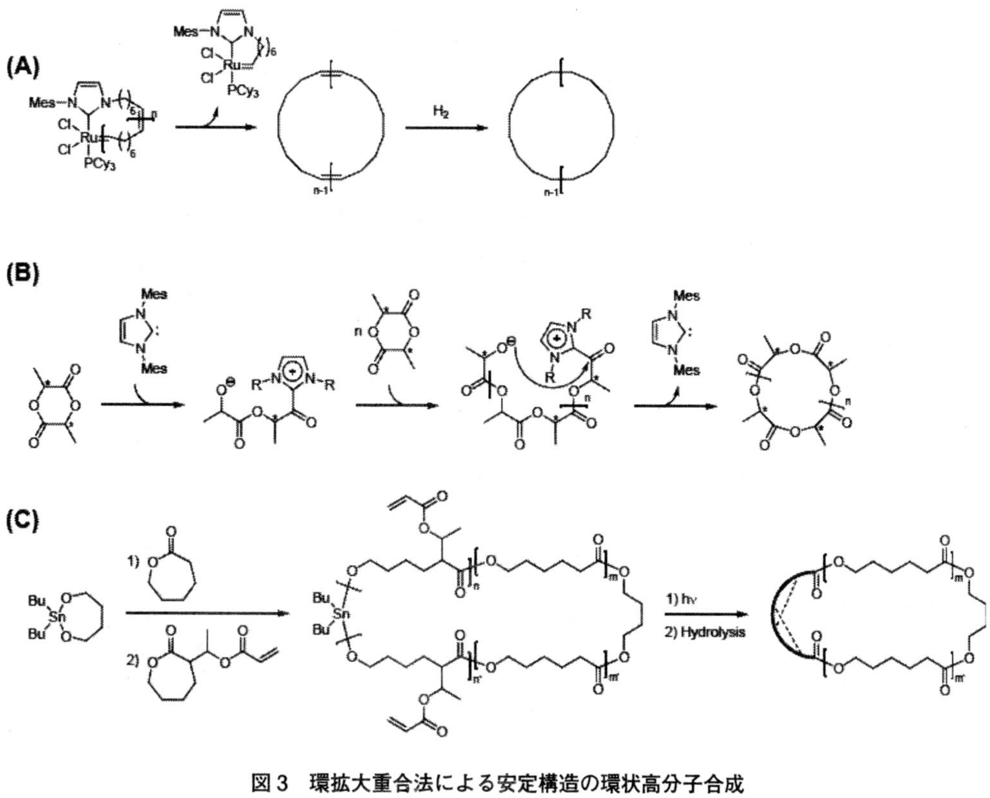

図3 環拡大重合法による安定構造の環状高分子合成

さらに最近，開始剤構造単位を含まない安定な環状高分子を合成する実用的な環拡大重合法が開発された[10, 11]（図3）。この新プロセスでは，遷移金属錯体開始剤による成長末端の環状配位子への連鎖移動によって，安定構造の環状高分子が生成するとともに，重合開始剤金属錯体が再生する。このような巧妙に設計された環状配位子を持つ遷移金属錯体を開始剤とする環拡大重合は，当初の環状オレフィンに加えてアルキンモノマーへも拡大され，新たな光電変換高分子素材として期待される全共役系環状高分子の合成が実現した[12]。

さらに，含窒素ヘテロ環カルベン（NHC）などの新規な有機分子触媒を開始剤とする環状エステル，ラクチド，アミノ酸NCA，含ケイ素環状化合物などのヘテロ環モノマー類の双性イオン環拡大重合法では，連鎖移動反応を抑制したリビング重合が実現し，分子量・分子量分布の制御された環状高分子や環状ブロック共重合体の合成が達成された[13]。これにより，リサイクル可能な機能性高分子として期待される脂肪族環状ポリエステル誘導体も合成された[14]。また最近，共役ジエン類をモノマーとする環拡大重合も達成された[15]。環拡大重合プロセスは，Sn-S結合を有する環状開始剤によるラクトン類の重合[16]，活性化アセタール開始剤によるビニルエーテル類のカチオン重合[17]，オルトフタルアルデヒド類のカチオン重合[18]など，多様な安定主鎖構造の環状高分子合成法として発展している。

また，AFMによる直接形状観察の可能な環状高分子ナノオブジェクトが，環拡大重合で合成される大環状高分子へのgraft-onto法によるグラフト側鎖の高密度導入，および嵩高い側鎖置換基を有するマクロモノマーの環拡大重合で構築され，視覚的な環状トポロジー構造の確認に用いられた[19〜21]。

2.3 ESA-CF法

ESA-CF法（electrostatic self-assembly and covalent fixation）は，疎水性テレケリクス末端に導入したカチオン基と対アニオン基との静電相互作用を駆動力とする自己組織化と，イオン結合の共有結合への選択的化学変換反応を組み合わせた高分子環化プロセスで，種々の単環状高分子の効率的合成法となっている[1, 22, 23]（図4）。さらに，疑似的2分子プロセスのESA-CF法を非対称双性イオン型テレケリクスによる1分子プロセスに拡張すると，単環状・高分子量高分子の実用的合成法となる。

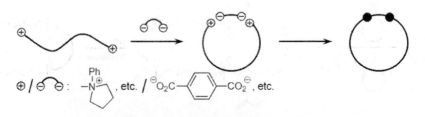

図4　ESA-CF法による環状高分子合成

第1章　環状高分子の合成戦略とトポロジー効果

　ESA-CF法では，2官能性直鎖状テレケリクスと2官能性および4官能性カルボン酸対アニオンとの組み合わせで，対応する単環および双環（8の字形）高分子が1段階で合成される。また，特定の官能基を含む開始剤によって得られる高分子前駆体と，特定の官能基を導入した多官能性カルボン酸対アニオンとを組み合わせたESA-CF法で，水酸基，オレフィン基，アルキン基，アジド基など，種々の反応性基を環状構造の特定位置に導入した，対称・非対称反応性環状高分子（*kyklo*-telechelics）が合成される[1]。

　さらに各種の相補的な反応性 *kyklo*-telechelics を，アルキン-アジド付加（クリック）反応やアルケン・メタセシス（クリップ）反応に用いると，多種・多様なスピロ形・ブリッジ形，および縮合形・ハイブリッド形多環状トポロジー高分子の選択的合成が達成できる[24]（第Ⅲ編第12章で詳述）。

3　環状高分子のトポロジー効果

　環状高分子の特徴的基本特性として，直鎖状高分子と比較した3次元サイズの縮小，粘度の低下・拡散係数の増加（絡み合いの抑制），ガラス転移温度の増加（末端基による自由体積効果の消失）などが知られる。さらに，多くの新奇構造の環状高分子が環状高分子合成プロセスの進展によって提供され，環状構造に由来する新たな特性・機能（トポロジー効果）の探索・シミュレーション予測，低分子モデル系の検討が活発に進められている[25]。

　とりわけ環状高分子の拡散・流動ダイナミクス特性には，直鎖状・分枝状高分子での末端に基づくレプテーション機構が適用できないユニークなトポロジー効果が期待される。そこで，計算機シミュレーション実験に加えて，高純度に精製した環状高分子を用いる精密ダイナミクス測定[26]，蛍光標識を導入した単環状および多環状高分子の単一分子分光法による直接観測[27]，環状共役系高分子の単一分子分光法によるダイナミクス解析[28]などの実証研究が進められた。その結果，環状高分子での多重モードの拡散挙動などユニークなトポロジー効果が示された（図5）。

　環状高分子は集積・自己組織化すると，対応する直鎖状高分子の集合体と比較したトポロジー効果の「増幅」が期待される[25]。実際，環状脂質分子が好熱性古細菌の細胞膜構成成分であることに着目し，環状両親媒性ブロック共重合体により形成されるミセル（自己組織化集合体）のトポロジー効果が検討され，対応する直鎖状ブロック共重合体由来のミセルに比べ著しい熱安定性・耐塩性が示された[29,30]（図6）。この環状両親媒性高分子の自己組織化に伴う顕著なトポロジー効果は，分子鎖末端の運動によって引き起こされるミセルの不安定化が，末端を除いた環状ブロック共重合体で抑制されるためと考察された。一方，環状両親媒性ブロック共重合体によって調製されたベシクルでは，対応する直鎖状ブロック共重合体ベシクルに対する耐熱性の改善は認められなかった[31]。

　さらに，両親媒性双環（8の字形）高分子，対応する4分枝スター形高分子，および両者のハイブリッド共重合体など，多種多様な両親媒性環状・含環状ブロック共重合体が，親水性および

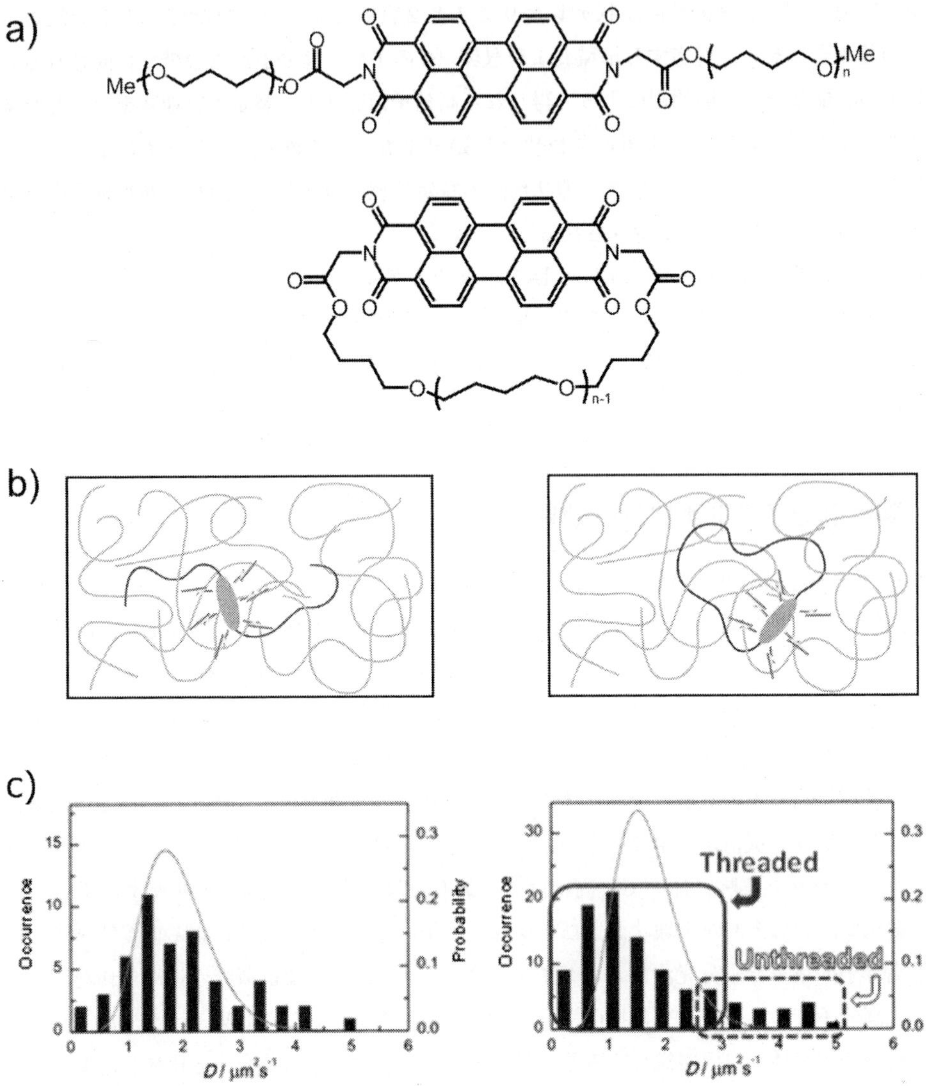

図5 単一分子分光法による環状高分子の拡散挙動解析
a) 蛍光標識を導入した直鎖状および環状高分子,およびb) 直鎖高分子マトリクス中での拡散とc) 単一分子分光解析。

疎水性 kyklo-telechelics のクリック・カップリング反応により合成された[32, 33]。環状構造を含む両親媒性ブロック共重合体の自己組織化と集合体特性に対するトポロジー効果の体系的評価が進められている[34]。

また,種々の結晶性環状高分子の結晶化速度および結晶構造について,直鎖状高分子との比較・検討が進められた。その結果,結晶化速度に対しては,高分子主鎖の化学構造に依存して促進・抑制の相反するトポロジー効果が観測され,結晶格子形成過程での高分子セグメントのコン

第1章　環状高分子の合成戦略とトポロジー効果

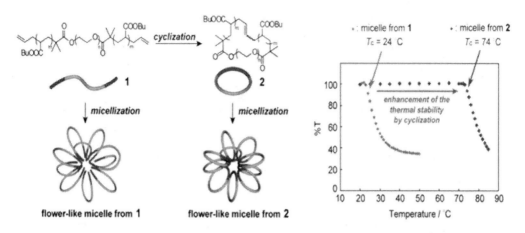

図6　環状両親媒性高分子によるミセル形成とトポロジー効果による耐熱性の向上

ホメーションの自由度（環状高分子は低い）と拡散速度（環状高分子は高い）の相反する効果によるものと考察された[25]。さらに，高分子主鎖セグメントの配向様式を制御した環状および直鎖状ポリ乳酸ステレオブロック共重合体が合成され，ポリ乳酸光学異性体間の特異的相互作用に基づくステレオコンプレックス形成および熱的特性の向上（融点上昇）に対するトポロジー効果が検討された[35]。その結果，環状ステレオブロック共重合体での Head-to-Head 配向による融点の上昇，および Head-to-Tail 配向での融点の低下が観測された。

環状 DNA や環状タンパク質では，酵素安定性（多くの分解酵素は末端を認識する），熱安定性（コンホメーションの自由度が抑制される），生理活性の向上（コンホメーションの固定による酵素-基質結合の安定化）などの特徴が知られる。一方，環状合成高分子のバイオ素材への応用をめざし[36]，両親媒性環状高分子によるミセル安定化を利用する DDS 素材の開発，薬剤担持高分子キャリヤの高性能化，さらに，環状ポリカチオン高分子による遺伝子送達の高効率化[37]などが検討された。

環状高分子は，対応する直鎖状高分子と主鎖化学構造が共通で「かたち」のみが異なる。したがって，両構造の可逆的相互変換は，刺激・環境応答性高分子設計の新指針として期待される。そこで，配位結合性・水素結合性基を末端に導入した直鎖状高分子の適当な化学処理による環鎖高分子トポロジー相互変換が示された[25]。また，ロタキサン単位を導入した高分子の，非共有結合性相互作用に基づく環鎖トポロジー変換も達成された[38]。さらに，可逆的な2量化・解離が光および熱反応で進行するアントラセン末端基を導入した直鎖状高分子によって，光および熱刺激による繰り返しトポロジー変換も実現した[39]。さらに固体高分子中での刺激・環境応答性可逆的トポロジー変換が達成できればユニークな高分子素材となると期待される（図7）。

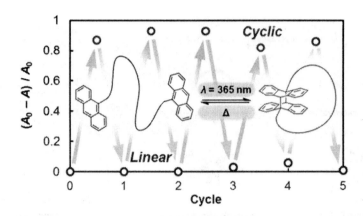

図7　環状−直鎖状高分子の熱および光刺激による繰り返し相互トポロジー変換

4　おわりに

　近年の環状高分子合成プロセスの革新によって，多様なモノマー単位構造の単環状および多環状高分子を実用スケールで供給することが可能になった。これにより，環状高分子が溶液中およびバルクで発現する静的・動的特性のトポロジー効果の探索が急速に進んでいる。環状高分子によるトポロジー効果では，分子量や化学構造の改変が伴わず，したがってこれらの構造パラメータに依存する生態系・環境負荷への懸念の少ない，ユニークな高分子特性・機能の制御手法となる。したがって，既存の高分子素材の特性改善のための単環状高分子のトポロジー効果の活用に基づく実用化，さらにまた中長期展望として，単環状に加えて多環状高分子による様々なトポロジー効果が明らかにされ，高分子材料設計の新たな指針となることが期待される。

文　　献

1) "Topological Polymer Chemistry: Progress of Cyclic Polymers in Syntheses, Properties and Functions", Y. Tezuka ed., World Scientific（2013）
2) "Cyclic polymers: New developments", S. M. Grayson, Y. D. Y. L. Getzler, D. Zhang eds., Special issue（vol. 80）in *Reactive and Functional Polymers*（2014）
3) B. Zhang & S. M. Grayson, in ref. 1），p.157（2013）
4) P. Sun *et al.*, *Macromolecules*, **50**, 1463（2017）
5) X. Zhu *et al.*, *Macromol. Chem. Phys.*, **214**, 1107（2013）
6) Md. H. Hossain *et al.*, *Macromolecules*, **47**, 4955（2014）
7) Y. Zhang *et al.*, *J. Polym. Sci. Part A: Polym. Chem.*, **49**, 4766（2011）

第1章 環状高分子の合成戦略とトポロジー効果

8) S. C. Blackburn *et al.*, *Polymer*, **68**, 284 (2015)
9) H. Li *et al.*, *Angew. Chem. Int. Ed.*, **45**, 2264 (2006)
10) C. W. Bielawski *et al.*, *Science*, **297**, 2041 (2002)
11) A. Blencow & G. G. Qiao, *J. Am. Chem. Soc.*, **135**, 5717 (2013)
12) C. D. Roland *et al.*, *Nat. Chem.*, **8**, 791 (2016)
13) H. A. Brown & R. M. Waymouth, *Acc. Chem. Res.*, **46**, 2585 (2013)
14) J.-B. Zhu *et al.*, *Science*, **360**, 398 (2018)
15) Y. Hosoi *et al.*, *J. Am. Chem. Soc.*, **139**, 15005 (2017)
16) H. R. Kricheldorf *et al.*, *Macromol. Chem. Phys.*, **218**, 1700274 (2017)
17) H. Kammiyada *et al.*, *ACS Macro Lett.*, **2**, 531 (2013)
18) J. A. Katz *et al.*, *J. Am. Chem. Soc.*, **135**, 12755 (2013)
19) Y. Xia *et al.*, *Angew. Chem. Int. Ed.*, **50**, 5882 (2011)
20) K. Zhang *et al.*, *J. Am. Chem. Soc.*, **135**, 15994 (2013)
21) S. Zhang *et al.*, *Polym. Chem.*, **9**, 677 (2018)
22) 手塚育志, 高分子, **65**, 689 (2016)
23) 手塚育志, 現代化学, **566**, 59 (2018)
24) Y. Tezuka, *Acc. Chem. Res.*, **50**, 2661 (2017)
25) T. Yamamoto & Y. Tezuka, *Soft Matter*, **11**, 7458 (2015)
26) Y. Doi *et al.*, *Macromolecules*, **48**, 3140 (2015)
27) S. Habuchi *et al.*, *Anal. Chem.*, **85**, 7369 (2013)
28) B. J. Lidster *et al.*, *Chem. Sci.*, **9**, 2934 (2018)
29) S. Honda *et al.*, *J. Am. Chem. Soc.*, **132**, 10251 (2010)
30) S. Honda *et al.*, *Nat. Commun.*, **4**, 1574 (2013)
31) E. Baba *et al.*, *Langmuir*, **32**, 10344 (2016)
32) F. Hatakeyama *et al.*, *ACS Macro Lett.*, **2**, 427 (2013)
33) T. Isono *et al.*, *Macromolecules*, **47**, 2853 (2014)
34) R. J. Williams *et al.*, *Polym. Chem.*, **6**, 2998 (2015)
35) N. Sugai *et al.*, *ACS Macro Lett.*, **1**, 902 (2012)
36) X.-Y. Tu *et al.*, *Polym. Chem.*, **54**, 1447 (2016)
37) M. A. Cortez *et al.*, *J. Am. Chem. Soc.*, **137**, 6541 (2015)
38) T. Ogawa *et al.*, *ACS Macro Lett.*, **4**, 343 (2015)
39) T. Yamamoto *et al.*, *J. Am. Chem. Soc.*, **138**, 3904 (2016)

【第Ⅱ編　理論】

第1章　環状高分子におけるトポロジー効果の理論

出口哲生[*1], 上原恵理香[*2]

1　はじめに

　環状高分子は，長い鎖の両端が閉じて環状となった高分子である[1]。溶液中の線形の高分子鎖の空間的配置はランダムウォーク（random walks）や自己排除ウォーク（self-avoiding walks：SAW）で表されるが，3次元のランダムウォークの両端の位置が一致する確率は非常に小さく，線形鎖を閉じて環状鎖を導くことは確率的には困難である。実際，合成高分子の大半は開いた線形鎖であると思われる。しかし，大腸菌のプラスミドなど，自然界での環状高分子の存在は早くも1960年代に明らかにされた[2]。合成化学の進歩のおかげで，驚くべきことに現在では多くの環状高分子が合成されている[3~6]。

　環状高分子の結合エネルギーが熱揺らぎのエネルギーよりも十分に大きいとき，熱揺らぎの中で高分子鎖が切断されることはない。このため，環状高分子のトポロジーは熱揺らぎの中で一定に保たれる。閉じた空間曲線のトポロジーは結び目で分類され，結び目には無限に多くの種類が存在する。数学的には，結び目は低次元トポロジーの主要なトピックの一つである[7]。

　本稿では，環状高分子の示すトポロジー効果の例を解説する。これらは，S. F. Edwardsによって1960年代に提案されたトポロジー的絡み合い効果[8]の実例と言えるであろう。

　結び目と環状高分子の研究は最近次第に関心が高まっている[9~13]。線形高分子鎖の両端を閉じて導かれる環状高分子は，線形鎖とはトポロジーだけが異なる構造異性体である。本稿では溶液中の孤立環状鎖に関して論じるが，しかし，環状高分子の溶融体（メルト）でもさまざまな側面で環状鎖は線形鎖とは振る舞いが異なることが近年明らかにされた。たとえば，環状鎖のメルト中で，環状鎖の回転半径（慣性半径）のスケーリング指数は1/3となり，メルト中の線形鎖の指数0.5とは異なる[14~17]。このため，環状鎖のメルトでは排除体積効果が遮蔽される，と単純に結論できないと思われる。さらに，レオロジー的な性質も線形鎖とは異なり興味深い[18]。絡み合った環状鎖のダイナミクスがDNAの実験で観察されている[19]。現在では，環状鎖よりもさらに複雑なグラフ型高分子（トポロジカル高分子）が合成されている[6]。本稿での考察は，これらの新しい構造異性体に対しても応用できるに違いない。

[*1]　Tetsuo Deguchi　お茶の水女子大学　基幹研究院　自然科学系　教授
[*2]　Erica Uehara　お茶の水女子大学　出口研究室

2　結び目と絡み目：トポロジーの説明

　数学では，両端が閉じたひもを結び目（knots）と定義する。すなわち，自分自身と交差しない連続的な空間曲線を，結び目とよぶ。ひもを連続的に変形させても，交差やすり抜けが生じない場合，結び目は一定に保たれる。これをトポロジー（アイソトピー）が一定である，という。閉じた空間曲線のトポロジーは結び目で表される。

　日常生活では靴ひもの結び目など，ひもの両端が開いたものも「結び目」と呼ぶことが多い。しかし，ひもの両端が開いた「結び目」では，ひもを連続的に変形させてひもの端をくぐらせて，最終的には開いた1本の直線の形に変えることができる。両端が開いた「結び目」では，空間の連続的変形に対する不変量としてトポロジーを定義することができない。

　結び目を表す2次元の図を結び目ダイアグラムとよぶ。与えられた結び目を表す結び目ダイアグラムの中で最も交点数が小さいとき，最小交点数の結び目ダイアグラムという[7]。図1の中の番号は最小交点数を表し，添字は同じ最小交点数の結び目の中で何番目のものかを表す。三葉結び目（trefoil knot）は最小交点数が3であり，そのような結び目は1個だけ存在する。このため記号3_1で表される。

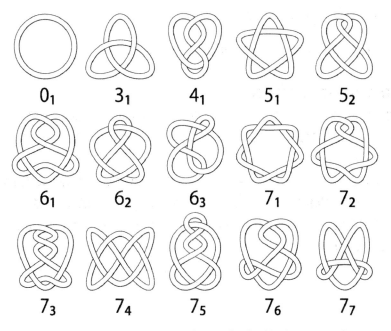

図1　自明な結び目（trivial knot）0_1と素な結び目（prime knots）

3 環状高分子とランダムウォークあるいはランダムポリゴン

3.1 ガウス型ランダムウォークとその合成

　熱平衡状態にある溶液中に存在する高分子鎖は，長時間乱雑な熱揺らぎに接触しているためにその空間的配置も乱雑になり，その形状はランダムウォークあるいは自己排除ウォークで表される。高分子は多数のモノマーが結合した分子であり，隣接分子間では相互作用を無視できないが，しかし，複数分子をまとめて1つの単位とみなすと，この単位同士は相関がなくなって独立とみなせる場合がある。このような単位を統計的単位とよび，その長さは持続長あるいは相関長に対応する。

　長さ b の統計的単位が N 個連なった高分子の理想鎖を考える。理想鎖とは排除体積を持たない高分子の模型である。その空間配置はガウス型ランダムウォークで表される。

　ガウス型ランダムウォークを以後，ガウス鎖とよぶ。ガウス鎖において，位置 $\vec{r}_1$ から出発して N 歩で位置 $\vec{r}_2$ に至る確率は，次式で与えられる。

$$G(\vec{r}_1, \vec{r}_2; N) = (2\pi Nb^2/3)^{-3/2} \exp\left(-\frac{(\vec{r}_1 - \vec{r}_2)^2}{2Nb^2/3}\right) \tag{1}$$

　ガウス鎖では，次の合成則が成り立つ。点 $\vec{r}_1$ から出発して n_1 歩進んで中間点 $\vec{r}'$ を含む体積 $d^{(3)}\vec{r}'$ の空間領域に到達し，その後に n_2 歩で位置 $\vec{r}_2$ に至る確率は $G(\vec{r}_1, \vec{r}'; n_1)G(\vec{r}', \vec{r}_2; n_2)d^{(3)}\vec{r}'$ で与えられ，全ての中間点を経由して来る確率を足し合わせると，

$$\int G(\vec{r}_1, \vec{r}'; n_1) G(\vec{r}', \vec{r}_2; n_2) d^{(3)}\vec{r}' = G(\vec{r}_1, \vec{r}_2; n_1 + n_2) \tag{2}$$

となり，始点 $\vec{r}_1$ から出発して $n_1 + n_2$ 歩で終点 $\vec{r}_2$ に至る確率に一致する。

3.2 環状鎖の回転半径と対相関関数

　両端の閉じたランダムウォークをランダムポリゴン（random polygons）とよぶ。頂点間のボンドベクトルが正規分布に従うとき，ガウス型ランダムポリゴンとよぶ。以後，ガウス環状鎖とよぶ。

　特定の事象が起こる確率は，その事象に対応する場合の数を全体の場合の数で割ることにより求められる。ガウス環状鎖において，原点 $\vec{0}$ に位置する0番目の頂点から出発して n 歩で中間点 $\vec{r}$ を含む空間領域 $\Delta^{(3)}\vec{r}$ 中に到達し，その後 $N-n$ 歩で原点 $\vec{0}$ へ戻る確率 $p(\vec{r}, \vec{0}; n, N-n)\Delta^{(3)}\vec{r}$ は，(2)式より

第 1 章 環状高分子におけるトポロジー効果の理論

$$p(\vec{r}, \vec{0}; n, N-n)\, \Delta^{(3)}\vec{r} = G(\vec{0}, \vec{r}; n)\, G(\vec{r}, \vec{0}; N-n)\, \Delta^{(3)}\vec{r}/G(\vec{0}, \vec{0}; N)$$

$$= (2\pi\mu b^2/3)^{-3/2} \exp\left(-\frac{\vec{r}^2}{2\mu b^2/3}\right) \Delta^{(3)}\vec{r} \tag{3}$$

と求められる。ここで「換算質量」μ は $1/\mu = 1/n + 1/(N-n)$ である。

0 番目と n 番目の頂点の間の距離の二乗平均値は，以下のように求められる。

$$\langle(\vec{r}_n - \vec{r}_0)^2\rangle = \mu b^2 \tag{4}$$

上式を全ての頂点対に適用して n に関して積分すると，N 頂点のガウス環状鎖の回転半径の二乗平均値は次のように求められる。

$$\langle R_g^2 \rangle = \frac{Nb^2}{12} \tag{5}$$

線形鎖の回転半径の二乗平均は $Nb^2/6$，環状鎖の回転半径の二乗平均はその半分である。この事実はすでに Kramers に知られていたらしい[20~22]。

ガウス環状鎖の対相関関数を厳密に求めることができる[23]。モノマー N 個を持つ高分子が体積 V の領域中に存在するとき，モノマー密度は $\rho = N/V$ となる。モノマーの位置 $\vec{r}_j (j=1,2,\cdots,N)$ を用いて局所モノマー密度 $\rho(\vec{r}) = \sum_{j=1}^{N} \delta(\vec{r}-\vec{r}_j)$ を定義する[24]と，対相関数 $\langle\rho(\vec{r})\rho(\vec{0})\rangle/\rho$ は次式で表される。

$$\langle\rho(\vec{r})\rho(\vec{0})\rangle/\rho = \int_0^N \rho(\vec{0}, \vec{r}; n, N-n)\, dn \tag{6}$$

(6) 式を積分して，ガウス環状鎖の対相関関数が厳密に導かれる。

$$\langle\rho(\vec{r})\rho(\vec{0})\rangle/\rho = \frac{N}{2\pi v^2}\frac{1}{r}\exp\left(-\frac{r^2}{v^2}\right) \tag{7}$$

ここで v^2 は $v^2 = (Nb^2)/6$ である。Casassa による環状鎖の散乱関数[22]を，対相関関数 (7) から導くこともできる[23]。

3.3 3 次元のランダムウォークは容易に閉じない

一般に，N 歩のランダムウォークの空間的広がり R は，$R^2 \sim N$ である。そこで，d 次元空間中のランダムウォークを考えると，モノマー密度 ρ は

$$N/R^d \propto N^{1-d/2} \tag{8}$$

となり，特に 3 次元のとき $\rho \sim N^{-1/2}$ なので，長ければ長いほどモノマー密度は小さくなり，こ

の結果，原点に戻る確率は非常に小さくなる。

3.4 排除体積を持つ環状鎖のランダムな配置の集団を生成する方法

両端が閉じて環状になった自己排除ウォークのことを，自己排除ポリゴン（self-avoiding polygons）あるいは SAP とよぶ。溶液中の排除体積をもつ環状高分子鎖の理論模型である。後で環状鎖のシミュレーション結果を述べるが，主に円筒環状鎖模型（あるいは円筒 SAP（cylindrical SAP）とよぶ）についてである。各セグメントに長さ 1 で半径 r の硬い円筒が対応し，隣同士の円筒セグメントは重なっても良いが，隣よりも先の円筒セグメントとは空間的に重ならないものとする。円筒半径 r は排除体積の変数である。

円筒鎖模型は，曲げ弾性を持つ半屈曲性（semi-flexible）高分子鎖の模型である。N 個のセグメントから成る円筒 SAP の配置の生成法を説明する[25]。円筒環状鎖の N 個の頂点の中から 2 個選んで，その軸の周りにランダムな角度で回転させる。環状鎖の N 個の頂点の中から 2 つの頂点 A と B をランダムに選び，AB を軸として環状鎖の片方をランダムな角度で回転させる。回転後の配置にもし重なりがなければこれを採用し，そうでなければ回転前の配置を採用する。この操作をおよそ $2N$ 回繰り返して，N 個の円筒モノマーを持つ環状鎖の配置の集団（アンサンブル）を作成する。

4 トポロジー的絡み合い効果

4.1 トポロジー的絡み合い効果とその歴史的背景

高分子の結合エネルギーが熱エネルギーよりも十分大きいとき，時間発展で環状鎖のトポロジーは保存される。例えば共有結合の場合，結合エネルギーは熱エネルギー k_BT よりはるかに大きい。このため環状鎖の時間発展の中で，与えられたトポロジーを持つ空間的配置のみが出現する。環状鎖の配置としては他の結び目の配置が可能でも，時間発展の中で現れない。

トポロジーが一定で保存されるために高分子の空間的配置が制限されて導かれる効果を，トポロジー的絡み合い効果（topological entanglement effect）とよぶ。例えば，頂点数 N が十分大きいとき，自明な結び目の環状鎖の配置は，トポロジー保存の条件を課さない場合と比べて回転半径が大きくなる場合がある。

歴史的には，Edwards は場の理論の高分子統計力学への応用を試みる初期の研究の中で，トポロジー的拘束条件（topological constraints）の概念を提案した。トポロジーが一定であるという束縛条件である。これを今後簡単のため，トポロジーの保存とよぶ。トポロジーの保存から，トポロジー的絡み合い効果が導かれる。これは統計力学的な効果である。対照的に，高分子の絡み合いの研究で重要なレプテーション理論では，チューブ領域に閉じ込められた線形鎖の動力学が考察される。周囲の他の高分子鎖により形成された管状領域に 1 本の線形鎖がある時間スケールにわたり閉じ込められると仮定し，制限された運動を考察する。しかし，環状高分子鎖

の場合には，両端が存在しないため管状領域中の運動を想像することは難しい。メルト中の環状鎖のダイナミクスについて新しい理論の可能性が期待される。

4.2 結び目環状鎖の分配関数

トポロジー的絡み合い効果の研究では，与えられたトポロジー（結び目）の環状鎖の空間的配置が出現する確率を求めることは，重要な課題の一つである。すなわち，環状鎖の配置空間全体の中で，一定の結び目の配置の領域がどれだけを占めているかが分かる。その分率を結び目確率とよぶ。

頂点数 N のランダムポリゴンあるいは SAP を生成するとき，そのトポロジーが結び目 K となる確率を，結び目 K の結び目確率と定義する。そして $P_K(N)$ と表す。たとえば各頂点が格子点上に存在する格子 SAP を考えると，頂点数 N の SAP の総数は大きな有限の数であり，これを $Z(N)$ と表す。格子 SAP の場合，結び目確率 $P_K(N)$ は，結び目 K をもつ SAP の数 $Z_K(N)$ と SAP の総数 $Z(N)$ の比で与えられる。すなわち $P_K(N) = Z_K(N)/Z(N)$ である。

結び目確率は環状 DNA を用いて実験で測定されている[26, 27]。最近，ナノポアを用いて，塩基対数 166×10^3 の大きな環状 DNA の結び目確率も測定された[28]。

結び目確率 $P_K(N)$ の N 依存性を説明する。最初に，格子 SAP の総数 $Z(N)$ に関して，N が大きいときの振る舞いを考える。例として，原点 $x=0$ から出発し，各ステップで x 軸上を $+1$ か -1 だけ動く 1 次元のランダムウォークを考える。N 歩で原点に戻るウォークの総数 $W(N)$ は，N が十分大きい時，$W(N) = 2^N/\sqrt{2\pi N}$ と近似できる。これはガウス鎖の分布関数で座標ベクトルにゼロを代入しても分かる。その対数をとると，頂点数 N に関する漸近展開が導かれる。

$$\log W(N) = N \log 2 - \frac{1}{2} \log N + \log(1/\sqrt{2\pi}) + O(1/N) \tag{9}$$

3 次元の格子 SAP の場合にも同様な漸近展開が可能である。$\log Z(N) = zN + \alpha \log N + Z_K(0) + O(1/N)$。そして，結び目 K をもつ格子 SAP の数 $Z_K(N)$ はステップ数 N が非常に大きいとき，上と同様に，N および $\log N$ に比例する項，定数項，と漸近展開されると予想される。

$$\log Z_K(N) = z_K N + \alpha_K \log N + \log Z_K(0) + O(1/N) \tag{10}$$

ここで z_K は N に比例する項の係数，α_K は $\log N$ に比例する項の係数，そして定数項を $\log Z_K(0)$ と表した。上式を指数関数の肩にのせると，$Z_K(N) = \exp(N z_K) N^{\alpha_K} Z_K(0)$ となる。結び目確率は次のように表される。

$$P_K(N) = C_K (N/N_K)^{m(K)} \exp(-N/N_K) \tag{11}$$

ただし，$1/N_K = z - z_K$，$m(K) = \alpha_K - \alpha$，$C_K = Z_K(0)/Z(0)$ である。さらに有限サイズ効果を取り入れるため，(11) 式に 2 か所ある因子 N/N_K を $(N - \Delta N(K))/N_K$ に置き換えると，次式が

導かれる[29]。

$$P_K(N) = C_K((N-\Delta N(K))/N_K)^{m(K)} \exp(-(N-\Delta N(K))/N_K) \tag{12}$$

4.3 結び目確率のシミュレーションと結果：排除体積とトポロジー効果の競合

結び目確率を求める数値シミュレーションは，以下のような手順で実行した[25, 29, 30]。

① N頂点のランダムポリゴンの空間配置を多数生成する。

② ポリゴンを平面に射影して，平面上の交点を全て探索し，結び目の図（結び目ダイアグラム）をつくる。

③ いくつかの結び目不変量を結び目ダイアグラムから計算し，その値から対応する結び目を推測する。

円筒SAP模型の円筒半径rをさまざまに変化させて，頂点数Nも変化させて円筒SAPのアンサンブルを生成し，結び目確率を評価した（図2）。円筒半径rは0から0.01ずつ変化させて，0.1まで調べた。その結果，どの円筒半径rの場合にも，(12)式は良い適合曲線を与えた。どの場合にもx^2の値は，各データ点当たり2.0より小さく，妥当な値であった[30]。

シミュレーションの結果，結び目確率の対数$\log P_K(N)$のNに比例する部分を表すN_Kは，円筒半径rの指数関数で良く近似され，一方，145個の異なる結び目Kに対してどれも誤差範囲で同じ値であることが分かった[25]。

$$N_K(r) \approx N_0(r) = N_0(0)\exp(\gamma r) \tag{13}$$

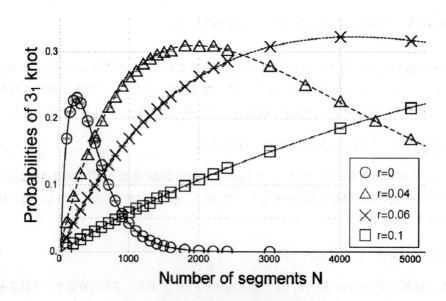

図2　結び目3_1の出現する確率と頂点数N

第1章　環状高分子におけるトポロジー効果の理論

ここで γ の値は大体 $\gamma=32$ であった。また、結び目 K が n 個の素な結び目に分解される複合結び目のとき、指数 $m(K)$ は成分数 n に近い値になり、係数 C_K は排除体積変数 r の指数関数で良く近似されることが分かった。

以上のことから、頂点数 N が一定の時、排除体積が大きくなると非自明な結び目の結び目確率は小さくなることが分かる。直観的には、排除体積効果はトポロジー効果を打ち消す傾向があると言える。実際、屈曲性高分子では、結び目の特性長さ $N_0(r)$ の値は非常に大きくなる。たとえば、$r=0.1$ のとき、$N_0=16,000$ である。このため事実上、自明な結び目の配置しか出現しない。

4.4　トポロジー的膨張：トポロジー的エントロピー力の効果

統計力学では、系にある条件を課して本来は出現可能な配置の一部を制限すると、一般に、エントロピー的な力が現れる。たとえば理想気体の圧力は、気体分子を体積一定の領域に閉じ込めたことによるエントロピー力と解釈できる。環状高分子の場合にも、トポロジーの保存すなわちトポロジー的拘束条件からエントロピー力が導かれるであろう。des Cloizeaux は、トポロジーの保存のために環状鎖のセグメント間にエントロピー的な斥力が作用し、局所的な排除体積相互作用が増加する、と主張した[31]。たとえばこのため排除体積ゼロの理想環状鎖の回転半径は、頂点数が十分に大きいとき、増大する[32〜38]。最近、実験でも増大が確かめられた[39]。そして、理想環状鎖にトポロジー保存の条件を課すと回転半径のスケーリング指数は増加して SAW の指数と一致する、と多くの研究者が予想した。しかし、本当はどうなのであろうか。

トポロジーの保存から斥力が導かれる理由の直観的説明を試みる。与えられたトポロジーを持つ環状鎖の空間的配置の集団を導く方法として、全ての配置を生成してその中から特定のトポロジーの配置を選び出す方法と、与えられたトポロジーの配置を1つ見つけ、これにセグメント間のすり抜けのない局所的変形操作を繰り返し適用して次第にランダムな配置を多数生成する方法の2通りがある。ここでセグメント間のすり抜けとは、高分子鎖同士が交差して一方の鎖が他方の鎖を切断してその反対側に移動するような変形のことである。セグメント間のすり抜けが起きないとき、鎖を曲げたり伸ばしたりする局所変形操作を繰り返しても環状鎖の空間配置のトポロジーは保存される。分子動力学では、すり抜け禁止はセグメント間の短距離斥力を用いて実現される。たとえば、Kremer-Grest 模型では、鎖上で隣り合うセグメント間に隙間が生じないようにセグメント間の斥力ポテンシャルを堅く導入して、高分子鎖同士の交差を防いでいる。

環状鎖の統計力学に関しては、トポロジー一定の配置を選出することと、すり抜けを禁止された局所変形を繰り返してランダムな配置を作成することは等価と予想される。時間発展あるいは局所変形の繰り返しに関してエルゴード性（どの配置も出現可能）が成り立つ場合、分子動力学あるいはモンテカルロ法で最終的には全ての配置が出現する。そして、分子動力学ではすり抜け禁止は短距離斥力を用いて実現されるので、特定のトポロジーの配置を選出すると、局所的な斥力が作用する場合に導かれるのと同じ配置が導かれるであろう。

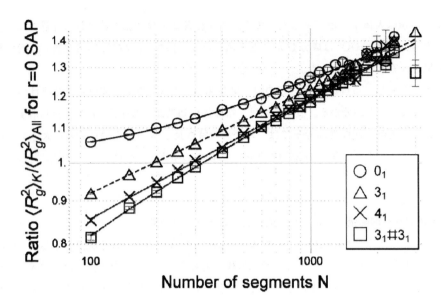

図3 さまざまな結び目 K の慣性半径の二乗平均とトポロジー的条件のない等辺ランダムポリゴンの慣性半径の二乗平均の比：$\langle R_g^2 \rangle_K / \langle R_g^2 \rangle_{All}$ と頂点数 N の両対数プロット

シミュレーション結果[40]を説明する。最初に，円筒 SAP の半径 r が小さい方が，トポロジー的増大効果は大きいことが分かった。そこで以下，円筒 SAP 模型において，円筒半径 $r=0$ の場合を説明する。

図3には，結び目 K の慣性半径の二乗平均とトポロジー的拘束条件を課されていない等辺ランダムポリゴンの慣性半径の二乗平均の比：$\langle R_g^2 \rangle_K / \langle R_g^2 \rangle_{All}$ とポリゴンの頂点数 N の関係が示されている。等辺ランダムポリゴンは円筒 SAP の半径 $r=0$ で実現された。

たとえば三葉結び目など非自明な結び目の場合，頂点数が 100 程度のとき，回転半径の比の値は1より小さい。すなわち，結び目を形成して絡み合うためにポリゴンの大きさが減少する。しかし，頂点数が 1,000 以上と大きくなると，次第に比の値は1よりも大きくなっていく。

自明な結び目の場合，頂点数が小さい場合でも回転半径の比は1より少しだけ大きいが，頂点数が大きくなるとさらに増加していく。その傾きが両対数グラフで直線的になる場合，スケーリング指数は理想鎖の 0.5 よりも大きいことを意味する。

図3を見ると，どの結び目の場合でも頂点数 N が十分大きいと回転半径の比が1よりも大きい。このことから，des Cloizeaux の予想通り，トポロジー拘束条件を課すと環状鎖は大きくなると言える。さらに，図3を見る限りでは，スケーリング指数は 0.5 よりも大きいと考えられる。しかし，さらに詳細に調べると，スケーリング指数は 0.5 よりも大きいかもしれないが，自己排除ウォークの指数 $\nu_{SAW}=0.588$ と一致すると判断するのは，早いかもしれない。多数の適合曲線から判断すると，トポロジー拘束条件で実効的なスケーリング指数は頂点数 N を大きくすると次第に増加する傾向がある。そして，頂点数が $N=10^8$ と非常に大きい場合，ν_{SAW} に近くな

ると推測された[40]。トポロジー効果は排除体積効果と似たような斥力効果をもたらすが，しかし，非常に弱い，と考えられる。

5 結語

数学の結び目不変量を応用して，環状高分子のトポロジー効果に関して，厳密な数値的結果が導かれた。このような見方を拡張して，トポロジー的高分子(グラフ型高分子)やさらには高分子ネットワークなど，複雑な高分子のトポロジー効果を明らかにしていくことが今後の課題である。

文　　献

1) Cyclic Polymers, J. A. Semlyen ed., Elsevier Applied Science Publishers (1986)
2) A. D. Bates *et al.*, DNA Topology, Oxford Univ. Press (2005)
3) C.W. Bielawski *et al.*, *Science*, **297**, 2041 (2002)
4) D. Cho *et al.*, *Polym. J.*, **37**, 506 (2005)
5) Topological Polymer Chemistry: Progress in cyclic polymers in syntheses, properties and functions, Y. Tezuka ed., World Scientific Publ. (2013)
6) Y. Tezuka, *Acc. Chem. Res.*, **50**, 2661 (2017)
7) K. Murasugi *et al.*, Knot Theory and Its Applications, Birkhäuser Basel (1996)
8) S. F. Edwards, *Proc. Phys. Soc.*, **91**, 513 (1967)
9) E. Orlandini *et al.*, *Rev. Mod. Phys.*, **79**, 611 (2007)
10) Knots and soft-matter physics, *Bussei-Kenkyu*, **92** (1) (2009)
11) C. Micheletti *et al.*, *Phys. Rep.*, **504**, 1 (2011)
12) Statistical physics and topology of polymers with ramifications to structure and function of DNA and proteins, T. Deguchi *et al.* eds., *Prog. Theor. Phys. Suppl.*, **191** (2011)
13) T. Deguchi *et al.*, *Polymers*, **9**, 252 (2017)
14) J. Suzuki *et al.*, *J. Chem. Phys.*, **129**, 034903 (2008)
15) J. Suzuki *et al.*, *J. Chem. Phys.*, **131**, 144902 (2009)
16) T. Vettorel *et al.*, *Macromol. Rapid Commun.*, **30**, 345 (2009)
17) T. Vettorel *et al.*, *Phys. Biol.*, **6**, 025013 (2009)
18) Y. Doi *et al.*, *Macromolecules*, **48**, 3140 (2015)
19) K. Regan *et al.*, *Polymers*, **8**, 336 (2016)
20) H. A. Kramers, *J. Chem. Phys.*, **14**, 415 (1946)
21) B. H. Zimm *et al.*, *J. Chem. Phys.*, **17**, 1301 (1949)

22) E. F. Casassa, *J. Polym. Sci., Part A*, **3**, 605 (1965)
23) E. Uehara et al., *J. Chem. Phys.*, **145**, 164905 (2016)
24) I. Teraoka, Polymer Solutions: An introduction to Physical Properties, John Wiley & Sons (2002)
25) E. Uehara et al., *J. Phys. Condens. Matter*, **27**, 354104 (2015)
26) V. V. Rybenkov et al., *Proc. Natl. Acad. Sci. USA*, **90**, 5307 (1993)
27) S. Y. Shaw et al., *Science*, **260**, 533 (1993)
28) C. Plesa et al., *Nat. Nanotechnol.*, **11**, 1093 (2016)
29) T. Deguchi et al., *Phys. Rev. E.*, **55**, 6245 (1997)
30) E. Uehara et al., *J. Chem. Phys.*, **147**, 094901 (2017)
31) J. des Cloizeaux, *J. Physique Lett. France*, **42**, L433 (1981)
32) J. M. Deutsch, *Phys. Rev. E*, **59**, R2539 (1999)
33) A. Y. Grosberg, *Phys. Rev. Lett.*, **85**, 3858 (2000)
34) M. K. Shimamura et al., *Phys. Rev. E*, **64**, 020801R (2001)
35) M. K. Shimamura et al., *J. Phys. A: Math. Gen.*, **35**, L241 (2002)
36) A. Dobay et al., *Proc. Natl. Acad. Sci. USA*, **100**, 5611 (2003)
37) H. Matsuda et al., *Phys. Rev. E*, **68**, 011102 (2003)
38) N. T. Moore et al., *Proc. Natl. Acad. Sci. USA*, **101**, 13431 (2004)
39) A. Takano et al., *Macromolecules*, **45**, 369 (2012)
40) E. Uehara and T. Deguchi, *J. Chem. Phys.*, **147**, 214901 (2017)

第2章　グラフ理論と結び目理論の環状高分子への応用

下川航也*

　この章では，環状高分子のトポロジーの解析に用いられる数学の手法を紹介する。ここで扱うのは，グラフ理論と結び目理論の議論である。グラフ理論を用いると環状高分子のつながり方の構造を記述することができ，結び目理論を用いると空間内での形状を記述することができる。詳しい議論は，文献[1]などを参照して頂きたい。

1　グラフ理論と環状高分子

　まずグラフ理論的議論から始める。数学におけるグラフ（graph）とは，頂点（vertex）と辺（edge）から構成されるものである（図1参照）。グラフは，$G=(V, E)$ という組で表される。ここで V は頂点の集合であり，E は辺の集合である。図1のグラフは，頂点が6つあり，辺が10本ある。この例では，頂点集合は $V=\{v_1, v_2, \cdots, v_6\}$ であり，辺集合は $E=\{e_1, e_2, \cdots, e_{10}\}$ である。この章では，2つの頂点の間に2本以上の辺が存在することも許容する。辺 e_{10} のように，両端点が同じ頂点にあるものをループ（loop）という。グラフの頂点 v に対し，その周りにある辺の本数を，v の次数（degree または valency）といい，$d(v)$ で表す。ここで，v にルー

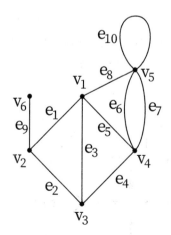

図1　グラフの例
6つの頂点と10本の辺を含む。

---

*　Koya Shimokawa　埼玉大学　大学院理工学研究科　教授

プがある場合にはループの d(v) への寄与は 2 であるとする。例えば，d(v_1) = 4 であり，d(v_5) = 5 である。

それではここで，分子に対し分子グラフ（molecular graph）と呼ばれるものを対応させよう。まず図2のように原子に対して頂点を対応させる。ただし，ここでは水素原子は無視することにする。次に2つの原子間に共有結合がある場合には，その対応する頂点間に辺を考える。これにより分子の構造を表すグラフが構成される。これを分子グラフという。高分子では原子数が多いため，より単純化したグラフを扱う。例えば，次数が2の頂点は取り除いて考える。もっと大きな構造のみを考える場合には，ひも状である部分を1つの辺とし，辺が2つ集まる分岐の箇所を頂点と考える場合が多い。この場合，各頂点の次数は2以上となる。そのようなグラフはポリマーグラフ（polymer graph）とも呼ばれる。そのため，これ以降は，主にそのようなグラフを扱うことにする。

グラフ G に対し，ランク（rank）と呼ばれる数 r(G) を定義する。これはグラフの中にどれだけ異なる環状の部分があるかを表すものである。数学的にはグラフの1次元ホモロジー群のランクとなる。グラフ G の頂点の数を n とし，辺の数を m とすると，ランクは r(G) = $m - n + 1$ と表すことができる。例えば，図1のグラフはランクが5である。ここで，$n = 6$, $e = 10$ であるので，r(G) = 10 - 6 + 1 = 5 である。

ポリマーに対して，ポリマーグラフのランクを基準に，ポリマーの構造の分類を行うことができる。環状ポリマーはランクが1であり，単環状ポリマーと呼ばれる。多環状ポリマーではランクが2以上となる。ランクが2のものは双環状ポリマー（dicyclic polymer），ランクが3のものは三環状ポリマー（tricyclic polymer）と呼ばれる。手塚氏らによる研究[2]により各種の多環状ポリマーが実際に合成されている。

グラフ理論の応用として，多環状グラフの分類を行うことができる。ここでは頂点の次数はすべて3以上とすると，例えばランクが2である双環状グラフは，図3左側のような3つのものとなり，ランクが3の三環状グラフは図3右側の15個のものとなる。四環状グラフは111個と

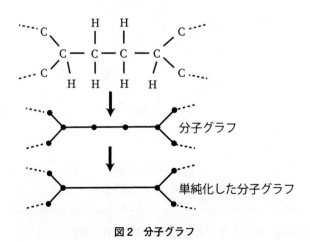

図2 分子グラフ

第2章 グラフ理論と結び目理論の環状高分子への応用

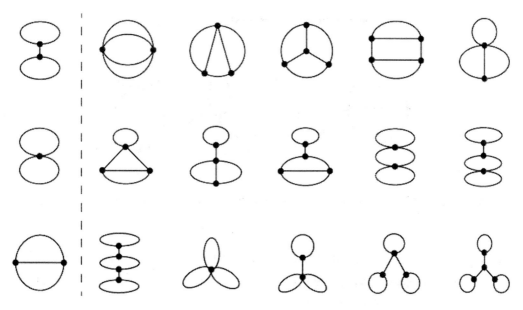

図3　3つのランク2のグラフ（左側）と15個のランク3のグラフ（右側）

なることが証明されている[1]。

次にグラフの命名法について述べる。グラフ $G = (V, E)$, $V = \{v_1, \cdots, v_n\}$ に対し，頂点での次数を非増加列となるように並べた列 $(d_1, \cdots, d_n)$ を G の次数列（degree sequence）と呼ぶ。G が ℓ 個のループを持つとき，$(d_1, \cdots, d_n)_k^\ell$ と命名する。ここで，k は次数列とループ数が一致した場合のナンバリングである。また，$(3,3,3)$ は (3^3) 等と省略して表す。例えば，ランクが2のグラフには，図の上から，$(3,3)_1^2 = (3^2)_1^2$, $(4)_1^2$, $(3,3)_1 = (3^2)_1$ と表される。この命名法とランクには関係があり，グラフ G が $(d_1, \cdots, d_n)_k^\ell$ という名前を持つとき，ランクは $r(G) = 1 - n + \frac{1}{2}\sum_{j=1}^n d_j$ と表される。

ポリマーを合成する際に，単純な構造を持つポリマーから複雑な構造を持つものを構成することがある。ここでは，直鎖状ポリマーを折りたたみ，多環状ポリマーを構成する方法を考察する（図4参照）。例えば，ランクが2である3つのポリマーは，直鎖ポリマーの折りたたみで構成される。ランク3のものはその方法では構成できないものも存在する。今回定義した命名法を使うと，直線状ポリマーで構成できるかどうかを判定することができる。次数列 $(d_1, \cdots, d_n)$ を持つ直線状ポリマーから構成できる必要十分条件は，(a) すべての d_i が偶数，または，(b) d_i の中にちょうど2つだけ奇数が存在，となる。例えば，$(4, 3^2)$ という次数列をもつランク3のポリマーは，直鎖状ポリマーの折りたたみで構成できる。この判定法はオイラー（L. Euler）の一筆書きに関する定理の応用である。つまり，直鎖状ポリマーから構成されるポリマーグラフは一筆書きができるからである。一筆書きの問題で有名なケーニヒスベルグの橋から作られるグラフは次数列 $(5, 3^3)$ であり，これは直鎖状ポリマーから構成できない。また，$K_{3,3}$ グラフは次数

環状高分子の合成と機能発現

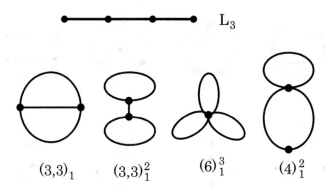

図4 直鎖状グラフ L_3 から折りたたみにより4つのグラフが得られる。$(4)_1^2$ は L_2 からも得ることができる。

列 (3^6) をもつので，やはり直鎖状ポリマーから構成できない。そのため，$K_{3,3}$ グラフの構造をもつポリマーの合成には，複雑な分岐をもつパーツが必要となる[3]。図4では，長さ3の直鎖状ポリマーから得られるポリマーグラフを列挙している。

2 結び目理論と環状高分子

続いて結び目理論的考察を行う。結び目理論の参考書は文献[4]を始め，最近では何冊か出版されている。

結び目理論は，ひもの結び方を研究する数学のトポロジーの一分野であり，百年以上活発に研究されている。数学における結び目（knot）とは，結ばれた閉じた輪の構造である。ひもの本数が複数ある場合には，絡み目（linkまたはcatenane）という。環状高分子は結び目や絡み目の構造を持つことがある。さらに複雑な多環状高分子では，その構造は空間グラフ（spatial graph）を用いて議論される。端のあるひも状のものについても結び目の構造を考えることができ，DNA，タンパク質などの高分子にも結び目の構造が数多く見つかっている。

これらの構造を用いると，環状高分子の立体異性体を構成することができる。これはトポロジー異性体，または，トポロジカル異性体と呼ばれる。結び目の構造をもつ高分子は平均二乗回転半径が小さくなるなど，高分子の物性を変化させる場合がある。

結び目について，基本的な概念を定義する。2つの結び目が同値とは，結び目を切ったり，通り抜けたりせずに空間の中で変形し，同じ形にすることができるものである。結び目理論では，結び目，絡み目，空間グラフに対し，それぞれ無限に異なるものが存在することが知られている。異なる結び目，絡み目，空間グラフの構造がトポロジカル異性体に対応する。例えば，図6にある $K_{3,3}$ の2つの空間グラフは異なることが示されており，その構造をもつ多環状高分子はトポロジカル異性体となる。

結び目は3次元空間の対象であるが，通常は平面に図5や図6のように絵を描き考察する。

第 2 章　グラフ理論と結び目理論の環状高分子への応用

図 5　結び目，絡み目，空間グラフ
一番左の結び目は三葉結び目と呼ばれる。

図 6　$K_{3,3}$ の 2 つの空間グラフ

図を描く際には，交点の上下が分かるように下を通る部分を一部消去する。このような図を，結び目（あるいは絡み目や空間グラフ）のダイアグラムと呼ぶ。同値な結び目の 2 つのダイアグラムは，図 7 のようなライデマイスター変形を有限回行うと移り合えることが知られている。ダイアグラムの交点の数を交点数という。結び目 K は多くのダイアグラムを持つが，その中で最少の交点数を K の交点数という。例えば，三葉結び目の交点数は 3 となる。2 つの結び目が同値であれば，同じ交点数を持つ。

次に，結び目，絡み目に向きを考える。絡み目のそれぞれのひもを成分と呼ぶ。向きとは結び目や絡み目の各成分に，方向をつけたものである。通常，向きは各成分に矢印を付加することで表示する。向きをもつ結び目（絡み目）を向きづけられた結び目（絡み目）と呼ぶ。2 つの向きづけられた結び目（絡み目）が同値とは，向きも込めて同じ形になる時をいう。高分子が作る結び目の向きは，分子の配列に着目し定義される。

向きづけられた 2 成分絡み目 L の絡み数を定義する。L の一つの成分を K_1 とし，もう一つの成分を K_2 とする。L のダイアグラムを一つ取る。そして K_1 と K_2 の一部からなる各交点に図 8 のように +1 または −1 を対応させる。その合計を L の絡み数といい，$\ell k(K_1, K_2)$ と表す。絡み数は向きづけられた絡み目の不変量の例である。2 つの絡み目 L と L' が向きづけられた絡み目として同値であるとき，絡み数は一致する。ゆえに，2 つの絡み目の絡み数が異なる場合には，異なる絡み目といえる。図 8 の B の絡み目と C の絡み目は向きを忘れると同じ結び目であるが，絡み数が異なるため，向きのついた絡み目としては異なる絡み目となる。この絡み数を用いることにより，2 つの多環状高分子がトポロジカル異性体となることを証明できる場合もある。

また，結び目の構造は不斉を与える場合がある。これはトポロジカル不斉と呼ばれる。例えば，図 5 にある三葉結び目（trefoil knot）はその鏡像とは異なることが数学的に証明されてお

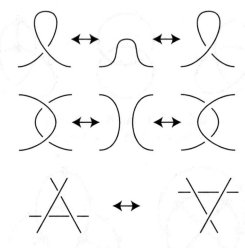

図7 ライデマイスター移動

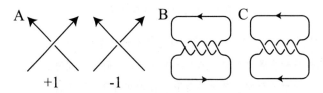

図8 （A）各交点での符号の付け方，（B）絡み数−2の絡み目，（C）絡み数＋2の絡み目

　り，この構造をもつ高分子は不斉となる場合が多い。例えば，図5の右の空間グラフや，図6の右の空間グラフは，その中に含む三葉結び目のために全体の構造もトポロジカル不斉となる。

　トポロジカル不斉をもつ多環状高分子の多くの例は，上に挙げた例のように，その中の結び目や絡み目の構造が全体のトポロジカル不斉の構造を与えていた。しかし最近の研究で，不斉である結び目や絡み目を持たないが，全体の空間グラフの構造として不斉となるものも合成されている。このアイデアにより，より多様な方法でトポロジカル不斉となる高分子が構成されている。

文　　献

1) K. Shimokawa *et al.*, Topology of Polymers, SpringerBriefs in Mathematics of Materials, Springer, to appear.
2) R. Diestel, Graph Theory, 5th ed, GTM, Springer（2017）
3) Y. Tezuka, *Acc. Chem. Res.*, **50**（11），2661（2017）
4) 河内明夫，結び目の理論，共立出版（2015）

第3章 環状みみず鎖モデルに基づく稀薄溶液物性の解析

井田大地[*]

様々な分析法が発展した現在でもなお，溶質高分子の線状，分枝，環状といった一次構造を決定するには稀薄溶液物性研究の手法が有効である。本章では，まず，従来，稀薄溶液物性に基づく環状高分子特性解析に用いられてきた**環状 Gauss 鎖**モデルについて説明する。その後，環状 Gauss 鎖モデルにおいては捨象されてきた**鎖の固さ**の影響を適切に考慮することができる**環状みみず鎖**モデルを説明し，そのモデルを用いた実験データの解析例を示す。

1 環状 Gauss 鎖

従来，環状高分子の稀薄溶液物性研究は，主に，アタクチックポリスチレン（a-PS）やポリジメチルシロキサンなどの**屈曲性**環状高分子を対象に進展してきた[1,2]。特に，排除体積効果が働かないΘ溶媒中あるいはバルク中の環状高分子に対する実験データを理想環状 Gauss 鎖あるいはそれに準ずるモデルに基づく理論を用いて解析し，対応する線状高分子に対する結果との比較検討が行われてきた。

理想環状 Gauss 鎖モデルは，太さ（実体積）がない平衡長 0，根平均二乗長 l の Hooke ばね n 本を自由継ぎ手により環状につないだものである。ばねをつなぐ際に，第Ⅱ編第1章において説明があった，種々の結び目の型が主鎖結合を切断・再結合しない限り保存されるという**位相幾何学的拘束**の影響は考慮していないので，理想環状 Gauss 鎖モデルは結合のすり抜けが許されるファントム環状 Gauss 鎖モデルとも言える。このモデルを用いると，代表的な稀薄溶液物性を解析的に計算することができる。静的光，X線，あるいは中性子散乱（SLS，SAXS，あるいは SANS）測定により決定される**平均二乗回転半径** $\langle S^2 \rangle$（慣性半径 $R_\mathrm{g} = \langle S^2 \rangle^{1/2}$）は次式のように与えられる[1,3,4]。

$$\langle S^2 \rangle = nl^2/12 \quad \text{(Gaussian ring)} \tag{1}$$

また，同じく散乱測定により得られる，高分子鎖の重心周りの繰返し単位の分布を反映する**粒子散乱関数**[*1] $P(k)$ は散乱ベクトルの大きさ k の関数として次式のように与えられる[5]。

---

[*] Daichi Ida　京都大学　大学院工学研究科　高分子化学専攻　准教授

$$P(k) = \left(\frac{2}{\langle S^2 \rangle k^2}\right)^{1/2} e^{-\langle S^2 \rangle k^2/2} \int_0^{(\langle S^2 \rangle k^2/2)^{1/2}} e^{x^2} dx \quad \text{(Gaussian ring)} \quad (2)$$

式(2)中，$\langle S^2 \rangle$ は式(1)で与えられる．動的光散乱（DLS）測定により決定される**並進拡散係数** D を用いて，Stokes-Einstein の関係式 $D = k_B T / 6\pi\eta_0 R_H$ により定義される，静止した溶液中の高分子鎖の**有効流体力学的半径** R_H は次式のように与えられる[1,6,7]．

$$R_H = (6\pi)^{-1/2} (nl^2)^{1/2} \quad \text{(Gaussian ring)} \quad (3)$$

ここで，k_B は Boltzmann 定数，T は絶対温度，η_0 は溶媒粘度である．粘度測定から決定され，単純ずり流下の溶液中高分子鎖の**有効流体力学的体積** V_H に比例する，**固有粘度** $[\eta]$ は次式のように与えられる[1,6,7]．

$$[\eta] = \frac{5N_A V_H}{2M} = \Phi_r (nl^2)^{3/2} / M \quad \text{(Gaussian ring)} \quad (4)$$

ここで，$\Phi_r = 1.854 \times 10^{23}$ mol^{-1}，M は分子量を表す．なお，R_H および $[\eta]$ の結果は Kirkwood-Riseman 近似[1]に基づくこと，$V_H \neq 4\pi R_H^3/3$ であることを注意しておく．理想環状 Gauss 鎖の場合，当然ながら，理想線状 Gauss 鎖の場合[※2]と同様に，鎖の平均的な広がりを特徴付ける長さは n あるいは M の平方根に比例する．実際に，式(1)，式(3)，および式(4)は，それぞれ，$\langle S^2 \rangle \propto n$，$R_H \propto n^{1/2}$，および $M[\eta] \propto V_H \propto n^{3/2}$ の関係を示している．

$\langle S^2 \rangle$，$P(k)$，R_H，および $[\eta]$ は溶液中の孤立高分子の性質を反映するが，溶液中の高分子間相互作用は光散乱あるいは浸透圧測定により決定される**第2ビリアル係数** A_2 に反映される．$A_2 > 0$ の場合は，高分子繰返し単位間相互作用が斥力的であり，いわゆる排除体積効果が働く．$A_2 < 0$ の場合は繰返し単位間相互作用は引力的になる．（$M \to \infty$ の極限において）$A_2 = 0$ の場合は，繰返し単位間相互作用に対する斥力と引力の寄与が釣り合い，見掛け上，繰返し単位間相互作用が全く働かない理想状態のようになる．この状態は Θ 状態と呼ばれる[1,8]．環状高分子の場合，分子間には，通常の繰返し単位間相互作用に加え，**位相幾何学的相互作用**と呼ばれる平均

[※1] $P(k)$ と $\langle S^2 \rangle$ は次式のように関係付けられる．

$$P(k) = 1 - \frac{1}{3}\langle S^2 \rangle k^2 + O(k^4)$$

[※2] 理想線状 Gauss 鎖の場合，各物理量は次式のように与えられる[1]．

$$\langle S^2 \rangle = nl^2/6, \quad R_H = \frac{4}{3}\left(\frac{6}{\pi}\right)^{1/2} (nl^2)^{1/2},$$

$$[\eta] = (2.870 \times 10^{23} \text{ mol}^{-1}/M)(nl^2)^{3/2} \quad \text{(linear Gaussian)}$$

第3章 環状みみず鎖モデルに基づく稀薄溶液物性の解析

力ポテンシャルの意味での斥力相互作用が働く。位相幾何学的相互作用は絡み合っていない一対の環状高分子は主鎖結合を切断・再結合しない限り絡み合った状態へと移行することができないという事実のみに起因する。したがって，排除体積効果が働かない Θ 状態あるいは理想状態であっても，環状高分子の A_2 は正値となる[9,10]。$A_2 > 0$ の場合，A_2 は分子間有効排除体積 V_E と関係付けられるので，理想環状 Gauss 鎖の第 2 ビリアル係数 $A_{2,\Theta}$ について次の関係式が成り立つ[11-14]。

$$A_{2,\Theta} = \frac{4N_A V_E}{M^2} \propto \langle S^2 \rangle^{3/2} / M^2 \propto n^{-1/2} \qquad \text{(Gaussian ring)} \qquad (5)$$

以上の環状 Gauss 鎖モデルに基づく結果は $n \to \infty$ ($M \to \infty$) の極限においてのみ成立する極限則である。

2 環状みみず鎖—鎖の固さの影響

実在高分子の場合，主鎖構成要素間の結合長や結合角が一定であり，結合周りの内部回転角にも拘束があるため，主鎖は Gauss 鎖モデル程自由に曲がる訳ではなく，曲がり難さ—「鎖の固さ」には高分子構成要素の化学構造や結合様式—高分子の「個性」が反映される。そのような鎖の固さを考慮するのに最適なモデルが Kratky-Porod により提案されたみみず鎖モデル[8,15]である。

（線状）みみず鎖は自由回転鎖の連続極限あるいは熱浴中の曲げの弾性エネルギーを持つ弾性ワイヤー統計モデルとして定義される[8]。みみず鎖の固さは，前者の定義の場合は**持続長** q を用いて，後者の場合は曲げの弾性定数に比例する**剛直性パラメータ** λ^{-1} を用いて表され，いずれのパラメータも長さの次元を持ち $\lambda^{-1} = 2q$ の関係が成り立つ[8]。鎖長 L のみみず鎖の形態に関する物理量は λ^{-1}（あるいは $2q$）を単位に測った**還元鎖長** λL（あるいは $L/2q$）の関数として表される。λL が小さくなる程に鎖は固く短くなり，$\lambda L \to 0$ の極限において剛直な棒となる。一方，λL が大きくなる程に鎖は柔らかく長くなり，$\lambda L \to \infty$ の極限において鎖はランダムコイル（Gauss 鎖）となる。みみず鎖は，剛直な棒，ランダムコイル極限を含み，両極限のクロスオーバー領域にある，屈曲性，**半屈曲性**，**剛直性**のあらゆる固さ・長さの線状高分子の挙動を説明することができる[※3]。

みみず鎖モデルは原則的にあらゆる一次構造の高分子鎖に拡張することができ，線状みみず鎖の両端を始点と終点における単位接線ベクトルが一致するようにつないだものが環状みみず鎖モデル[8]である。環状みみず鎖モデルの場合，$\lambda L \to 0$ の極限において剛直な円環，$\lambda L \to \infty$ の極限において環状ランダムコイル（環状 Gauss 鎖）となる。環状みみず鎖は，剛直な円環，環状ラ

※3 屈曲性高分子に対しては，厳密には，より一般的ならせんみみず鎖モデル[8]を用いる必要がある。

ンダムコイル極限を含み，両極限のクロスオーバー領域にあるあらゆる環状高分子の挙動を説明することができる．本節で示す結果は，環状Gauss鎖の場合と同様に，位相幾何学的拘束と排除体積効果の影響を考慮していないファントム理想環状みみず鎖モデルに対するものである．環状みみず鎖に対する位相幾何学的拘束の影響は4節において簡単に説明する．

$\langle S^2 \rangle$ は次式のように与えられる[8, 16, 17]．

$$\lambda^2 \langle S^2 \rangle = \frac{(\lambda L)^2}{4\pi^2} [1 - 0.1140\lambda L - 0.0055258(\lambda L)^2$$

$$+ 0.0022471(\lambda L)^3 - 0.00013155(\lambda L)^4] \text{ for } \lambda L < 6$$

$$= \frac{\lambda L}{12} \left[1 - \frac{7}{6\lambda L} - 0.025 e^{-0.01(\lambda L)^2} \right] \qquad \text{for } \lambda L \geq 6 \qquad (6)$$

式(6)左辺の量 $\lambda^2 \langle S^2 \rangle$ は，（長さの次元を持つ）λ^{-1} を単位に測った $\langle S^2 \rangle$ を表し，λL のみの関数になることが分かる．式(6)より，$\lim_{\lambda L \to 0} \lambda^2 \langle S^2 \rangle = (\lambda L)^2 / 4\pi^2$ および $\lim_{\lambda L \to \infty} \lambda^2 \langle S^2 \rangle = \lambda L / 12$ となり，それぞれ，剛直な円環およびランダムコイル極限則［後者の場合，$\lambda^{-1} = l$ および $L = nl$ とすれば，式(1)に一致する．］を回復する．

$P(k)$ は，$\lambda L \gg 1$ の領域においてのみ解析的に計算することが可能であり，次式のように与えられる[8, 18]．

$$P(k) = 2L^{-2} \int_0^L (L-t) e^{-t(L-t)k^2/6L} \left[1 + \frac{k^2}{12} - \frac{11t(L-t)k^2}{36L^2} \right.$$

$$\left. - \frac{11t^4(L-t)k^4}{1080L^4} - \frac{11t(L-t)^4 k^4}{1080L^4} + \cdots \right] dt \qquad \text{for } \lambda L \gtrsim 10 \qquad (7)$$

この結果は鎖の固さの影響によるランダムコイル極限則［式(2)］からのずれを $O[(\lambda L)^{-1}]$ のオーダーで考慮したものであり，$\lambda L \to \infty$ の極限において式(2)を回復する．なお，剛直円環極限（$\lambda L \to 0$）において，$P(k)$ は次式により与えられる[19, 20]．

$$P(k) = \int_0^{\pi/2} [J_0(\langle S^2 \rangle^{1/2} k \sin \phi)]^2 \sin \phi \, d\phi \qquad \text{(rigid ring)} \qquad (8)$$

ここで，$J_0(x)$ は0次第1種Bessel関数であり，$\langle S^2 \rangle$ は剛直円環極限値 $L^2/4\pi^2$ である．なお，これらの表記を用いることができない λL の領域においては，Monte Carlo（MC）シミュレーションにより求めた理論値を用いて実験データを解析することが可能である（第Ⅲ編第16章）．

みみず鎖モデルに基づいて R_H および $[\eta]$ を計算する場合，鎖の流体力学的な太さを考慮す

第3章 環状みみず鎖モデルに基づく稀薄溶液物性の解析

る必要がある[※4]。ここでは，環状みみず鎖の経路に中心が一致し，断面直径が d である円筒状モデルを考える[8]。そのモデルを用いて，Kirkwood-Riseman 近似の下，Oseen-Burgers の方法[8]に基づき R_H を計算すると，次式が得られる[8,16]。

$$\lambda R_H = (6\pi)^{-1/2}(\lambda L)^{1/2} F_H(\lambda L, \lambda d) \tag{9}$$

ここで，$F_H(L, d)$ は次式のように与えられる。

$$[F_H(L, d)]^{-1} = \frac{2}{\pi}\left[\left(1 - \frac{11}{120L}\right)\arcsin\left(1 - \frac{2\sigma}{L}\right) - \frac{(L - 2\sigma)(1 + 5d^2)}{20L\sigma^{1/2}(L-\sigma)^{1/2}}\right]$$

$$+ \ln\left[\frac{2\sigma + (4\sigma^2 + d^2)^{1/2}}{d}\right] + f_1\left[\left(\sigma^2 + \frac{1}{4}d^2\right)^{1/2} - \frac{1}{2}d\right]$$

$$+ \frac{1}{2}f_2\left\{\sigma\left(\sigma^2 + \frac{1}{4}d^2\right)^{1/2} - \frac{1}{4}d^2 \ln\left[\frac{2\sigma + (4\sigma^2 + d^2)^{1/2}}{d}\right]\right\}$$

$$+ \frac{1}{3}f_3\left(\sigma^2 - \frac{1}{2}d^2\right)\left(\sigma^2 + \frac{1}{4}d^2\right)^{1/2} \qquad \text{for } L \geq 3.480 \tag{10}$$

式(10)中，$\sigma = \sigma(L)$ および $f_i = f_i(L, d)$ は，それぞれ次式のように与えられる。

$$\sigma = 2.18559 - 0.467985/L + 0.491581/L^2 - 15.0334/L^3$$

$$f_1 = 0.333333 - 0.0450040d^2 - 0.0220160d^4$$
$$\quad - (0.275430d^2 + 0.0822244d^4)/L + (1.19325d^2 + 0.457470d^4)/L^2$$
$$\quad - (5.59657d^2 - 2.97966d^4)/L^3$$

$$f_2 = 0.119083 + 0.00518804d^2 + 0.0158136d^4$$
$$\quad + (0.530304 + 0.140740d^2 + 0.0754396d^4)/L$$
$$\quad + (0.999369 - 2.39261d^2 - 0.620245d^4)/L^2$$
$$\quad - (4.99560 - 9.30255d^2 - 3.39914d^4)/L^3$$

$$f_3 = -0.0265957 + 0.000915166d^2 - 0.00297808d^4$$
$$\quad - (0.0149946 + 0.0533328d^2 + 0.0187217d^4)/L$$
$$\quad - (0.688179 - 1.03760d^2 - 0.193592d^4)/L^2$$
$$\quad + (4.85298 - 4.61578d^2 - 0.982380d^4)/L^3 \tag{11}$$

※4 Gauss 鎖の場合は，そもそも $L \to \infty$（$M \to \infty$）の極限を考えており，有限の鎖の流体力学的太さは L に比べ無限に小さく無視することができる。

$0 < \lambda L < 3.480$ の範囲においては,R_H の解析的計算は困難であり MC シミュレーションによる計算が必要であるが,$\lambda L \to 0$ の極限においては次式が成立する[8, 16]。

$$R_H = L \Big/ 2\left(\frac{4p^2}{4p^2+\pi^2}\right)^{1/2} K\left[\left(\frac{4p^2}{4p^2+\pi^2}\right)^{1/2}\right] \quad \text{(rigid torus)} \tag{12}$$

ここで,$p = L/d$,$K(x) = \int_0^{\pi/2}(1-x^2\sin^2\theta)^{-1/2}d\theta$ は第1種完全楕円積分である。式(12)は剛直なトーラスの理論値を与えるが,同式両辺の $p \to \infty$ ($d \to 0$) の極限における値を計算すると次式のように太さのない剛直円環の理論値が得られる[8, 16]。

$$R_H = L/2\ln(L/d) \quad \text{(rigid ring)} \tag{13}$$

R_H の場合と同様のモデル・計算方法を用いると,$[\eta]$ は次式のように計算される[8, 16]。

$$\frac{\lambda^{3/2}M[\eta]}{L^{3/2}} = \Phi_r F_\eta(\lambda L, \lambda d) \tag{14}$$

ここで,$F_\eta(L, d)$ は次式のように与えられる。

$$[F_\eta(L, d)]^{-1} = 1 + \sum_{i=1}^{4} C_i L^{-i/2} \quad \text{for } L \geq 3.480 \tag{15}$$

式(15)中,係数 $C_i = C_i(d)$ は次式のように与えられる。

$$C_1 = 0.809231 - 40.8202d - 483.899d^2 - (2.53944 + 339.266d^2)\ln d$$
$$C_2 = -13.7690 + 380.429d + 5197.48d^2 + (0.818816 + 3517.90d^2)\ln d$$
$$C_3 = 35.0883 - 1079.70d - 14530.3d^2 - (1.44344 + 9855.73d^2)\ln d$$
$$C_4 = -28.6643 + 927.876d + 12010.0d^2 + (0.571812 + 8221.82d^2)\ln d$$
$$\text{for } 0.001 \leq d \leq 0.1 \quad (16)$$

$$C_1 = -2.17381 - 11.3578d + 249.523d^2 - 729.371d^3$$
$$\quad + 489.172d^4 - (3.58885 - 74.3257d^2 + 335.732d^4)\ln d$$
$$C_2 = 112.769 - 851.870d - 21390.1d^2 + 56909.8d^3$$
$$\quad - 34787.5d^4 + (41.8243 - 9944.26d^2 + 22067.0d^4)\ln d$$
$$C_3 = -1680.23 + 24753.1d + 498848d^2 - 1314310d^3$$
$$\quad + 792477d^4 - (526.628 - 244353d^2 + 497280d^4)\ln d$$
$$C_4 = 7043.32 - 142907d - 2883470d^2 + 7668650d^3$$
$$\quad - 4648720d^4 + (2177.01 - 1407520d^2 + 2937180d^4)\ln d$$
$$\text{for } 0.1 < d < 1 \quad (17)$$

R_H の場合と同様に,$0 < \lambda L < 3.480$ の範囲においては,$[\eta]$ の解析的計算は困難であり MC シミュレーションによる計算が必要であるが[21],剛直円環極限($\lambda L \to 0$ かつ $p \to \infty$)において

第3章 環状みみず鎖モデルに基づく稀薄溶液物性の解析

は次式が成立する[8, 16]。

$$[\eta] = \frac{N_A L^3}{8\pi M} \left[\ln p + \ln\left(\frac{8}{\pi}\right) - 2 \right]^{-1} \quad \text{(rigid ring)} \tag{18}$$

環状みみず鎖間の位相幾何学的相互作用を Gauss の絡み数[※5]に基づいて計算すると，$A_{2,\Theta}$ は次式のように与えられる[22]。

$$A_{2,\Theta} = \frac{4 N_A}{M^2} V_E(\lambda L) \tag{19}$$

ここで，$V_E(L)$ は次式のように与えられる。

$$V_E(L) = \frac{L^3}{24\pi^2} \left[e^{-0.6014 L} + \frac{0.5700 L}{1 + 0.9630 L^{1/2} - 0.7345 L + 0.4887 L^{3/2} + 0.07915 L^2} \right]^{3/2}$$

$$\text{for } L \lesssim 10^3 \tag{20}$$

$\lambda^2 \langle S^2 \rangle$ の場合と同様に，$\lambda V_E / L^2 (A_{2,\Theta})$ は λL のみの関数となり，剛直円環極限（$\lambda L \to 0$）において $V_E = L^3 / 24\pi^2$ [13]，ランダムコイル極限において（$\lambda L \to \infty$）において $\lambda V_E / L^2 = 0.08_2 (\lambda L)^{-1/2}$ [$A_{2,\Theta} \propto (\lambda L)^{-1/2}$] となる。

実際に，$\langle S^2 \rangle$ を例に，剛直円環極限（$\lambda L \to 0$）からランダムコイル極限（$\lambda L \to \infty$）へのクロスオーバー挙動を概観する。図1に，$\lambda \langle S^2 \rangle / L$（$\propto \langle S^2 \rangle / M$）対 λL（$\propto M$）の両対数プロットを示す。図中，実線は式(6)から計算される環状みみず鎖理論値であり，傾き1の破線は剛直円環極限値（$\lambda \langle S^2 \rangle / L = \lambda L / 4\pi^2$），水平の鎖線はランダムコイル極限値（$\lambda \langle S^2 \rangle / L = 1/12$）を表す。$\lambda L$ が大きくなり，鎖が柔らかく長くなるのにともない，$\lambda L \lesssim 1$ の範囲では，環状みみず鎖理論値は剛直円環理論値に沿って増加するが，次第に剛直円環理論値から連続的に下側に逸れ，$\lambda L \gtrsim 10^2$ の範囲においてランダムコイル極限値に漸近する。

他の物理量についても，基本的に，λL が大きくなるのにともない，剛直円環極限からランダムコイル極限への連続的なクロスオーバー挙動を示す。ただし，R_H および $[\eta]$ は λL のみならず λd（鎖の流体力学的太さ）にも依存する。また，$P(k)$ についても，k が大きい領域において高分子主鎖周りの散乱体分布（鎖の静的太さ）の影響を受ける。

※5 一対の環状鎖が絡まっているか否かを判定するには，Gauss の絡み数よりも絡み目に対する Alexander 多項式を用いる方がより正確であるが，$\lambda L \lesssim 10^3$ の範囲においては2つの方法の違いはほとんどないことが確認されている[22]。

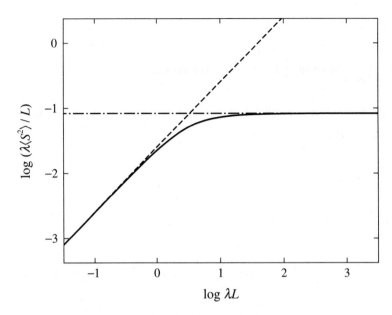

図1 $\lambda \langle S^2 \rangle / L$ 対 λL 両対数プロット
実線：環状みみず鎖理論値［式(6)］，破線：剛直円環極限値（$\lambda \langle S^2 \rangle / L = \lambda L / 4\pi^2$），鎖線：ランダムコイル極限値（$\lambda \langle S^2 \rangle / L = 1/12$）。

3 実験データ解析

本節では，前節において説明した環状みみず鎖理論を用いた実験データの解析例を示す。なお，$P(k)$ の解析例については第Ⅲ編第16章を参照されたい。

図2に，SANS測定により得られた，シクロヘキサン-d_{12} 中40℃（Θ）における環状 a-PS[23] に対する，$\langle S^2 \rangle / M$ 対 M の両対数プロットを示す。実線は，シクロヘキサン中34.5℃（Θ）における線状 a-PS に対して決定された λ^{-1} およびみみず鎖の単位経路長あたりの分子量 $M_L = M/L$ の値（$\lambda^{-1} = 16.8$Å, $M_L = 35.8$Å^{-1}）を用いて，式(6)から計算した最適環状みみず鎖理論値である。λ^{-1} および M_L の値を決定した際の溶媒条件と環状 a-PS の測定溶媒条件が異なるため，厳密には，実験値は環状みみず鎖理論値よりも僅かに大きいが，環状みみず鎖理論値は実験データの挙動を良く説明している。

図3に，0.2M塩化ナトリウム水溶液中25℃における（ニック）環状デオキシリボ核酸 (DNA)[8] に対する，R_H（白丸）および［η］（黒丸）対 M の両対数プロットを示す。各実線は，同溶媒条件における線状 DNA に対して決定された $\lambda^{-1} = 1200$Å および $M_L = 195$Å^{-1} を用い，さらに R_H の場合は $d = 25$Å, ［η］の場合は $d = 15$Å として，式(9)および式(14)から計算した最適環状みみず鎖理論値である。いずれの物理量の場合も，理論値は実験データの挙動を定量的に再現している。

図2および図3に示したように実験データを最も良く再現するように決定された λ^{-1} 値を環

第3章 環状みみず鎖モデルに基づく稀薄溶液物性の解析

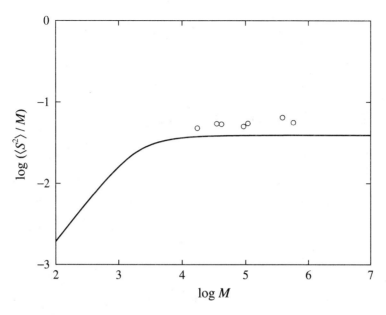

図2 $\langle S^2 \rangle / M$ 対 M 両対数プロット（$\langle S^2 \rangle$ の単位は Å^2）
白丸：シクロヘキサン-d_{12} 中 40℃（Θ）における環状 a-PS に対する実験値（SANS）[23]，
実線：最適環状みみず鎖理論値（$\lambda^{-1} = 16.8$ Å，$M_L = 35.8$ Å^{-1}）。

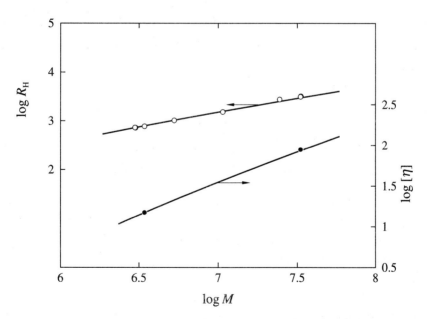

図3 R_H および $[\eta]$ 対 M 両対数プロット（R_H の単位は Å，$[\eta]$ の単位は dL/g）
白丸および黒丸：0.2M 塩化ナトリウム水溶液中 25℃における（ニック）環状 DNA に対する実験データ[8]，実線：最適環状みみず鎖理論値（$\lambda^{-1} = 1200$ Å，$M_L = 195$ Å^{-1}，R_H の場合 $d = 25$ Å，$[\eta]$ の場合 $d = 15$ Å）。

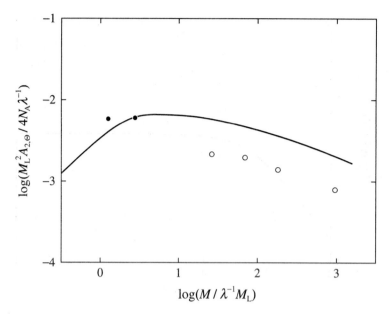

図4 $M_L^2 A_{2,\Theta} / 4N_A\lambda^{-1}$ 対 $M / \lambda^{-1}M_L$ 両対数プロット
白丸：シクロヘキサン中 34.5℃（Θ）における環状 a-PS に対する実験データ（$\lambda^{-1} = 16.8$Å，$M_L = 35.8$Å^{-1}）[24]，黒丸：2-プロパノール中 35℃（Θ）に環状トリス-n-ブチルカルバミン酸アミロースに対する実験データ（$\lambda^{-1} = 200$Å，$M_L = 145$Å^{-1}）[25]，実線：環状みみず鎖理論値。

状 a-PS（$\lambda^{-1} = 16.8$Å）と環状 DNA（$\lambda^{-1} = 1200$Å）の場合について比較すると，後者の方が圧倒的に大きい。これは a-PS の主鎖が炭素-炭素単結合から成り屈曲性に富むのに対し，DNA 主鎖は二重らせん構造を曲がり難い半屈曲性を示すという溶質高分子の「個性」を反映している。

図4に，シクロヘキサン中 34.5℃（Θ）における環状 a-PS（白丸）[24] および 2-プロパノール中 35℃（Θ）における環状トリス-n-ブチルカルバミン酸アミロース（黒丸）[25] に対する，$M_L^2 A_{2,\Theta} / 4N_A\lambda^{-1}$（$= \lambda V_E / L^2$）対 $M / \lambda^{-1}M_L$（$= \lambda L$）の両対数プロットを示す。前者の λ^{-1} および M_L は先述の値を，後者の場合は $\lambda^{-1} = 200$Å，$M_L = 145$Å^{-1} と決定されている。実線により示した，式(19)から計算される環状みみず鎖理論値は鎖の固さが異なる環状高分子の実験データの挙動を統一的に説明できることが分かる。また，$M \sim O(10^5)$ の環状 a-PS であっても，プロットの傾きはランダムコイル極限則（傾き $-1/2$）よりも緩いことから，ランダムコイル極限からは程遠く，鎖の固さの影響を無視できないことも分かる。

4　いくつかのトピックス

これまでに説明した理論結果は，環状 Gauss 鎖モデルと環状みみず鎖モデル，いずれの場合も，位相幾何学的拘束の影響を考慮していない。その影響は，解析的な取扱いはできないが，

第 3 章　環状みみず鎖モデルに基づく稀薄溶液物性の解析

MC シミュレーションにより検討することができる。環状 Gauss 鎖に対する位相幾何学的拘束の影響は第 II 編第 1 章を参照されたい。環状みみず鎖に対しては，詳細は省略するが，位相幾何学的拘束がない場合と自明な結び目型環状みみず鎖を比較すると，$\lambda L \lesssim 10$ の範囲においては両者の違いはほとんどないが，$\lambda L \gtrsim 10$ の範囲においては，λL が大きくなるのにともない，前者に対する後者の $\langle S^2 \rangle$ や $[\eta]$，V_E の比が 1 から単調に増加していくことが明らかになっている[21,22]。

また，曲げに加えねじれの弾性エネルギーを考慮した自明な結び目型環状みみず鎖の超らせん形成の稀薄溶液物性に対する影響に関しても研究が進んでいる[8]。環状高分子の稀薄溶液物性に対する排除体積効果に関する研究については，未だ，ほとんど進展しておらず，今後の研究が望まれる。

文　　献

1) H. Yamakawa, *Modern Theory of Polymer Solutions*（Haper & Row, New York, 1971），its electric edition is available on-line at the URL: http://hdl.handle.net/2433/50527
2) J. A. Semlyen, ed., *Cyclic Polymers*, Elsevier, London（1986）
3) H. A. Kramers, *J. Chem. Phys.*, **14**, 415（1946）
4) B. H. Zimm and W. H. Stockmayer, *J. Chem. Phys.*, **17**, 1301（1949）
5) E. F. Casassa, *J. Polym. Sci. Part A*, **3**, 605（1965）
6) M. Kurata and M. Fukatsu, *J. Chem. Phys.*, **41**, 2934（1964）
7) V. A. Bloomfield and B. H. Zimm, *J. Chem. Phys.*, **44**, 315（1966）
8) H. Yamakawa and T. Yoshizaki, *Helical Wormlike Chains in Polymer Solutions*, 2nd ed., Springer, Berlin（2016）
9) A. V. Vologodskii, A. V. Lukashin, and M. D. Frank-Kamenetskii, *Zh. Eksp. Teor. Fiz.*, **67**, 1875（1974）[*Soviet Phys. JETP*, **40**, 932（1975）]
10) M. D. Frank-Kamenetskii, A. V. Lukashin, and A. V. Vologodskii, *Nature*, **258**, 398（1975）
11) K. Iwata and T. Kimura, *J. Chem. Phys.*, **74**, 2039（1981）
12) K. Iwata, *Macromolecules*, **18**, 115（1985）
13) J. des Cloizeaux, *J. Phys. Lett.*, **42**, L-433（1981）
14) F. Tanaka, *J. Chem. Phys.*, **87**, 4201（1987）
15) O. Kratky and G. Porod, *Recl. Trav. Chim. Pay-Bas.*, **68**, 1106（1949）
16) M. Fujii and H. Yamakawa, *Macromolecules*, **8**, 792（1975）
17) J. Shimada and H. Yamakawa, *Biopolymers*, **27**, 657（1988）
18) R. Tsubouchi, D. Ida, T. Yoshizaki, and H. Yamakawa, *Macromolecules*, **47**, 1449（2014）
19) G. Oster and D. P. Riley, *Acta Cryst.*, **5**, 272（1952）

20) K. Huber and W. H. Stockmayer, *Polymer*, **28**, 1987 (1987)
21) Y. Ono and D. Ida, *Polym. J.*, **47**, 487 (2015)
22) D. Ida, D. Nakatomi, and T. Yoshizaki, *Polym. J.*, **42**, 735 (2010)
23) A. Takano, Y. Ohta, K. Masuoka, K. Matsubara, T. Nakano, A. Hieno, M. Itakura, K. Takahashi, S Kinugasa, D. Kawaguchi, Y. Takahashi, and Y. Matsushita, *Macromolecules*, **45**, 369 (2012)
24) A. Takano, Y. Kushida, Y. Ohta, K. Matsuoka, and Y. Matsushita, *Polymer*, **50**, 1300 (2009)
25) K. Terao, K. Shigeuchi, K. Oyamada, S. Kitamura, and T. Sato, *Macromolecules*, **46**, 5355 (2013)

【第Ⅲ編　設計・合成（環状高分子）】

第1章　環拡大重合法による分子量が制御された環状ポリマーの合成

工藤宏人*

1　はじめに

　環状ポリマーは，末端を有さないことから，その合成法は特殊であり，他の特殊構造高分子の報告と比較して合成例は少ない。これまで，直鎖状ポリマーの合成においても，副生成物として，環状高分子の存在は推定されていたが，それを証明する方法がなかった[1]。近年，MALDI TOF Mass スペクトル装置の発展により，数多くの環状ポリマーの合成が報告されるようになった。これまでに報告されている環状ポリマーの合成は，主として6つに分類することができる[2~6]。

① **末端連結法による直鎖状ポリマーの直接環化反応**[7]

　これは，初めての環状ポリマー，環状ポリスチレンの合成に用いられた方法で，高希釈条件下で反応を行う必要があり，環状ポリマーだけでなく，直鎖状ポリマーも副生される。

② **環-鎖平衡反応**[8]

　この方法は，高希釈条件下において，分子内反応，あるいはバックバイティング反応を進行させ，平衡反応条件を環状化合物の生成に偏らせようとする反応様式である。この条件下では，直鎖状化合物の生成も同時に進行する。

③ **静電的自己集合および共有結合固定法**[9]

　両末端に，正電荷あるいは負電荷を有する直鎖状ポリマーあるいは直鎖状オリゴマー同士を，高希釈条件下で自己集合化させ，環状構造を形成させる。続いて，加熱処理によりイオン結合を共有結合に変換させる。この反応様式を利用し，末端を有さない環状骨格が複雑に絡み合った特殊な構造体の形成にも応用されている。さまざまな環サイズが異なる環状ポリマーの合成法としては，少々手間が必要であると考えられる。

④ **環-環平衡反応**[10]

　エステル結合やイミン結合などは，平衡反応で形成される共有結合であり，それらの結合で形成された環状モノマーを合成する。環状モノマーを単離生成後，環状モノマー同士で反応させることで，末端基を有さない，環状ポリマーや環状オリゴマーが生成される。その生成比は，反応条件により異なるが，環サイズをコントロールすることは困難である。

---

*　Hiroto Kudo　関西大学　化学生命工学部　化学・物質工学科　教授

⑤ **固体支持法**[11)]

樹脂や金属の表面をポリマーで化学修飾し，続いて分子内反応により環化させる。環化すると，固体から離れ，溶液中に放出されていくため，高純度で環化体が生成される。しかしながら，環サイズの異なる環状ポリマーの合成法としては不向きである。

⑥ **環拡大重合法**[12)]

環状モノマーに，他の環状モノマーを挿入反応することにより，新しい環状モノマーが合成される。この連続的な挿入反応により，環状ポリマーが合成される。

2 環拡大重合法による分子量の制御

環状ポリマーの合成は，さまざまな方法が試みられてきた。その中で，反応方法の容易さから，末端連結法と環拡大重合法が主流であり，環サイズをコントロールしようとする方法が試みられてきた。例えば，末端連結法を利用した最近の報告例として，S. M. Grayson らは，原子移動ラジカル重合（ATRP）法により，分子量分布の狭い直鎖状ポリスチレンを合成し，末端をアルキン基およびアジド基にそれぞれ変換している。その後，高希釈条件下でクリック反応により分子量分布が狭い対応する環状ポリマーが高収率で得られている（図 1）[13)]。

また，R. H. Grubbs らより，環状ルテニウム触媒を用いた環拡大メタセシス重合法による環状ポリエチレンの合成が報告されている（図 2）[14)]。この反応では，分子量の制御は困難であったが，定量的に高分子量の環状ポリマーが合成可能であった。

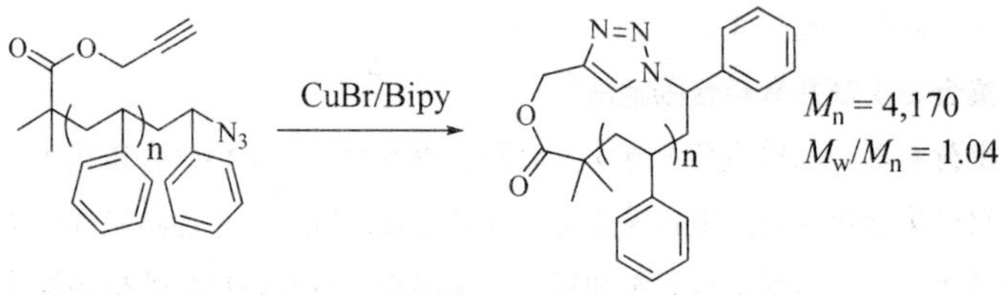
CuBr/Bipy
M_n = 4,170
M_w/M_n = 1.04

図 1　クリック反応を利用した選択的環状ポリマーの合成

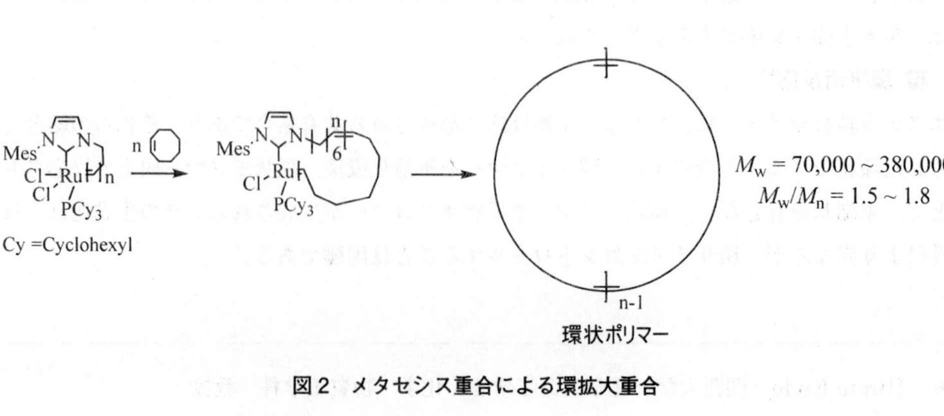
Mes
Cy =Cyclohexyl
M_w = 70,000 ~ 380,000
M_w/M_n = 1.5 ~ 1.8
環状ポリマー

図 2　メタセシス重合による環拡大重合

第 1 章 環拡大重合法による分子量が制御された環状ポリマーの合成

3 環状チオエステル化合物とチイランとの環拡大重合

　著者らは，環状チオエステル化合物にチイラン類の挿入反応を連続的に進行させる方法を利用した。チオエステル化合物とチイラン化合物との反応は，第四級アンモニウム塩を触媒として用いると，速やかに付加反応が進行する。この重付加反応が進行するとエステル部位が再生することになるので，チイランの連続的付加反応を進行させることが可能で，さらに，リビング重合挙動も確認された（図3）[15]。

　以上のように，チイラン化合物の連続的付加反応が，チオエステル化合物を開始剤に用いるとリビング重合反応挙動を示すことから，環状エステル化合物を開始剤に用いれば，チオエステル部位に連続的にチイラン化合物の挿入反応が進行し，対応するポリスルフィドが得られると予想された（図4）。

　この環拡大重合反応では，直鎖状ポリマーの生成は全くないが，環状ポリマーの分子量をコントロールすることは全くできなかった。得られた環状ポリマーの構造解析を ^{1}H NMR スペクトルで測定すると，チイラン類 PPS は定量的に挿入反応が進行していることが判明したが，MALDI TOF Mass スペクトルで構造解析を行うと，さまざまなサイズの環状ポリスルフィドが

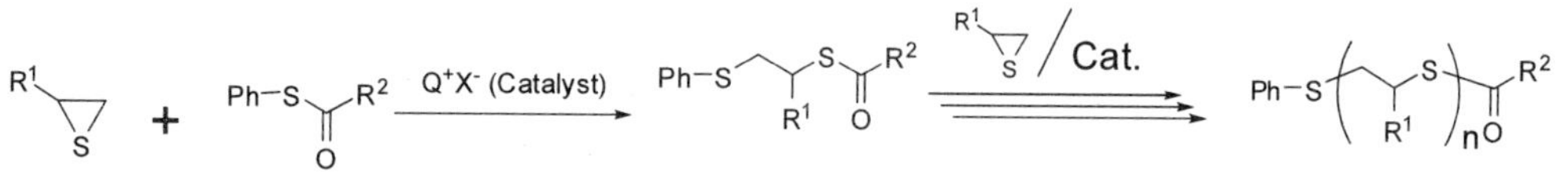

図3　チオエステル化合物とチイラン化合物の連続的付加反応

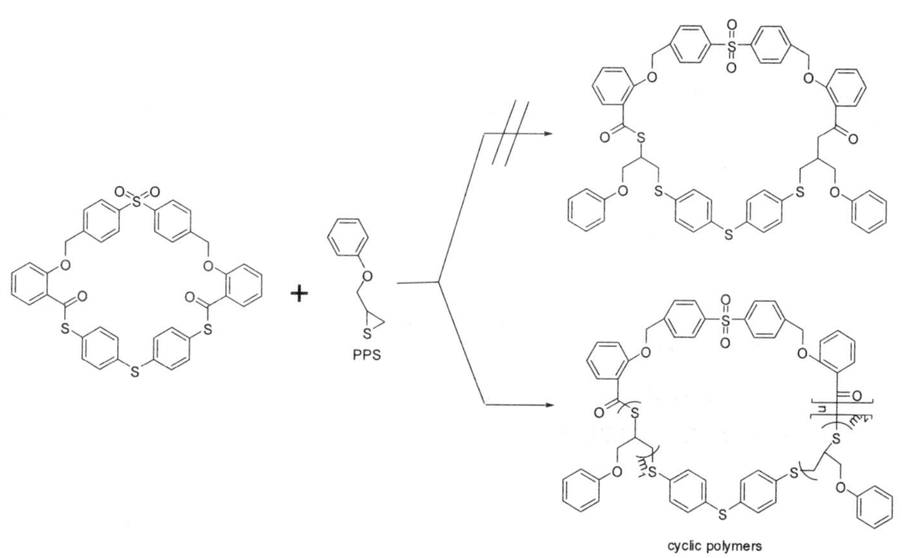

図4　環状ジチオエステルとフェノキシプロピレンスルフィド（PPS）との環拡大重合

得られていることが分かった。図5は，環状ジチオエステル化合物に10当量のPPSを用いた場合に得られた環状ポリマーを，MALDI TOF Massスペクトルで解析した結果であり，さまざまなサイズの環状ポリマー類が合成されていることが示された[16]。

すなわち，PPSの挿入反応率は定量的となるが，PPSの挿入反応が進行する際に，分子内や分子間での反応が進行するために，さまざまなサイズの環状ポリマーが得られる。その反応機構は図6のように示される。

図6に示すように，中間体2を形成した段階で，分子内での反応が進行すれば環状化合物［A］が生成する。本来であればこの環状化合物［A］のみが生成してくれれば都合が良いわけであるが，中間体2から分子間での反応も進行するために環状化合物［B］が生成する。さらに，環状化合物［A］や［B］から，挿入反応が分子内と分子間との反応がごちゃ混ぜで進行するために，さまざまなサイズの環状ポリマーが合成されると考えられる。このことは，環状ポリマーの構造における，チオエステル部位に原因があると予想した。すなわち，チオエステル部位はエ

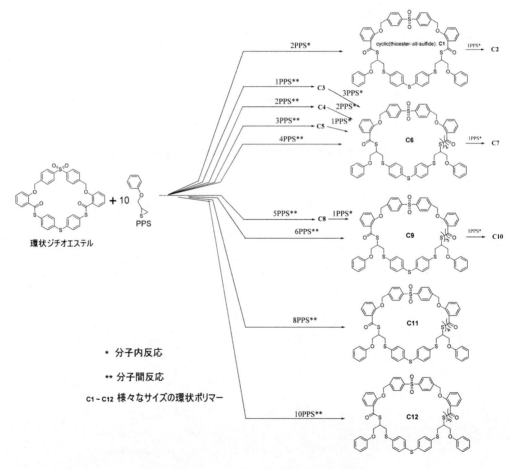

図5　環状ジチオエステルとPPSとの環拡大重合

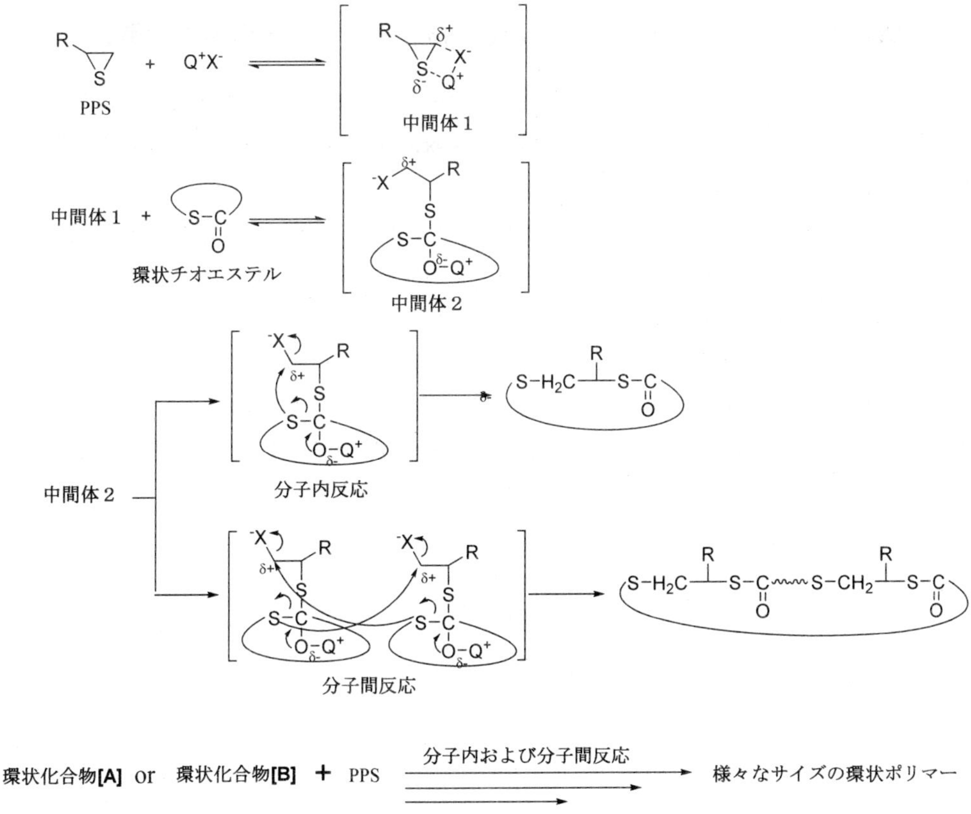

第1章 環拡大重合法による分子量が制御された環状ポリマーの合成

図6 環状チオエステル化合物にチイランの挿入反応機構

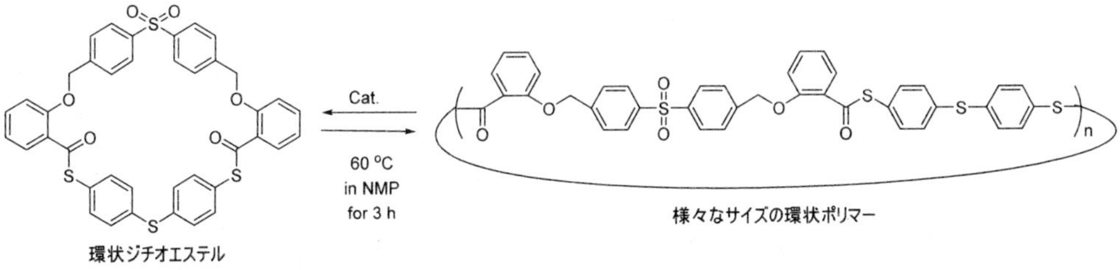

図7 環状ジチオエステル化合物の環-環平衡反応による環状ポリマーの合成

ステル交換反応が頻繁に進行する化学結合であるため,分子内環化反応と分子間環化反応の両方が進行することで,さまざまなサイズの環状ポリマーが得られると考えられる。そのことを証明するために,環状チオエステル化合物のみを用いての,環-環平衡反応による環状ポリマーの合成について検討したところ,さまざまなサイズの環状ポリマーが得られることを明らかとした(図7)[17, 18]。

4 環状カルバミン酸チオエステル化合物とチイランとの環拡大重合

さらに，環状カルバミン酸チオエステル化合物を用いて同様にして，環拡大重合反応および，環-環平衡反応について検討したところ，PPS の連続的挿入反応は同様に進行するが，環-環平衡反応は進行しないことが分かった（図 8）。

環状カルバミン酸チオエステルと PPS の仕込み比を変えて検討したところ，表 1 に示すように，定量的に挿入反応が進行し，得られたポリマーの分子量は仕込み比で完全にコントロールされ，狭い分子量分布も維持されることが明らかにされた。

さらに，得られたポリマーの MALDI TOF Mass スペクトルを測定したところ，環状カルバミン酸チオエステル化合物に PPS が挿入反応する場合に，分子間での挿入反応は全く進行せず，分子内挿入反応が選択的に進行した環状ポリマーが得られていることが判明した。このことで，分子量が制御された環拡大重合が達成されたことが証明された（図 9）[19, 20]。

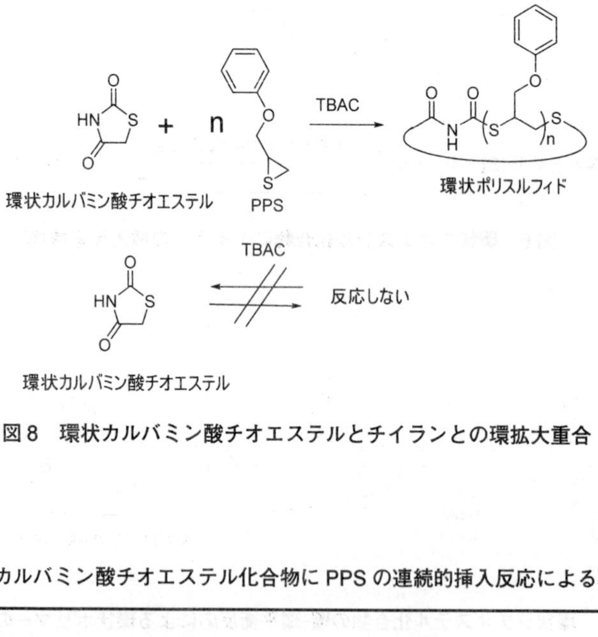

図 8 環状カルバミン酸チオエステルとチイランとの環拡大重合

表 1 環状カルバミン酸チオエステル化合物に PPS の連続的挿入反応による環拡大重合

仕込み比 PPS／環状カルバミン酸 チオエステル	転化率 (%)	収率 (%)	M_n (M_w/M_n)
5/1	>99	92	1,500 (1.43)
10/1	>99	98	2,800 (1.32)
20/1	>99	>99	4,800 (1.32)
30/1	>99	>99	7,000 (1.19)
40/1	>99	>99	8,500 (1.21)
50/1	>99	>99	10,000 (1.91)

第1章 環拡大重合法による分子量が制御された環状ポリマーの合成

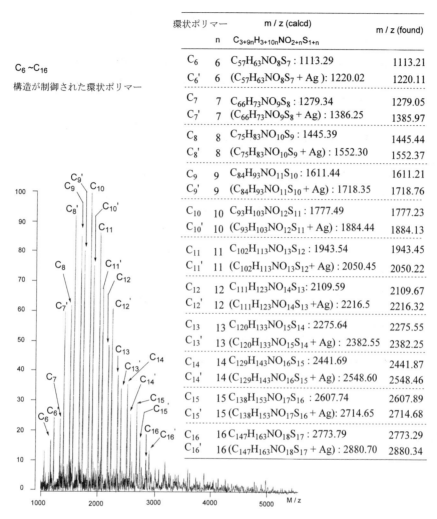

図9 環状カルバミン酸チオエステルとPPSとの環拡大重合反応による，分子量が制御された環状ポリマーのMALDI TOF Massスペクトル

5 まとめ

以上のように，環拡大重合法は，環状ポリマーを選択的に合成する方法としては非常に有効な方法であり，さまざまなサイズの環状ポリマーを合成する方法としても非常に有用な方法である。しかしながら，末端がない環状構造であるが故に，環状構造同士の分子間反応を制御することが難しいと考えられる。基本的に，直鎖状ポリマーを合成する方法を，環状モノマーに応用することができれば，環拡大重合法へ応用可能である。しかし，環拡大重合反応を検討すると，直鎖状ポリマーの重合時に見えてこなかった分子間反応が顕著に視覚化されてしまうことが多く，分子量のコントロールは非常に困難となることが多い。

文　　献

1) J. F. Brown Jr., and G. M. Slusarczuk, *J. Am. Chem. Soc.,* **87**, 931 (1965)
2) H. R. Kricheldorf, *J. Polym. Sci. Part A: Polym. Chem.*, **48**, 251 (2010)
3) K. H. Song et al., *Chem. Eur. J.*, **13**, 5129 (2007)
4) J. Hu et al., *Macromolecules*, **42**, 4638 (2009)
5) K. Matyjaszewski, Y. Gnanou, L. Leibler eds., Macromoleculer Engineering: Precise Synthesis, Materials Properties, Applications, p.875, Wiley-VCH (2007)
6) J. J. L. Bryant and J. A. Semlyen, *Polymer*, **38**, 2475 (1997)
7) For example; Y. Zhang et al., *Macromolecules*, **43**, 10343 (2010)
8) For example; H. R. Kricheldorf, *Macromol. Rapid Commun.*, **30**, 1371 (2009)
9) For example; N. Sugai et al., *J. Am. Chem. Soc.*, **132**, 14790 (2010)
10) For example; R. Cacciapaglia et al., *Eur. J. Org. Chem.*, 186 (2008)
11) For example; A. Cook et al., *Tetrahedron Lett.*, **48**, 6496 (2007)
12) For example; W. Jeong et al., *J. Am. Chem. Soc.*, **131**, 4884 (2009)
13) B. A. Laurent and S. M. Grayson, *J. Am. Chem. Soc.*, **128**, 4238 (2006)
14) C. W. Bielawski et al., *Science*, **297**, 2041 (2002)
15) A. kameyama et al., *Macromol. Rapid Commun.*, **15**, 335 (1994)
16) H. Kudo et al., *Macromolecules*, **38**, 5964 (2005)
17) H. Kudo et al., *J. Polym. Sci. Part A: Polym. Chem.*, **45**, 680 (2007)
18) H. Kudo and Y. Takeshi, *J. Polym. Sci. Part A: Polym. Chem.*, **52**, 857 (2014)
19) H. Kudo et al., *Macromolecules*, **41**, 521 (2008)
20) H. Kudo et al., *Macromolecules*, **43**, 9655 (2010)

第2章　環拡大カチオン重合による環状ポリマーの精密合成

大内　誠*

1　緒言

　一般にポリマーは繰り返し単位からなる巨大分子であり，ひものような長い鎖として表せる。長いひもは互いに相互作用し，互いに絡み合うことで，プラスチック，ゴム，繊維などの構造材料に使われてきた。主にポリマーの種類によって材料としての特性や用途が決まるが，分子量（すなわち，長さ），立体規則性，末端基などの一次構造も特性を決める因子として重要であり，これらはリビング重合や立体規則性重合によって制御される。一方，一次構造として直鎖とは異なる形態（トポロジー）も注目されている[1〜4]。これまでほとんどのポリマーは直鎖をベースに設計，合成されてきたが，例えば環状鎖をベースにこれらの制御ができれば，材料として環状鎖に由来する物性を付与できると考えられる。環状鎖は直鎖と異なり，末端基がなく，同じ分子量の直鎖と比べるとコンパクトで絡み合いが小さい。さらに集合挙動も異なると考えられる。このように直鎖と滞在的に異なる振る舞いや特性が期待されるにも関わらず，環状ポリマーの効率的かつ定量的な合成法が限られるために，環状鎖の基礎物性解明や材料開発は遅れてきた。

　最も単純な環状ポリマーの合成法は直鎖の両末端を反応させる方法（直鎖両末端環化）である（図1上）[3,5]。しかし，この反応は分子内反応であり，高希釈条件で反応させるか，末端同士を近づける工夫がないと，分子間反応が競合し，選択的に環化ポリマーを合成するのは難しい。また分子量が大きくなると，末端同士で反応させるのはますます難しくなる。これに対し，「環拡大重合」と呼ばれる環状開始剤の環構造を拡大させながら重合させる方法（図1下）は，希釈条件に頼らずに環状鎖を合成できる重合法として興味深い[3]。リビング重合で用いられる休止種（ドーマント種）は成長活性種に解離基が結合したものであり，この解離基が組み込まれた環状分子から環拡大開始・成長が起こり，重合後も解離基が成長末端を蓋することができれば，環状高分子が得られる。代表的な環拡大重合は Grubbs らが報告した環状ルテニウムカルベン錯体を用いた開環メタセシス重合である[6]。環状拡大重合は開環重合を用いて，環状モノマーから環状ポリマーを合成する例が多いが，非環状モノマーの付加重合をベースとする環拡大重合も報告されており，鳴海らによってスチレンのニトロキシド媒介ラジカル重合[7]，Voige らによってアセチレンの配位重合[8]で，環拡大重合が報告されている。もし，従来のリビング重合と同様に環拡大重合を制御できれば，環状ブロックコポリマー，多環状ポリマー，環状グラフトポリマーなど

---

*　Makoto Ouchi　京都大学　大学院工学研究科　高分子化学専攻　教授

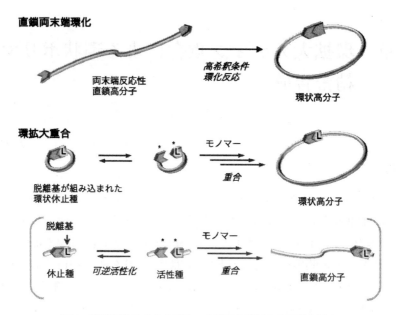

図1 環状高分子の合成手法：直鎖両末端環化と環拡大重合

環状鎖をベースとした高分子の精密合成，さらには環状鎖に由来する特性・機能の創出が期待できる。ここでは最近我々が研究している環拡大カチオン付加重合[9～11]について述べる。

2 環拡大カチオン重合の実現に向けて

我々は環拡大付加重合の開発を目指し，カルボン酸あるいはその付加体を開始剤，ルイス酸を活性化剤とするビニルエーテルのリビングカチオン重合[12,13]に着目した（図2）。多くのリビングカチオン重合ではハロゲン化水素を開始剤とし，ハロゲン解離基を伴って進行するが，ハロゲン解離基は結合の手が1つしかないので，環状分子に組み入れることはできない。一方，カルボン酸を開始剤とするビニルエーテルのリビングカチオン重合[14～16]ではヘミアセタールエステル（HAE）結合を可逆的に活性化し，アセテートアニオンを解離基として進行するので，環拡大重合のベース重合となり得る。もし，HAE結合が組み込まれた環状分子に対し，ルイス酸がHAE結合を活性化して環状イオン対を与え，ビニルエーテルの成長反応が進行すれば，環状高分子が生成し得る。ここで環拡大重合が進行し，環状ポリマーを得るためには以下の反応を抑制することが重要となる。

① β 水素脱離反応

カチオン重合の代表的な副反応である β 水素脱離反応が起こると，末端が二重結合の直鎖ポリマーが生成するので，β 水素脱離反応は抑制しなければいけない。すなわち，リビングカチオン重合と同様の制御性が求められる。

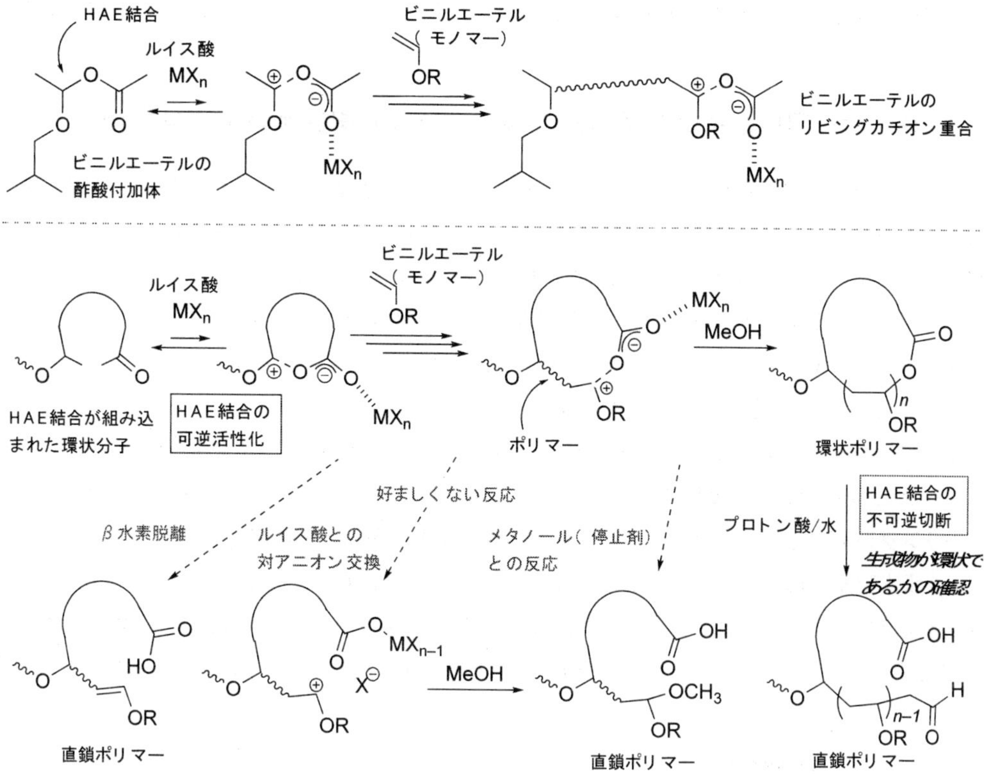

第2章 環拡大カチオン重合による環状ポリマーの精密合成

図2 HAE結合の活性化によるリビングカチオン重合に基づくビニルエーテルの環拡大カチオン重合

② ルイス酸とのアニオン交換

リビングカチオン重合で用いられる多くの活性化剤はハロゲンを有するルイス酸であるが，HAE結合を活性化して生じるアセテートアニオンとハロゲンアニオンが交換すると，ハロゲンを対アニオンとする重合が進行し，最終的に直鎖ポリマーを与えるので，この反応を抑制する必要がある。

③ 重合停止時のメタノールとの反応

重合を停止するために，ルイス酸を失活させる必要があり，このルイス酸失活反応で生成ポリマー中のHAE結合が分解してはならない。例えば，メタノールを加えてルイス酸を失活させた時にHAE結合にメトキシ基が反応してアセタールになると直鎖ポリマーに変換されてしまうので，HAE結合を維持したままルイス酸を失活させる必要がある。

また，理想的にビニルエーテルの環拡大重合が進行し，環状ポリマーが生成した場合はHAE結合が組み込まれた環状ポリマーになる。強いプロトン酸を用いて，HAE結合を「不可逆に」切断すれば，直鎖ポリマーに変換されるため，見かけの分子量が大きくなり，SECの溶出時間が早くなる。環構造の評価は^{1}H NMRやMALDI-TOF-MSでも可能であるが，高分子量にな

ると解析が難しくなるため,このSECによる解析は環状ポリマー生成の評価として有用である。

3 SnBr₄を用いたイソブチルビニルエーテルの環拡大カチオン重合

2-メトキシシクロヘキサノンに対し,メタクロロ過安息香酸を用いたバイヤービリガー酸化反応によって,ヘミアセタールエステル結合が組み込まれた環状分子 **1** を合成し,これを開始剤とし,ルイス酸を組み合わせてイソブチルビニルエーテル (IBVE) のカチオン重合を検討した。その結果,四臭化スズ ($SnBr_4$) を活性化剤として組み合わせると,上で述べた好ましくない反応が起こらずに環拡大カチオン重合が進行し,環状ポリビニルエーテルが得られることがわかった[9, 10]。典型的な重合結果を図3に示す。

ここで,生成ポリマーのSECを測定すると,得られるクロマトグラフは単分散と思えるメインピークと高分子量側に複数のピークから成る多峰性ピークとなった。しかし,低分子量側にテーリングは観測されず,重合の進行とともにピーク全体が高分子量側にシフトしていることから,β水素脱離反応のような副反応は起こっていないことが示唆された。ポリマー中のHAE結合を不可逆に切断する目的で,サンプルの一部をトリフルオロ酢酸 (TFA) と水で処理し,SECを測定すると M_w/M_n が1.1以下の単分散ピークが観測され,さらにそのピークトップ分子

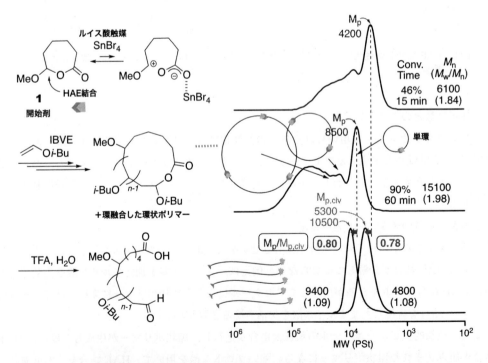

図3 環状開始剤 **1** を用いた IBVE の環拡大カチオン重合(トルエン中,0℃)
$[IBVE]_0/[\mathbf{1}]_0/[SnBr_4]_0/[DTBMP]_0 = 380/5.0/0.50/0.15$ mM. DTBMP: 2,6-di-*tert*-butyl-4-methylpyridine.

第2章 環拡大カチオン重合による環状ポリマーの精密合成

量値（$M_{p,clv}$）は切断前のポリマーのメインピークのピークトップ分子量値（M_p）に比べると明確に高い値を示した。また，生成ポリマーの構造を ^{1}H NMR（重クロロホルム）で解析すると，TFA で処理する前のポリマーには HAE 結合のメチンプロトンに由来するピークが 6 ppm 付近で明確に観測され，TFA 処理後はこのピークが完全に消失し，アセトアルデヒドに由来するピークが 10 ppm 付近に観測された。

　以上の結果から，この重合では狙いとする環拡大重合が進行し，環状ポリマーが生成しているものの，環状ポリマー鎖同士で対アニオンを交換する「環融合」が起こり，生成ポリマーの分子量が多分散になったと考えられる（図4）。対アニオンは常に同一ポリマー成長鎖の近傍に存在しているとは限らず，ポリマー鎖間で交換し合うと考えられる（交換連鎖）。直鎖高分子の場合はこの交換反応が起こっても分子量に影響しないが，環状高分子が生成する場合はこの交換反応によって，分子量分布が高分子量側に拡がったと考えられる。つまり，この多分散化は環拡大重合が起こっている証拠とも言える。TFA 処理後のポリマーが単分散であるのは，重合中にβ水素脱離などの移動反応や停止反応は起こっていないためであり，HAE 結合のメチンピークに由

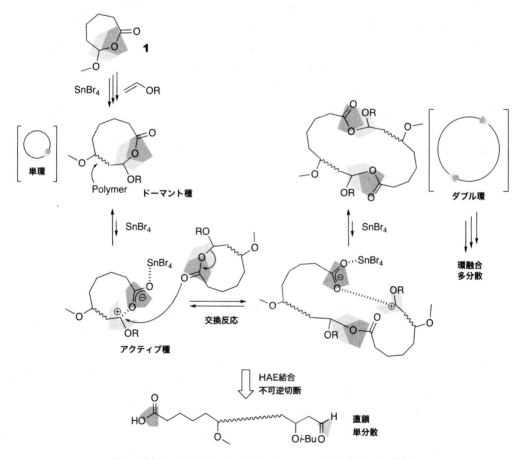

図4　環拡大カチオン重合で起こる環状鎖間の交換反応（環融合）

来するピークが定量的に観測されていることからも，融合したポリマーも含め，HAE 結合あたりの分子量はほぼ揃っていると考えられる。環状鎖の生成は MALDI-TOF-MS からも支持されており，分子量分布は多分散になるものの，環状鎖はほぼ定量的に生成していることがわかった。上の重合はモノマー濃度 380 mM，開始剤濃度 5 mM というカチオン重合では典型的な濃度であり，高希釈条件に頼らずに環状ポリマーがほぼ定量的に得られる点は特筆すべき特徴である。濃度をさらに高濃度にすると，環融合の割合が大きくなり，より顕著な多分散化が見られるものの，TFA 処理による変化は同様であったことから，高濃度でも環状ポリマーの生成が示唆された。また，HAE 結合分解前後のピークトップ分子量の比が 0.7〜0.8 程度であり，この比は環状鎖生成の精度の目安となる。

4 後希釈による環状ポリマー鎖の単分散化

本重合は本質的にリビング重合であるにも関わらず，環状トポロジー特有の交換反応によって生成ポリマーの分子量分布は広くなる。例えば，モノマー消費後に別のモノマーを添加すると，HAE 結合の不可逆失活はないために多峰性の SEC 曲線はすべて高分子量側にシフトするが，環融合が起こるために生成物はジブロック環状コポリマーのみならずマルチブロック環状コポリマーとの混合物となる。分子量が制御された環状鎖の物性や環状ブロックコポリマーの自己組織化挙動を調べるためには，単分散環状ブロックコポリマーの生成が理想である。そこで，単分散の環状鎖を得るために，重合後にルイス酸を失活させずに重合溶液を希釈する後希釈を検討した（図 5）[17]。すなわち，モノマーが消費された重合溶液に大量の溶媒を足し，重合温度のまましばらく放置したところ，融合鎖に複数含まれる HAE 結合間で分子内交換反応が起こり，希釈前は多分散であった SEC 曲線（$M_w/M_n = 3.18$）が徐々に狭くなり，単分散になった（$M_w/M_n =$

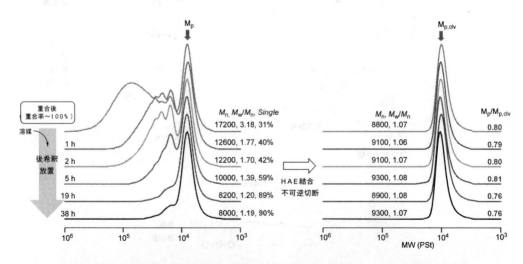

図 5　後希釈による SEC 曲線の推移と TFA による HAE 結合切断による環状鎖生成の確認

1.19)。希釈して放置している間に直鎖になって単分散化した可能性があるが，得られたポリマーの一部を TFA で分解すると，ピークトップが高分子量側にシフトし，同様の単分散 SEC 曲線が得られたことから，後希釈して放置している間，環状トポロジーを維持したまま HAE 結合の可逆的活性化が起こり，単分散化していることがわかった。後から希釈するのではなく，重合を希釈条件で行っても，環融合の割合を減らせる可能性があるが，重合速度の低下を招く上に，重合を制御するための条件の最適化も難しい。一方，後希釈による方法は，高濃度で重合させることができるメリットがある。また，後希釈によって単分散化できたことは，HAE 結合の可逆的活性化を高度に制御できていることを物語っている。

5 さまざまなビニルエーテルの環拡大カチオン重合：環状トポロジーが感温性挙動とガラス転移温度に与える影響

本環拡大重合は HAE 結合を可逆活性化しながら進行するため，モノマーとして使えるのは HAE 結合ドーマント種を与えるビニルエーテルのみである。また，カチオン重合をベースとしており，水酸基やアミノ基などの高極性側鎖を有するポリマーを合成する場合は，保護するか，重合後の後反応による導入を考える必要がある。この場合は HAE 結合に影響しないように脱保護か後反応を行えることが重要となる。これまで図に示したようなさまざまな側鎖を有するビニルエーテルの環拡大重合を制御し[18]，ガラス転移温度，感温性，集合挙動に与える影響を調べてきた。例えば，アルキルハライドは置換反応によって修飾が可能であり，ハロエステルは原子移動ラジカル重合（ATRP）の開始剤となるため，環状鎖からのグラフト重合が可能である。（メタ）アクリレートはラジカル重合のモノマーとなるため，ラジカル重合によって環状ポリマーの架橋に展開できる（図6）。また，後希釈法を使えば，分子量も制御できるので，同じ分子量の直鎖ポリマーと厳密な比較も可能である。

ここでは，本環拡大重合で得られた環状ポリマーの物性を評価した例[19]を示す。ドデシル基（$C_{12}H_{25}-$）を側鎖に有するビニルエーテル（DDVE）の直鎖ポリマーは酢酸エチルに高温で溶解し，低温にすると濁ることが青島らによって報告されている[20]。そこで，環状トポロジーがこの感温性挙動に与える影響を調べるために，DDVE の環拡大重合を行い，後希釈によって分子量

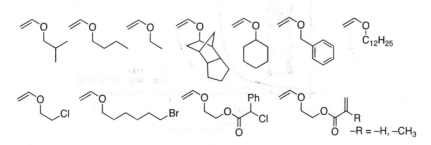

図6　環拡大重合可能なビニルエーテル

分布の狭い環状ポリマーを合成した（$M_n = 13400$，$M_w/M_n = 1.22$；図7）。また，非環状HAE結合型開始剤であるIBVEの酢酸付加体（IBVE-HCl）にSnBr$_4$を活性化剤として組み合わせ，ほぼ同じ分子量・分子量分布を有する直鎖ポリマーも別途合成し（$M_n = 14300$，$M_w/M_n = 1.18$），両者の酢酸エチル溶液（1 wt%）の濁度変化を温度可変UV測定によって調べた。両者とも高温にして透明な均一溶液を調製し，その降温過程（1℃/min）での透過率変化を測定した（波長=670 nm）。直鎖ポリマーは42℃付近で濁りはじめ，急激に透過率が減少し，ゼロになった。一方，環状ポリマーは49℃付近で透過率が減少し，直鎖に比べて穏やかに透過率が減少し，最終的に透過率がゼロになる温度は直鎖とほぼ同じだった。環状鎖はコンパクトで集まりやすいため，凝集が高い温度で起こったが，直鎖に比べて絡み合いが困難なため，系全体が濁るのに時間を要し，このような違いが出たと考えている。環状鎖のコンパクトで絡み合いづらいという特徴が反映された結果と言える。

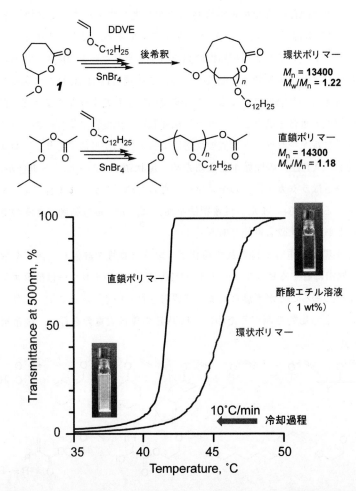

図7　環状ポリDDVEと直鎖ポリDDVEの合成と，酢酸エチル中の感温性挙動の比較

第 2 章　環拡大カチオン重合による環状ポリマーの精密合成

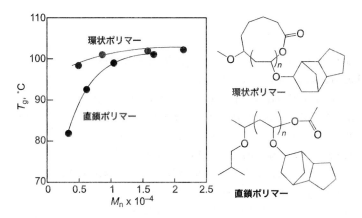

図 8　環状ポリ TCDVE のガラス転移温度の分子量依存性：直鎖ポリ TCDVE との比較

　直鎖ポリマーは末端基があるために，高分子としての振る舞いが末端近傍と末端から離れた場所では異なると考えられる。例えば，分子量がある程度小さいポリマーは，そのガラス転移温度（T_g）が末端基の影響を強く受けることが知られている。環状ポリマーは末端基がないため，T_g に及ぼす影響が直鎖と異なると考えられる。そこで，剛直な高分子鎖を与えるトリシクロデカンビニルエーテル（TCDVE）に対し，環状開始剤 1 と非環状開始剤 IBVE-HCl それぞれを用いてさまざまな分子量の環状ポリマーと直鎖ポリマーを合成し，T_g の分子量依存性を調べた（図 8）。その結果，直鎖ポリマーは分子量の低下とともに T_g が明確に低下したのに対し，環状ポリマーは分子量依存性が小さかった。この結果も末端基のない環状ポリマーの特徴の表れである。

6　まとめ

　今回紹介した環拡大カチオン重合は，リビングカチオン重合をベースとしており，不可逆な連鎖移動反応や停止反応は起こらない。環状鎖間の交換反応によって分子量分布は広くなるが，従来のカチオン重合と同様の濃度でもほぼ定量的に環状鎖が得られる。また，後希釈によって単分散化も可能である。適用できるモノマーはビニルエーテルに限られるが，側鎖を多様に設計できるため，環状鎖の物性や環状鎖をベースとするブロック共重合や高分子ゲルなどへの展開が可能である。これらは従来の環状高分子合成法には見られない特徴であり，環状ポリマーを基とする新しい高分子科学の発展，高分子物性の解明，さらには高分子材料の開発が期待される。

文　　献

1) T. Yamamoto & Y. Tezuka, *Polym. Chem.*, **2**, 1930 (2011)
2) Y. Tezuka, *Polym. J.*, **44**, 1159 (2012)
3) B. A. Laurent & S. M. Grayson, *Chem. Soc. Rev.*, **38**, 2202 (2009)
4) Z. F. Jia & M. J. Monteiro, *J. Polym. Sci. Part A: Polym. Chem.*, **50**, 2085 (2012)
5) T. Josse *et al.*, *Angew. Chem. Int. Ed.*, **55**, 13944 (2016)
6) C. W. Bielawski *et al.*, *Science*, **297**, 2041 (2002)
7) A. Narumi *et al.*, *J. Polym. Sci. Part A: Polym. Chem.*, **48**, 3402 (2010)
8) C. D. Roland *et al.*, *Nat. Chem.*, **8**, 791 (2016)
9) H. Kammiyada *et al.*, *ACS Macro Lett.*, **2**, 531 (2013)
10) H. Kammiyada *et al.*, *Macromol. Symp.*, **350**, 105 (2015)
11) M. Ouchi *et al.*, *Polym. Chem.*, **8**, 4970 (2017)
12) M. Sawamoto, *Prog. Polym. Sci.*, **16**, 111 (1991)
13) S. Aoshima & S. Kanaoka, *Chem. Rev.*, **109**, 5245 (2009)
14) S. Aoshima & T. Higashimura, *Macromolecules*, **22**, 1009 (1989)
15) M. Kamigaito *et al.*, *Macromolecules*, **25**, 6400 (1992)
16) T. Hashimoto *et al.*, *J. Polym. Sci. Part A: Polym. Chem.*, **36**, 3173 (1998)
17) H. Kammiyada *et al.*, *Polym. Chem.*, **7**, 6911 (2016)
18) H. Kammiyada *et al.*, *J. Polym. Sci. Part A: Polym. Chem.*, **55**, 3082 (2017)
19) H. Kammiyada *et al.*, *Macromolecules*, **50**, 841 (2017)
20) K. Seno *et al.*, *J. Polym. Sci. Part A: Polym. Chem.*, **46**, 4392 (2008)

第3章 ビニルモノマーの環拡大重合

鳴海 敦*

1 はじめに

「環拡大重合」は分子の輪の中にモノマーを挿入することで達成される。輪の中に環状モノマーを開環重合で挿入する系の開発が顕著である。環状メタセシス触媒[1~3]によるオレフィン類の重合，N-ヘテロ環状カルベン有機触媒によるラクチドの両性イオン重合[4]，有機スピロ環開始剤によるラクトン類の重合[5]，環状チオウレタン[6]や2,4-チアゾリジンジオン[7]を用いたチイランの重合，以上が代表例といえる。「ビニルモノマーの環拡大重合」を進行させるには，輪の中にビニルモノマーを付加重合で挿入すればよいということになる。本章では，リビングラジカル重合系でのビニルモノマーの環拡大重合を紹介する。特に，解離-結合（dissociation-combination）機構[8]の活用と報告例[9~15]を中心に述べる。交換連鎖移動（degenerative chain transfer）機構[8]の活用と報告例[16~18]も紹介する。リビングカチオン重合を活用した系[19~21]を含め，他の方法については他章をご参照いただきたい。

2 環状開始剤によるビニルモノマーの環拡大重合

2.1 解離-結合（dissociation-combination）機構の活用

図1に，リビングラジカル重合の機構のひとつである解離-結合機構[8]とそれへの環状構造の導入を示す。ドーマント種（P-X）の共有結合が，熱，あるいは紫外線やγ-線の照射により均一結合開裂を引き起こし，重合活性ラジカル（P・）と安定ラジカル（X・）を生じる（i）。この機構に環状構造を導入する（ii）。重合活性ラジカルがモノマー（M）に付加し，生じた成長ラジカルが同一ポリマー鎖内の安定ラジカルと再結合する。このような反応が進行すれば，輪の中へのビニルモノマーの付加重合による挿入が達成し，ビニルモノマーの環拡大重合が進行する（破線矢印）。ただし副反応が併発する場合がある。以下により詳しく述べる。

2.2 環状ジチオカルボニル化合物を用いた低温でのラジカル重合

ビニルモノマーの環拡大重合の最初の例として多く引用されているのは，Panらによるジチオベンゾエート部位の解離-結合機構に基づいたものである[9]。具体的には，環状ジチオベンゾエート誘導体1（図2）を開始剤に用いたメチルアクリレート（MA）のラジカル重合であ

---

* Atsushi Narumi 山形大学 大学院有機材料システム研究科 准教授

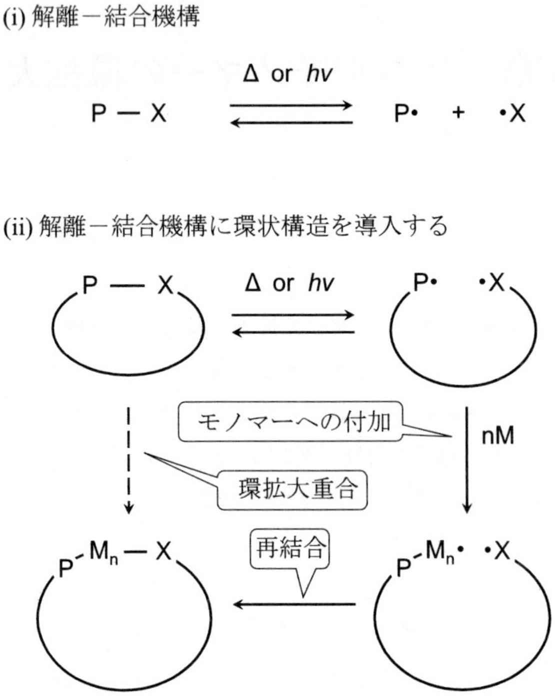

環状高分子の合成と機能発現

(i) 解離−結合機構

$$P-X \underset{}{\overset{\Delta \text{ or } h\nu}{\rightleftarrows}} P\cdot + \cdot X$$

(ii) 解離−結合機構に環状構造を導入する

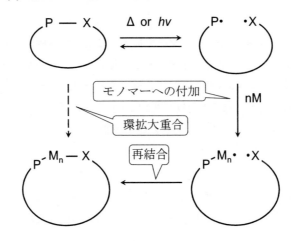

図1 解離-結合機構と環状構造の導入

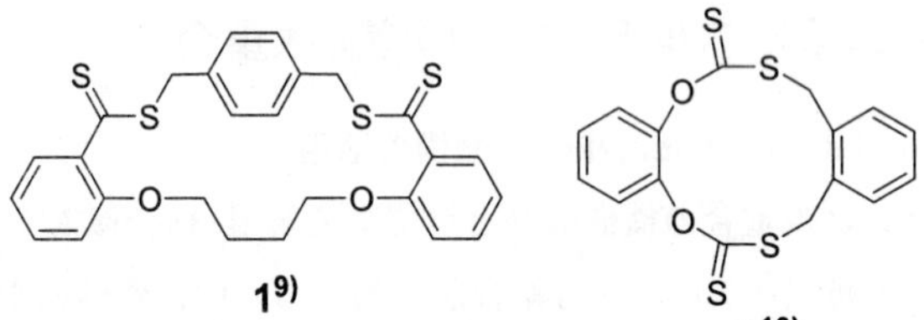

図2 環状ジチオカルボニル化合物

る。^{60}Co γ-線照射により低温で重合を行っているのが特徴である。均一結合開裂で生じたベンジル型のラジカルは，モノマーに付加し（成長反応），安定ラジカルと反応する（再結合）。成長反応が速いとポリマー鎖の伸長に安定ラジカルの拡散が追いつかず，すなわち距離的な問題により再結合が困難になると著者らは述べている。そこで，^{60}Co γ-線照射を活用することで重合を低温（−30℃）で行い，これにより成長反応速度が抑制され，結果として輪の大きさが制御された環状ポリメチルアクリレートが得られている。N-イソプロピルアクリルアミドを第二のモノマーに用いて重合を行うことで，環状ジブロックコポリマーの合成も実施されている。環状ザンテート誘導体 **2**（図2）を用いた重合系が同じグループにより報告されている[10]。

第3章 ビニルモノマーの環拡大重合

2.3 環状アルコキシアミンによる制御ラジカル重合

リビングラジカル重合として広く用いられている「ニトロキシドを介したラジカル重合（NMP）」を活用した例を紹介する。C-ON共有結合の解離-結合機構に基づいた方法であり，重合に先立ち，アルコキシアミン誘導体の閉環反応による環状NMP開始剤の合成が行われる。

2.3.1 開始剤合成

図3に環状NMP開始剤の例を示す。Braslauらは5員環の環状NMP開始剤 **3** を合成した[11]。**3** を用いたビニルモノマーの重合では，環拡大重合ではなく熱重合が進行した。C-ON共有結合が5員環構造のため安定化し，解離-結合機構が機能しなかったためである。そこで，解離-結合の動力学がより鎖状のそれに近い化合物として，17員環の環状NMP開始剤 **4** を合成した。

筆者らは環状NMP開始剤 **5** の合成を報告した[12]。アジド基とアセチレン基を有するアルコキシアミン誘導体を合成し，続いてアジド／アルキン-クリック反応による分子内環化反応を行っ

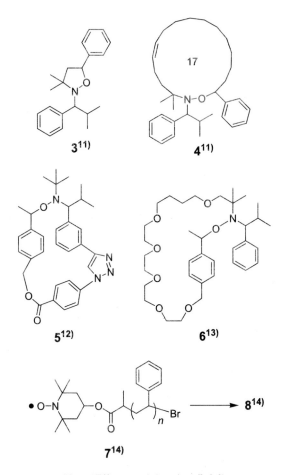

図3 環状アルコキシアミン化合物

た。5は有機溶媒への溶解性に乏しい化合物であった。そこで，柔軟なテトラオキシエチレン鎖を閉環鎖に用いた環状NMP開始剤6を合成する方針とした[14]。前駆体として，両端にアリル基を有するアルコキシアミン誘導体を合成した。続いてGrubbs触媒を用いた閉環メタセシス反応により，内部アルケンを有する環状アルコキシアミン誘導体を得た。最後に水素添加反応を実施し，6を得た。6は各種ビニルモノマーを含めた液体試薬に良好な溶解性を示した。

NicolaÿとMatyjaszewskiは，ニトロキシドラジカルおよび臭素原子をそれぞれα-およびω-末端に有するポリマー7の合成を報告した[13]。7の分子内原子移動ラジカル付加（ATRA）反応により，C-ON共有結合を主鎖に含む環状ポリスチレン8を合成した。

2.3.2 重合結果および特性評価

環状アルコキシアミン4，5，6，および8（図3）をNMP開始剤に用いたビニルモノマーの重合がそれぞれの論文で報告されている。特徴ある共通した結果が示されている。一例として，5によるスチレン（St）の1,1,1,3,3,3ヘキサフルオロ-2-フェニル-2-イソプロパノール（HFPP）中での重合結果[12]を述べる（5を溶かす高沸点の溶媒としてHFPPを選択した）。図4

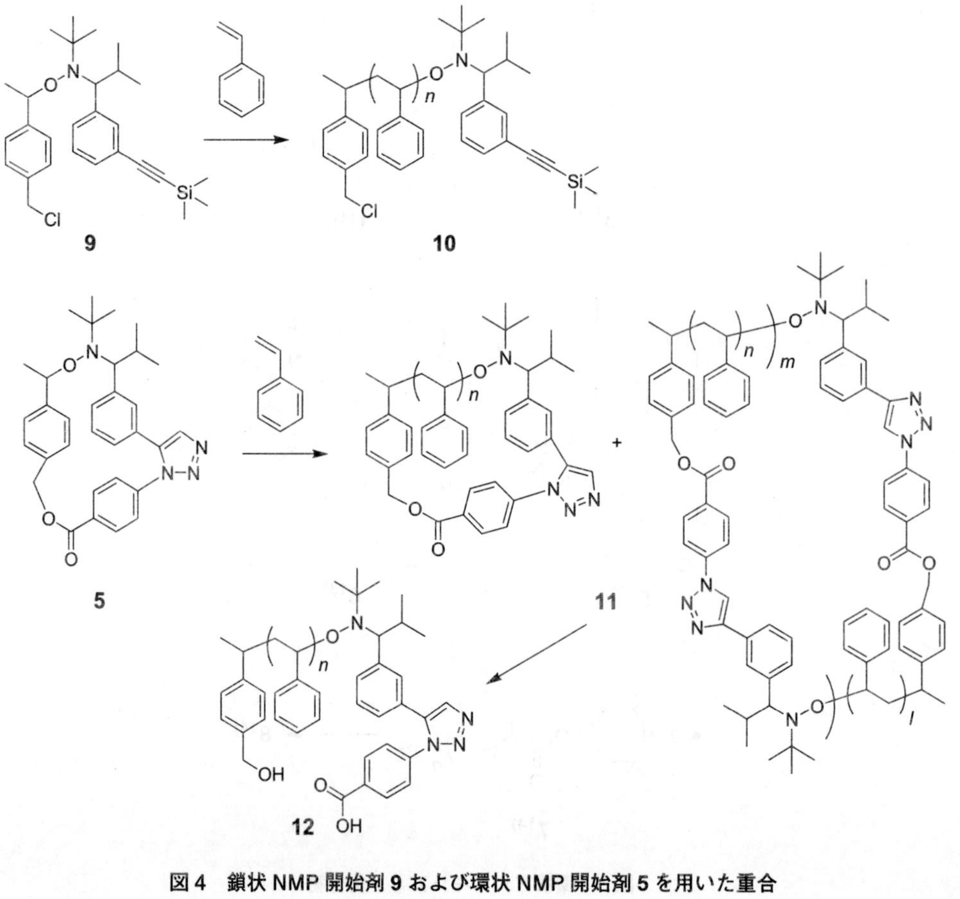

図4 鎖状NMP開始剤9および環状NMP開始剤5を用いた重合

第3章 ビニルモノマーの環拡大重合

に反応機構の概略を示す。比較のために実施した鎖状 NMP 開始剤 **9** を用いた系の結果を先に述べる。重合は，モノマーと開始剤の仕込み比（$[St]_0/[5]_0$）を 50：1 とし，125℃で6時間行った。生成物 **10** の数平均分子量（M_n）は 3,400 であり，重合はリビング的に進行することが示唆された。同じ条件で **5** を用いて重合を行った。生成物 **11** は，熱重合生成物ではなく，**5** で開始されたポリマーであった。一方，**11** の SEC トレースは **10** とは大きく異なり，高分子量領域にメインピークを示した。ピークトップに対応する分子量（M_p）は 37,000 であり，収量から計算した理論分子量 2,900 の 13 倍ほど大きな値となった。また，低分子量側には M_p を 3,700 とする肩が観測された。以上より，本重合系では，ラジカル環交差反応による環融合反応（図5）が生じたと考えた。これは，生じた成長ラジカルが，他のポリマー鎖内で発生した安定ラジカルと再結合した場合に生じる副反応である。以上をまとめると，本重合系では，2.1 で述べた解離‐結合機構によりビニルモノマーの環拡大重合が進行し，これに環融合反応が加わり，生成物 **11** は図4に示すような構造の多量体化したポリマーであると結論した。この機構は，**11** の加水分解で得られたポリマー **12**（図4）の分子量測定によっても支持されている。

　溶解性の面で改良を加えた環状 NMP 開始剤 **6** を用いた系では，スチレン（St）の塊状重合が可能となった（図6）[14]。さらに，新たに多角度光散乱検出器付サイズ排除クロマトグラフィー（SEC-MALS）を用いた生成ポリマー **13** の構造評価を行った。SEC-MALS 測定では，分子量 10 万以上を目安として，ポリマーの回転半径を見積もることができる。その範囲における **13** の回転半径は，同様の分子量を有する鎖状ポリスチレンよりもコンパクトで，環状ポリスチレンよりも大きなものであるという結果が得られた。以上より，**13** は完全ではないものの環状構造を有すると推測された（図6）。

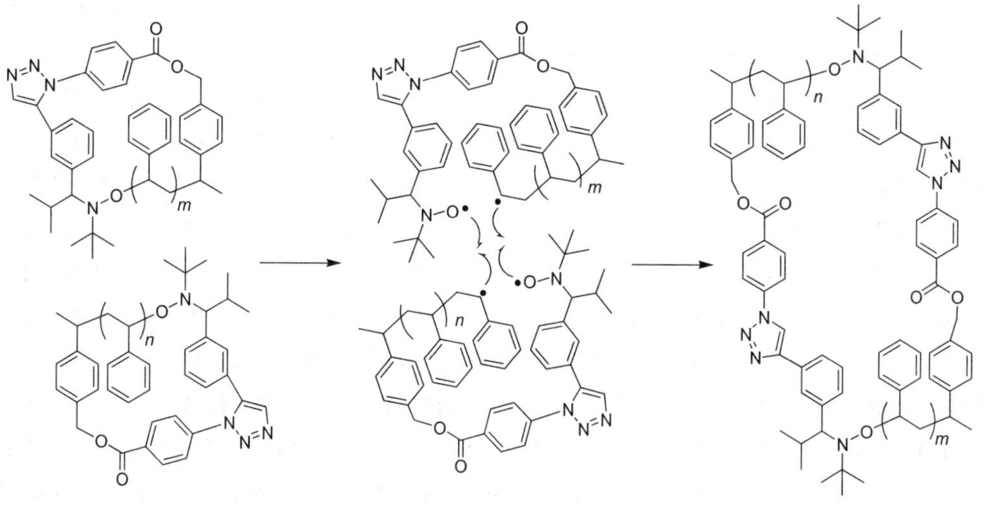

図5　ラジカル環交差反応による環融合反応

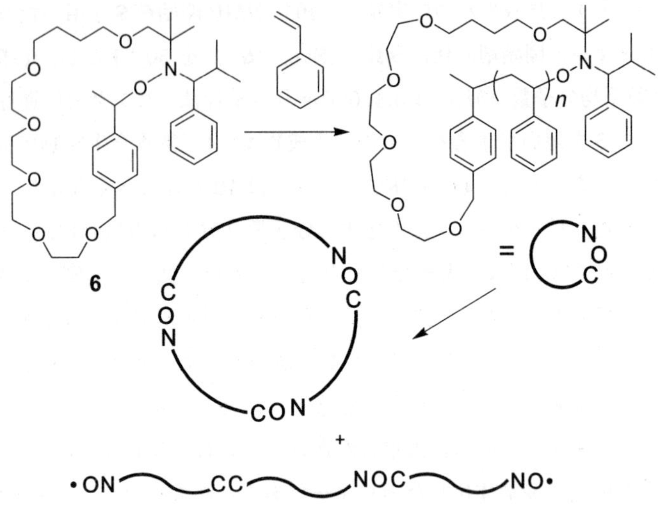

図6 生成物 13 の SEC-MALS 測定から推測した構造

2.3.3 モデル反応

重合生成物の構造に関してより明確な知見を得るために，環融合反応に焦点を当てる方針とした。すなわち，ビニルモノマーを加えずに 6 のみを所定時間加熱し，生成物の SEC 測定を行った（図7および図8）[15]。105～125℃に加熱した系で 6 の環融合反応は高効率で進行し，高分子量体のポリマー 14 を与えた。SEC 測定（図8）において，ⅰ）19～27分，ⅱ）27～30分，ⅲ）31分，およびⅳ）32分に溶出するピークは，それぞれ，ⅰ）高分子量体，ⅱ）オリゴマー，ⅲ）開環単量体，およびⅳ）環状単量体（すなわち 6）に帰属された。14 の ^{1}H NMR 測定では，C-ON 結合近傍の水素のシグナルが明確に観測された。それらから見積もった C-ON 結合の残存率（ϕ）は一般に 80～98％という高い値であった。

結果の一例を，SEC トレースのメインピークのピークトップに対応する分子量（M_p）と C-ON 結合の残存率（ϕ）を用いて述べる。6 を 115℃で 3 時間加熱し，14（M_p = 58,400, ϕ = 98％）を得た（図7および図8）。このサンプルを，溶媒を用いて高希釈条件下で加熱したところ，生成物 15（M_p = 231, ϕ = 90％）が得られた。したがって，ラジカル環交差反応を高希釈下で行うことで，環収縮が進行することが示された。このような環拡大／環収縮に関する現象は，Otsuka らによる動的共有結合ポリマーに関する論文で報告されている[22]。15 を再び無溶媒下で加熱したところ，生成物 16（M_p = 14,700, ϕ = 84％）を得た（図7および図8）。すなわち，2 回目の環融合反応が進行することを示した。この実験により，15 が 6 と同様の構造からなる環状化合物であることが証明された。このことは，15 の原料である 14 が環状モルフォロジーを有することも支持している。以上より，環融合／環収縮反応においては環状モルフォロジーが高効率で保持されることが示された。

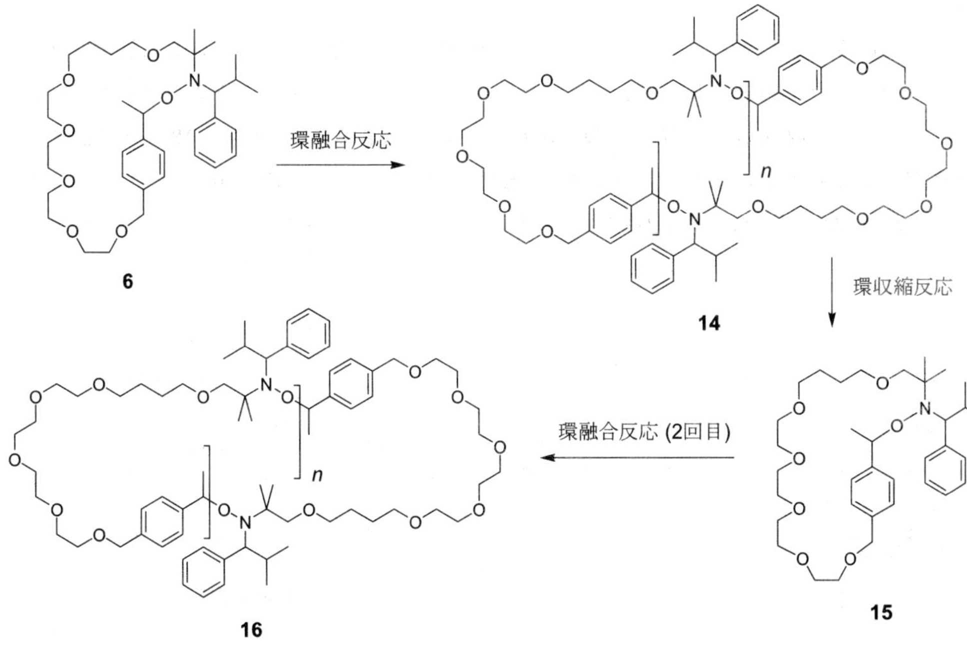

第 3 章 ビニルモノマーの環拡大重合

図 7 **6** を出発とするラジカル環交差反応

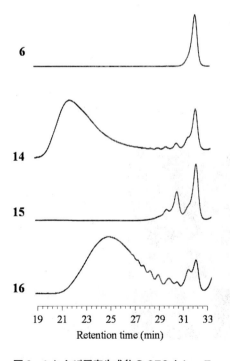

図 8 **6** および反応生成物の SEC トレース

2.3.4 ブラシ化

原子間力顕微鏡（AFM）によるモルフォロジーの観察を目的として，重合生成物のブラシ化について検討した（図9）。**6** によるスチレンとビニルベンジルアセテートの共重合を115℃で行い，コポリマー **17** を得た。**17** を水酸基含有コポリマー **18** に変換した後，**18** を多官能性高分子開始剤とする ε-カプロラクトンの重合を，触媒にジフェニルリン酸を用いて行い，ポリマーブラシ **19** を得た。**19** の AFM 画像には，環状モルフォロジーを有するポリマーブラシが観察さ

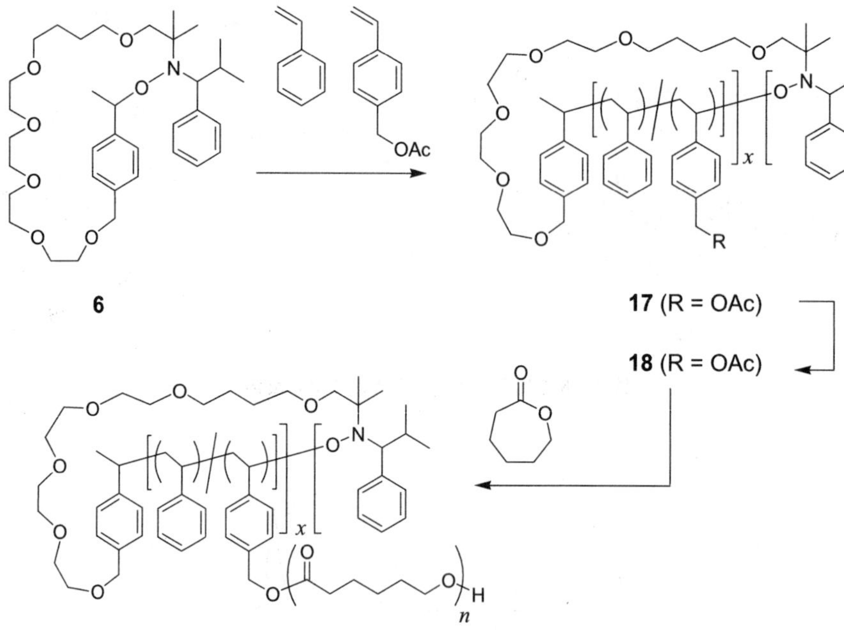

図9　環拡大重合と生成物のブラシ化

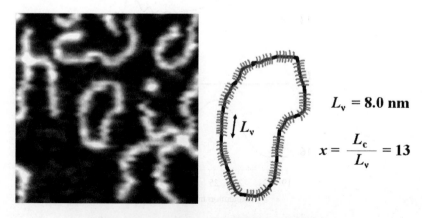

$L_v = 8.0$ nm

$x = \dfrac{L_c}{L_v} = 13$

図10　ポリマーブラシの AFM 画像および解析の例

第3章　ビニルモノマーの環拡大重合

れた。図10にその例を示す。画像中央に観察された大環状ポリマーブラシの輪郭長（L_c）は 104.5 nm であった。一般に動力学的連鎖長（v）と定義される重合度に対応した鎖長（L_v）は，主鎖の立体配座がトランスジグザグであると仮定すると，8.0 nm と見積もられた。先に述べたように，本重合系では環拡大重合で環状ポリマーが生成し，さらにラジカル環交差反応が併発し，結果的に多量体化したポリマーが得られる。その多量体化度（x）は L_c を L_v で割ることで見積もることができる。図10の大環状ポリマーブラシの多量体化度（x）は 13 と見積もられた。

3　環状連鎖移動剤を用いたビニルモノマーの重合

3.1　交換連鎖移動（degenerative chain transfer）機構の活用

図11に交換連鎖移動機構[8]とそれへの環状構造の導入を示す。ドーマント種であるポリマー鎖（P-X）を考える。X は解離基である。P-X および重合活性ラジカルを有するポリマー鎖（P'・）から，重合活性ラジカルを有するポリマー鎖（P・）およびドーマント種であるポリマー鎖（X-P'）が生じる（ⅰ）。このようなラジカル種とドーマント種との交換，すなわち可逆的な連鎖移動反応が速く起こることで，すべてのポリマー鎖が同じように成長する機会が与えられリビングラジカル重合が進行する。このような機構により進行するリビングラジカル重合の代表例に，チオカルボニル化合物を用いた可逆的付加開裂連鎖移動（RAFT）重合がある。この機構に環状構造を導入する（ⅱ）。重合活性ラジカルを有するポリマー鎖（・P-X-P''）がモノマー（M）に付加し，生じた成長ラジカルの「同一ポリマー鎖の」ドーマント結合への連鎖移動が進行すれば，ビニルモノマーの環拡大重合が成立する（破線矢印）。

3.2　環状 RAFT 剤存在下でのビニルモノマーの重合

上記のように，生じた成長ラジカルと同一ポリマー鎖のドーマント結合との交換連鎖が進行すれば，ビニルモノマーの環拡大重合が成立する。一方，同一ではなく，他のポリマー鎖との交換連鎖が進行すれば，ポリマーの多量体が生成する。実際に，ポリマーの多量体化を目的とした研究が行われている。例えば，環状トリチオカーボネート **20** を用いたスチレンの RAFT 重合が報告されている[16]。まず環状トリチオカーボネート **20** の分子間交換連鎖を行い（開環重合），その後にビニルモノマーの RAFT 重合を行う経路も報告されている[17]。

3.3　環状 RAFT 剤によるビニルモノマーの環拡大重合

モノマーに N-ビニルカルバゾール，連鎖移動剤（CTA）に環状のザンテート誘導体 **21**（図12），開始剤に AIBN，溶媒に 1,4-ジオキサンを用いた重合系が報告されている[18]。この方法は，熱開始によるビニルモノマーの環拡大 RAFT 重合に分類される。重合がリビング的に進行したことに加え，NMR，XPS，AFM による生成物の評価が述べられている。

(i) 交換連鎖移動機構

P — X + P'• ⇌ P• + X — P'

(ii) 交換連鎖移動機構に環状構造を導入する

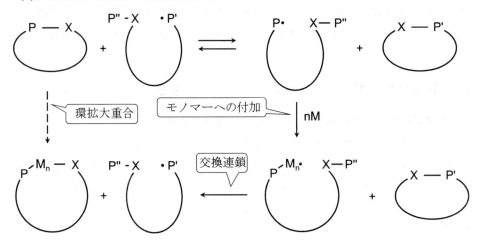

図11　交換連鎖移動機構と環状構造の導入

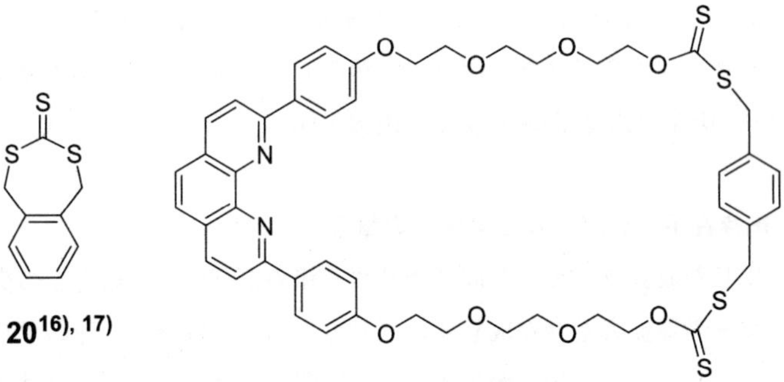

20[16), 17)]

21[18)]

図12　環状 RAFT 剤

4　おわりに

　ビニルモノマーの環拡大重合，なかでもニトロキシドを介したラジカル重合（NMP）を活用した方法について，より詳しく紹介させていただいた。課題も多く残されているが，利便性や拡張性を考えると大環状ポリマーの合成法として魅力に溢れた系であるといえる。革新的な鍵化合物の創出，分子レベルでの工夫，それらとともに，既存の系の改良と知見のフィードバックも重要である。動力学的アプローチによる系の最適化，反応場の制御による副反応の抑制など，基礎

第 3 章　ビニルモノマーの環拡大重合

的なものから挑戦的なものまで研究課題は多く残されている。ビニルモノマーの環拡大重合は，閉環鎖の骨格に汎用モノマーを挿入していく技術とも言い換えることができる。環状トポロジーが関与する新奇な素材の創出の基盤技術に繋がり，その開発が今後も望まれる。

文　　献

1) C. W. Bielawski *et al.*, *Science*, **297**, 2041 (2002)
2) C. W. Bielawski *et al.*, *J. Am. Chem. Soc.*, **125**, 8424 (2003)
3) K. Zhang and G. N. Tew, *ACS Macro Lett.*, **1**, 574 (2012)
4) D. A. Culkin *et al.*, *Angew. Chem. Int. Ed.*, **46**, 2627 (2007)
5) W. Jeong *et al.*, *J. Am. Chem. Soc.*, **129**, 8414 (2007)
6) H. Kudo *et al.*, *Macromolecules*, **41**, 521 (2008)
7) J. H. Schuetz *et al.*, *Macromol. Chem. Phys.*, **214**, 1484 (2013)
8) 遠藤剛（編），高分子の合成（上）—ラジカル重合・カチオン重合・アニオン重合，p.84, 講談社 (2010)
9) T. He *et al.*, *Macromolecules*, **36**, 5960 (2003)
10) D. B. Hua *et al.*, *J. Polym. Sci. Part A: Polym. Chem.*, **45**, 2847 (2007)
11) J. Ruehl *et al.*, *J. Polym. Sci. Part A: Polym. Chem.*, **46**, 8049 (2008)
12) A. Narumi *et al.*, *J. Polym. Sci. Part A: Polym. Chem.*, **48**, 3402 (2010)
13) R. Nicolaÿ and K. Matyjaszewski, *Macromolecules*, **44**, 240 (2011)
14) A. Narumi *et al.*, *React. Func. Polym.*, **104**, 1 (2016)
15) A. Narumi *et al.*, *Polymers*, **10**, 638 (2018)
16) J. Hong *et al.*, *Macromolecules*, **38**, 2691 (2005)
17) J. Hong *et al.*, *Macromol. Rapid Commun.*, **27**, 57 (2006)
18) A. Bunha *et al.*, *React. Func. Polym.*, **80**, 33 (2014)
19) H. Kammiyada *et al.*, *ACS Macro Lett.*, **2**, 531 (2013)
20) H. Kammiyada *et al.*, *J. Polym. Sci. Part A: Polym. Chem.*, **55**, 3082 (2017)
21) H. Kammiyada *et al.*, *Macromolecules*, **50**, 841 (2017)
22) G. Yamaguchi *et al.*, *Macromolecules*, **38**, 6316 (2005)

第4章 希釈条件を必要としない閉環反応による環状ポリソルビン酸エステルの設計と合成

細井悠平[*1], 高須昭則[*2]

はじめに

　近年の精密重合技術の発展は目覚ましく，分子量のみならず高分子末端の構造制御も可能になり，種々のブロック共重合体の合成とそのミクロ相分離構造に基づく機能が数多く報告されるようになった[1]。環状高分子は，末端基を有しない高分子であり合成のみならず物性面からも多くの化学者の研究ターゲットになってきた。その合成法は，①環拡大重合法[2]と②高分子末端同士の閉環反応[3]に大別される。2005年のGrubbsのノーベル化学賞の受賞を引き金にメタセシス反応による不飽和環状分子の環拡大重合[4]が主流となってきた。もう一つの合成法である線状高分子の閉環反応は，高分子合成の基軸であるリビング重合法を積極的に活用できるものの，分子間の反応を抑制するために高希釈条件を必要とする（グラム単位の合成には浴槽サイズの反応容器が必要である）。筆者らは，独創的な発想に基づいてN-ヘテロ環状カルベン（NHC）を開始剤に用いたリビングアニオン重合と，そのN-ヘテロ環状カルベニル基（α-末端）の脱離基としての性質を活用した「希釈条件を全く必要としない閉環反応による環状高分子の革新的制御合成とサイズ制御」を提案する（図1）。このアニオン重合では，開始剤となるN-ヘテロ環状カルベニル基（α-末端）は，重合中は対カチオンとして作用し（アニオンに隣接），モノマーが完全に消費されたあとは脱離基として働く。これにより高希釈条件を全く必要としない化学選択的な閉環反応を実現することが可能になる（重合速度＞＞閉環反応速度の顕著な違いを活用）。この研究により，長年置き去りにされてきた線状高分子の閉環反応による環状高分子の制御合成とリビング重合法を積極的に活用した環状高分子のサイズ制御が可能となる。環状高分子の種類拡張やサイズ制御は，そのレオロジーや分子鎖の絡み合い制御などの溶液物性と高分子化学分野全体に波及効果のある挑戦的研究となる。本章では，以下の3項目について執筆する。

[*1] Yuhei Hosoi　名古屋工業大学大学院　生命・応用化学専攻
[*2] Akinori Takasu　名古屋工業大学大学院　生命・応用化学専攻　教授

第 4 章　希釈条件を必要としない閉環反応による環状ポリソルビン酸エステルの設計と合成

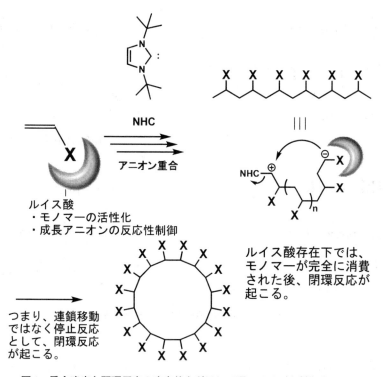

図 1　重合速度と閉環反応の速度差を利用して環のサイズを制御する原理

1　ソルビン酸エステルの立体規則性アニオン重合

　当研究室では，アルカジエン酸エステル類のアニオン重合に関する研究の一環として，2-メチル-2,4-ヘキサジエン酸メチルのアニオン重合を検討し，得られたポリマーの水素添加反応により完全な交互配列を有する head-to-head（H-H）ポリ（プロピレン-alt-メタクリル酸メチル）に誘導できることを報告している[5]。本節ではソルビン酸メチル（MS）のアニオン重合を嵩高いアルミのルイス酸存在下で行った。重合は溶媒にトルエン，開始剤に tert-ブチルリチウム（t-BuLi）を，ルイス酸としてはメチルアルミニウムビス(2,6-ジ-t-ブチル-4-メチルフェノキシド)(MAD)[6]を用い，シュレンク管中−20℃で行った。また，得られたポリマーの水素添加反応は，p-トルエンスルホニルヒドラジド（TSH）を用いて窒素気流下 115℃ で行った。MAD を添加した重合においては 1,4-trans-付加で重合が進行した。MAD を開始剤に対し 3 倍量添加すると添加剤なしの場合（収率 28%，$M_n = 6.2 \times 10^4$，$M_w/M_n = 2.87$）と比較して，収率と分子量分布が改善された（収率 99%，$M_n = 4.5 \times 10^4$，$M_w/M_n = 1.62$）。さらに，得られたポリマーの水素添加反応を行い，H-H ポリ（プロピレン-alt-アクリル酸メチル）に誘導しその立体化学を評価した。^{13}C NMR 測定を行いその立体化学を調べたところ，添加剤なしの重合から得られたものは erythro/threo の比が 61/39 であったのに対し，MAD を添加して重合したポリマーは erythro/

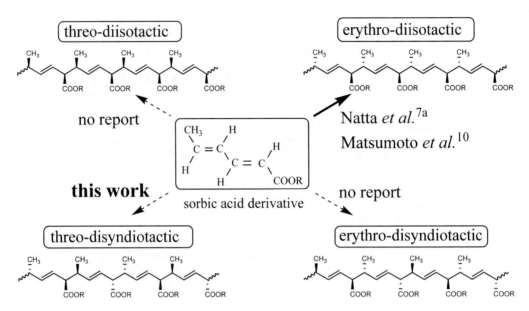

図2 ソルビン酸誘導体の立体規則性重合

threo＝10/90と高いthreo選択性を示した[7]。重合温度を−60℃まで下げて重合を行うとerythro/threoの比率は3/97まで向上した。同時に、threo構造に由来するカルボニル炭素は、175.5 ppmと175.7 ppmに現れるが、その比率も7/93と大きく偏り、立体規則性の重合が進行していることが示唆された。延伸フィルムの広角X線回折（WAXS）測定を行ったところ、7.02 Åの周期構造が確認できthreo-disyndiotact構造であることがわかった[8]。これまでに、ソルビン酸誘導体の立体規則性重合に関する研究は少なく、Nattaら[9]はMSの重合がキラル開始剤を用いることで、また、松本ら[10]はソルビン酸のアンモニウム塩を結晶構造中でそのまま重合することで立体規則性高分子に誘導している。その立体規則性は、どちらもerythro-diisotact構造であり、図2に示した残りの3種類は、報告されていなかった。

2 N-ヘテロ環状カルベンによるビニルポリマーのアニオン重合と希釈条件を必要としない環化反応制御[11]

前節に示した通り、(E,E)-ソルビン酸メチル（MS）のアニオン重合を嵩高いルイス酸触媒下で行うと1,4-trans-付加体が化学選択的に生成することを報告している[8]。よって、立体規則性の環状高分子を指向する本研究の実験モデルに適していると考えた。図3のように嵩高いルイス酸存在下で重合を行うとモノマーの活性化と成長アニオンの反応性が抑制され、（重合速度≫閉環反応速度の顕著な違いが生まれる）。重合終了後には、特に希釈条件を必要とせず、目的の環状ポリ（ソルビン酸メチル）が合成できると考えた[11]。

第4章 希釈条件を必要としない閉環反応による環状ポリソルビン酸エステルの設計と合成

前節の通り,嵩高い有機アルミニウム化合物である MAD 存在下ではトレオジシンジオタクチックポリマーが得られることわかっている[8]。そこで本節では,NHC の一つである 1,3-ジ-*tert*-ブチルイミダゾール-2-イリデン(NHC*t*Bu)を用いてソルビン酸エステル類のアニオン重合を MAD 存在下で行った(表 1)[11]。

実際の重合は,窒素下で MS と MAD をトルエン溶媒に溶かし,−20℃下で撹拌させた。NHC*t*Bu も同じようにトルエン溶媒に溶かし,−20℃下で撹拌させたあと,MS/MAD のトルエン溶液を滴下した。−20℃下で所定時間撹拌させた後,メタノールを加え,十分撹拌させることで反応を停止させた。減圧乾燥したものを少量のクロロホルムに溶解させ,十分冷やしたメタ

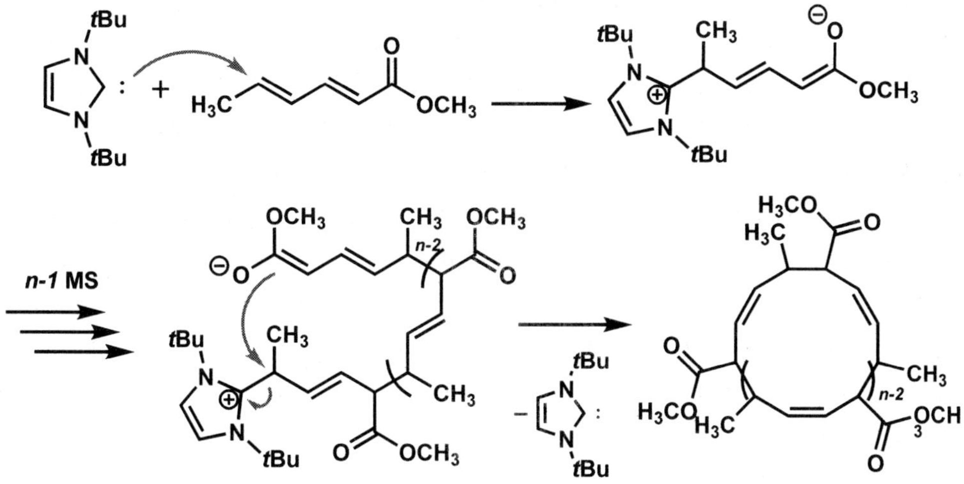

図3 環状ポリソルビン酸エステルの合成スキーム

表1　*N*-ヘテロ環状カルベン(NHC)によるソルビン酸メチル(MS[a])のアニオン重合

run	$[M]_0/[I]_0$[b]	solvent	additive[c]	temp. (℃)	time (h)	conv.[d] (%)	M_n[e] (kg/mol)	M_w/M_n[e]
1	100	toluene	−	r.t.	18	0	−	−
2	100	toluene	−	−40	30	0	−	−
3	100	DMF	−	r.t.	12	93	3.5	2.1
4	100	DMF	−	0	12	95	3.4	1.7
5	100	DMF	−	−20	4	73	4.2	2.0
6	100	DMF	−	−40	18	31	2.2	1.6
7[f]	100	toluene	MAD	−20	24	>99	28.7	1.3_7
8[f]	100	THF	MAD	−20	96	>99	23.0	1.1_7
9[f]	100	DMF	MAD	−20	18	0	−	−

[a] Carried out in 5 mL solvent and MS solution with fixed $[MS]_0 = 0.84$ M. [b] Feed molar ratio of MS to NHC*t*Bu. [c] $[I]_0/[MAD]_0 = 1/3$. [d] Monomer conversions measured by the ^{1}H NMR. [e] Determined by GPC in CHCl$_3$ using polystyrene standards. [f] Carried out in 5 mL solvent and MS/MAD solution with fixed $[MS]_0 = 1.15$ M.

ノールで再沈殿精製を行った。

　MS の重合結果を表1にまとめた。MAD を添加しない系では DMF 溶媒中で重合が進行した（runs 1〜6）。温度を変えて重合を行った結果，−20℃下で4時間反応させることで分子量 4.2×10^3 の高分子が得られた（run 5）。しかし，その分子量は設定分子量に到達せず，連鎖移動など副反応が起きていると考えられた。次に MAD を添加した系で反応を行った結果，トルエン溶媒と THF 溶媒中では，定量的に重合が進行した（runs 7, 8）。たとえば，THF 中，−20℃で24時間反応させると，転化率は99％以上となり分子量（M_n）23.0×10^3 の分子量分布の狭い高分子が得られた（$M_w/M_n = 1.1_7$）（run 8）。MAD が成長末端に配位して副反応を抑制し，モノマーに配位することで反応が活性化され，高分子量体が得られたと考えた。また ^{1}H NMR 測定から MAD を加えることで付加様式が 1,4-*trans* 型に制御されていることがわかった。

　環化反応について調査するため，MALDI-TOF MS 測定を用いた結果（図4），末端には NHC が結合していないことがわかったが，環化による停止反応により得られる環状高分子と図5に示したもう一つの停止反応により得られる線状高分子との分子量が全く同じになり，その二つを区別することができなかった。

　そこで，この2種類の停止反応から得られる重合体に含まれる二重結合の数の違いに着目し，水素添加反応を行ったのちにもう一度 MALDI-TOF MS 測定を行った。その結果，環状高分子に由来するシグナルが得られ，線状高分子に由来するピークは検出できなかった[11]。^{13}C NMR 測定から得られた分子量2万程度の環状高分子の立体化学についても調べた結果，90％程度の threo 構造に制御されているが，diisotact/disyndiotact 構造の比率は 55/45 であり，立体規則性の環状ビニルポリマーには至っていない（図6）。

　対照として，*t*-BuLi を開始剤に用いたアニオン重合[8]により線状のポリ(MS)を合成し，示差走査熱量（DSC）測定により，ガラス転移点の比較を行った。数平均分子量（M_n）は，1.4×10^4 であり，erythro/threo および diisotact/disyndiotact 構造の比率は 23/87 および 55/45 であ

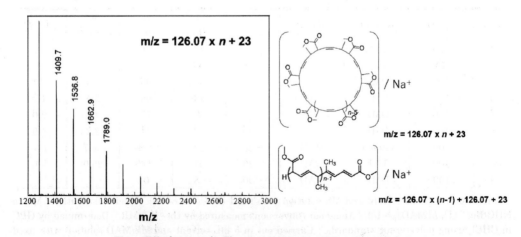

図4　環状ポリソルビン酸メチルの MALDI-TOF マススペクトル

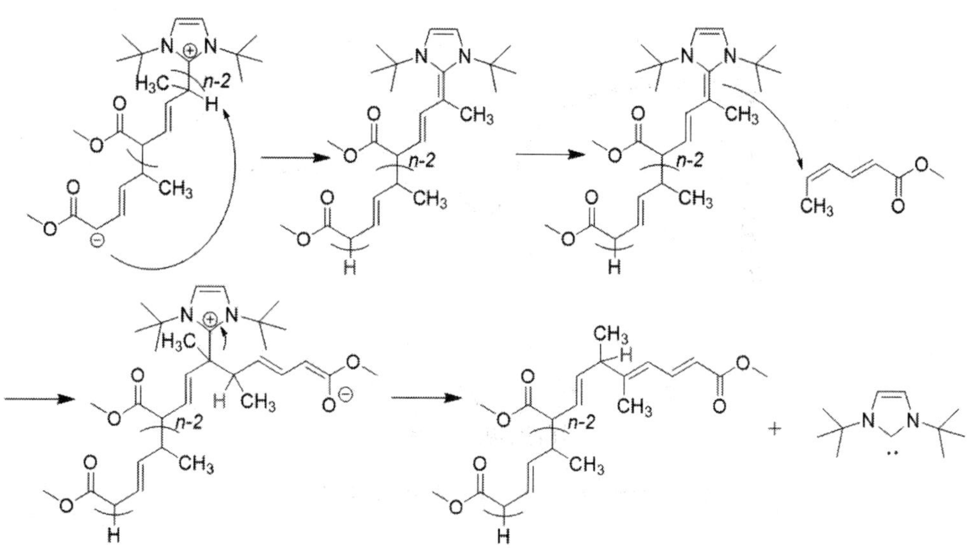

第4章 希釈条件を必要としない閉環反応による環状ポリソルビン酸エステルの設計と合成

図5 プロトン移動とエナミンの生成を経由して線状のポリソルビン酸エステルが生成する停止反応

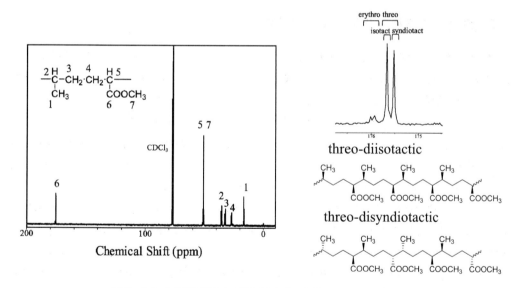

図6 トレオ-環状ポリソルビン酸メチルの ^{13}C NMR スペクトル

り，分子量と立体化学の違いは，無視できると考えられる。環状のポリスチレンと線状のポリスチレンでは，5℃ほど環状のポリスチレンのほうが高いと報告[12]されているが，ポリ(MS)の場合も，環状のポリ(MS)のほうが線状のポリ(MS)よりも7℃高い値を示した（図7）[11]。同じサンプルの，バルク状態での粘度測定を行った結果，環状のポリ(MS)は線状のポリ(MS)よりも2～3倍低い粘度を示し[11]，物性面からも希釈条件を必要としない閉環反応により環状ビニルポリ

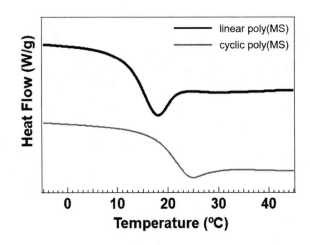

図7　環状ポリソルビン酸メチルのDSCチャート

マーが合成できていることが示唆された。

3　使用できるビニルモノマーの拡張

ソルビン酸エステルの重合結果を基に，種々のビニルモノマーのアニオン重合を検討した。反応性の高い共役ビニルモノマーの代表であるメタクリル酸メチル（MMA）をMAD存在下でNHCtBu開始剤を用いて重合を行った。すでにNHCを開始剤に用いた重合例があり，リビング的に重合が進んでいくが，モノマーが消費されモノマーの濃度が下がるとプロトン移動が起こり線状高分子になると報告されている[13]。MAD存在下ではそのプロトン移動を制御でき環状高分子が生成されると期待したが，モノマーの消費後に成長末端が開始末端隣接の炭素上の水素原子を引き抜き，本研究でも線状高分子が得られた（図8a）。

次に1,2-ジ置換性モノマーのクロトン酸メチル（MC）の重合を検討した。重合が開始した際，開始末端隣接の炭素上の水素原子が1つしかなくプロトン移動が起きにくいと考えた。NHCtBu/MAD触媒系によってMC重合反応を促したが，Rauhut-Currier反応（図8b）が起きてhead-to-tail（HT）型の二量体が得られた。NHC開始剤によるMCの重合はすでに研究されていた[14]が，今回MADを添加することでプロトンの移動を抑制し重合反応への誘導を試みた。しかし，報告の通りHT型の二量体が生成する結果になった。

このように，NHCを用いて希釈条件を必要とせず環状高分子が得られた系は現在，ソルビン酸エステル類だけである。重合が開始すると開始末端のNHC自身がカチオン性を持ち，MMAやMCでは，NHCに隣接するモノマーユニット中の酸性度が高くなり，プロトンが成長アニオンによって引き抜かれてしまう。一方，ソルビン酸エステル類は開始末端隣接のモノマーユニット中の水素原子は3級炭素と二重結合で結合しており，引き抜かれにくいと考えられる（図

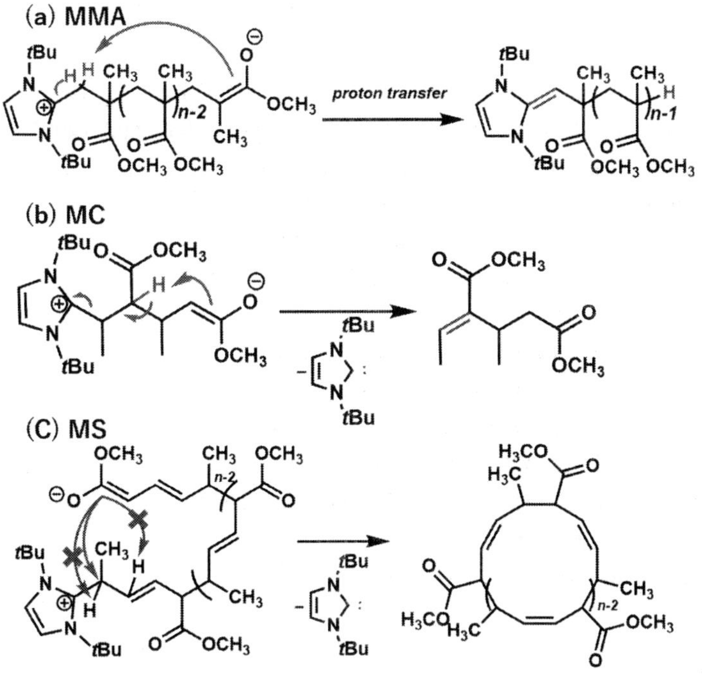

第4章　希釈条件を必要としない閉環反応による環状ポリソルビン酸エステルの設計と合成

図8　種々のビニルモノマーへの拡張

8c)。よって，開始反応を工夫すれば種々のビニルモノマーへの拡張が可能になると期待している。

結言

近年，高齢化社会やスマートフォンを中心とした新たな情報化社会を迎え，高分子材料に求められる機能も多角化してきたことを実感する。そこで，合成高分子のトポロジー制御が可能になれば，新たな物性および機能の探索が容易になり，材料設計の範囲が大きく広がると期待できる。また，本述の化学選択的な重合反応により，30年置き去りにされてきた線状高分子の閉環反応によるビニルポリマーの合成が可能になると同時にリビング重合法を積極的に活用した環状高分子のサイズ制御が手中に収まる革新的な研究である。末端のない環状高分子のレオロジーや分子鎖の絡み合い制御などの溶液物性は高分子化学者の学術的興味を最大限に引き出すと同時に，イノベーションを待望する日本の高分子産業に与える波及効果も大きいと期待する。

謝辞

カルベン化合物の反応制御は，本学　松岡真一　准教授の助言をいただき，環状ビニルポリマーの固体物性は，当研究室　林 幹大 助教（平成29年3月着任）の研究協力により実施した。

文　　献

1) X.-Y. Tu *et al.*, *J. Polym. Sci. Part A Polym. Chem.*, **54**, 1447（2016）
2) Y. A. Chang *et al.*, *J. Polym. Sci. Part A Polym. Chem.*, **55**, 2892（2017）
3) H. Oike *et al.*, *J. Am. Chem. Soc.*, **122**, 9592（2000）
4) C. W. Bielawski *et al.*, *Science*, **297**, 2041（2002）
5) A. Takasu *et al.*, *Macromolecules*, **34**, 6235（2001）
6) K. Maruoka *et al.*, *J. Am. Chem. Soc.*, **110**, 3588（1998）
7) A. Takasu *et al.*, *Macromolecules*, **34**, 6548（2001）
8) A. Takasu *et al.*, *Macromolecules*, **36**, 7055（2003）
9) G. Natta *et al.*, *Makromol. Chem.*, **43**, 251（1961）
10) A. Matsumoto, *J. Am. Chem. Soc.*, **122**, 9109（2000）
11) A. Takasu *et al.*, *J. Am. Chem. Soc.*, **139**, 15005（2017）
12) P. G. Santangelo *et al.*, *Macromolecules*, **34**, 9002（2001）
13) Y. Zhang, *J. Am. Chem. Soc.*, **135**, 17925（2013）
14) J. C. A. Flanagan *et al.*, *ACS Catal.*, **5**, 5328（2015）

第5章 有機分子触媒重合とクリック反応の組み合わせによる両親媒性環状ブロック共重合体の合成

磯野拓也[*1], 佐藤敏文[*2]

1 はじめに

環状高分子は環状のユニットを1つ（単環状）または2つ以上（多環状高分子）有する高分子と定義でき，この10年ほどでその合成法は飛躍的な発展を遂げた[1〜3]。これに伴い，単環状高分子に関しては直鎖状高分子では得られない興味深い物性が次々と報告されている[4〜6]。また，2つのポリマー成分からなる単環状ブロック共重合体（BCP）については，自己組織化を介した環状構造特有の性質（トポロジー効果）が見出されている。例えば，Hawkerらはポリスチレンとポリエチレンオキシドからなる環状BCPのミクロ相分離について報告しており，環状体は対応する直鎖状体と比べてミクロ相分離構造のドメイン間隔が33％ほど小さいことを見出した[7]。また，山本と手塚らはポリエチレンオキシドとポリブチルアクリレートからなるBCPのミセル安定性について検討しており，環状体は直鎖状体と比較して50℃も高い熱安定性を示すことを報告した[8]。こうした先駆的な研究例から，より高次なトポロジーが自己組織化に与える影響にも興味が持たれる。しかし，これまでのところ，多環状BCPは数えるほどの合成研究が報告されているのみの状況であり，自己組織化の研究はおろか，基礎的な物性すら検討されていない。

高分子のトポロジーと物性の相関関係を系統的に明らかにするためには，さまざまなトポロジーのBCPを同等の分子量（組成）かつ低分散度で合成しなければならない。また，当然そのトポロジーの純度も十分に高いことが求められる。Grayson[9]らやMonteiro[10]らはアジドとアルキンを末端に有する直鎖状高分子を分子内でクリック反応することで高純度の単環状高分子を与えると報告しており，各種のトポロジー高分子を合成するためのキーステップとして大変有望である。実際，分子内クリック反応は8の字型高分子[11]や単環状BCP[12]の合成にも応用できることがわかっている。しかし，クリック反応が定量的に進行したとしても，反応性前駆体の純度（末端構造の明確さ）が十分でなければ非環状副生成物のコンタミネーションは避けられない。

筆者らは最近，有機超強塩基触媒の一種であるt-Bu-P$_4$を触媒に用いた置換エポキシドのアニオン開環重合を報告しており，本重合系により構造明確かつ極めて低分散度のポリエーテルが合成可能であることを見出した[13〜15]。任意のアルコールを本重合の開始剤として用いることが

[*1] Takuya Isono　北海道大学　大学院工学研究院　応用化学部門　助教
[*2] Toshifumi Satoh　北海道大学　大学院工学研究院　応用化学部門　教授

できるため,ポリエーテルの開始末端に望みどおりの官能基を定量的に導入することができる。また,生成するポリエーテルの停止末端は水酸基となるため,これを利用することで両末端へ異なる官能基を導入できる。さらに,本重合はリビング的に進行するため,モノマーの逐次添加により容易にBCPを調製できる。このような優れた重合特性は,望みの位置にアジドとアルキンを有するクリック反応性BCP前駆体の合成に極めて有用であると期待した。筆者らはこれまでに,t-Bu-P$_4$触媒による重合と分子内クリック環化の組み合わせによって単環状はもとより,8の字型,三つ葉型,四つ葉型およびかご型構造を有する両親媒性BCPの系統的な合成に成功している[16, 17]。本稿ではそれらの合成法を概説する。

2 単環状BCPの合成

両親媒性BCPを設計するにあたり,疎水性モノマーとしてデシルグリシジルエーテル(**M1**),親水性モノマーとして2-(2-(2-メトキシエトキシ)エトキシ)エチルグリシジルエーテル(**M2**)を選択した。これらのモノマーはt-Bu-P$_4$触媒で精密重合できることを確認している。まず,t-Bu-P$_4$を触媒,3-フェニル-1-プロパノール(**I1**)を開始剤に用いた**M1**と**M2**のブロック共重合を検討した(スキーム1a)。[**M1**]$_0$/[**I1**]$_0$/[t-Bu-P$_4$]$_0$の比を50/1/1として**M1**のホモ重合を行い,モノマーの完全な消費を確認後,さらに50当量の**M2**を添加することで重合を継続した。**M2**モノマーの添加前後のサイズ排除クロマトグラフィー(SEC)トレースを比較すると,一段階目で生成したpoly(**M1**)に由来する溶出ピークが完全に高分子量側へとシフトしたことがわかる(図1a)。また,NMRからもpoly(**M1**)とpoly(**M2**)に由来するシグナルが両方とも確認できたことから,BCP(poly(**M1**-b-**M2**),**P1**)の生成を確認した。NMRから算出した分子量($M_\text{n, NMR}$)は21,900 g mol^{-1}であり,poly(**M1**)とpoly(**M2**)ブロックの重合度はそれぞれ50と51と見積もられた。このブロック共重合はモノマーの添加順序を変えても問題なく進行し,いずれも分子量分散度の狭いジブロック共重合体を与えた。以後,すべての合成でpoly(**M1**)と

スキーム1 直鎖および単環状BCPの合成経路

第5章　有機分子触媒重合とクリック反応の組み合わせによる両親媒性環状ブロック共重合体の合成

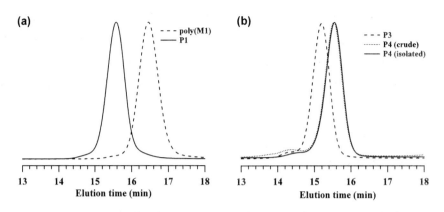

図1　(a) 直鎖状 BCP 合成における SEC トレースの変化。破線はファースト重合で生成した poly (**M1**)，実線は得られた **P1** の SEC トレースであり，**M2** の添加によりブロック共重合が進行したことがわかる。(b) **P3** の環化前後における SEC トレースの比較。環化で得られた **P4** の SEC トレース（実線）は **P3** よりも低分子量側にシフトしている。

poly(**M2**)ブロックの重合度は 50 程度に統一してある。

　本重合系を応用することで，単環状 BCP の合成に挑んだ（スキーム 1b）。クリック環化を実行するためにはアジド基とアルキンが末端に導入された直鎖状前駆体が必要となる。まず，アジドヘキサノール（**I2**）を開始剤とした **M1** と **M2** のブロック共重合を行い，開始末端にアジド基を有する poly(**M1**-*b*-**M2**)（**P2**）を調製した。NMR や IR 測定から，本重合条件においてアジド基は安定に存在できることが確認された。続いて，**P2** の停止末端水酸基を水素化ナトリウムとプロパルギルブロミドで処理することで開始末端にアジド基，停止末端にエチニル基を有する poly(**M1**-*b*-**M2**)（**P3**；$M_{n,\,\mathrm{NMR}}$ = 21,900 g mol^{-1}，M_w/M_n = 1.04）を得た。これを分子内でクリック反応させることにより目的とする単環状 poly(**M1**-*b*-**M2**)（**P4**）を合成した。シリンジポンプを用いて **P3** 溶液を大量の銅触媒溶液（CuBr / *N*,*N*,*N'*,*N''*,*N''*-ペンタメチルジエチレントリアミン）へとゆっくり滴下することで大希釈条件を確保し，分子間でのクリック反応を抑制した。また，反応後にプロパルギル基で修飾したポリスチレンビーズを添加し，樹脂に結合させることで未反応ポリマーを除去した。銅触媒とポリスチレンビーズを除去した後の生成物からはアジド基に由来する赤外吸収（2,100 cm^{-1} 付近）は観測されず，クリック反応が進行したことを強く示唆している。また，^{1}H NMR スペクトルからは末端構造に関連するシグナルのシフトが確認され，さらに，クリック反応によるトリアゾール環の形成も確認できた。$M_{n,\,\mathrm{NMR}}$ はクリック環化前とほぼ変わらず 22,300 g mol^{-1} と見積もられた。クリック環化前後の SEC トレースを比較すると，狭い分子量分布（M_w/M_n = 1.04）を維持したまま溶出ピークが低分子量側へとシフトしたことがわかった（図1b）。ただし，7% 程度の高分子量副生成物が観られたが，分取 SEC によって容易に除去することができた。SEC から求めた **P3** と **P4** のピークトップ分子量の比（$\langle G \rangle = M_{n,\,\mathrm{p(cyclic)}} / M_{n,\,\mathrm{p(linear)}}$）は 0.80 であり，過去に報告された単環状高分子の合成において観測された観 $\langle G \rangle$ 値とおおよそ一致する。また，環化前後の生成物について粘度測定を

行ったところ，**P4** の固有粘度は 8.0 mL g^{-1} と求められ，$M_{n, NMR}$ がほぼ等しい直鎖状の **P3**（13.1 mL g^{-1}）よりも明確に減少していることが判明した。これらは高分子の流体力学的体積が減少したことに由来しており，環状構造の形成を支持するものである。このように，t-Bu-P$_4$ 触媒によって精密合成したクリック反応性前駆体は両親媒性環状 BCP の合成に大変有用であることが確認できた。

3　8の字型およびタッドポール型 BCP の合成

t-Bu-P$_4$ 触媒による重合と分子内クリック環化の組み合わせを両親媒性 8 の字型 BCP の合成に応用した。8 の字型 BCP は親水と疎水ブロックの配列の仕方によっていくつかの構造異性体が考えられ，筆者らは 4 種類の異なる配列を有する 8 の字型 BCP（タイプ I 〜 IV）の合成に挑んだ。同一の環状ユニットが 2 つ繋がったタイプ I 〜 III の 8 の字型 BCP については同じ経路で合成することができる（スキーム 2）。開始剤 **I3** を使った **M1** の重合と続く **M2** による鎖延長により，鎖中央に 2 つのアジド基を有する ABA 型トリブロック共重合体（A = poly(**M1**)，B = poly(**M2**)）を調製し，その両末端水酸基にプロパルギルブロミドを反応させることでクリック反応性前駆体 **P6**（$M_{n, NMR}$ = 21,900 g mol^{-1}，M_w/M_n = 1.04）を得た。この前駆体をクリック環化の条件に付すことでタイプ I の 8 の字型 BCP（**P7**；$M_{n, NMR}$ = 21,800 g mol^{-1}，M_w/M_n = 1.06）を得た。なお，ホモポリマーでも同様の実験を行っており，そのサンプルの質量分析からもクリック環化で目的とする 8 の字型ポリマーが得られることを確認している[18]。

同様にして，クリック反応性前駆体を ABABA 型（**P9**；$M_{n, NMR}$ = 22,100 g mol^{-1}，M_w/M_n = 1.06）および BABAB 型ペンタブロック共重合体（**P12**；$M_{n, NMR}$ = 22,100 g mol^{-1}，M_w/M_n = 1.08）とすることで，それぞれタイプ II と III 型の 8 の字型 BCP を合成できる（スキーム 2b, c）。ABABA および BABAB 型のペンタブロック共重合体（それぞれ **P8** および **P11**）は **I3** から **M1** → **M2** → **M1** および **M2** → **M1** → **M2** の順でモノマー添加することで容易に合成可能であった。それぞれの末端水酸基をエチニル基へと変換し，分子内クリック環化の条件に付すことでタイプ II（**P10**；$M_{n, NMR}$ = 22,300 g mol^{-1}，M_w/M_n = 1.03）と III 型の 8 の字型 BCP（**P13**；$M_{n, NMR}$ = 22,200 g mol^{-1}，M_w/M_n = 1.03）を得た。

一方，2 つの環状ユニットがそれぞれのホモポリマーで構成された 8 の字型 BCP（タイプ IV）を得るためには新たな合成経路が必要となる。さまざまな検討を重ねた結果，α 末端とブロックの繋ぎ目にアジド基，ω 末端に 2 つのエチニル基を有するジブロック共重合体をクリック環化の前駆体とする合成経路（スキーム 3）にたどり着いた。すなわち，**I2** を開始剤とした **M1** の重合と続く **T1** による停止末端水酸基の変換反応を経て，開始末端にアジド基，停止末端に水酸基とアジド基を有する poly(**M1**)（**P16**）を調製した。これをマクロ開始剤とした **M2** の重合を行い，最後に停止末端水酸基を **T2** で処理することで開始末端と鎖中央にアジド基，停止末端に 2 つのエチニル基を有する直鎖状ジブロック共重合体（**P17**；$M_{n, NMR}$ = 22,100 g mol^{-1}，M_w/M_n

第5章　有機分子触媒重合とクリック反応の組み合わせによる両親媒性環状ブロック共重合体の合成

スキーム2　トリブロックおよびペンタブロック共重合体のクリック環化による8の字型BCP（タイプI〜III）の合成

スキーム3 ジブロック共重合体のクリック環化による8の字型BCP（タイプⅣ）の合成

スキーム4 タッドポール型BCPの合成経路

= 1.05）を得た。このクリック反応性前駆体を分子内クリック環化の条件に付すことで目的とするタイプⅣの8の字型BCP（**P18**；$M_{n, NMR}$ = 22,200 g mol^{-1}，M_w/M_n = 1.04）を合成した。異なるブロック配列の8の字型BCPを系統的に合成した例はこれ以外に報告例はない。

　類似の合成経路はタッドポール型BCPの合成にも応用できる。スキーム4aに示したように，**I1**を開始剤，**T1**を停止剤とすることで停止末端に水酸基とアジド基を有するpoly(**M1**)（**P19**）を調製し，これをマクロ開始剤とした**M2**の重合とプロパルギルブロミドによる末端変換により

鎖中央にアジド基，停止末端にエチニル基を有する直鎖状ジブロック共重合体（**P21**；$M_{n, NMR}$ = 22,500 g mol^{-1}，M_w / M_n = 1.06）を合成した。これを分子内クリック環化の条件に付すことで環状ユニットが poly(**M2**)，テールユニットが poly(**M1**) で構成されたタイプⅠのタッドポール型 BCP（**P22**；$M_{n, NMR}$ = 21,900 g mol^{-1}，M_w / M_n = 1.04）が得られた。また，**M1** と **M2** の重合順序を逆にすることで環状ユニットが poly(**M1**)，テールユニットが poly(**M2**) で構成されたタイプⅡのタッドポール型 BCP（**P25**；$M_{n, NMR}$ = 22,400 g mol^{-1}，M_w / M_n = 1.06）も合成可能であった（スキーム 4b）。

このように，直鎖状 BCP の適切な位置にアジド基とエチニル基を配置することで，クリック環化を経由してさまざまな環状構造を有する両親媒性 BCP を合成することに成功した。

4 三つ葉型および四つ葉型 BCP の合成

これまでのところ，環状ユニットを1つあるいは2つ有する BCP（すなわち，環状，タッドポール，および8の字型 BCP）は複数合成例が知られている[12,19,20]。その一方で，3つ以上の環状ユニットを持つ BCP の合成例はほとんど知られていない。筆者らは，上記で確立した t-Bu-P$_4$ 触媒による重合と分子内クリック環化の組み合わせを拡張することで，三つ葉型と四つ葉型 BCP の合成に挑んだ。基本的な合成経路は，3本鎖および4本鎖のスターブロック共重合体を分子内でクリック環化するというものである。それぞれの合成経路はスキーム5の通りである。ここで重要となるのが開始剤の分子設計である。開始剤にはクリック反応性のアジド基と同数の重合開始点（水酸基）が必要であり，**I4** と **I5** のような開始剤を設計した。アジド基が集合したユニットと水酸基が集合したユニットはベンジルエーテルを介して結合されている。その理由は後述する。**I4** を開始剤とし，**M1** と続く **M2** のブロック共重合を行うことで中心部にアジド基を3つ有するスターブロック共重合体が得られる。これをプロパルギルブロミドで処理することで各停止末端水酸基にエチニル基を導入し，クリック反応性星型前駆体 **P28** を調製した。**P2** の合成と同様に分子内クリック環化を行うことで目的とする三つ葉型 BCP（**P29**；$M_{n, NMR}$ = 22,900 g mol^{-1}，M_w / M_n = 1.03）を得ることに成功した。開始剤を **I5** とし，同様の合成経路を経ることで四つ葉型 BCP（**P32**；$M_{n, NMR}$ = 23400 g mol^{-1}，M_w/M_n = 1.02）の合成も達成した。環構造の形成は SEC トレースの低分子量側シフトと固有粘度の減少から確認できた。**P29** と **P32** は $M_{n, NMR}$ やモノマー組成がほぼ同一であるにもかかわらず，ポリスチレン換算の分子量は **P32** の方が明らかに小さい。これは四つ葉構造というコンパクトなコンフォメーションをとっていることを反映している。このように，クリック反応性基が3つ，4つと増加しても分子内クリック環化は首尾よく進行することが明らかとなり，t-Bu-P$_4$ 触媒による重合と分子内クリック環化の組み合わせは複雑な構造を有する多環状 BCP の強力な合成ツールとなることが証明できた。

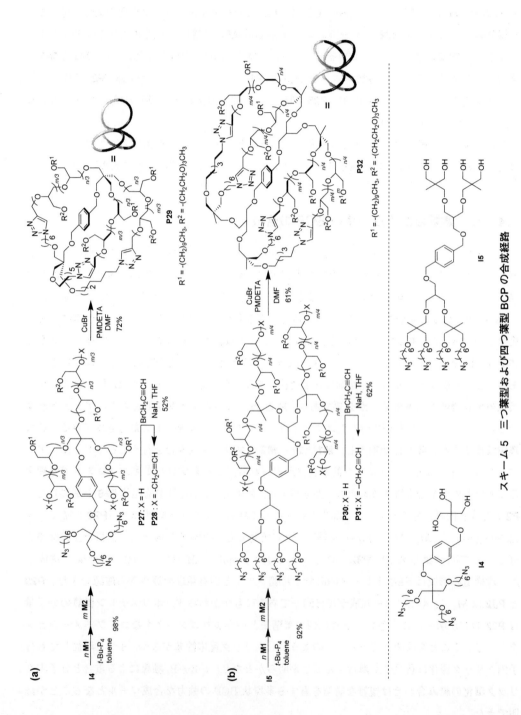

スキーム5 三つ葉型および四つ葉型BCPの合成経路

第5章　有機分子触媒重合とクリック反応の組み合わせによる両親媒性環状ブロック共重合体の合成

5　かご型 BCP の合成

　かご型構造を有する高分子は多環状高分子の一つのバリエーションと捉えることができるが，ポリマー鎖で仕切られた内部空間を有するという点で明確に異なる。ポリエーテルからなるかご型高分子はクリプタンドの高分子アナログとみなすことができ，その構造や機能など基礎科学的な観点から大変興味深い。しかし，合成の困難さから，かご型高分子の合成は数例しか報告されておらず，また既知の合成法は煩雑なものである[20~24]。加えて，かご型 BCP もまた報告例はほぼ皆無である[25]。こうした背景から，筆者らはかご型 BCP の合成法確立に興味を持った。ターゲットは3つおよび4つのアームを有するかご型 BCP である。合成経路を検討するにあたり，かご型構造と三つ葉（または四つ葉）型構造の類似性に着目した。三つ葉や四つ葉型ポリマーのアームが集中している中心部分を形式的に切断すると，それぞれ3本鎖および4本鎖かご型ポリマーに変換されると考えた。すなわち，トポロジーの変換反応である。このアイデアを実現すべく，開始剤 I4 と I5 にベンジルエーテルを導入した。ベンジルエーテルは重合条件において極めて安定である一方，パラジウム触媒による加水素分解により容易に切断することができるため今回の開始剤設計に取り入れた。

　先述の三つ葉型および四つ葉型 BCP（**P29** および **P32**）を接触水素化の条件に付したところ，予想通りベンジルエーテルの切断が起こり，目的とする3本鎖（**P33**；$M_{n, NMR}$ = 22,500 g mol^{-1}, M_w/M_n = 1.03）および4本鎖かご型 BCP（**P34**；$M_{n, NMR}$ = 23200 g mol^{-1}, M_w/M_n = 1.02）を与えた（スキーム 6）。反応生成物の ^{1}H NMR スペクトルからベンジル位およびベンゼン環に由来するシグナルが消失した一方で，それ以外のシグナルに変化は見られなかった。また，SEC 測定から溶出ピークは単峰性を維持していることがわかり，意図しない副反応は起きていないことが示唆された。加えて，ホモポリマーを用いたモデル実験においても，質量分析からベンジルエーテル部位の質量減少が確認でき，予想通りの反応が起こっている確証が得られた。興味深いことに，3本鎖と4本鎖のいずれの系においても加水素分解後の SEC トレースが高分子量側へとシフトしていることがわかった（図2）。さらに，固有粘度も加水素分解後に増大することが確認された。例えば，三つ葉型 BCP のポリスチレン換算分子量と固有粘度はそれぞれ 13,000 g mol^{-1} と 5.9 mL g^{-1} であるが，加水素分解で得られた3本鎖かご型 BCP は 14,500 g mol^{-1} と 6.5 mL g^{-1} であった。かご型構造は三つ葉（または四つ葉）型構造と比べて結合点が1つ解放されているため，より広がったコンフォメーションを持つと考えられる。したがって，SEC と粘度測定の結果は三つ葉（または四つ葉）から対応するかご型構造へと変換されたことを支持するものである。この幾何学構造の変換による合成法では同一の化学的組成を有する一連のトポロジー高分子（今回の場合，3本鎖星型，三つ葉型，3本鎖かご型）を調製できることから，純粋にトポロジーのみに由来する物性を研究する上で極めて有用と考えられる。

環状高分子の合成と機能発現

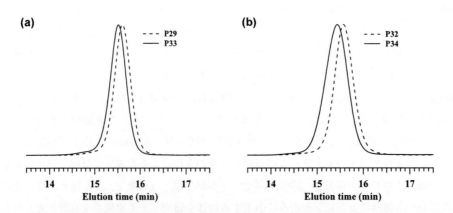

スキーム6 トポロジー変換反応によるかご型 BCP の合成

図2 (a) 三つ葉型および (b) 四つ葉型 BCP のトポロジー変換反応前後における SEC トレースの比較。P29 と P32 と比較すると,それぞれ対応するかご型 BCP (P33 と P34) は高分子量側に溶出ピークを示した

第 5 章　有機分子触媒重合とクリック反応の組み合わせによる両親媒性環状ブロック共重合体の合成

6　まとめ

　t-Bu-P_4 触媒を用いた置換エポキシドのアニオン開環重合を巧妙に駆使することで，官能基を任意の位置に有するクリック反応性 BCP の精密合成を達成した。こうして得られた構造明確な前駆体を分子内クリック環化することで，単環状をはじめとし，8 の字型，タッドポール型，三つ葉型，四つ葉型，さらにはかご型の両親媒性 BCP を得ることに成功した。また，今回紹介した合成は二成分系の BCP のみであるが，三成分系の多環状トリブロックターポリマーの合成にも成功しており[26]，本合成法は極めて汎用性の高い手法と言える。これまでに合成した BCP はいずれも親水性ブロックと疎水性ブロックの重合度をそれぞれ 50 程度で統一してあり，また，分散度も 1.1 以下の極めて狭い範囲にある。したがって，各 BCP の違いはトポロジーのみであり，トポロジーが自己組織化に与える影響を純粋に評価するためのモデルとして大変有望である。筆者らはすでに直鎖，単環状およびタッドポール型 BCP をモデルとして溶液中の自己組織化構造の評価を行っており，BCP のトポロジーがミセルのサイズ分布や安定性に大きく影響することを見出している[27]。現在，ミセル形成ならびにミクロ相分離における BCP トポロジーの影響を星型 BCP[28]も含めて網羅的に検討している。

文　　献

1) T. Josse *et al.*, *Angew. Chem. Int. Ed.*, **55**, 13944 (2016)
2) J. N. Hoskins *et al.*, *Polym. Chem.*, **2**, 289 (2011)
3) H. R. Kricheldorf, *J. Polym. Sci. Part A: Polym. Chem.*, **48**, 251 (2010)
4) X. Zhu *et al.*, *Angew. Chem. Int. Ed.*, **50**, 6615 (2011)
5) M. A. Cortez *et al.*, *J. Am. Chem. Soc.*, **137**, 6541 (2015)
6) G. Morgese *et al.*, Angew. Chem. Int. Ed., **130**, 1637 (2018)
7) J. E. Poelma *et al.*, *ACS Nano*, **6**, 10845 (2012)
8) S. Honda *et al.*, *J. Am. Chem. Soc.*, **132**, 10251 (2010)
9) B. A. Laurent *et al.*, *J. Am. Chem. Soc.*, **128**, 4238 (2006)
10) D. E. Lonsdale *et al.*, *Macromolecules*, **43**, 3331 (2010)
11) G.-Y. Shi *et al.*, *Macromol. Rapid Commun.*, **29**, 1672 (2008)
12) D. M. Eugene *et al.*, *Macromolecules*, **41**, 5082 (2008)
13) H. Misaka *et al.*, *Macromolecules*, **44**, 9099 (2011)
14) H. Misaka *et al.*, *J. Polym. Sci. Part A: Polym. Chem.*, **50**, 1941 (2012)
15) T. Isono *et al.*, *Macromolecules*, **48**, 3217 (2015)
16) T. Isono *et al.*, *Macromolecules*, **47**, 2853 (2014)
17) Y. Satoh *et al.*, *Macromolecules*, **50**, 97 (2017)

18) T. Isono et al., *Macromolecules*, **46**, 3841 (2013)
19) X. Wan et al., *Biomacromolecules*, **12**, 1146 (2011)
20) X. Fan et al., *Macromolecules*, **12**, 3779 (2012)
21) Y. Tezuka et al., *J. Am. Chem. Soc.*, **127**, 6266 (2005)
22) H. Heguri et al., *Angew. Chem. Int. Ed.*, **54**, 8688 (2015)
23) J. Jeong et al., *Macromolecules*, **47**, 3791 (2014)
24) T. Lee et al., *Macromolecules*, **49**, 3672 (2016)
25) G.-Y. Shi et al., *J. Polym. Sci. Part A: Polym. Chem.*, **47**, 2620 (2009)
26) T. Shingu et al., *Polymers*, **10**, 877 (2018)
27) B. J. Ree et al., *NPG Asia Mater.*, **9**, e453 (2017)
28) Y. Satoh et al., *Macromolecules*, **49**, 499 (2016)

第6章　立体配座が規制されたモノマーの環化重合による大環状構造をもつポリマーの合成

落合文吾*

1　緒言

　有機環状構造を構築する上で，環ひずみが小さく安定な五ないし六員環の形成が有利であることは，有機化学の基礎である。より大きな環を選択的に形成するためには，なんらかの構造規制，ないしは高希釈下での合成が必要である。特に環化をともなう重合においては，大環状構造を形成しようとすると，目的外の反応によって混入してしまう構造を除くことができないために，より高い選択性が必要となる（図1）。例えば，本稿で紹介するような二官能性のビニルモノマーのラジカル重合の場合，分子内環化の選択性が低くて分岐が起きてしまうと，架橋に結びついてしまう。また，分子内環化を優先させるために過度に希釈すると，生長反応に比して停止や連鎖移動が起きやすくなるために，重合度が低下しやすくなるのみならず，場合によってはポリマーを得ることができないことさえもある。このような問題を避けるためには適切な設計が必要である。

　モノマーの分子設計の基本は，2つの重合性基が必然的に近接するようにすることである。広く用いられている手法は2つある（図2）。第一が立体配座の規制であり，環構造や嵩高い置換基の立体障害などによって立体配座を制限し，2つの重合性基を近接させる。第二が分子内相互作用の利用であり，水素結合やπ-πスタッキングなどによって，2つの重合性基を近接させる。これらの具体例についてはいくつかの総説があるので，それらをご参照頂きたい[1〜5]。

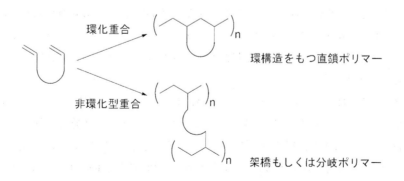

図1　二官能性ビニルモノマーの環化重合と架橋

＊　Bungo Ochiai　山形大学　大学院理工学研究科　教授

(1) 立体配座の規制による環化重合の促進

嵩高い置換基の反発による　　回転をさまたげる環構造による
立体配座規制　　　　　　　　立体配座規制

(2) 分子内相互作用による環化重合の促進

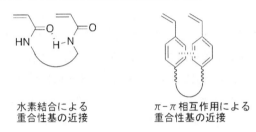

水素結合による　　　　　　　π-π相互作用による
重合性基の近接　　　　　　　重合性基の近接

図2　二官能性ビニルモノマーの環化重合の選択性を上げるための設計

本稿では，これらの設計に基づいて筆者らが検討してきた大環状構造を形成する環化重合と，得られるポリマーの機能について紹介する。

2　α-ピネンから得たキラルビスアクリルアミドの環化重合と得られたポリマーのキラルテンプレートとしての可能性

天然界には，糖類をはじめとして多様なキラル環状構造があるが，テルペン類も代表的なものの一つである。α-ピネンは簡単に得られることから，香料としての利用のほか，医薬品や触媒などの前駆体としても用いられている。四員環が環ひずみのために高反応性であり，硝酸セリウム(Ⅳ)アンモニウム存在下でアクリロニトリルと反応させると，キラルなジアクリルアミドが一段階で得られることがNairらによって報告されている[6]。そこでこのジアクリルアミドの環化重合を検討した（図3）[7]。

本モノマーの重合は，おそらく立体障害のために進行しにくく，DMF中60℃ではポリマーが得られなかったが，80℃以上にて0.3 M以下の濃度でフリーラジカル重合を行うと可溶性のポリマーが得られた。この際，得られたポリマーの分子量分布（M_w/M_n）は3を越えており，環化重合の選択性が不十分であると考えられる。可逆的付加-開裂連鎖移動（reversible addition-fragmentation chain transfer：RAFT）重合を用いると，重合が制御され，定量的に環化が進行したポリマーが得られた。この環化が定量的に進行していることは，マトリックス支援レーザー脱離イオン化飛行時間型（matrix-assisted laser desorption ionization time-of-flight：

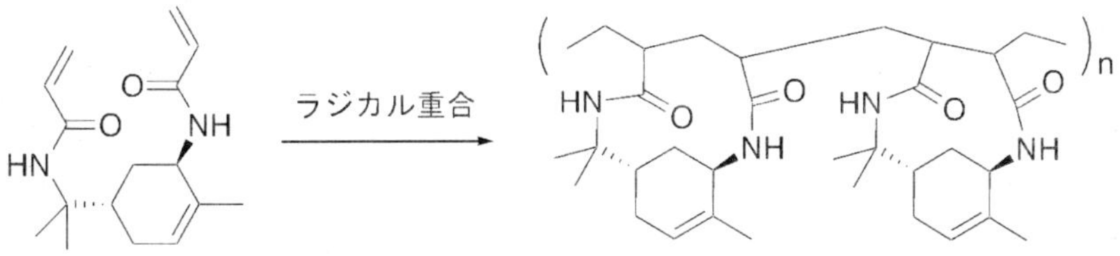

第6章 立体配座が規制されたモノマーの環化重合による大環状構造をもつポリマーの合成

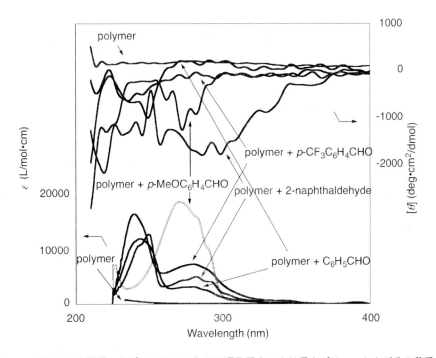

図3 α-ピネンから誘導したジアクリルアミドの環化重合

図4 α-ピネンから誘導したジアクリルアミドの環化重合により得たポリマーおよびその芳香族アルデヒドとの溶液のCDおよびUV-visスペクトル

MALDI-TOF）マススペクトルにおいて，1つの開始および停止構造をもったポリマー鎖に由来するピークのみが検出されたことから確認した。本重合では，Head-to-Tail型の11員環の形成が優位に進行しているものと考えられるが，Tail-to-Tail型の10員環の形成が起きていないかどうかは明らかにできていない。

　得られたポリマーは六員環状にキラル炭素を，また水素結合性であるアミド基をもつことから，キラルテンプレートとしての応用が期待できる。そこで，芳香族アルデヒドとの相互作用を検討した[8]。1,4-ジオキサン中で，本ポリマーと芳香族アルデヒドを混和し，その円二色性（CD）スペクトルを測定したところ，芳香族アルデヒドに由来する吸収領域に負のコットン効果が観測された。これは誘起CDによるものであり，電子的性質が異なる p-置換芳香族アルデヒドで比較したところ，強い電子供与基をもつ p-メトキシベンズアルデヒドの方が，強い電子求

引基をもつ p-トリフルオロメチルベンズアルデヒドよりも明瞭な誘起 CD が観測された（図 4）。これはより電子密度が高いカルボニルを持つ方が，ポリマー中のアミドプロトンとの水素結合が強くなり，相互作用が強固になったためと考えられる。この相互作用の強さは，核磁気共鳴（NMR）測定から確認している。このように本ポリマーはキラル環境をもって相互作用できることから，エナンチオ選択的反応のキラルテンプレート，ないしはキラル分割の固定層としての応用が期待できる。

3 環構造と水素結合を利用した19員環を形成する環化重合

前述のポリマーは，環構造による立体配座規制のみをもちいていたが，さらに水素結合による固定も活用することで，より大きな環を選択的に形成する重合を設計した（図5）。

モノマーは $trans$-1,2-ヘキサンジオールと 2-メタクリロイロキシエチルイソシアネートないしは 2-アクリロイロキシエチルイソシアネートの反応により一段階で得られる。なお，$trans$ 体からは単離可能なモノマーが得られるものの，cis 体は単離途中に重合してしまい，モノマーを得ることはできなかった。

これらのモノマーは，1,4-ジオキサン中で効率よく環化重合することができ，対応する19員環構造を連続ユニットにもつポリマーが得られる[9,10]。先のピネン由来のモノマー同様に，RAFT 重合により分子量分布の狭いポリマーを得ることもできる。特に，メタクリレート型モノマーである 1,2-ビスメタクリロイロキシエチルカルバモイロキシシクロヘキサン（BMCH）の重合では，分子量の制御も可能である[9]。アクリレート型モノマーである 1,2-ビスアクリロイロキシエチルカルバモイロキシシクロヘキサン（BACH）の重合において，重合の選択性に対する濃度の影響を詳細に検討している（表1）[10]。モノマー濃度が 0.4 M の時には不溶性のポリマーが得られたが，0.125 M 以下では可溶性のポリマーが得られた。ここでモノマー濃度を 0.033 M

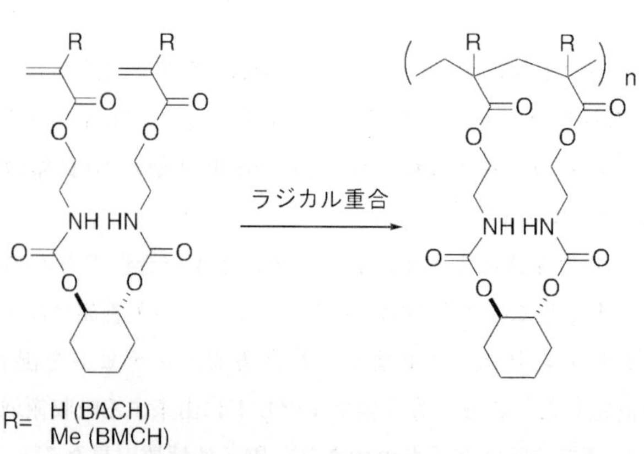

図5 19員環を形成する環化重合

第6章 立体配座が規制されたモノマーの環化重合による大環状構造をもつポリマーの合成

表1 BACHのラジカル重合における濃度の分子量および収率への影響

Run	Conc. (M)	Yield (%)		M_n (M_w/M_n)[a]	
		Soluble[b]	Insoluble[c]	RI	RALLS
1	0.033	78	0	3100 (1.37)	3700 (1.22)
2	0.063	83	0	6400 (1.93)	7800 (2.28)
3	0.083	88	0	8200 (2.27)	8400 (3.37)
4	0.125	85	0	14800 (4.25)	34700 (7.69)
5	0.400	0	>99	Not measureable	

Conditions: 1,4-dioxane, 60℃, 24 h, degassed sealed tube.
[a] Estimated by SEC (THF, polystyrene standard). [b] Isolated yield after precipitation with diethyl ether.
[c] Isolated yield after Soxhlet extraction with THF.

まで段階的に減じ，得られたポリマーの分子量を直角レーザー光散乱（right angle laser light scattering：RALLS）および屈折率（refractive index：RI）で検出したサイズ排除クロマトグラフィー（size exclusion chromatography：SEC）によって見積もり，比較した。濃度の増加に応じていずれで検出した分子量も増加したが，その傾向はRALLS検出の分子量で明確であり，結果的に両分子量の差が大きくなっている。ここで，RI検出の分子量は溶出液中での排除体積を反映しているために分岐構造をもつポリマーの分子量は過小評価されている。一方，RALLS検出の分子量は絶対分子量を反映しているため，両者がほぼ一致していれば，そのポリマーの分岐はほぼないと言える。0.033 Mの条件下で得られたポリマーのRIおよびRALLS検出で得られた分子量はほぼ一致していた。また，MALDI-TOFマススペクトルでも分岐構造をもつポリマー鎖に由来するピークは確認されず，この条件では高選択的に環化重合が進行していることが分かった。

4　19員環を形成する環化重合の応用

　大環状構造は，18-crown-6やシクロデキストリンでよく知られているように，環内に他の分子を取り込み得る。有機分子を環内部に包摂しようとすると，最少の環員数は意外に大きく，空間充填型の分子模型でジエチルエーテルを包摂しようとすると，18員環くらいは必要であることが分かる。すなわち，第2節で述べたポリマーは環内に有機分子を取り込むことができないが，第3節で述べたポリマーは環内に有機分子を取り込む可能性をもっている。本節では，環化重合にともなって，軸分子を取り込みながら幾何学的な構造を形成する環動架橋構造の構築を狙った，強靱材料の開発について簡単に述べる。

　ストッパー構造をもつポリエチレングリコールが貫通したシクロデキストリンを環動架橋構造とする強靱材料の開発が伊藤らによって精力的になされている[11]。環動架橋構造は，滑車のように移動できる架橋構造であり，応力が複数の鎖で均等にかかるように軸が環内を滑りながら移動する。このために，化学架橋で起きるような短い鎖への応力の集中と，それに続く破壊を避ける

ことができる。このような特性をもったスライドリングゲルは，次世代の超強靭材料として期待されている。

　環動構造を構築する際に，環化重合を用いることができれば，硬化にともなって，環動構造を形成する一段階合成が可能となる。BACH を数％環モノマーとして，アクリロニトリルと汎用アクリレートの共重合系に加え，ポリエチレングリコールを主骨格とする軸分子存在下で硬化反応を行ったところ，透明な硬化体が得られた（図6）（なお，軸分子とアクリレートの詳細については本稿では割愛させていただく）。ここで，アクリロニトリルは双極子–双極子相互作用に基づく物理架橋で硬さを引き出す成分，汎用アクリレートは柔軟性を確保するための成分として選択している。モノマー液を型に流し込んで重合することから，硬化系を選べばフィルムのみでなく，線状，バネ状，円柱など多様な形状に成形することもできる。本重合はバルク重合であり，先に述べたような選択的な環化が進行する BACH の溶液中での重合よりも大幅に高濃度であるために，BACH のみでの環化のみならず，コモノマーユニットの挿入や分子間の架橋も併発すると考えられる。このことから，本材料は化学架橋構造とある程度環サイズの幅を持つ自由架橋構造を併せ持っていると考えている。自由架橋構造が形成されるには軸分子が環ないしは網目に取り込まれる必要があるが，現時点で環動構造が形成されている直接的な証拠は得ていないものの，適切なサイズのストッパー構造と十分なポリエチレングリコール鎖長をもつ場合に軸分子がポリマーマトリックス内に取り込まれることを明らかとしている。

　図7に光硬化で作製したある組成のフィルムの応力ひずみ曲線を示した。試験は室温で行っており，いずれのポリマーの T_g（60℃程度）よりも十分低い。試験した 500 ミクロンの厚さの

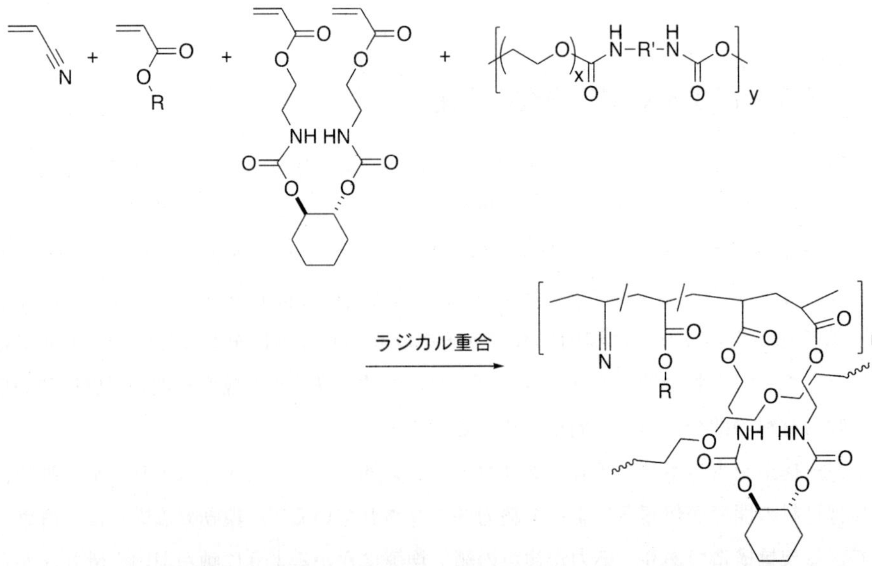

図6　環化重合を用いる強靭ポリマーネットワークの合成

第6章 立体配座が規制されたモノマーの環化重合による大環状構造をもつポリマーの合成

フィルムは，人の手で容易に破断することができない程度の強度を持っている。いずれのフィルムも金属のように低ひずみ領域で大きく応力が立ち上がる弾性的な変形が起き，その後緩やかに応力が上昇する塑性的な変形を経て破断に至るという挙動を示した。軸および BACH の有無はヤング率には大きな影響を与えず，いずれも 300 MPa 程度であった。この硬さはアクリロニトリル由来のニトリル基間の双極子-双極子相互作用による物理架橋に基づいており，低ひずみ領域ではこの物理架橋が維持されたまま弾性的な変形が起きていると考えられる。以降の高ひずみ領域では，この物理架橋を解消しながら，塑性的に変形していると考えられる。フィルムの破断伸び率は軸分子と BACH の双方を含む場合は 380％であったのに対して，軸分子を含まない場合は 280％，BACH を含まない場合 360％と低かった。また，破断強度も双方を含むフィルムが最も高かった。単なる化学架橋は，一般に引っ張り強さを高めるものの，伸び率を低下させる。この関係は軸分子ないしは BACH を含まないフィルムの間では成立しているものの，破断強度と伸び率が最も高い双方を含むフィルムとの間では成立していない。これは，双方を含むことで，自由架橋構造による応力の均一化と架橋密度の増加が起き，結果的に硬さと強靱さの双方が獲得できたことを支持している。

先に塑性変形でなく塑性的な変形という言葉を用いたが，これは，本材料は弾性変形領域を超えた高ひずみ領域まで変形させても回復させることができるという，純粋な塑性変形とは言えない挙動を示すからである。例えば引張ひずみを 250％程度に止めれば，ガラス転移温度以上では数秒で元の長さへと回復する形状記憶特性を持つ。すなわち，この変形は可逆的である。

この特異な強靱性のため，−21℃において 180°の折り曲げを行っても破断しなかった。さらに，180°折り曲げた後に逆折り曲げをしても，破断することも折り目が白化することもなかっ

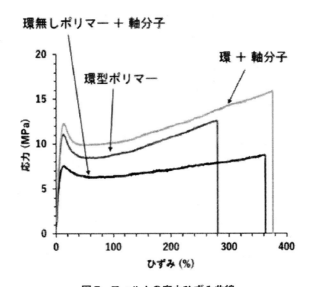

図7　フィルムの応力ひずみ曲線
引張速度＝5 mm/分，フィルムサイズ：L/W/T＝25/10/0.5 mm。

た．このため折り鶴のような複雑な変形を行っても，フィルムの劣化は見られなかった．また，この折り鶴は，80℃程度の湯中で速やかにフィルム状へと回復する，形状記憶特性を示した．このように，本材料はこれまでの材料にない透明性と硬さとしなやかさを十分にもつ新素材である．

5 終わりに

本稿では，環構造による立体規制を用いることで実現した大環状構造を形成する環化重合と得られたポリマーの応用展開について紹介した．ピネンを原料として得られたモノマーの環化重合では，ポリマー中に構築されたキラル環構造がテンプレートとして機能し得ることを示した．19員環を形成する環化重合では，重合の制御要件を詳細に検討するとともに，本系が強靭材料の開発に有効であることを示した．現在特に後者に対して，より高機能な材料の開発および強靭さに対する理論的解析を進めている．

謝辞

本研究の一部は日立化成株式会社のご支援を頂きました．深く感謝いたします．

文　献

1) 覚知豊治，横田和明，有機合成化学協会誌，**48**, 1106 (1990)
2) G. B. Butler, *J. Polym. Sci., Part A: Polym. Chem.*, **38**, 3451 (2000)
3) T. Kodaira, *Prog. Polym. Sci.*, **25**, 627 (2000)
4) 竹内大介ほか，高分子論文集，**64**, 1080 (2007)
5) 松村吉将，落合文吾，ネットワークポリマー，**38**, 39 (2017)
6) V. Nair et al., *Tetrahedron Lett.*, **43**, 8971 (2002)
7) A. Nagai et al., *Macromolecules*, **38**, 2547 (2005)
8) B. Ochiai, S. Ito et al., *Polym. J.*, **42**, 138 (2010)
9) B. Ochiai, Y. Ootani et al., *J. Am. Chem. Soc.*, **130**, 10832 (2008)
10) B. Ochiai, T. Shiomi et al., *Polym. J.*, **48**, 859 (2016)
11) (a) Y. Okumura, K. Ito, *Adv. Mater.*, **13**, 485 (2001)；(b) K. Ito, *Polym. J.*, **39**, 489 (2007)；(c) T. Arai, T. Takata et al., *Chem. Eur. J.*, **19**, 5917 (2013)；(d) Y. Noda, K. Ito et al., *J. Appl. Polym. Sci.*, **131**, 4050 (2014)；(e) A. B. Imran, K. Ito et al., *Nat. Commun.*, **5**, 5124 (2014)；(f) 林佑樹，伊藤耕三ほか，塗装工学，**47**, 182 (2012) など

第7章　分子内触媒移動を利用する環状高分子の合成

杉田　一[*1], 太田佳宏[*2], 横澤　勉[*3]

1　はじめに

　重縮合が副反応なく進行すると，多くの場合，環状高分子が主生成物であることがマトリックス支援レーザー脱離イオン化飛行時間型質量分析計（MALDI-TOF MS）の発展とともに明らかになってきた[1]。これは等量のAAモノマーとBBモノマーの重縮合またはABモノマーの重縮合において，生成ポリマーの両末端がAとBの場合に成長と環化が競争的に起こり，重合終期では疑似希釈状態によって環化反応が起こりやすくなるためである。一方，どちらかのモノマーを過剰に用いた非等モル下の重縮合においては，過剰のモノマーが生成ポリマーの両末端を封止して成長が停止するため鎖状ポリマーが生成しやすい。また，非等モル下の重縮合の中には過剰モノマーではなく，過少モノマーがポリマー両末端となって成長するものがある。例えばビスフェノールとジハロメタンの重縮合では，ジハロメタンを溶媒として用いても高分子量のポリホルマールが生成する。これはハロメタンの1つのハロゲンがフェノールと反応すると，もう1つのハロゲンの反応性が高くなり，連続する置換反応がハロメタンが過剰にあっても起こるためである。このFloreyの理論に従わない異常な非等モル下の重縮合においても生成高分子の両末端が同一官能基であるため環化反応は起こりにくい。言い換えれば，重縮合において鎖状ポリマーは，正常および異常非等モル下重縮合において生成する[2]。

　筆者らはPd触媒を用いる鈴木・宮浦カップリング重縮合において，芳香環上を分子内移動しやすいPd触媒を用いると，ジブロモノマーをジボロン酸（エステル）モノマーより過剰に用いても両末端にボロン酸（エステル）部位を持つ高分子量のポリアリレーンが得られることを見出した[3]。しかしながら，フェニレンモノマーの重合においてメタ置換モノマーを用いると非等モル下重縮合でありながら鎖状ポリフェニレンではなく，選択的に環状ポリフェニレンが生成した[4]。この超異常な非等モル下環化重縮合の重合挙動およびその一般性について以下に概説する。

2　環状ポリフェニレン

　環状オリゴフェニレンは主に有機化学における段階的合成法でこれまで作られてきた[5]。重合

---

* 1　Hajime Sugita　神奈川大学大学院　工学研究科　応用化学専攻　博士後期課程
* 2　Yoshihiro Ohta　神奈川大学　工学部　物質生命化学科　特別助教
* 3　Tsutomu Yokozawa　神奈川大学　工学部　物質生命化学科　教授

化学においては，環状ポリフェニレンを選択的に合成することがほとんど検討されておらず，高分子量鎖状ポリフェニレンを合成するときの副生生物として環状ポリフェニレンが報告されている[6]。筆者らは 1.3 当量の p-ジブロモフェニレン **1a** と 1.0 当量の m-フェニレンジボロン酸エステル **2a** との鈴木・宮浦カップリング重縮合を分子内移動能の高い t-Bu$_3$PPd 触媒をその前駆体 **3** から発生させて検討した。期待していたのは，ボロン酸エステル末端の鎖状高分子であったが，意外なことに環状ポリ(p-フェニレン-alt-m-フェニレン)（M_n = 5,400；M_w/M_n = 1.69）が選択的に生成していることが MALDI-TOF 質量スペクトルから明らかになった（図 1, 2a)[4]。同じ反応時間で **1a** と **2a** を当量反応させると，環状ポリマーだけではなく，鎖状ポリマーも生成していた（図 2b）。一方，**2a** を 1.4 当量用いると，分子量は低下して（M_n = 2,090；M_w/M_n = 1.14）ボロン酸エステル末端のポリマーが生成した（図 2c）。したがって，**1a** 過剰下では異常

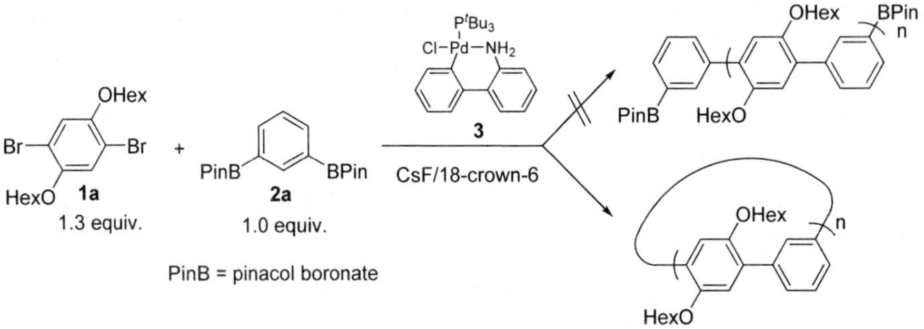

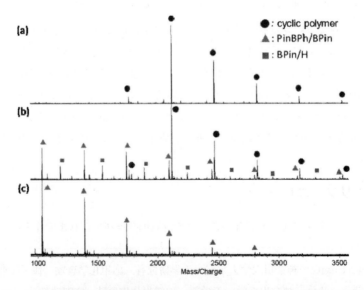

図 1　**1a** と **2a** の非等モル下鈴木・宮浦環化重縮合

図 2　**1a** と **2a** の鈴木・宮浦重縮合における生成物の MALDI-TOF 質量スペクトル
仕込み比：**1a / 2a** = (a) 1.3 / 1.0, (b) 1.0 / 1.0, (c) 1.0 / 1.4

第7章 分子内触媒移動を利用する環状高分子の合成

非等モル下重縮合が，**2a**過剰下では正常非等モル下重縮合が進行していることがわかる。この環化重合は濃度を高くしても進行し，生成環状ポリマーの分子量は4,000から8,000くらいまで濃度を変えることによってある程度制御できることを明らかにした（図3）。

次に環化重合機構を検討するために反応時間ごとに**2a**の転化率と生成物のMALDI-TOF質量スペクトルを測定した（図4）。その結果，1時間後，**2a**の転化率が89%に達するまで主生成物は，ボロン酸エステルが両末端である（PinBPh/BPin）鎖状ポリマーであった（図4a～d）。これは過剰のp-ジブロモフェニレンと1.0当量のp-フェニレンジボロン酸エステルとの**3**触媒存在下の非等モル下重縮合と同じ挙動である[3]。環状ポリマーと片末端ボロン酸エステル鎖状ポリマー（H/BPin）のピークが3時間後，転化率97%で見え始め（図4e），5時間後，転化率100%で両ピークは増加した（図4f）。そして，24時間後に生成物はすべて環状ポリマーに変換された（図4g）。H/BPin末端ポリマーが環状ポリマーに変換されたことから，H末端は，ポリマー－Pd－Br末端がクエンチ時に加水分解して生成したと考えられる。これらの結果から環化重合機構は次のように説明できる（図5）。ジボロン酸エステルモノマー**2a**がほぼ消費するまで**1a**と**2a**の鈴木・宮浦重縮合が，Pd触媒が**1a**上を分子内移動しながら進行し，両末端がPinBPh/BPinのポリフェニレン**A**が生成する。過剰の**1a**は**A**のボロン酸エステル末端と反応し，その後Pd触媒が分子内移動してBr-Pd/BPin末端のポリマー**B**が生成する。**B**が環化反応しうるコンフォメーションを取れるときは，両末端が反応して環状ポリマーが生成する。また，環状ポリマーは**B**どうしのカップリング後に両末端が反応しても生成することも考えられる。しかし，重合後期にあまり分子量が増加していないことから主に前者の**B**の環化反応が起きていると思われる。本環化重合は**2a**がほぼ消費するまで両末端がボロン酸エステルの**A**が系中に生成しているので，過剰の**1a**が重合終期に効率よく**B**を与えて環状ポリマーが選択的に生成し

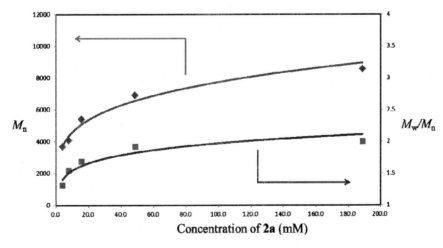

図3 1aと**2a**の鈴木・宮浦環化重縮合におけるモノマー濃度と環状高分子の分子量と分子量分布の関係

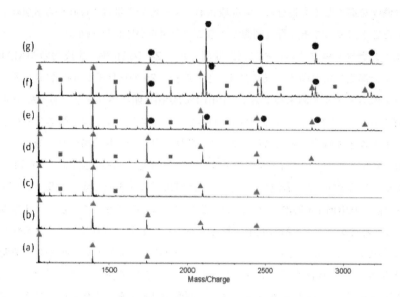

図4 反応時間と転化率に対する生成物のMALDI-TOF質量スペクトル

反応時間, 転化率, M_n = (a) 15 min, 72%, 1,640；(b) 30 min, 83%, 1,720；(c) 45 mim, 86%, 1,810；(d) 1 h, 89%, 1,940；(e) 3 h, 97%, 2,770；(f) 5 h, 100%, 3,790；(g) 24 h, 100%, 4,920

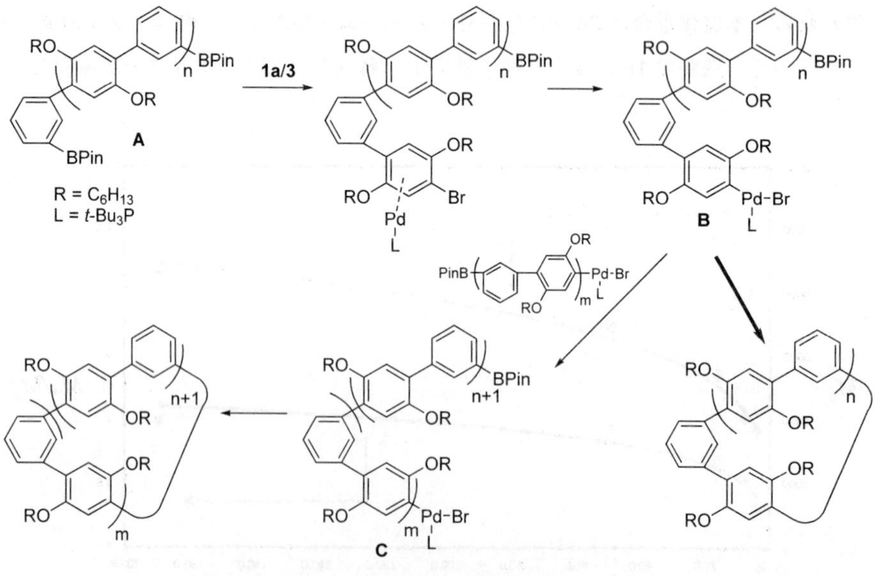

図5 非等モル下鈴木・宮浦環化重縮合機構

第 7 章　分子内触媒移動を利用する環状高分子の合成

表 1　1.3 当量の 1 と 1.0 当量の 2 の非等モル下鈴木・宮浦環化重縮合

Entry	1	2	Yield（%）	M_n (M_w/M_n)
1	1b (1,3-ジブロモベンゼン)	2b (R = hexyl)	83	5,610 (1.86)
2	1c (R = 2-ethylhexyl)	2c	93	5,030 (1.72)
3	1d (R = 2-ethylhexyl, CO$_2$R)	2c	90	5,320 (1.65)
4	1e (CN)	2b	88	5,600 (1.64)
5	1f (R = hexyl)	2a	94	2,580 (1.42)

ていると説明できる。

　その他のフェニレンモノマーについても非等モル下環化重縮合を検討した（表 1）。1a と 2a のメタとパラの置換様式を逆にした，m-ジブロモフェニレン 1b と p-フェニレンジボロン酸エステル 2b においてもほぼ同一分子量の環状ポリマーが選択的に生成した（Entry 1）。m-ジブロモフェニレンに電子供与基（Entry 2）や電子吸引基（Entry 3 と 4）を導入しても p-フェニレンジボロン酸エステルと同様に環化重合が進行した。2 つのモノマーがともにメタ置換の場合でも環化重合が MALDI-TOF 質量スペクトルから確認された（Entry 5）。しかしながら，オルト置換のジブロモモノマーやフェニレンジボロン酸エステルを用いた場合は，どんなモノマーとの組み合わせにおいても選択的に環状ポリマーを得ることはできなかった。

3　他の環状アリレーン

　上記フェニレンモノマーの非等モル下鈴木・宮浦環化重縮合は，分子内移動能の高い

t-Bu$_3$PPd 触媒がジブロモモノマー上を分子内移動して連続置換反応が進行すること，およびメタ型モノマーの屈曲した結合角に基づいている．t-Bu$_3$PPd 触媒はベンゼン環[7,8]だけではなく，種々の芳香環[7,9〜17]や多重結合[18〜20]上を分子内移動することが報告されているので，この環化重合をさらに多くのモノマーで検討することにした．すなわち，結合角が約180°の共役が広がったジブロモモノマー 4 と m-フェニレンジボロン酸エステル 2a との環化重合（図6a）と，結合角が約120°の共役が広がったジブロモモノマー 5 と p-フェニレンジボロン酸エステル 2b との環化重合（図6b）を t-Bu$_3$PPd 触媒を用いて検討した．

まず前者の重合を1.3当量の 4 と1.0当量の 2a を用いて検討した（表2）．炭素−炭素三重結合で共役が広がったジブロモトラン 4a を用いた場合は，フェニレンモノマーの環化重合と異なり，M_n = 12,400 の高分子量ポリマーが生成し（Entry 1），MALDI-TOF 質量スペクトルから環状ポリマーが主生成物であることが分かった（図7a）．また，両末端が 4a で臭素が水素に変わった鎖状ポリマー（H/4a-H）が小さいピークとして観測された．この鎖状ポリマーの副生については後ほど述べる．炭素-炭素二重結合で共役が広がったジブロモスチルベン 4b を用いた場合でも同様に，1万を超える環状ポリマーが生成し，H/4b-H 末端の鎖状ポリマーがわずかに生成した（Entry 2，図7b）．炭素-炭素単結合で共役が広がったジブロモビフェニル 4c を用いた場合でも同様な結果を与えた．

H/4-H 末端の鎖状ポリマーの生成は，これまで筆者らが述べてきた非等モル下の鈴木・宮浦環化重縮合の機構に基づいて次のように説明できる（図8）．両末端がボロン酸エステルのポリマーが成長し，その片末端に Pd 触媒が挿入した 4 が反応する．そして Pd 触媒が分子内移動して Pd 末端となる．ここで環化反応できるコンフォメーションを取れれば環状ポリマーが生成するが，共役系が伸びた 4 ではフェニレンモノマーより環化しづらく，もう一方のボロン酸エステル部位にも Pd 触媒が挿入した 4 が反応して，同様に触媒の分子内移動後 Pd 末端となる．この Pd 両末端が塩酸でクエンチされて H/4-H 末端が生成したと説明できる．フェニレンモノマー

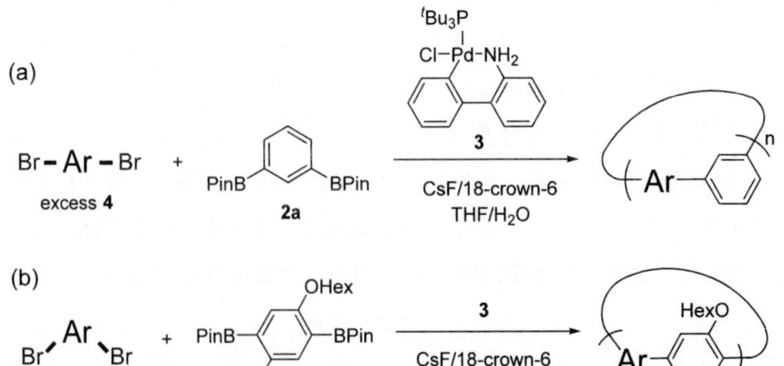

図6 共役が広がった 4 または 5 と 2 の非等モル下鈴木・宮浦環化重縮合

第 7 章　分子内触媒移動を利用する環状高分子の合成

表 2　1.3 当量の 4 と 1.0 当量の 2a の非等モル下鈴木・宮浦環化重縮合

Entry	Dibromo arylene 5	Yield (%)	M_n (M_w/M_n)
1	4a (R = propyl)	94	12,400 (2.41)
2	4b (R = butyl)	82	10,200 (2.39)
3	4c (R = hexyl)	80	11,400 (2.04)
4	4d (R = octly)	98	6,440 (1.90)
5	4e (R = 2-ethylhexyl)	88	5,890 (2.21)

の環化重合ではこの末端が見られなかったことと，分子量が約 5,000 であったことと比較すると，4 と 2a の環化重合では，より分子鎖長の長い 4 が環化のコンフォメーションを取りづらいためにより分子量の高い環状ポリマーが生成し，また H/4-H 末端の鎖状ポリマーも副生したと統一的に説明できる。

ナフタレンジブロミド 4d と 2a との反応では，M_n = 6,440 の環状ポリマーが生成し（Entry 4），H/4-H 末端鎖状ポリマーも副生した（図 7d）。一方，フルオレンジブロミド 4e を用いたときには，分子量が約 6,000 の環状ポリマーだけが生成した（Entry 5, 図 7e）。4d と 2a との反応では，あまり分子量の高くない環状ポリマーが生成しても H/4-H 末端鎖状ポリマーが副生したことは，上記図 8 の機構では今のところ説明できていない。

次に結合角が約 120°の共役が広がったジブロモモノマー 5 と p-フェニレンジボロン酸エステル 2b との環化重合（図 6b）を検討した（表 3）。ジブロモトラン 5a との重合では，比較的分

環状高分子の合成と機能発現

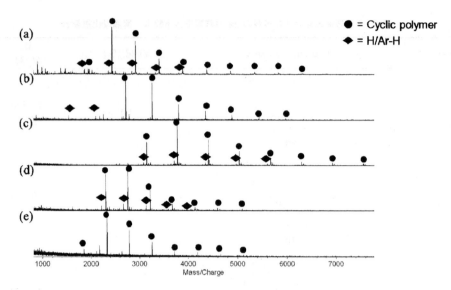

図7 4と2aの鈴木・宮浦重縮合における生成物のMALDI-TOF質量スペクトル
(a) **4a**, (b) **4b**, (c) **4c**, (d) **4d**, (e) **4e**

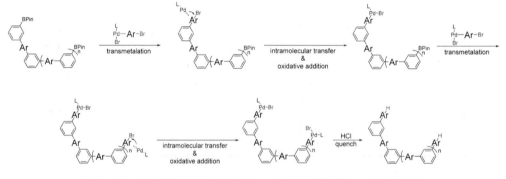

図8 4と2aの環化重合におけるH/4-H末端の鎖状ポリマーの生成機構

子量の高い環状ポリマーが生成した（Entry 1）。MALDI-TOF質量スペクトルでは，Br/5-Br末端の鎖状ポリマーの小さなピークが見られる（図9a）。これは触媒の分子間移動を若干含むためと思われる。ジブロモスチルベン**5b**では，逆にBr/5-Br末端の鎖状ポリマーが主生成物となり，分子量も低下した（Entry 2, 図9b）。アルコキシ置換されていないスチルベンはPd触媒の分子間移動を引き起こすことをすでに筆者らが報告しており[19]，その結果と一致する。ジブロモビフェニル**5c**との重合では，ほぼ環状ポリマーだけが生成した（Entry 3, 図9c）。BPin/H末端の鎖状ポリマーの小さいピークは，図4で見られた環化前駆体ポリマーと思われ，反応時間をさらに長くすると，環状ポリマーに収束すると考えられる。ジブロモナフタレン**5d**との重合では比較的分子量の高い環状ポリマーが生成した（Entry 4, 図9d）。同様に小さなBr/5-Br末端の鎖状ポリマーのピークが見られた。

第 7 章　分子内触媒移動を利用する環状高分子の合成

表 3　1.3 当量の 5 と 1.0 当量の 2b の非等モル下鈴木・宮浦環化重縮合

Entry	Dibromo arylene 5	Yield (%)	M_n (M_w/M_n)
1	5a	98	8,720 (2.56)
2	5b	86	3,770 (1.41)
3	5c	80	6,580 (1.81)
4	5d	86	8,310 (2.37)

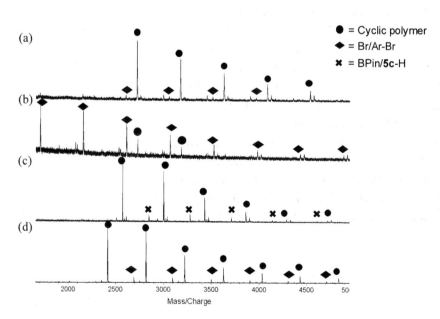

図 9　5 と 2b の鈴木・宮浦重縮合における生成物の MALDI-TOF 質量スペクトル
(a) 5a，(b) 5b，(c) 5c，(d) 5d

4 おわりに

　非等モル下の鈴木・宮浦環化重合が偶然見つかり，その一般性を調べていくと，ここで述べたとおり，多くのモノマーにも適用できることが分かった。この合成法を，これまであまり注目されてこなかった環状芳香環ポリマーの選択的合成法としてさらに展開し，対応する鎖状芳香族ポリマーと比較して環状ポリマーの特異な機能を明らかにしたい。今後は，複素環モノマーや脂肪族モノマーについても調べていく予定である。

文　　献

1) H. R. Kricheldorf & G. Schwarz, *Macromol. Rapid Commun.*, **24**, 359 (2003)
2) H. R. Kricheldorf et al., *Macromol. Rapid Commun.*, **33**, 1814 (2012)
3) M. Nojima et al., *Macromol. Rapid Commun.*, **37**, 79 (2016)
4) H. Sugita et al., *Chem. Commun.*, **53**, 396 (2017)
5) M. Iyoda et al., *Angew. Chem. Int. Ed.*, **50**, 10522 (2011)
6) B. Hohl et al., *Macromolecules*, **45**, 5418 (2012)
7) C.-G. Dong & Q.-S. Hu, *J. Am. Chem. Soc.*, **127**, 10006 (2005)
8) T. Yokozawa et al., *Macromolecules*, **43**, 7095 (2010)
9) S. K. Weber et al., *Org. Lett.*, **8**, 4039 (2006)
10) A. Yokoyama et al., *J. Am. Chem. Soc.*, **129**, 7236 (2007)
11) T. Yokozawa et al., *Macromol. Rapid Commun.*, **32**, 801 (2011)
12) M. Verswyvel et al., *J. Polym. Sci., Part A: Polym. Chem.*, **51**, 5067 (2013)
13) K. Kosaka et al., *Macromol. Rapid Commun.*, **36**, 373 (2015)
14) E. Elmalem et al., *Macromolecules*, **44**, 9057 (2011)
15) P. Willot & G. Koeckelberghs, *Macromolecules*, **47**, 8548 (2014)
16) R. Tkachov et al., *Macromolecules*, **47**, 3845 (2014)
17) W. Liu et al., *Polym. Chem.*, **5**, 3404 (2014)
18) S. Kang et al., *J. Am. Chem. Soc.*, **135**, 4984 (2013)
19) M. Nojima et al., *J. Am. Chem. Soc.*, **137**, 5682 (2015)
20) T. Kamigawara et al., *Catalysts*, **7**, 195 (2017)

第8章　環状トポロジーを有する界面活性剤の合成と応用

廣瀬雄基[*1], 平　敏彰[*2], 井村知弘[*3]

1　はじめに

　界面活性剤は，水になじみやすい部分（親水基）となじみにくい部分（疎水基）により構成された分子で，可溶化・乳化・分散など多様な機能を発揮することから，幅広い用途で利用されている。石油などを原料に合成される通常の界面活性剤は，親水基とアルキル鎖，いわゆる点と線からなる"かたち"であることが多い。これに対して，微生物などが生産する天然の界面活性剤の中には，環状の"かたち"を有するものが存在し，そのトポロジーに起因する特異な挙動を示す。例えば，枯草菌が生産するサーファクチンは，7つのアミノ酸からなる環状ペプチド構造を持ち，これがβ-シートを形成することにより，低濃度から優れた界面活性を発揮する[1]。類似の環状ペプチドとしてイチュリンやライケンシンなども知られており[2,3]，これらは水の表面張力を下げるだけでなく，特定のイオンを捕捉したり，脂質と相互作用することにより様々な生理活性を発揮する[4]。また，熱水噴出孔などの過酷な環境に生息する古細菌には，その細胞膜が環状のリン脂質によって構成されるものもあり，界面において規則正しく配向し，熱的安定性が向上することが示唆されている[5]。

　このように界面活性剤を環状化することにより，界面における配向や安定性の向上をはじめとする様々な機能を付与することが期待できる。我々は，洗浄剤や乳化剤として産業上重要な非イオン性界面活性剤である，ポリオキシエチレン（POE）アルキルエーテルの環状体，すなわち環状POEアルキルエーテルを開発した。本章では，環サイズの異なる3種類の環状POEアルキルエーテル（図1（a））の合成と，その環状トポロジーが界面物性に及ぼす影響を，直鎖状体（図1（b））と比較しながら紹介したい[6]。

[*1] Yuki Hirose　産業技術総合研究所　化学プロセス研究部門　化学システムグループ　外来研究員

[*2] Toshiaki Taira　産業技術総合研究所　化学プロセス研究部門　化学システムグループ　主任研究員

[*3] Tomohiro Imura　産業技術総合研究所　化学プロセス研究部門　化学システムグループ　グループ長

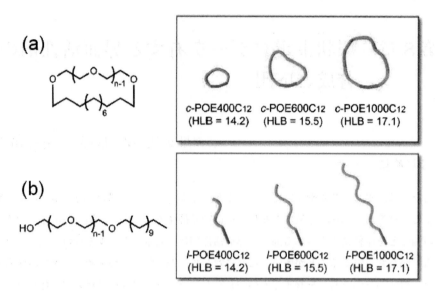

図1 (a) 環状POEアルキルエーテル，(b) 直鎖状POEアルキルエーテル

2 環状POEアルキルエーテルの合成

　これまでに報告されている環状トポロジーを有する界面活性剤は，サーファクチンのようにアミノ酸などの親水基が環状化し，これにアルキル鎖が連結したもの[1,7]，あるいは疎水基となるアルキル鎖が環状化し，これに親水基が連結したものに大別される[8〜10]。これに対して我々は，親水基あるいは疎水基の部分的な環化ではなく，環状構造の一方に親水基を，もう一方に疎水基を有する界面活性剤の合成を目指した。

　環化反応はエントロピー的に極めて不利な反応であり，反応性を高めるために濃度や温度を上げると，分子間反応が優先的に進行する。これを抑制するため，10^{-5} M以下の高度希釈条件下において，反応性の高い閉環メタセシス反応[11]やクリック反応[12]が広く用いられる。しかしながら，高度希釈条件下での合成では十分な収量が望めず，また生成物にトリアゾール環などの官能基が付加するため，その界面物性への影響も否定できない。そこで，環状POEアルキルエーテルの合成には，一般的な高度希釈条件よりも高い濃度で，直鎖状のものと同様の官能基組成となるよう，ポリエチレングリコール（PEG）とハロゲン化アルキルの求核置換反応（ウィリアムソンエーテル合成）を用いた。

　親水基のPEGは，溶媒の極性や温度に応じてコンフォメーションが変化する[13]。Boothらは，良溶媒であるジクロロメタンに貧溶媒のヘキサンを加え，PEGのコンフォメーションを制御することにより環化反応が効率的に進行することを報告している[14]。本研究ではこれを2分子間の環化反応に適用した。DMF／ヘキサン混合溶媒中において，5 mMのPEG600と1,12-ジブロモデカンを水素化ナトリウム存在下，55℃で24時間反応させ，環状POEアルキルエー

第8章 環状トポロジーを有する界面活性剤の合成と応用

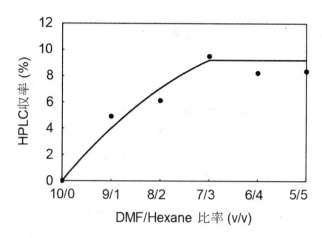

図2　c-POE600C$_{12}$ の合成におけるヘキサン添加量と HPLC 収率の関係

テル（c-POE600C$_{12}$）の合成を試みた。その結果，生成物のマトリックス支援レーザー脱離イオン化飛行時間型質量分析（MALDI-TOF MS）および核磁気共鳴スペクトル（NMR）測定より，c-POE600C$_{12}$ が得られることが分かった。逆相高速液体クロマトグラフィー（RP-HPLC）にて収率を確認したところ，ヘキサン比率の上昇に伴い収率が向上した（図2）。ヘキサン添加系ではエチレンオキシドのセグメント間引力が強まり，PEG 鎖が収縮して両末端が近接することにより，10^{-3} M という環化反応としては比較的高濃度の条件においても反応が効率的に進行したものと考えられる。また，DMF とヘキサンが2相分離する直前の比率（DMF／ヘキサン = 7/3）で，収率は最大となったことから，コンフォメーションの制御とともに，相平衡を考慮することにより，環状分子を合理的に合成できることがわかった。この最適条件において，PEG400 および PEG1000 とドデシル基から構成された環サイズの異なる c-POE400C$_{12}$ と c-POE1000C$_{12}$ も同様に合成し，c-POE400C$_{12}$，c-POE600C$_{12}$，c-POE1000C$_{12}$ をそれぞれ 240 mg（収率：9%），290 mg（収率：10%），330 mg（収率：7%）で得た。なお，比較となる直鎖状 POE アルキルエーテル（l-POE400C$_{12}$, l-POE600C$_{12}$, l-POE1000C$_{12}$）は，PEG と 1-ブロモデカンの反応により合成した。

　ゲル浸透クロマトグラフィー（GPC）を測定したところ，c-POE600C$_{12}$ と c-POE1000C$_{12}$ は，直鎖状体よりわずかに遅く溶出することが確認された。なお，グリフィンの式（HLB = 20 ×親水基式量の総和／分子量）より算出したそれぞれの親水性—疎水性バランス（HLB）は，直鎖状体および環状体とも同じで，POE400C$_{12}$ で 14.2，POE600C$_{12}$ で 15.5，POE1000C$_{12}$ で 17.1 となり，いずれも洗浄剤や可溶化剤に適した HLB である。

3 環状 POE アルキルエーテルの界面物性

3.1 表面張力低下能

環状トポロジーが POE アルキルエーテルの界面活性に及ぼす影響を調べるため、ペンダントドロップ法を用いて各濃度に調製した界面活性剤水溶液の表面張力を測定した（図3）。

環状 POE アルキルエーテルは、環の一方に親水基、もう一方に疎水基を有する特殊な形であるが、直鎖状体と同様、気水界面に配向することにより、表面張力の低下が認められた。界面吸着が飽和に達する臨界ミセル濃度（CMC）にて表面張力の値は一定となった。プロットに対す

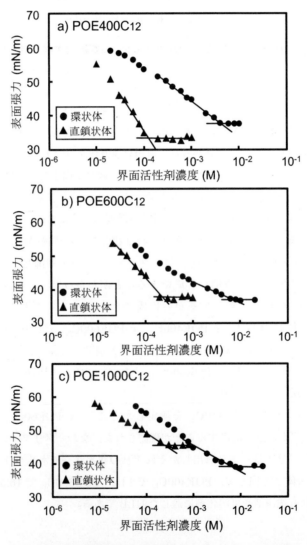

図3 環状（●）および直鎖状（▲）POE アルキルエーテルの表面張力低下能
a) POE400C_{12}, b) POE600C_{12}, c) POE1000C_{12}

第 8 章 環状トポロジーを有する界面活性剤の合成と応用

表 1 環状および直鎖状 POE アルキルエーテルの各種界面パラメーター

		CMC (mM)	γ_{CMC} (mN/m)	Γ (10^{-6} mol/m^2)	A (Å^2/molecule)
環状	POE400C$_{12}$	4.3	37.3	1.9	88.1
	POE600C$_{12}$	7.0	37.1	1.1	150.7
	POE1000C$_{12}$	7.6	38.8	1.1	153.1
直鎖状	POE400C$_{12}$	0.1	33.5	4.4	38.1
	POE600C$_{12}$	0.3	37.3	2.7	60.7
	POE1000C$_{12}$	0.3	45.4	1.6	101.9

る 2 本の近似曲線の交点より算出された CMC と，その際の表面張力値（γ_{CMC}）を表 1 に示す。

CMC の値は，直鎖状体と比べ環状体は 1 桁程高い値となる。RP-HPLC における環状体の保持時間は，直鎖状体より 5 分程度早く溶出したことから，分子のトポロジーが環状となることで，親水性が向上することが示唆された。環サイズの比較では，c-POE600C$_{12}$ と c-POE1000C$_{12}$ の間で PEG 鎖長が大きく異なるものの，CMC の値はほとんど変化しなかった。この傾向は，直鎖状体においても同じであった。γ_{CMC} の値は，POE400C$_{12}$ の場合，環状体の方が高くなったが，POE600C$_{12}$ では環状体と直鎖状体で同程度の値となり，POE1000C$_{12}$ においては環状体の方が低い値となった。すなわち環状体は PEG 鎖長が増加しているにも関わらず，直鎖状体と異なり γ_{CMC} は大きく変化しない。一方で，環状体の PEG 鎖長増加に伴い，直鎖状体と同等またはそれ以上の表面張力低下能を発揮することがわかった。

ギブスの吸着式を用いて算出した界面吸着量（Γ）および分子占有面積（A）から（表 1），直鎖状体では，典型的な界面活性剤と同様に，HLB の増加に伴い親水基が嵩高くなることで，界面吸着量が減少し，界面活性の低下が見られた。一方，環状体では c-POE600C$_{12}$ と c-POE1000C$_{12}$ の間で界面吸着量に差は見られなかった。環サイズの大きな環状 POE アルキルエーテルが，直鎖状体と比較して優れた界面活性を発揮した要因と考えられる。また興味深い点として，c-POE600C$_{12}$ と c-POE1000C$_{12}$ は，その直鎖状体と比べて大きな分子占有面積を有することが明らかになった。

3.2 自己集合挙動

界面活性剤は，CMC を境に自己集合してさまざまな会合体を形成する。そこで，環状トポロジーが，POE アルキルエーテルの自己集合挙動に及ぼす影響を検討するため，CMC 以上の濃度に調製した水溶液（20 mM）について動的光散乱測定（DLS）を行った（図 4）。ヒストグラム解析より，直鎖状体の形成する会合体の粒子径は，いずれも数ナノメートルであり，疎水基を内側に向けて形成する球状ミセルと考えられる。一方，環状体では，数十〜数百ナノメートル程度となり，直鎖状体より大きな会合体を形成することが明らかになった。より大きな分子占有面積を有する c-POE600C$_{12}$ と c-POE1000C$_{12}$ では，会合体の粒子径もより巨大になるものと考え

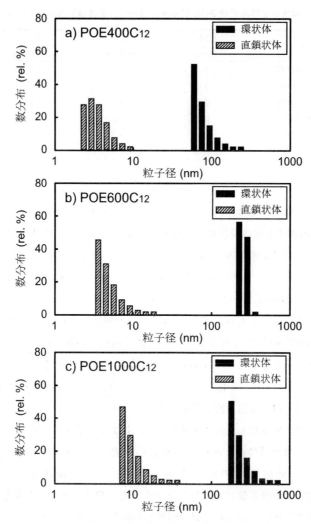

図4 環状および直鎖状 POE アルキルエーテルの形成する会合体の粒子径分布
a) POE400C_{12}, b) POE600C_{12}, c) POE1000C_{12}

られる。

　環状構造を持つ天然由来の界面活性剤においても，数百ナノメートルの粒子径を有する会合体の形成が報告されており[15]，界面活性剤に環状トポロジーを導入することで自己集合挙動が変化することが示唆される。これらを系統的に理解するには，通常の界面活性剤に適用される臨界充填パラメーター（CPP）の概念を拡張する必要があると思われる。

3.3　ミセルの熱安定性

　PEG 系非イオン性界面活性剤のミセル水溶液は，ある温度を境に相分離することが知られて

第8章 環状トポロジーを有する界面活性剤の合成と応用

いる。この温度は一般的に曇点と呼ばれている。環状トポロジーが曇点に及ぼす影響を，紫外可視分光高度計を用いた650 nmの透過率測定より評価したところ，l-POE1000C$_{12}$を除いたPOEアルキルエーテルでは，曇点における急激な透過率の低下が確認された（図5）。l-POE400C$_{12}$，l-POE600C$_{12}$，l-POE1000C$_{12}$の曇点はそれぞれ76℃，88℃，＞95℃に対し，c-POE400C$_{12}$，c-POE600C$_{12}$，c-POE1000C$_{12}$ではそれぞれ46℃，60℃，82℃となった。HLBを変更せずに，分子のトポロジーを変えるだけで，曇点が約30℃も低下することが明らかになった。

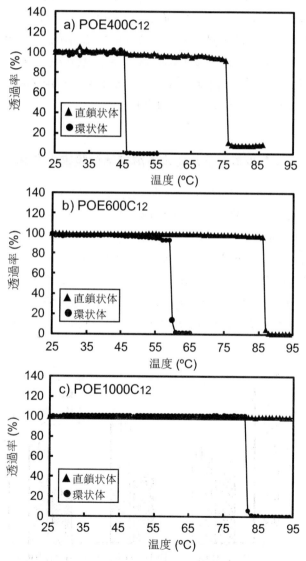

図5 環状（●）および直鎖状（▲）POEアルキルエーテルの曇点
a) POE400C$_{12}$，b) POE600C$_{12}$，c) POE1000C$_{12}$

これらの曇点現象は，PEG鎖と水素結合した水分子が脱水和し，コンフォメーションが変化することで起こる。環状体はコンフォメーションがある程度固定化されているので，配座エントロピーが直鎖状体より小さい。これにより，環状体の水分子との相互作用は，直鎖状態より弱くなるため，より低温で脱水和したと考えられる。PEG以外の熱応答性高分子であるポリ(N-イソプロピルアミド)[16]やポリ(N-ビニルカプロラクタム)[17]の環状体でも同様の傾向が報告されている。

 一方，疎水鎖と親水鎖が交互に繋がったABA型トリブロック共重合体の環状体に相当する，環状ポリ(ブチルアクリレート)-b-ポリ(エチレンオキサイド)の曇点が，直鎖状体と比べて40℃以上高くなることが報告されている[18]。直鎖状のABA型トリブロック共重合体がミセルを形成するには，両末端の疎水鎖を内側へ向ける必要があり，高分子鎖の自由度が低下する。実際に我々もPEG1000の両末端にヘキシル基を導入したABA型のl-C_6-POE1000-C_6を合成し，その曇点を測定したところ，同様の傾向，すなわちc-POE1000C_{12}の曇点が，l-C_6-POE1000-C_6と比べて約25℃高くなることを確認した。

4　環状POEアルキルエーテルによる酵素活性阻害の抑制

 洗濯用洗剤にはさまざまなものがあるが，近年では，コンパクトで扱いやすい液体洗剤がトレンドになっている。これは，洗濯用洗剤に含まれるプロテアーゼの安定化技術の進展とも関連する[19,20]。一方で，液体洗剤に含まれる直鎖状POEアルキルエーテルのような界面活性剤は，長鎖のアルキル基を有し，これが酵素を変性させる可能性があるため，これを阻害しない界面活性剤の開発も重要になる。そこで，環状POEアルキルエーテルによる酵素活性阻害の抑制効果について，市販のアルカリプロテアーゼを用いて，モデル化合物（N-スクシニル-Ala-Ala-Pro-Phe-p-ニトロアニリド）の加水分解速度の解析を行った（図6）。

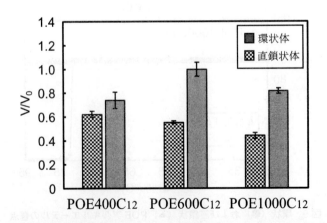

図6　環状および直鎖状POEアルキルエーテル存在下におけるプロテアーゼ活性

その結果，環サイズの異なる環状POEアルキルエーテルは，いずれもその直鎖状体と比べて酵素の活性阻害が抑制された。直鎖状体では，l-POE400C$_{12}$添加系において約40％阻害が進行しており，PEG鎖長の増加に伴い阻害はさらに進行した。一方，環状体ではc-POE400C$_{12}$の場合，l-POE400C$_{12}$より12％緩和され，c-POE600C$_{12}$およびc-POE1000C$_{12}$では直鎖状体より約40％も阻害の抑制が見られた。また，酵素添加後の表面張力測定で，いずれの環状体もγ_{CMC}と同等の値を示し，界面活性が維持されていることを確認した。最近では，タンパク質の吸着を抑制する表面改質剤に，環状トポロジーが活用できることも報告されている[21, 22]。

5 おわりに

液体洗剤の主要成分であるPOEアルキルエーテルの環状体を合成し，その系統的な界面物性の評価から，環状トポロジーが自己集合挙動などに影響を及ぼすことを明らかにした。環状体は，直鎖状体と同様の化学組成およびHLBであるにも関わらず，親水性の向上や分子占有面積の増大などの効果が誘起されることがわかった。これに伴う巨大会合体の形成促進や，洗濯用洗剤に含まれるプロテアーゼの活性阻害の抑制といった物性・機能面での優位性を明らかにした。

環状トポロジーを有する両親媒性分子は自然界でよく見られ，生物は限られた資源を有効に利用して機能を獲得するための工夫をしている。しかし，両親媒性を利用した工業製品である界面活性剤にこうした環状トポロジーを利用するには，環化反応の効率を高める必要があった。一方，サーファクチンの量産化技術の確立など，バイオ技術が発達した現在においては，化学合成[23~25]との融合により，多種多様な環状トポロジーを有する界面活性剤の実用化も実現可能となりつつある。本章では，界面活性剤における環状トポロジーの効果について紹介したが，同じ化学組成でありながら，トポロジー変換のみで物性を変化させる技術は，界面活性剤に限らず，様々な機能性化学品への応用が考えられる。資源制約のある我が国において，トポロジーなどの分子の"かたち"に着目したユニークな化学技術が生み出され，新産業の創出につながることを期待したい。

文　献

1) Y. Ishigami *et al.*, *Colloids Surf. B*, **4**, 341 (1995)
2) 田嶋和夫ほか，"界面活性剤評価・試験法―製法・物性・応用・分析・環境―"，日本油化学会編，第1章，p.39 (2002)
3) H. Habe *et al.*, *J. Oleo Sci.*, **66**, 785 (2017)
4) T. Taira, T. Imura *et al.*, *Colloids Surf. B*, **134**, 59 (2015)

5) K, Kakinuma *et al.*, *Bull. Chem. Soc. Jpn.*, **74**, 347 (2001)
6) Y. Hirose, T. Taira, T. Imura *et al.*, *Langmuir*, **32**, 8374 (2016)
7) N. J. Turro *et al.*, *J. Phys. Chem.*, **90**, 837 (1986)
8) S. Machida *et al.*, *J. Am. Oil Chem. Soc.*, **48**, 784 (1971)
9) K. Esumi *et al.*, *Langmuir*, **12**, 2613 (1996)
10) S. Matsumura *et al.*, *J. Oleo Sci.*, **61**, 609 (2012)
11) Y. Tezuka *et al.*, *Macromolecules*, **41**, 7898 (2008)
12) S. M. Grayson *et al.*, *J. Am. Chem. Soc.*, **128**, 4238 (2006)
13) K. Kinbara *et al.*, *Angew. Chem. Int. Ed.*, **52**, 2430 (2013)
14) C. Booth *et al.*, *Chem. Commun.*, 31 (1996)
15) M. Doble *et al.*, *Colloids Surf. B*, **116**, 396 (2014)
16) S. Liu *et al.*, *Macromolecules*, **40**, 9103 (2007)
17) Y. Bi *et al.*, *Polymer*, **68**, 213 (2015)
18) Y. Tezuka *et al.*, *J. Am. Chem. Soc.*, **132**, 10251 (2010)
19) C. J. Radke *et al.*, *Biotechnol. Bioeng.*, **102**, 1330 (2009)
20) L. Holliday *et al.*, *J. Am. Oil Chem. Soc.*, **72**, 53 (1995)
21) E. M. Benetti *et al.*, *Angew. Chem. Int. Ed.*, **55**, 15583 (2016)
22) W. Jiang *et al.*, *Langmuir*, **34**, 2073 (2018)
23) R. H. Grubbs *et al.*, *Science*, **297**, 2041 (2002)
24) K. Zhang *et al.*, *Polym. Chem.*, **7**, 2239 (2016)
25) K. Grela *et al.*, *J. Am. Chem. Soc.*, **140**, 8895 (2018)

第9章 配位重合を用いた環状高分子の合成とミセル形成

竹内大介[*1], 小坂田耕太郎[*2]

1 環状高分子の合成

環状高分子には通常の線状構造をもつ高分子とは異なる物性が期待されてきた。しかし,実際に環状高分子の合成が困難であったため,これを精密合成した例は20世紀末まで極めて少なかった。最近になって,複数の研究グループから環状高分子についての先駆的な研究成果が報告され,線状高分子のコンタミネーションなしに環状高分子を合成すること,質量分析をはじめとする各種手法によって正確かつ比較的容易にこれを分析することが,可能となった。現在では,環状高分子の科学は,鎖状高分子では達成できないミクロ構造や物性を示す材料を扱う学術分野として多くの研究者の参加を得ている。

環状高分子の代表的な合成戦略は,2種類に大別される。第一の方法は,両末端に官能基を有する線状高分子を合成し,その官能基が関わる分子内閉環反応によって,選択的に環状高分子を得るものである。手塚らは四級アンモニウム基を両末端に有するポリ(テトラヒドロフラン)を合成し,これを二官能性のジカルボン酸アニオンで閉環させることによって,環状のポリ(テトラヒドロフラン)を合成した[1]。この方法は単環性高分子の合成にとどまらず,多環状高分子をはじめとする各種の特異形状を有する高分子の精密合成に発展している[2]。Graysonはアルキニル基とアジド基を末端に有するポリスチレンを合成し,きわめて効率よく結合形成が起こる銅触媒によるclick反応を用いて,選択的な閉環反応を起こし,環状ポリスチレンを合成した[3]。これらの重合では,線状高分子を合成する過程で分子量をある範囲に規定することが可能であるため,選択的な閉環反応を行うことによって,分子量が制御された環状高分子を得ることができる。

環状高分子合成の第二の方法は,環状構造をもつ開始剤を合成し,これに単量体を加えて環拡大反応を繰り返して目的化合物を得るものである。Grubbsはシクロオレフィンの開環メタセシス重合の触媒の研究過程で,環構造を有するカルベンルテニウム錯体を触媒として用いて重合することによって,環状の高分子へと成長することを明らかにした[4]。重合によって環状高分子が生成すると,分子内のオレフィン部分がカルベン錯体とメタセシス反応を行う,いわゆるback-biting反応によって,環状炭化水素高分子が触媒から脱離し,小さい環構造を有する触媒が再生

[*1] Daisuke Takeuchi 弘前大学 理工学部 物質創成化学科 教授
[*2] Kohtaro Osakada 東京工業大学 化学生命科学研究所 教授

されて，環状高分子合成を再開する。

　これらの反応で得られる環状高分子は，同じ分子量の線状高分子に比べて，GPC測定などによる見かけの分子量が大きく，理論によって予想されたとおりに排除体積の違いが物性の差として現れる。また，環状構造に対するキャラクタリゼーションも，最近では質量分析測定などの各種の方法で比較的容易に行われている。筆者は，錯体触媒を用いるメチレンシクロプロパンのリビング重合を，環状開始剤を用いて行い，環拡大反応によって環状高分子を精密合成することに成功した。その合成反応の詳細と生成物の特性を述べる。

2　遷移金属錯体触媒による2-フェニルまたは2-アルキルメチレンシクロプロパンの重合

　遷移金属触媒は，エチレン，プロピレンなどの汎用オレフィンの重合に有用である。同様な触媒による新しいオレフィン性単量体の重合反応を開発できれば，新構造の高分子を合成でき，汎用単量体と新単量体の共重合，新規高分子と汎用高分子とのブレンドをはじめとする機械的な材料設計が可能となる。

　メチレンシクロプロパンは三員環が二重結合と連結した歪の大きい構造を有するC4化合物であり，各種反応剤によってブタジエンなどの炭化水素へ異性化するため，ジエン等価体などとして有機合成反応の基質として用いられていたが，重合の単量体としての利用は例が少なかった。筆者は，図1にまとめたように，Ni，Co，Pdなどの後期遷移金属錯体が，メチレンシクロプロパン類の各種の新重合やメチレンシクロプロパンとエチレンや一酸化炭素との共重合を触媒することを見出した[5]。

　ニッケルやコバルト錯体触媒を用いた反応では，通常のビニル重合が進行し，三員環が主鎖に

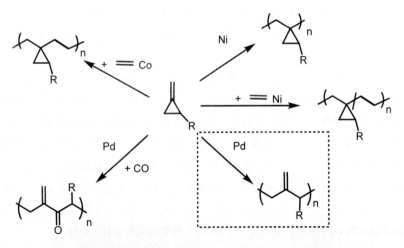

図1　遷移金属錯体触媒を用いるメチレンシクロプロパン類の重合反応

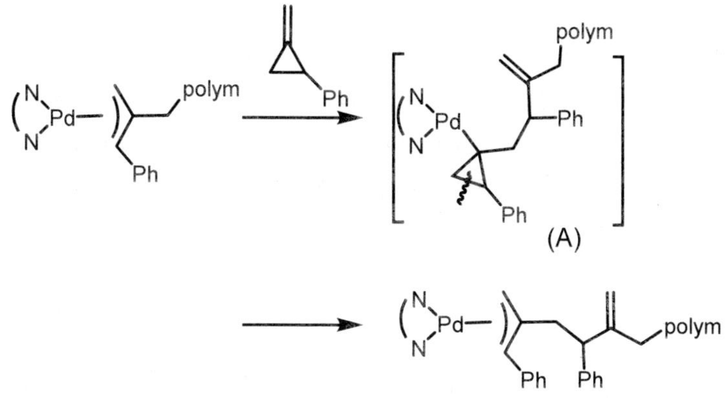

第9章　配位重合を用いた環状高分子の合成とミセル形成

図2 パラジウム錯体をもちいた2-アリールメチレンシクロプロパンの開環重合反応の機構

連結した高分子が生成した。エチレンとの共重合も可能であり，両単量体のブロック共重合およびランダム共重合が達成され，透明性の高分子が得られる[6～8]。この反応では，一般に反応性が乏しい1,1-二置換オレフィンが，選択的に1,2-挿入反応を繰り返すことによって重合が円滑に進行する。これらの重合では，環歪みエネルギーが大きく緩和されるため，成長反応が円滑に進行し，多くの場合に分子量や構造の制御が可能となる。生成した高分子の主鎖に結合した三員環を熱的な高分子反応で不飽和結合に変換することも可能である。

一方，ジイミン配位子を有するパラジウム二価錯体を触媒として2-フェニルメチレンシクロプロパンの重合を行うと，開環を伴う重合が進行し，エキソメチレン部分を単位構造に有する高分子が生成した[9,10]。この重合の成長反応機構を図2に示した。成長末端はπ-アリルパラジウム種であり，メチレンシクロプロパンの二重結合が2,1-挿入することによってパラジウム-炭素σ結合を有する中間体（A）を生成する。（A）は直ちにβ-アルキル脱離反応によってπ-アリルパラジウム種を再生する。通常はβ-アルキル脱離は起こりにくく，その例は限られているが，この反応では三員環が開環されて安定なπ-アリル配位子に変換されるため，この反応が円滑に進行する。これらの機構は同位体標識や反応速度論によって明確にされた。Marksらは前期遷移金属錯体触媒を用いるメチレンシクロプロパンの開環重合を報告しており，金属-炭素σ結合を有する成長末端による機構を提案している[11]。一般にπ-アリル錯体は後期遷移金属で安定であり，上記の重合は金属の性質に基づいた機構で進行していることがわかる。

3　2-アルコキシメチレンシクロプロパンの開環重合による環状高分子合成

パラジウム錯体触媒による2-アリールメチレンシクロプロパンの開環重合は精密に構造制御された高分子を生成する一方，その分子量を精密制御することはできなかった。2-アルコキシメチレンシクロプロパンを用いた重合では反応中に，支持配位子として用いたジイミンが脱離

環状高分子の合成と機能発現

し，塩素架橋した二核パラジウム錯体が生成していることがわかった。分子内の 2 つのパラジウムにはいずれも π-アリル配位子が結合してそれぞれ高分子鎖の成長に関わっている（図 3）。ここでは，リビング重合が進行しており，生成物の分子量分布が 1.1 以下であること，用いた単量体の量に対応した分子量の高分子が生成すること，ブロック共重合が可能であること，が明らかになった。図 4 に示すように疎水性，親水性の側鎖を有する単量体を用いてトリブロック共

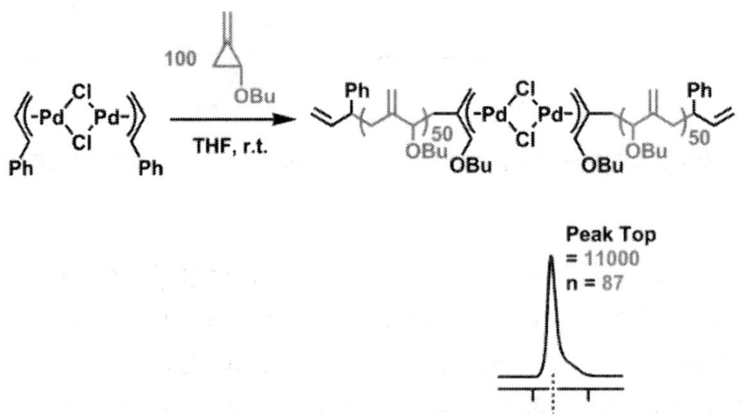

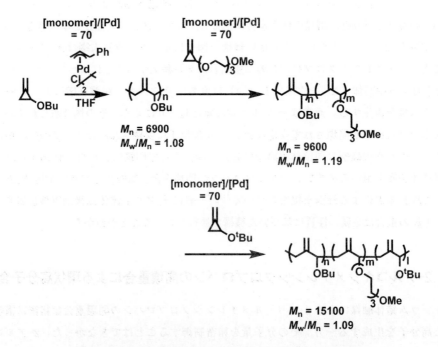

図 3　2-アルコキシメチレンシクロプロパンのパラジウム錯体触媒によるリビング開環重合

図 4　2-アルコキシメチレンシクロプロパンのブロック共重合

第9章 配位重合を用いた環状高分子の合成とミセル形成

重合体を合成できた。一連のブロック共重合体を用いることによって，溶媒との親和性を調整した高分子を合成することができる。この重合の成長末端は安定であって，水や空気の存在下でも重合が進行し，また単離生成後も安定に存在する。

この重合反応を，環状構造を有する開始剤を用いて行えば，環拡大反応による環状高分子が生成するものと期待して以下の検討を行った。末端に塩化アリル部分を有するテトラ（エチレンオキシド）化合物をPd(0)錯体と反応させて，分子内の2つのアリル基がパラジウムにπ配位し，パラジウムが塩素イオンで架橋した環状開始剤を合成した。

最初に開始剤として，ポリエーテル鎖で配位子を連結した環状π-アリルパラジウム錯体を合成したが，期待した環状二核錯体Ⅰの構造の錯体に加えて，その2倍の分子量をもつ環状四核錯体Ⅱを一部含むことがCSI-MSおよびDOSY-NMRの結果からわかった。実際，これを用いる2-ブトキシ-1-メチレンシクロプロパンの重合は円滑に進行して環状ポリマーを生成するものの，生成物のGPCパターンは二峰性であり，ⅠおよびⅡが独立に開始剤として機能していると考えられる。得られたポリマーは，ホスフィンとの反応によって両末端にパラジウムを含む鎖状ポリマーに変換されるが，その変換に伴ってGPC上での分子量が大きく変化しない（M_n = 8,500 → 9,200）ことから，これが2つのパラジウムを含む環状構造をしていることが確かめられた。また，上記の二峰性のGPCを与える高分子混合物に配位子であるPPh_3を添加して行うと，GPCで単峰性の高分子が得られるので，Ⅰ，Ⅱの環状構造が確認された（図5）[12]。

ここで，少量のピリジンを添加すると四核錯体は，鎖状錯体との平衡を介して二核環状錯体に変化することがわかったので，環状錯体に少量のピリジンを添加した後，2-ブトキシメチレンシクロプロパンの重合を行ったところ，単峰性の環状高分子（M_w/M_n = 1.07～1.11）を得ることができた（図6）[12]。

同じ開始剤によって2-[2-(2-メトキシエトキシ)エトキシ]エトキシ基を有するメチレンシクロプロパンもリビング重合によって環状ポリマーを生じる。また，これら2種類の置換基をもつメチレンシクロプロパンのブロック共重合も可能であり，疎水性ブロックおよび親水性ブロックを有する環状高分子が得られた（図7）[13]。この環状ブロック共重合体と組成，分子量がほぼ同じ鎖状ブロック共重合体との水媒体中でのミセル形成能を比較した。水に溶解，分散させたブロック共重合体の吸収スペクトルを測定して，356 nmにおける吸光度からその臨界ミセル濃度（cmc）を測定したところ，環状ブロック共重合体は線状ブロック共重合体に比べてcmcが大きく，ミセル形成能がより小さいことがわかった（図8）。一方で，温度を変えてミセルの平均半径を測定したところ，線状高分子は昇温によって半径が増大し，ミセルの凝集が起こりやすいのに対し，環状高分子ミセルは20℃から60℃の範囲で変化がなく，安定にミセル構造を保っていることがわかった（図9）。

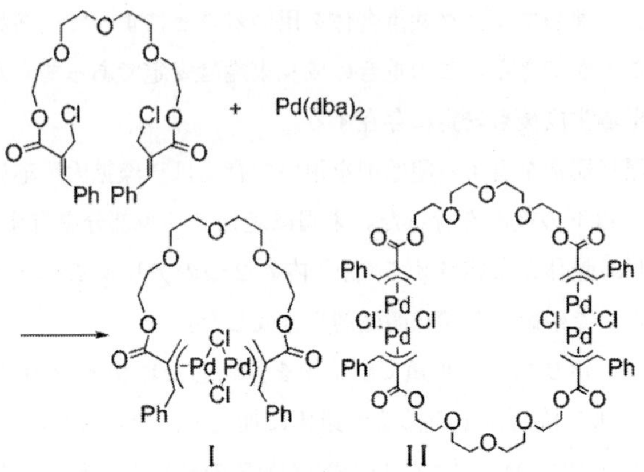

環状高分子の合成と機能発現

図5 環状錯体開始剤の合成

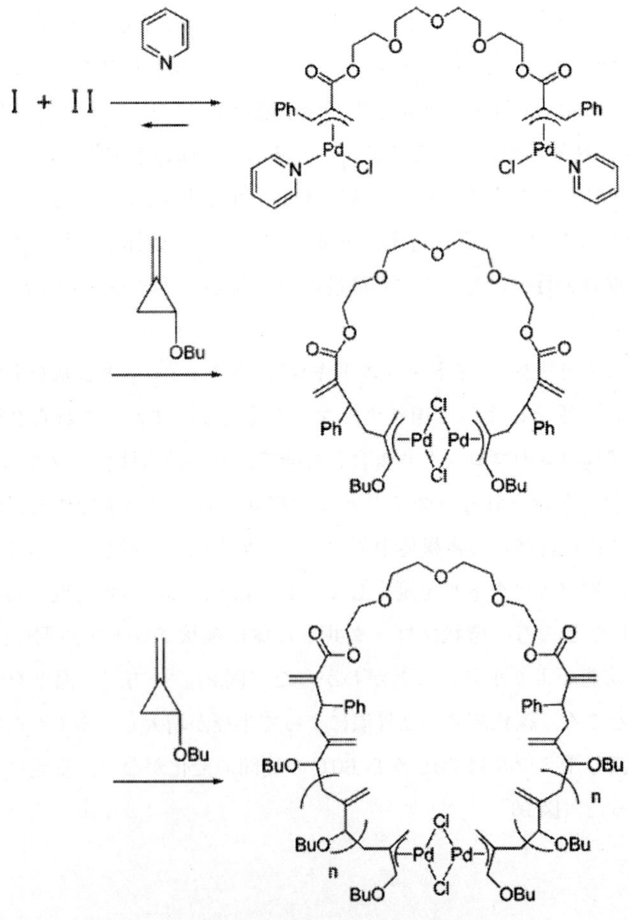

図6 環状開始剤を用いる重合反応

第9章 配位重合を用いた環状高分子の合成とミセル形成

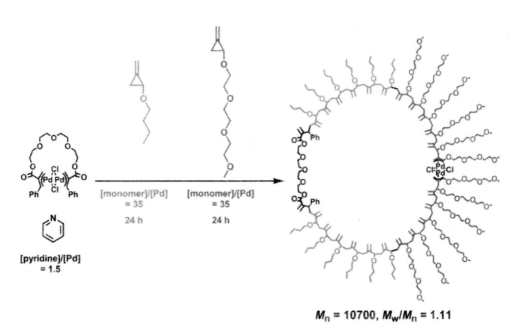

図7 環状開始剤を用いるブロック共重合

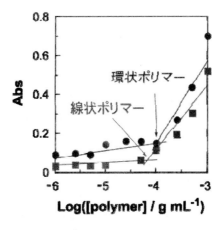

図8 線状高分子と環状高分子のミセル形成

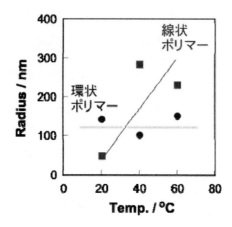

図9　線状高分子と環状高分子のミセルの安定性

4　おわりに

　環状高分子の科学は特にこの十年余の期間に急速に発展した。一般性の高い重合が続々と発表される一方で，物性評価についての研究も進んでいる。今後は，既存の研究分野であり，実用にも近いネットワーク高分子などとのインターフェースも強化されると期待される。

文　　献

1) H. Oike, Y. Tezuka *et al.*, *Macromolecules*, **34**, 6592 (2001)
2) T. Yamamoto & Y. Tezuka, *Soft Matter*, **11**, 7458 (2015)
3) B. A. Laurent & S. M. Grayson, *J. Am. Chem. Soc.*, **128**, 4238 (2006)
4) R. H. Grubbs *et al.*, *Science*, **297**, 2041 (2002)
5) K. Osakada & D. Takeuchi, *Adv. Polym. Sci.*, **171**, 137 (2004)
6) D. Takeuchi & K. Osakada, *Chem. Commun.*, 646 (2002)
7) D. Takeuchi *et al.*, *Macromolecules*, **35**, 9628 (2002)
8) D. Takeuchi *et al.*, *Macromolecules*, **38**, 1528 (2005)
9) S. Kim, D. Takeuchi *et al.*, *Angew. Chem. Int. Ed.*, **40**, 2685 (2001)
10) D. Takeuchi, S. Kim *et al.*, *J. Am. Chem. Soc.*, **124**, 762 (2002)
11) L. Jia, T. Marks *et al.*, *J. Am. Chem. Soc.*, **118**, 7900 (1996)
12) D. Takeuchi *et al.*, *Organometallics*, **25**, 4062 (2006)
13) D. Takeuchi *et al.*, *J. Polym. Sci. A Polym. Chem.*, **47**, 959 (2009)

第10章 遷移金属触媒を用いた環拡大重合法による環状高分子の合成

久保智弘*

1 はじめに

　環状高分子は線状の高分子と比較して，顕著に異なる物理的性質（固有粘度・ガラス転移温度など）を示すことが分かっている[1]。環状高分子は，そういった特異な性質やそれによる幅広い分野への応用の可能性を有するにもかかわらず，現在においてもまだまだ研究の余地が残っている。それは，環状高分子の合成が困難で合成手法も限られており，効率的かつ大規模に高純度の環状高分子を合成することが非常に難しいからである[2]。その中でも，産業分野での応用が可能な環状高分子（ポリオレフィンなど）の効率的で大規模な合成の例は稀である。これは，一般的には環状高分子は末端連結法もしくは環拡大重合法によって合成される（図1）。

　末端連結法による環状高分子の合成は，高分子の両末端基に適切な反応相手を取り入れ，分子内環化反応を行うことにより達成される[3]。この手法により，幅広い種類の環状高分子の合成が可能となった[4]。また精密重合手法を高分子合成に用いることにより，分子量などが明確に定義された環状高分子の特性評価も行われるようになった。この手法の欠点としては，分子内環化反応と分子間反応の競合により線状もしくは環状オリゴマーが混入することなどが挙げられる。反応性のある高分子の濃度を下げることによりオリゴマーの合成は抑えることができるが[5]，大量な溶媒が必要となるために大規模な環状高分子の合成は非常に困難となる。また，分子量が高くなるにつれ効率的に高分子の末端基に官能基を取り入れることが困難となるという課題もある。

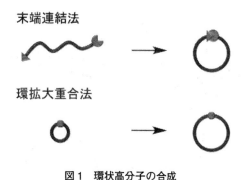

図1　環状高分子の合成

---

*　Tomohiro Kubo　Postdoctoral Research Fellow, Department of Chemistry, University of Michigan

これらの理由のため，末端連結法は大規模な生産や高分子量体が必要となる分野への応用に現時点では向いていない。

環拡大重合法による高分子の合成は，一般的には環状の構造を持つ触媒を用いた環拡大反応により行われる[6]。環状触媒を用いた環拡大重合法の長所としては，大量の溶媒を必要としない点，理論上は線状の高分子の混入がない点，および高分子量体の合成が可能な点などがある。ただし，この重合手法も利点ばかりではない。現在，環拡大重合法を可能とする触媒と単量体の組み合わせが非常に限られており，合成が可能な環状高分子の種類も制限されている。

この章では，現在までに報告されている主な遷移金属触媒による環状高分子の合成例をまとめる。具体的には，Grubbs らによる環状ポリオレフィンの合成と評価，Veige らによる環状ポリアセチレン誘導体の合成と評価について言及する。

2 Grubbs らによる環拡大重合法による環状ポリオレフィンの合成・評価・応用

Grubbs らは 2002 年に，アルキリデン配位子を有するルテニウム触媒を用いた環状高分子の合成を *Science* に報告した[7]。触媒が環状の形状をもち，メタセシス重合による環拡大により環状高分子合成が可能となることが明らかにされた。推定反応機構を図 2 に示す。シクロオクテンがモノマーとして用いられ，高分子量体の環状ポリシクロオクテンが合成された。環状ポリシクロオクテンを水素化することにより，高分子の中でも特に重要な役割を果たすポリエチレンの環状版が合成された。環状の証明のため，線状高分子とのゲル浸透クロマトグラフィー分析中の溶出時間の違い・流体半径・固有粘度・熱的性質などの詳細な評価が行われた。他にも，ポリシクロオクテンのほぼ完全な水素化を行った後にオゾン分解反応を行うことにより，環状高分子の

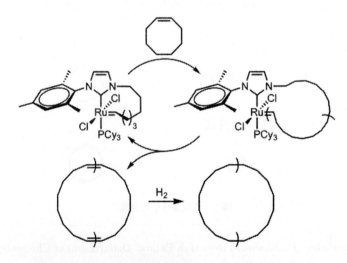

図 2　Grubbs らによる環拡大重合法による環状高分子の合成

第 10 章　遷移金属触媒を用いた環拡大重合法による環状高分子の合成

生成のさらなる裏付けを得た。

　この触媒を用いたさまざまな応用が報告されている[8～10]。例えば，マクロモノマーを環拡大重合反応に用いることにより，環状ポリマーブラシの合成と原子間力顕微鏡を用いた環状高分子の観察が行われた[11]。他には，環状高分子を構成要素とする網状高分子の合成と刺激応答性の評価なども行われた[12]。

　Turner らによる最近の報告では，同じ触媒を用いた環状共役高分子の合成が行われた（図3）[13]。これにはシクロファンジエンがモノマーとして用いられ，欠陥のない完全に共役した環状ポリパラフェニレンビニレンが合成された。合成された共役高分子は可溶性を示し，NMR 分光法と MALDI を用いた質量分析によりその環状さが明らかにされた。固体状態での評価では線状と環状のポリパラフェニレンビニレンは違った形状を示すことが分かったが，光物性の解析では大きな違いは見られなかった。

　Grubbs らによって報告された環状の触媒を用いて環状高分子を合成するという概念は，他の触媒合成の指針ともなった（図4）。具体的には，環状の形状を持つ Schrock 型の触媒の開発が行われ，その新規触媒も環状高分子を与えることがわかった[14]。この報告では，Schrock らが開発したレジオ規則性高分子を与える触媒の構造との概念を組み合わせることにより，環状かつレジオ規則性を示すポリノルボルネンの合成が可能となった。またこれと同時期に，新しい"Ynene" 反応性の発見とその反応性の応用による，環状・レジオ規則性をもつポリノルボルネ

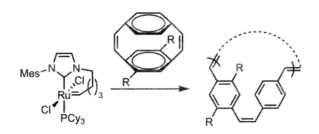

図3　環拡大重合法による全共役環状高分子の合成

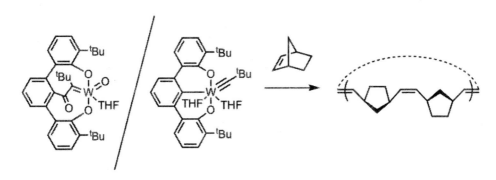

図4　Schrock 型触媒を用いた環状・レジオ規則性をもつポリノルボルネン合成

127

ン合成も報告された[15]。

3 Veigeらによる環拡大重合法による環状ポリアセチレン誘導体の合成・評価・応用

Veige らは 2016 年に，ピンサー配位子を有するタングステンを触媒として用いた線形アルキン単分子の環拡大重合法による環状ポリアセチレン誘導体高分子の合成を Nature Chemistry に報告した[16]。この触媒の特徴としては，トリアニオン性のピンサー配位子と高原子価状態を持つタングステンを用いることによりアルキンモノマーの触媒への簡易な配位を可能とした点である。この報告の前には，触媒 A と別方法で合成される触媒 B を用いた重合反応を報告しており[17]，この報告で用いられた触媒 A は精製を必要としない高収率で得られた改良版である（図5）。

触媒 A とフェニルアセチレンを用いた重合反応が試みられ，触媒が非常に高い活性度と触媒回転数を持つことが示された。また，スチレンや 2,2,6,6-テトラメチルピペリジン 1-オキシルの存在下でも重合反応の性質は変化せず，ラジカルによる重合ではないことが示された。これらを元とした推定反応機構を，図6に示す。初めに触媒 A から THF が解離し，モノマーが配位する。このモノマーが金属—炭素間に挿入されることにより，メタラシクロペンタジエンが生成される。この配位と挿入が連続的に行われることで，環拡大が行われる。最後に，還元的脱離によ

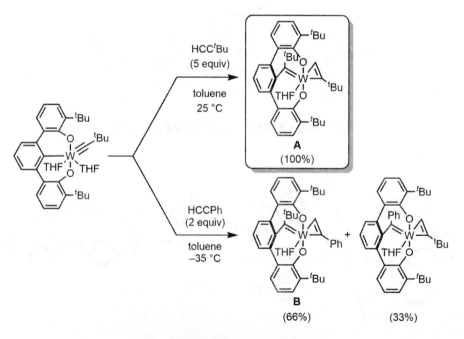

図5 環状高分子を与える触媒の合成

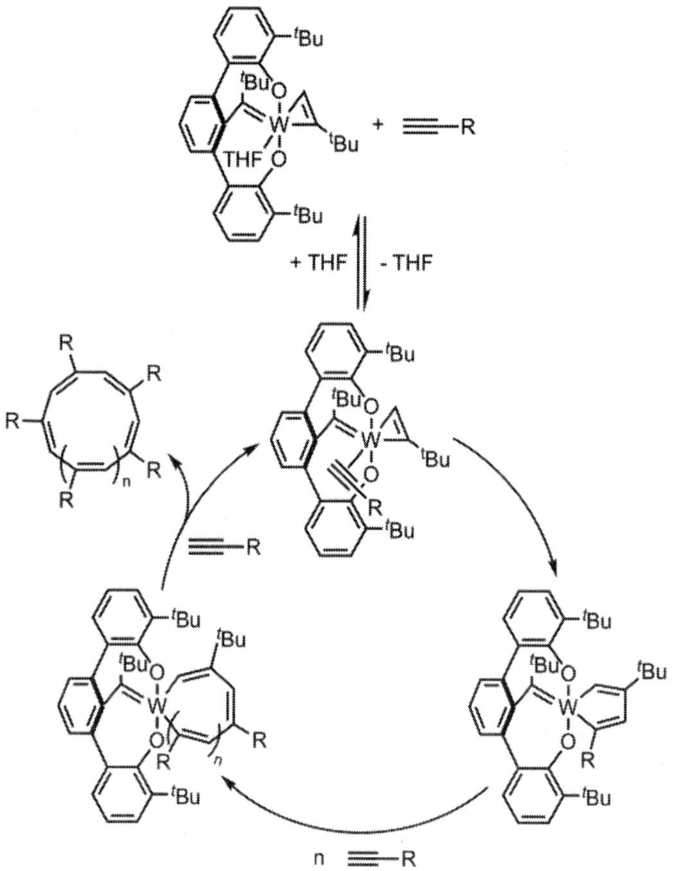

第 10 章　遷移金属触媒を用いた環拡大重合法による環状高分子の合成

図 6　Veige らによる環拡大重合法による環状高分子の合成の推定反応機構

り環状アセチレン誘導体の合成が達成される。

　フェニルアセチレンをモノマーとして用いることで，数平均分子量が 4.56×10^4 で分散度が 1.95 のポリフェニルアセチレンが生成された（図 7）。この触媒は他の官能基を持つフェニルアセチレンの重合反応を生じることも可能であり，これにより分子量が 8,000 から 130,000 の多様なアセチレン誘導体の合成が可能となった。

　さまざまな特性評価により，この研究で合成されたポリフェニルアセチレンが環状であることが証明された。比較対象である分子量と分散度が近い線状ポリフェニルアセチレンの合成にはロジウム触媒が使われた[18]。慣性半径・流体半径・固有粘度の線状高分子との比較結果は，触媒 **A** が与える高分子が環状であることを強く示唆するものであった。

　他の方法による高分子の形状の評価のため，ポリフェニルアセチレンの完全な水素化によってポリスチレンを合成した。そのポリスチレンを用いたゲル浸透クロマトグラフィーによる評価では，同じ分子量の線状高分子の溶出時間との違いにより，高分子の環状構造が形成されたことが

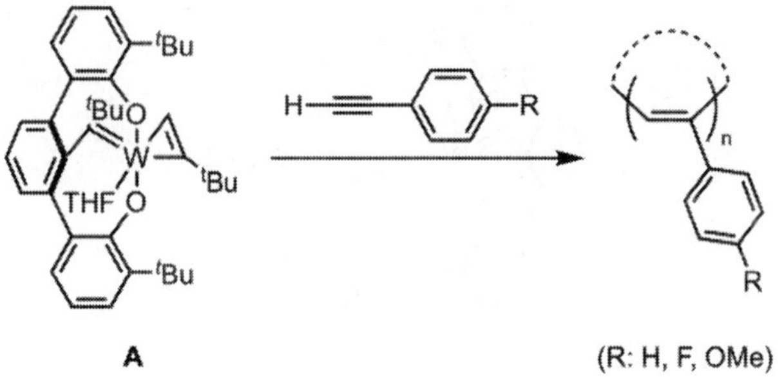

環状高分子の合成と機能発現

図7 触媒Aを用いたアセチレン誘導体の環拡大重合

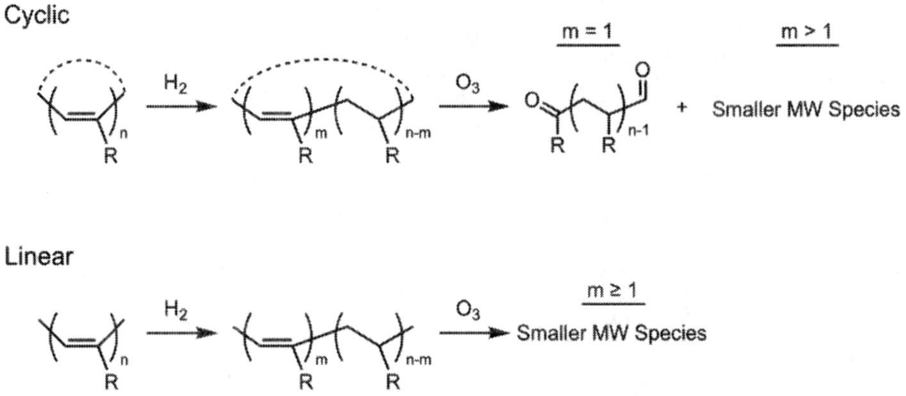

図8 水素化とオゾン化による高分子形状の評価

示唆された。他にも，Grubbs らが行ったようなほぼ完全な水素化後のオゾン分解反応により，環状高分子の生成を明らかにした（図8）。

　この触媒の応用としては，環拡大重合法による環状ポリプロピレンの合成が行われた[19]。これはプロピンをモノマーとして用い重合反応に続いて完全な水素化を行うことにより達成された。この報告で用いられた水素化手法によって得られる高分子はアタクチック構造を示すが，産業の分野で重要な高分子の合成とその熱的性質・レオロジー特性の評価が行われた。

4 おわりに

　環状高分子の産業の分野などでの応用のためには，日々の生活で用いられる高分子の環状版の合成とその性質の評価が重要である。ただし，遷移金属触媒を用いた環拡大重合法による環状高分子の合成例は今のところ限られている。この章では，主に2つのグループから報告された遷移金属触媒を用いた環状高分子の合成とその評価・応用をまとめた。

　Grubbs らが報告した環状触媒と環状モノマーを用いた環拡大重合法は，高分子量体の環状ポ

第 10 章　遷移金属触媒を用いた環拡大重合法による環状高分子の合成

リオレフィンの合成を可能にした。この先駆的な報告により，環拡大重合法による高分子の合成の分野が広がった。具体的には，環状ポリエチレン・環状ポリマーブラシ・環状共役高分子の合成などが達成され，それらの高分子の特性が精査された。

　Veige らによる報告では，ピンサー配位子を有するタングステンを用いた重合反応より，環状ポリフェニルアセチレンの合成が行われた。この重合手法により，従来法では難しい環状ポリアセチレン誘導体の合成が線状アルキンから行うことができた。この手法を用いると，高分子中のアルケンを用いて重合後反応を行うことにより，多様な環状高分子の合成が可能となる。これにより，高分子の形状がその特性にどのような影響を与えるかを，日々の生活に用いられる高分子を用い精査することができる。その有用さが証明されれば，産業への応用も可能となると考えられる。

文　　献

1) T. Yamamoto *et al.*, *Polym. Chem.*, **2**, 1930（2011）
2) B. A. Laurent *et al.*, *Chem. Soc. Rev.*, **38**, 2202（2009）
3) B. A. Laurent *et al.*, *J. Am. Chem. Soc.*, **128**, 4238（2006）
4) D. M. Eugene *et al.*, *Macromolecules*, **41**, 5082（2008）
5) D. E. Lonsdale *et al.*, *Macromolecules*, **43**, 3331（2010）
6) Y. A. Chang *et al.*, *J. Polym. Sci. Part A Polym. Chem.*, **55**, 2892（2017）
7) C. W. Bielawski *et al.*, *Science*, **297**, 2041（2002）
8) C. W. Bielawski *et al.*, *J. Am. Chem. Soc.*, **125**, 8424（2003）
9) Y. Xia *et al.*, *J. Am. Chem. Soc.*, **131**, 2670（2009）
10) A. J. Boydston *et al.*, *J. Am. Chem. Soc.*, **131**, 5388（2009）
11) Y. Xia *et al.*, *Angew. Chem. Int. Ed.*, **50**, 5882（2011）
12) K. Zhang *et al.*, *React. Funct. Polym.*, **80**, 40（2014）
13) B. J. Lidster *et al.*, *Chem. Sci.*, **9**, 2934（2018）
14) S. A. Gonsales *et al.*, *J. Am. Chem. Soc.*, **138**, 4996（2016）
15) S. S. Nadif *et al.*, *J. Am. Chem. Soc.*, **138**, 6408（2016）
16) C. D. Roland *et al.*, *Nat. Chem.*, **8**, 791（2016）
17) K. P. McGowan *et al.*, *Chem. Sci.*, **4**, 1145（2013）
18) O. Trhlíková *et al.*, *J. Mol. Catal. A*, **378**, 57（2013）
19) W. Niu *et al.*, in press

第11章　テンプレート重合による環状高分子の合成

斎藤礼子[*]

1　緒言

　鋳型重合（テンプレート重合）は，DNA の転写に代表されるように，高分子の精密制御法として知られている。鋳型効果により，一般に重合速度・分子量・分子量分布・立体規則性・共重合におけるモノマーの反応性の制御が可能であるとされ[1,2]，重縮合，開環重合，ラジカル重合への応用が研究されている[3~5]。

　ラジカル重合による鋳型重合には，鋳型となる高分子にあらかじめビニル基を結合させておき，鋳型鎖に沿って分子内で重合を進行させる Zip 機構[1~7]がある。Zip 機構では，鋳型分子の主鎖に沿ってビニル基を多数導入したマルチビニルモノマー（MVM）を用いることができる。しかし，フリーラジカル重合を用いた場合，系のゲル化が阻止できず，完全な鋳型重合に成功していない[8~11]。これはラジカル重合自体が制御されていないためである。近年，リビング／制御ラジカル重合として知られるリバーシブル・停止ラジカル重合（reversible-deactivation radical polymerization：RPDP）により，ラジカル重合の制御が可能となった。鋳型重合と RPDP とを組み合わせることにより，ゲル化を阻止しつつ，鋳型に沿った重合が可能となった[12,13]。

　本方法は，環状高分子の精密合成に応用できる。鋳型重合による環状高分子合成の概念を図1に示した。鋳型分子が環状化合物の MVM の場合，重合は主鎖の環に沿って進行し，重合開始部位と重合末端を結合させ，鋳型の主鎖から重合部位（娘鎖）を分離すると環状化合物が得られる。直鎖高分子型 MVM の場合，鋳型重合によりラダー状高分子が得られるが，鋳型分子の末端に鋳型の主鎖と娘鎖を分離できない官能基を導入することで，鋳型重合後，主鎖と娘鎖を分離すると，環状高分子が得られる。本章では，これらの合成方法の設計および，得られた環状化合物の特性について説明する。

---

[*] Reiko Saito　東京工業大学　物質理工学院　応用化学系　准教授

第11章 テンプレート重合による環状高分子の合成

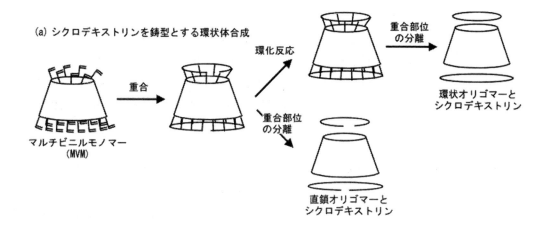

図1 鋳型重合による環状高分子合成の概念図
(a) シクロデキストリンを鋳型とする環状体合成，(b) 直鎖高分子を鋳型とする環状体合成。

2 環状化合物を鋳型とする環状体合成

鋳型となる環状化合物には，剛直な構造体が好ましい。環状オリゴ糖のシクロデキストリンは環構造が剛直であり，ビニル基を結合させるための水酸基がシクロデキストリン環に沿って精密に配列していることから，鋳型に適している。図2にはβ-シクロデキストリンを鋳型とするMVMの構造を示した[14]。二級水酸基のみをビニル基で修飾したβ-MVM1では14個のビニル

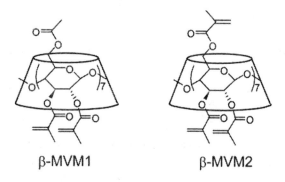

図2 β-シクロデキストリンを鋳型とするマルチビニルモノマー[14]

基が環に沿って配置されており，すべての水酸基を修飾した β-MVM2 では，一級水酸基側にも 7 個のビニル基が配置されている。同様に，α-シクロデキストリンや γ-シクロデキストリンを鋳型とすることができ，ビニル基を 6 個から 18 個まで精密に配置することが可能である。これを RDRP の一つである原子移動ラジカル重合（ATRP）すると導入したビニル基数と一致する重合度分布のない生成物（娘鎖）が得られる。すなわち，α 型では，重合度 6 および 12 のみが，β 型では重合度 7 および 14 のみが，γ 型では，重合度 8 および 16 のみのオリゴマーが得られる。

　この環状体合成にはゲスト化合物と開始剤が重要である。シクロデキストリンは有能な包接剤（ホスト化合物）であるため，ビニル基，開始剤や配位子が包接されると，鋳型に沿って重合が進行しない[15]。このため，ビニル基を精密に配置するためのゲスト化合物が必要となる。β- および α-シクロデキストリン型の MVM ではトルエンおよびドコサンが有用である。図 3 には種々のゲストについての β-MVM の鋳型重合生成物，および鋳型から切り離した娘鎖のゲル浸透クロマトグラフィー（GPC）結果[15]を示した。適切なゲスト化合物は，ゲル化の阻止にも有用である。これは，ビニル基が分子内で精密に配置されるため，分子間反応が抑制されるためである。さらに，ゲスト化合物は分子内のビニル基の配置を制御する。トルエンでは，一級，二級

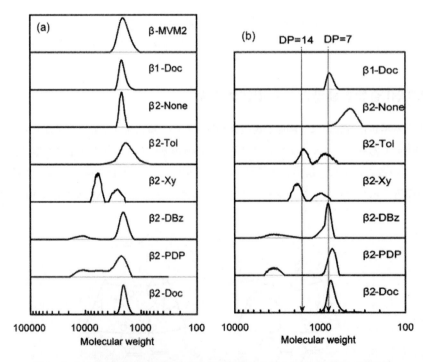

図 3　シクロデキストリンを鋳型とする鋳型重合における包接化合物の影響[15]
(a) 重合体の GPC 測定結果，(b) 娘鎖の GPC 結果。包接化合物，-Doc：ドコサン，-None：包接化合物なし，-Tol：トルエン，-Xy：キシレン，-DBz：ドデシルベンゼン，-PDP：ペンタデシルフェノール。

第 11 章　テンプレート重合による環状高分子の合成

側ともにビニル基がシクロデキストリン環に沿って配置され，それぞれの部位から重合度 7 および 14 の 2 種類の娘鎖が得られる。ドコサンでは，一級水酸基側からは重合度 7 の娘鎖が得られるが，二級水酸基側でも，7 個のビニル基のみがドコサン分子の周囲に精密に配置され，重合度 7 の娘鎖となる。よって，用いるゲスト化合物により，環状オリゴマーの環の大きさが制御できる。

　環状オリゴマー合成には，開始剤として，開始基と閉環用官能基の両方を有する化合物を用いる。環状の鋳型重合では，ビニル基が環状に配列しているため，重合反応点はシクロデキストリン環に沿って進行し，重合開始地点に戻ってくる。よって，開始剤末端が閉環用官能基を有する場合，開始剤末端と重合反応点を結合することで閉環が可能である。閉環には，重合後期に成長ラジカルが閉環用官能基と反応し，自己閉環し，重合反応が停止する方法[16]と，閉環用に分子内架橋剤を用いる方法[13]がある。閉環の確認には NMR，および，MALDI-FOT-Mass 測定が有用である。

　ATRP の場合，自己閉環用開始剤として 1,3-ジブロモブタンなどを用いることが可能である。3 位の臭素基は ATRP 重合能を有するが，1 位の臭素基は重合せず，ラジカルの連鎖移動基として機能する。実際，NMR，MALDI-FOT-Mass 測定より，重合終末期に，分子内で連鎖移動が起こり閉環したことが確認されている[16]。このとき，二級水酸基側の方がビニル基の運動性が高いため，閉環率は二級水酸基側の方が高くなり，ほぼ定量的で閉環できる。トルエンをゲストとする場合，一級水酸基側での閉環率は 58.4% であるが，二級水酸基側では閉環率 91.6% であった。閉環用に分子内架橋剤を添加する場合，臭素系の開始剤ではジアミン化合物を添加することで，閉環が可能である[13]。このとき，閉環率はジアミン化合物のアミン基間距離が鋳型重合物内の閉環に用いる官能基の位置と近い場合高くなることから，立体的な構造を十分考慮することが重要である。

3　環状オリゴマーの特性

　シクロデキストリンを鋳型とする環状体は，分子量分布のない環状オリゴマーとなる。一般にオリゴマー範囲での重合度分布制御は難しいが，構造の規定された鋳型分子を用いることで，厳密に構造制御が可能となる。娘鎖にメタクリル酸を用いた場合，環状メタクリル酸オリゴマーが得られる。メタクリル酸は pH により解離状態を制御できるため，生成物は pH 依存性の包接剤（ホスト化合物）となる[17,18]。図 4 には水中での環状メタクリル酸オリゴマーの概念図とコンピュータシミュレーションによる分子構造を示す。カルボン酸が解離した状態では，疎水性のメチル基が環内部に凝集し疎水場を形成し，カルボン酸が解離しない低 pH ではカルボン酸の二量化により環内部に親水場が形成される[17]。このため，環状メタクリル酸オリゴマーは水中で高 pH では疎水性化合物を選択的に包接できる。実際，種々の疎水性化合物（コレステロール，ドコサヘキサエン酸エステル，メチレンブルー等）の pH 応答型のホスト化合物である。包接の検

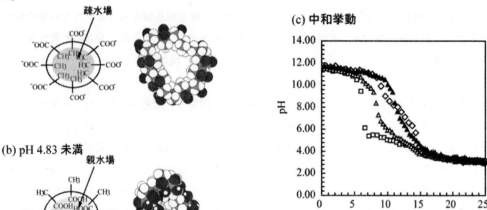

図4 環状メタクリル酸オリゴマーの水中構造と中和挙動[17]
(a) pH=4.83以上，(b) pH=4.83未満，(c) 中和挙動。(□) メタクリル酸モノマー，(△) 直鎖メタクリル酸オリゴマー，(▲) 環状メタクリル酸オリゴマー，(◇) 直鎖ポリメタクリル酸。

討には，2次元-NMR法やパルス磁場勾配NMR（PGSE-NMR）法による自己拡散係数測定が有用である。

さらに環状構造は，中和挙動にも大きく影響する[17]。図4cに示した通り，環状メタクリル酸オリゴマーの中和挙動は，同一の重合度の直鎖メタクリル酸オリゴマーとは異なり，長鎖ポリメタクリル酸に類似する。これは，環状化合物であるため，鎖末端が存在せず，鎖のコンフォメーション変化が直鎖オリゴマーに比べ小さいことに由来する。重合度の大きい環状高分子では，この現象は顕著ではないが，オリゴマー領域では環構造の影響が顕著に現れ，重要である。

これら環状メタクリル酸オリゴマーは，包接-放出材料として，シリカビーズ上へも簡便に担持することも可能である[18]。図5はシリカビーズへの担持，および，pHを駆動力とするメチレンブルーの包接-放出挙動である。シクロデキストリンもメチレンブルーの包接能を有するが，pHによって包接能は変化しない。しかし，環状メタクリル酸オリゴマーでは高pHで包接が，低pHで放出が起きる。繰り返しの使用も可能であり，環状オリゴマーの合成により新たな包接材料開発が期待される。

第 11 章　テンプレート重合による環状高分子の合成

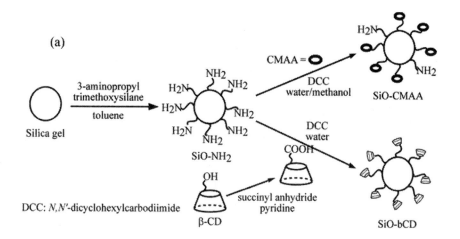

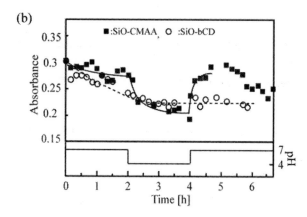

図5　環状メタクリル酸オリゴマーのシリカ粒子への担持と pH を駆動力とするメチレンブルーの包接・放出挙動[18]
　　（a）シリカ粒子への担持方法，（b）メチレンブルーの包接・放出挙動。

4　長鎖高分子を鋳型とする環状高分子合成

　長鎖高分子を鋳型とする場合も，環状高分子を精密に合成することができる。図6は直鎖高分子を用いた鋳型重合の反応図[19]と環状体合成用 MVM[18]である。環状体を合成する場合，MVM 鎖の両末端と開始剤の選択が重要である。MVM 鎖の両末端は，鋳型の主鎖と娘鎖の主鎖が切り離されないよう，化学反応に強い官能基を持つビニル基が必要である。例えばジビニルベンゼンの1つのビニル基のみを鋳型の主鎖を合成するときに導入することができる。銅錯体によるATRPでは，メタクリロイル基やアクリロイル基は，スチリル基に比べ低温で重合できる。このため，メタクリルやアクリル系モノマーの重合時，スチリル型モノマーを添加し低温で重合すると末端がスチリルモノマーユニットで停止した高分子を合成できる[19]。過剰なジビニルベン

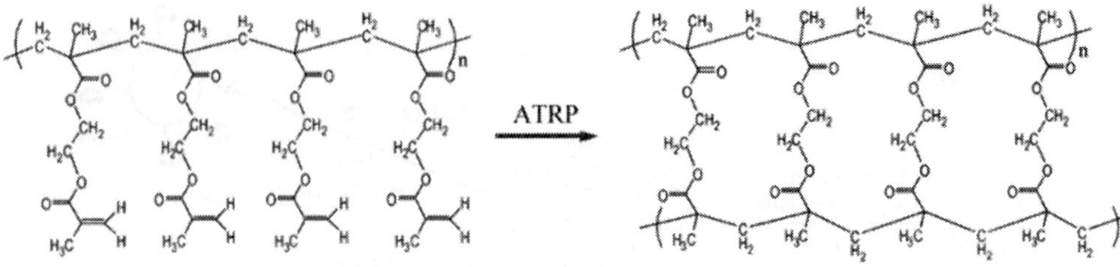

ポリ (2-メタクリロイルオキシエチルメタクリラート)

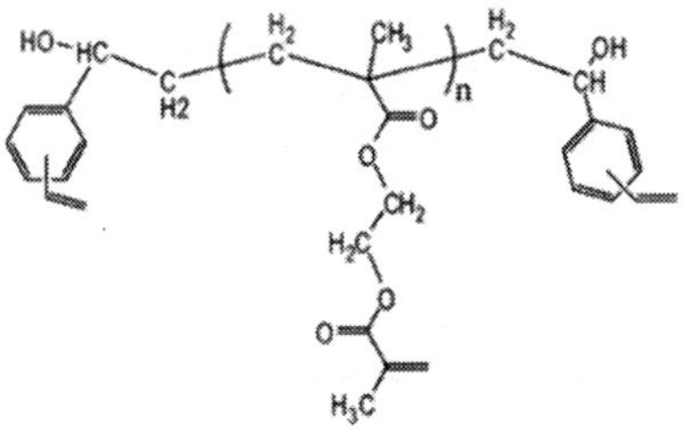

α,ω-スチリル末端型ポリ (2-メタクリロイルオキシエチルメタクリラート)
St-MVM-St

図6 直鎖高分子を用いた鋳型重合反応図と環状体合成用マルチビニルモノマー[19]

ゼンを添加すると，ATRPのみで簡便に鎖末端にスチリル型ビニル基を導入することができる。
　特に，鋳型主鎖の重合時に$α,α'$-ジブロモキシレンなどの2官能性開始剤を用いると，鎖の両末端に閉環用にスチリル型ビニル基が導入されることから，精密，かつ簡便にSt-MVM-Stが合成できる。直鎖型MVMの鋳型重合では，鎖の両末端まで1つの開始剤から重合を進行させるため，2官能性開始剤が有効である[20]。この場合，MVMのどの位置から重合が開始しても，鎖の両末端まで重合が進行し，末端のスチリル基の重合により反応が完結し，ラダー型高分子が合成できる。Bamfordは鎖末端に開始基を導入し，MVMの鎖末端から鎖中央部への重合を検討している[21]。しかし，実際には主鎖からビニル基までの距離と鎖末端の開始基との距離が一致せず，鋳型重合の制御は難しい。
　一方，適切な溶媒を選択することで，鋳型重合において，分子間反応は完全に阻止できる。このとき，MVMの溶解挙動を光散乱法等により精密に観察し，溶媒を選択するとよい。構造が複雑なMVMでは，側鎖の官能基の影響で，分子内凝集や分子間凝集が起きている場合がある。これらはミクロゲルやマクロゲルの原因となり，鋳型重合が阻害されるためである。分子間反応の阻止は，GPCより確認可能である。図7に示したように，重合前後でピーク位置は一致する[19]。重合により鎖のコンフォメーションが変化するため，ポリマー溶液が非ニュートン溶液となり，粘度変化が起こることがある[20]。この場合，重合後ピークが低分子量側にわずかに移動することもあるが，粘度補正等により，分子量変化がないことが分かる。
　重合はATRPによるため，分子内重合中はリビング性を有する。鋳型重合が主鎖に沿って進

第11章 テンプレート重合による環状高分子の合成

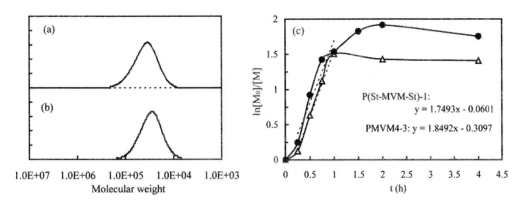

図7 重合前後での高分子の分子量変化[19]
(a) 重合前の St-MVM-St の GPC カーブ, (b) 重合後の P(St-MVM-St) の GPC カーブ, (c) 末端にスチリル基を有する St-MVM-St とスチリル基を持たない MVM4-3 の速度論的プロット。

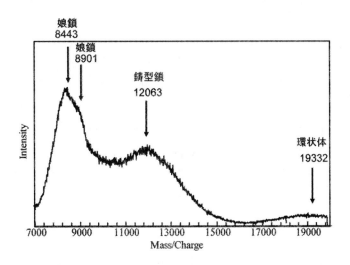

図8 鋳型重合生成物の加水分解体の MALDI-TOF-Mass プロフィール

行する場合，重合の速度論的挙動に末端のスチリル基の影響はない（図7c）。これは，MVM分子末端まで重合が進行し，鎖末端で重合が停止するためである。

環状体の合成には，ラダー型化合物のラダー部を分解すればよい。St-MVM-St 系では加水分解により分離が可能である。鋳型鎖と娘鎖のモノマーユニットの組み合わせで，ホモポリマー型環状高分子のみならず，ブロックコポリマー型環状高分子も合成できる。St-MVM-St では，鋳型鎖と娘鎖が同一のモノマーユニットとなるため，得られる環状高分子はホモポリマーである。鋳型鎖とは異なるモノマーユニットを娘鎖に用いると，非対称なラダー高分子となる[22]ため，得られる環状高分子はブロック共重合体とすることができる。環状体合成の確認には NMR 測定，MALDI-TOF Mass 測定が有用である。図8は鋳型重合途中の生成物の加水分解体の MALDI-

TOF Mass スペクトルである。閉環されていない鋳型鎖と娘鎖，および，環状体（環状体合成率：38.4%以上）を検出できる。なお，MVM 由来のラダー化合物のラダー部は化学的安定性が大きく向上する。このため，ラダー部の分解には過酷な条件が必要となるため注意したい[22]。

5 おわりに

マルチビニルモノマー（MVM）は，1 分子中にビニル基を多数有するため，重合時ゲル化しやすい。しかし，環状分子を鋳型とすることや，鋳型高分子の構造を緻密に設計することで，その構造を精密に転写し，簡便に環状オリゴマー，および，環状高分子を合成することができる。環状体と直鎖分子ではその特性は大きく異なる。特にコンフォメーション変化に制限がかかりやすいオリゴマー領域では，その効果は顕著である。よって，直鎖分子を環状体とすることにより，新しい機能材料開発が期待される。

文　献

1) G. Challa and Y. Y. Tan, *Pure Appl. Chem.*, **53**, 627 (1981)
2) Y. Y. Tan, "Comprehensive Polymer Science", vol.3, p.245, Pregamon Press (1989)
3) Y. Y. Tan and G. Challa, "Encyclopedia of Polymer Science and Engineering", Vol.16, p.554, John Wiley & Sons (1989)
4) Y. Y. Tan and G. Challa, *Macromol. Chem. Macromol. Symp.*, **10/11**, 215 (1987)
5) S. Polowinski, "The Encyclopaedia of Advanced Materials", p.2784, Pergamon Press (1994)
6) S. Polowinski, "Polymeric Materials Encyclopedia", Vol.11, p.8280, CMC (1996)
7) S. Polowinski, *Prog. Polym. Sci.*, **27**, 537 (2002)
8) H. Kammerer and A. Jung, *Makromol. Chem.*, **101**, 284 (1966)
9) H. Kammerer and S. Ozaki, *Makromol. Chem.*, **91**, 1 (1966)
10) S. Polowinski and G. Janowska, *Eur. Polym. J.*, **11**, 183 (1975)
11) R. Jantas and S. Polowinski, *J. Polym. Sci. Part A Polym. Chem.*, **24**, 1819 (1986)
12) R. Saito *et al.*, *Macromolecules*, **35**, 7207 (2002)
13) R. Saito and H. Kobayashi, *J. Incl. Phenom. Macrocycl. Chem.*, **44**, 303 (2002)
14) R. Saito, *Polymer*, **49**, 2625 (2008)
15) R. Saito and K. Yamguchi, *Macromolecules*, **38**, 2085 (2005)
16) R. Saito and K. Yamaguchi, *J. Polym. Sci. Part A Polym. Chem.*, **43**, 6262 (2005)
17) R. Saito *et al.*, *Macromolecules*, **40**, 4621 (2007)
18) T. Hara and R. Saito, *Polym. Adv. Technol.*, **19**, 1844 (2008)

第 11 章　テンプレート重合による環状高分子の合成

19) R. Saito *et al.*, *Macromol. Symp.*, **249-250**, 398（2007）
20) R. Saito *et al.*, *Macromolecules*, **39**, 6838（2006）
21) C. H. Bamford, "Developments in polymerization", p.215, Applied Science Publishers（1979）
22) R. Saito and Y. Iijima, *Polym. Adv. Technol.*, **20**, 280（2009）

第12章　静電相互作用による自己組織化（ESA-CF）による多環高分子の合成

手塚育志*

1　はじめに

　高分子の「かたち（トポロジー）」には，その基本特性を決定する本質的役割があり，分枝および単環・多環構造を含む高分子の1次元的な「かたち（トポロジー）」は，末端または分岐点（頂点）の「つながり方」を考慮した柔らかく細い「ひも」としての特性を示す「高分子グラフ」で表記される[1,2]。ここでは，重合度または分子量に対応するひもの全長は不変量となる一方，末端間，末端-分岐点間，分岐点間の距離は可変量となる。このようなグラフ図形を幾何学として取り扱うのがグラフ理論（graph theory）で，「高分子グラフ」の末端または分岐点（頂点）の「つながり方」に着目し，頂点間の距離に依存しないトポロジー幾何学的性質を抽出することができる（グラフの同形性）。たとえば，末端のない「高分子グラフ」で表現される単環，三角形，四角形高分子は，いずれもトポロジー的な相互変換が可能で同形となり，末端のある直鎖状屈曲性高分子とは区別される「かたち」となる[1,2]。

　単環・多環高分子のグラフ図形を，結び目を考慮せず系統的に分類すると「Ring Family Tree」（図1）となる[3〜5]。単環構造を基本形として，スピロ形（8の字形），連結形（手錠形）および縮合形（θ形）の3種の双環構造が生じる。さらに15種の三環構造へと発展し，α, β, γ, およびδグラフと称される4種の縮合形構造が含まれる。トポロジー幾何学に基づく数え上げ法により，四環構造には111種が，五環構造には1,075種が確認され，高分子の基本骨格（かたち）の顕著な多様性が注目される[2]。

　さらに，直鎖・分枝および含単環構造（単環およびおたまじゃくし形）高分子の「高分子グラフ」は，炭素数nで階層化した直鎖・分枝飽和アルカン（C_nH_{2n+2}）および飽和単環状アルカン（C_nH_{2n}）の「分子グラフ」と，また同様に，双環以上の多環構造を含む高分子も対応する多環飽和アルカン（C_nH_{2n-2}など）の「分子グラフ」と対応させ，系統的に分類し表記することができる[1〜3]（図2）。ここで，末端数および分岐点数が最小となる最も単純なグラフ図形は，高分子科学で基本とされる直鎖（末端数=2, 分岐数=0）ではなく，単環（末端数=0, 分岐数=0）となることは興味深い。

---

*　Yasuyuki Tezuka　東京工業大学　物質理工学院　材料系　教授

第 12 章　静電相互作用による自己組織化（ESA-CF）による多環高分子の合成

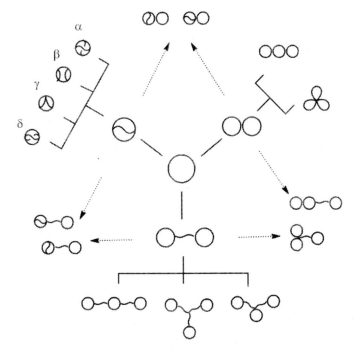

図1　単環・多環高分子の系統図「Ring Family Tree」

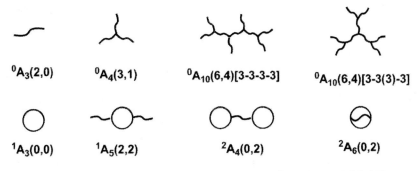

図2　直鎖・分枝および単環・多環高分子の高分子グラフ表示と系統的表記

2　高分子トポロジー化学：多環状高分子トポロジーの精密設計

　高分子の構造設計の自由度が，連鎖的な1次元的成長（低分子モノマーの重合）で得られる直鎖状だけでなく，分枝・環単位を含む多様な非直鎖状へと拡大し，「かたち」に基づく高分子設計プロセスが急速に進展している[4~6]。したがって，高分子の「かたち」の多様性をふまえた構造-物性相関の理論的・実験的解明が，高分子材料設計の基礎として不可欠になってきた。

2.1 ESA-CF プロセス

ESA-CF 法（electrostatic self-assembly and covalent fixation）は，疎水性高分子の末端に導入したイオン性官能基（イオン対）による静電相互作用を自己組織化の駆動力として「仮止め」された超分子構造を形成し，さらにこれを共有結合・固定化する高分子合成システムで，広範な単環・多環高分子の効率的合成に応用される[6,7]。具体的には，直鎖・分枝高分子末端または主鎖セグメント中特定位置に導入した適当な開環または脱環反応性・四級環状アンモニウムカチオンと，求核反応性をもつカルボン酸対アニオンとの静電相互作用，さらに適当な加熱操作による開環または脱環エステル化に基づく共有結合変換を組み合わせる[8,9]（図3）。

ESA-CF 法の特徴は，希釈溶液中での正負荷電のバランスした静電相互作用に基づく高分子自己組織化集合体の形成，およびそのイオン相互作用点の選択的・不可逆的共有結合変換反応であり，直鎖状2官能性テレケリクスと2官能，4官能および6官能性対アニオンとの組み合わせから，それぞれ単環，双環（8の字形），三環（三つ葉形）構造の1段階合成が達成される[7]（図4）。

また，両末端カチオン性（2官能性）直鎖高分子と3官能性対アニオン，または3本鎖星形（3官能性）高分子と2官能性対アニオンとの組み合わせから，θ形および手錠形の双環トポロジー異性体高分子が合成される[7,10,11]（図5）。生成した高分子異性体は，逆相クロマトグラフィーによって分離可能であり，さらに異性体生成比の理論値との比較に基づく間接的方法，流体力学的体積（見かけの分子量）の比較，および異性体の化学変換法によって同定された[12]。さらに 2.4 項に詳述の通り，分枝テレケリクスの ESA-CF 法によって四環3重縮合構造のひとつである $K_{3,3}$ グラフ高分子の合成も達成された[13]。

ESA-CF 法は，近年の有機合成化学の成果である種々の選択的・高効率な反応と組み合わせ，多様な多環高分子トポロジー構築に応用される[6]。特に，「かたち」の対称性から，ESA-CF 法での1段階合成が難しいスピロ形および連結形（手錠・パドル形）多環高分子（図1）が，アルキンおよびアジド基を導入した直鎖・分枝高分子および単環・多環高分子を組み合わせた相補的な反応性基の高効率結合反応（クリック反応）により合成された[14]。さらに特定位置にアルケン基を導入した直鎖・分枝高分子，また ESA-CF 法およびクリック反応を組み合わせ合成されるスピロ形および連結形多環高分子のメタセシス縮合反応（クリップ反応）で，効率的な高分子の

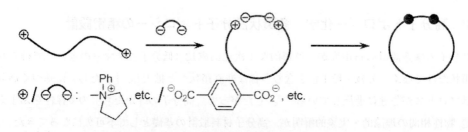

図3　ESA-CF 法による環状高分子合成

第12章　静電相互作用による自己組織化（ESA-CF）による多環高分子の合成

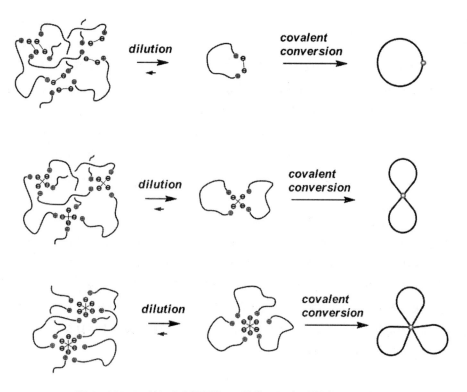

図4　ESA-CF法による単環状，双環状および三環状高分子の合成

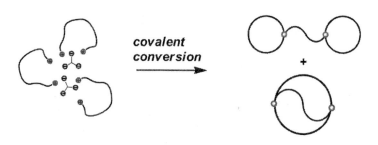

図5　ESA-CF法による双環状高分子トポロジー異性体の合成

「折りたたみ」が進行し，多様な縮合形多環トポロジーが構築される[15,16]。

2.2　スピロ形および連結形多環トポロジー

　スピロ形多環トポロジーは，単環高分子単位を直接結合して構築される。基本となるスピロ形双環トポロジーは8の字形で（図1），2官能性直鎖高分子2単位と4官能性カップリング試薬1単位のESA-CF法による2重環化反応，アジド基およびアルキン基を2つずつ持つ4本鎖星形高分子の2重クリック反応，アルケン基を2つ導入した単環高分子のメタセシス縮合（クリッ

プ反応) などの手法で合成される[1,6]。さらに三環スピロ形トポロジーとなる三つ葉形（収束形）高分子は，ESA-CF法による1段階の3重環化反応，また三環および四環スピロ形（直列形）高分子は，ESA-CF法により合成される特定の1ヶ所または2ヶ所にアジド基およびアルキン基を導入した種々の相補的な反応性単環および双環高分子を組み合わせたクリック反応で合成される[7,14]。また，ESA-CF法でアジド基を導入した単環高分子を合成し，次いで4官能性アルキン低分子化合物とクリック反応すると，四環スピロ形トポロジーとなる四つ葉形（収束形）高分子も合成できる[17]。さらに，単環高分子の特定位置にアルキンおよびアジド基を導入してクリック反応することで，四環，五環および七環スピロ形トポロジー高分子の合成も達成された[18,19]（図6）。

連結形多環トポロジーは，単環および直鎖・分枝高分子単位を組み合わせて構築される。基本となる連結形双環トポロジーは手錠形で（図1），ESA-CF法によって合成されるアルキン基を導入した単環高分子と，アジド基を末端に持つ2官能性直鎖高分子とのクリック反応で選択的に合成される[14]。三環連結（三分枝パドル）形高分子も同様に，アルキン基を導入した単環高分子とアジド基を末端に持つ3本鎖星形高分子とのクリック反応で合成される[14]。また，相補的反応性4本鎖星形高分子と単環高分子とのクリック反応で，連結形四環トポロジー（四分枝パドル形）高分子も合成された[17]（図6）。

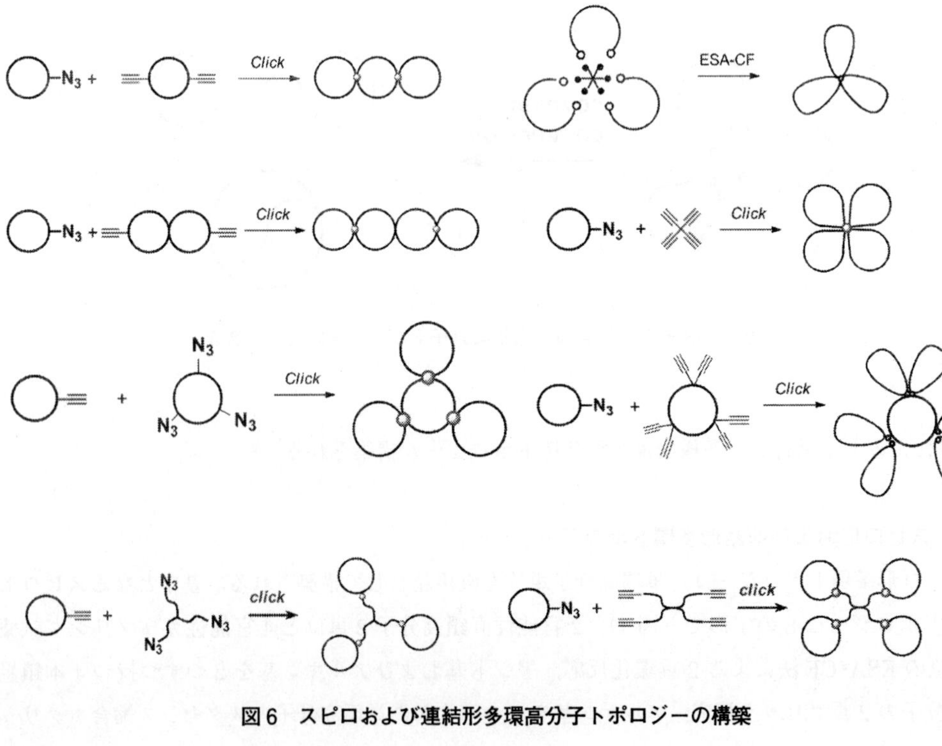

図6 スピロおよび連結形多環高分子トポロジーの構築

第12章　静電相互作用による自己組織化（ESA-CF）による多環高分子の合成

2.3　縮合形およびハイブリッド形多環トポロジー

縮合形多環トポロジーの基本となるのは θ 形で（図1），3本鎖星形高分子と3官能性対アニオンを組み合わせた ESA-CF 法によって選択的に構築される[20]。さらに，縮合形三環トポロジー（β-グラフ，γ-グラフおよび δ-グラフ）も，ESA-CF 法によって合成される特定位置にオレフィン基を導入した連結形およびスピロ形双環高分子の，分子内メタセシス（クリップ）反応による「折りたたみ」反応で構築される[21, 22]。さらに，ESA-CF 法とクリック法を組み合わせ，まず ESA-CF 法でスピロ形直列三環および四環トポロジー高分子の反対位置にオレフィン基を導入した高分子前駆体を合成し，次いでクリップ反応による高分子「折りたたみ」を適用すると，それぞれ四環3重縮合（正四面体展開グラフ），五環4重縮合トポロジー（七宝文様グラフ）高分子が合成される[15, 16]（図7）。

三環以上の高分子トポロジーには，双環および単環単位を組み合わせた，連結形-単環，スピロ形-単環，および縮合形-単環のハイブリッド形が含まれる（図1）。さらに四環トポロジー構造には，スピロ形，連結形および縮合形のすべての基本多環トポロジー単位を組み合わせたハイ

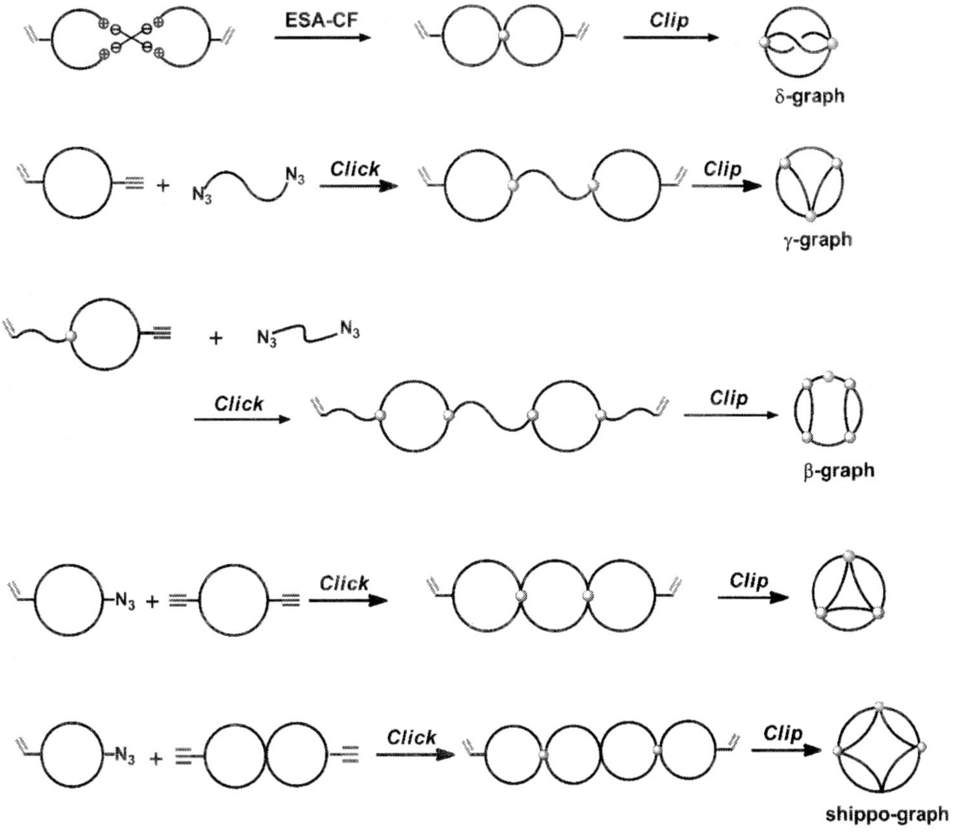

図7　縮合形多環高分子トポロジーの構築

ブリッド形も含まれる。アルキンおよびアジド基を導入した種々の相補的反応性・多環状高分子前駆体をESA-CF法で合成し，高分子間クリック連結反応すると，これら複雑なハイブリッド三環および四環トポロジー高分子も合成される[23, 24]（図8）。

2.4 高分子の精密折りたたみ：$K_{3,3}$グラフ高分子の合成

四環3重縮合トポロジーのひとつである$K_{3,3}$グラフ構造は，「非平面グラフ」としてのユニークな幾何特性が知られ，また薬理活性を示す多環状オリゴペプチド（cyclotide）のジスルフィド結合による多重架橋構造にも同形トポロジーが確認されている。この$K_{3,3}$グラフ構造高分子の合成がESA-CF法によって達成された[6, 13]。まず，長鎖（C-20）アルカンジオールをセグメント成分とするカチオン性6官能分枝状テレケリクスを合成し，次いで2単位の3官能カルボン酸対アニオンを導入して，静電相互作用に基づく自己組織化集合体を形成した。さらに，この高分子イオン集合体を希釈下で加熱し共有結合化すると，$K_{3,3}$グラフ高分子とその高分子構造異性体となる「はしご型」高分子が生成する。ここで，$K_{3,3}$グラフ高分子の3次元サイズ（流体力学的体積）は著しくコンパクトになることから，リサイクルSEC分取での分別・単離が達成された（図9）。

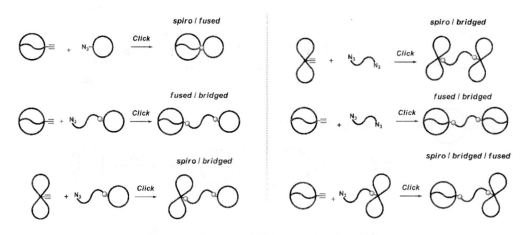

図8 ハイブリッド形多環高分子トポロジーの構築

第12章　静電相互作用による自己組織化（ESA-CF）による多環高分子の合成

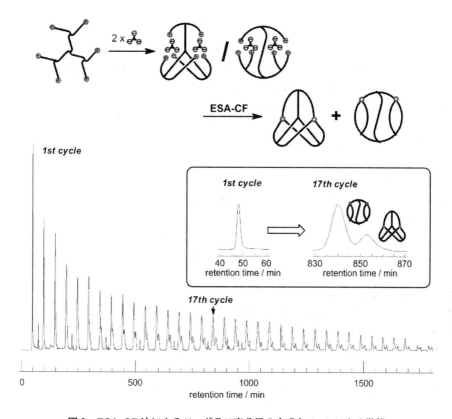

図9　ESA-CF法によるK$_{3,3}$グラフ高分子の合成とSECによる単離

3　おわりに

　ESA-CF法，クリック反応およびクリップ法などの効率的・選択的化学反応プロセスを用いたトポロジー高分子の新合成法の開発が進められ，従来は困難とされていた高分子の「かたち」を組み立てる精密構造設計（precision topology designing）が実現した。今後，高分子のトポロジー設計の自由度がさらに拡大し，「かたち」に基づく高分子材料・機能設計に途を拓く「高分子トポロジー化学」体系化の基盤となるものと期待される。

　さらに本章で紹介した「高分子トポロジー化学」は，現代数学・トポロジー幾何学に接点を持つ材料科学の基礎研究分野として，今後幅広い方面の学際的研究の契機となることが期待される（科研費特設分野研究「連携探索型数理科学」，科研費新学術領域研究「次世代物質探索のための離散幾何学」）。高分子の「かたち（トポロジー）」は，その基本特性を決定するパラメータであり，高分子トポロジーの精密設計・合成プロセスを提供する「高分子トポロジー化学」による多様なグラフ図形のナノ素材としての実体化を契機として，生物進化の歴史で特筆される「カンブリア爆発」に対比される革新が高分子サイエンス・テクノロジー分野でも始まっている。

文　　献

1) "Topological Polymer Chemistry: Progress of cyclic polymers in syntheses, properties and functions", Y. Tezuka Ed., World Scientific (2013)
2) K. Shimokawa, K. Ishihara, Y. Tezuka, "Topology of Polymers", Springer Japan (2018)
3) Y. Tezuka & H. Oike, *J. Am. Chem. Soc.*, **123**, 11570 (2001)
4) 手塚育志, 高分子, **65**, 689 (2016)
5) 手塚育志, 現代化学, **566**, 59 (2018)
6) Y. Tezuka, *Acc. Chem. Res.*, **50**, 2661 (2017)
7) H. Oike et al., *J. Am. Chem. Soc.*, **122**, 9592 (2000)
8) A. Kimura et al., *J. Org. Chem.*, **78**, 3086 (2013)
9) A. Kimura et al., *Org. Biomol. Chem.*, **12**, 6717 (2014)
10) Y. Tezuka et al., *Macromol. Rapid Commun.*, **25**, 1531 (2004)
11) Y. Tezuka et al., *Polym. Int.*, **52**, 1579 (2003)
12) Y. Tezuka et al., *Macromolecules*, **40**, 7910 (2007)
13) T. Suzuki et al., *J. Am. Chem. Soc.*, **136**, 10148 (2014)
14) N. Sugai et al., *J. Am. Chem. Soc.*, **132**, 14790 (2010)
15) N. Sugai et al., *J. Am. Chem. Soc.*, **133**, 19694 (2011)
16) H. Heguri et al., *Angew. Chem., Int. Ed.*, **54**, 8688 (2015)
17) Y. S. Ko et al., *Macromol. Rapid Commun.*, **35**, 412 (2014)
18) H. Wada et al., *Macromolecules*, **48**, 6077 (2015)
19) M. D. Hossain et al., *Macromolecules*, **47**, 4955 (2014)
20) Y. Tezuka et al., *Macromolecules*, **36**, 65 (2003)
21) Y. Tezuka & K. Fujiyama, *J. Am. Chem. Soc.*, **127**, 6266 (2005)
22) M. Igari et al., *Macromolecules*, **46**, 7303 (2013)
23) Y. Tomikawa et al., *Macromolecules*, **47**, 8214 (2014)
24) Y. Tomikawa et al., *Macromolecules*, **49**, 4076 (2016)

第 13 章　環状高分子が形作る分子集合体の機能

山本拓矢*

1　はじめに

「トポロジー」は，物質の特性や機能に影響する最も重要な要素の一つである。分子スケールからナノメートルの構造体，および巨視的な規模に至るまでトポロジーに立脚した機能が追求されている。これまで，分子スケールにおいて機能性高分子のトポロジーは直線状および一部の分枝状に限定されていた。しかし，リビング重合法や末端選択的な官能基化法が近年開発され，厳密にコントロールされた環状[1~8]や分岐状[9~11]高分子の選択的合成が可能となった。特に，種々の単一または複数の環構造を持つ高分子の合成および精製法の確立により高効率・高純度での作製が可能となり，物性測定や実用化が可能となったことは注目に値する。このような環状高分子の合成や単離および分析技術の進展は，高分子トポロジーに基づく先進の高分子化学，高分子物理学および高分子材料開発に寄与することが大きく期待されている。

環状高分子は，その「トポロジー」に基づいて独自の性質（トポロジー効果）を示すため理論的および実験的観点からの研究が積極的に行われている[1~6]。例えば，同等の分子量や化学組成の直鎖状高分子と比べて，低粘度，小さな流体力学的体積，および高ガラス転移温度（T_g）などを示すことが知られている[1]。近年，光異性化反応[12]，分解性[13,14]，下限臨界溶解温度（LCST）においてもトポロジー効果が観察されている[15,16]。また，薬物送達システム（DDS）において，環状高分子は腎臓からの排出が制限されることで血液中の薬物濃度を維持する効果を示すことが報告された[17,18]。これら一連の研究によって高分子トポロジー効果の応用は著しく進歩を遂げている。さらに，多種多様な環状高分子の合成が報告されており，理論やシミュレーションから期待されるユニークな特性が検証されている[19~21]。また，液体クロマトグラフィーを駆使することで，環・分岐複合構造の特定と精製が可能となった[22]。

ここで，環状高分子が示すトポロジー効果の二つの主な要素について解説する。一つは，上記の T_g の変化に代表されるものであり，環状高分子が高い運動性を有する主鎖末端を持たないことに由来する。しかし，分子量が増加するにつれて，末端基の占める割合が減少し，T_g の差が小さくなる[1]。もう一つの要因として，粘度や流体力学的体積は分子量に依存せず，環状高分子は直鎖状高分子より常に小さい値を示すことが知られている[1]。つまり，環状高分子のトポロジー効果は異なる二つの要素に起因するものである。分子量に依存する前者の要因は，高分子鎖の末端基の消失効果であり，分子量に依存しない後者の要因は，環構造固有の特徴である。これ

---

* Takuya Yamamoto　北海道大学　大学院工学研究院　応用化学部門　准教授

らの二つの要素は，分子内および分子間で複雑に組み合わさって材料の物性として現れる。

我々は，新奇環状高分子のための新しい合成方法を開発し，トポロジー効果の探究を行ってきた。つまり，メタセシス[23,24]，ジスルフィド結合[25,26]や静電相互作用による自己組織化および共有結合化法（electrostatic self-assembly and covalent fixation process：ESA-CF）[27~33]を開発した。その結果の一つとして，両親媒性を有する環状のブロック共重合体が自己組織化することで発現するトポロジー効果を見出した。つまり，高分子鎖末端を除去することで疎水性セグメントによる高密度コアの形成およびミセル間の動的架橋が抑止され，ミセルが顕著に安定化されることを明らかにした[34~37]。さらに，環状両親媒性ブロック共重合体を用いたベシクルの作製に成功した[38,39]。また，可逆的かつ繰り返し可能な直鎖・環のトポロジー変換を達成した[40]。

2 環状両親媒性ブロック共重合体の自己組織化

分子レベルの精度を有する機能性ナノ構造を構築するための非常に有効なプロセスの一つは自己組織化であり，ブロック共重合体を含む両親媒性分子から形成されるミセルおよびベシクルは，さまざまな用途のために広い関心を集めている[41]。また，温泉や海底火山のような高温環境下で生存する好熱性古細菌は，細胞膜成分として環構造の脂質分子を持っている[42]。生物によって利用されるこの現象を模倣することで，我々は直鎖状 PBA-PEO-PBA および環状 PBA-PEO の一連の両親媒性ブロック共重合体を開発した。ここで，PBA はポリ(n-アクリル酸ブチル)，PEO はポリエチレンオキシドである（図 1a および 1b）[34]。自己組織化を用いたトポロジー効果の増幅により，直鎖状ブロック共重合体と比較して，環状ブロック共重合体から成るミセルの構造安定性の著しい向上が明らかになった（図 1c および 1d）。すなわち，曇点（T_c）測定において，直鎖状高分子ミセルは 24~27℃ で懸濁したのに対し，環状高分子ミセルは 71~74℃ の高温まで安定であることが観察された。したがって，高分子トポロジーの直鎖-環の変換のみによっ

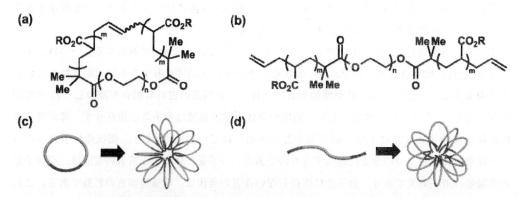

図1 (a) 環状および (b) 直鎖状ブロック共重合体の化学構造, (c) 環状および (d) 直鎖状ブロック共重合体の自己組織化によるミセル形成の模式図

第13章　環状高分子が形作る分子集合体の機能

てミセルの熱安定性は大幅に改善されたことになる。さらに，直鎖状および環状ブロック共重合体をさまざまな比率で混合することでミセルのT_cを系統的に調整することに成功した。

また，疎水性部としてポリアクリル酸メチル（PMA）を使用した両親媒性直鎖状および環状のブロック共重合体を作製し，ミセルの耐塩性を比較した[35]。例えば，環状 PMA-PEO から成るミセルは，NaCl 濃度 270 mg/mL まで安定であったが，直鎖状 PMA-PEO-PMA のミセルは 10 mg/mL で塩析により沈殿した。すなわち，環状高分子ミセルは，高温のみならず塩濃度の増加に対しても安定であることが証明された。さらに，直鎖状および環状高分子の混合比を変えることによって，広い温度および塩濃度範囲にわたってミセルのT_cの系統的制御も達成した。このトポロジー効果をハロゲン交換の触媒反応に適用すると，環状高分子を用いた場合は，対応する直鎖状高分子を触媒として用いるプロセスよりも 50% も速く進行した。

加えて，溶液状態での小角 X 線散乱によって，環状高分子から成るミセルの高い安定性の要因を明らかにした[36]。特に，直鎖状高分子ミセルの PBA コア部の密度（$d = 0.93 \sim 1.08$ g/cm^3）は，環状高分子ミセルのもの（$d = 1.06 \sim 1.23$ g/cm^3）よりも有意に小さいことが明らかになった。これは，環状高分子では主鎖末端の欠如のために自由体積が最小限に抑えられ，コア部の密度がバルク中のもの（$d = 1.08$ g/cm^3）とほぼ同じかそれ以上となったためと考えられる。つまり，このコア部分の密度差がミセルの構造安定性に強く影響していると考察される。

直鎖状ブロック共重合体のミセルでは，片方の高分子鎖末端がミセルのコアから飛び出し，脱水和後にミセル間で動的架橋が起こる（図 2）。その結果，直鎖状高分子ミセルは，架橋運動が必然的に回避される環状高分子ミセルと比較して，比較的低温で凝集したと考えられる。さらに，高分子トポロジーと相転移メカニズムに基づいてT_cの違いを調査するために NMR 緩和時間測定を行い，スピン-格子（T_1）およびスピン-スピン（T_2）緩和時間を計測した[37]。その結果，T_c 以上において直鎖状および環状高分子の PEO セグメントのT_2が減少した。これは，ミセルの架橋および相互侵入などの比較的遅く大きな運動が抑制されたことを示唆している（図 2）。一方，直鎖状ブロック共重合体の PEO セグメントのT_1は増加し続けた。これは，T_c を超えても脱水和が進行したことを示している。しかし，環状ブロック共重合体の場合，T_c 以上においてもT_1が一定値を超えなかった。この理由として，脱水による PEO 骨格の回転運動が妨げられたことに起因すると考えられる。

また，環状ポリ(D-ラクチド)-ポリエチレンオキシド（PDLA-PEO）および環状ポリ(L-ラクチド)-ポリエチレンオキシド（PLLA-PEO）から成るミセルを混合し加熱しても相転移は起こらなかった[43]。一方，それぞれ対応する直鎖状 PDLA-PEO-PDLA および直鎖状 PLLA-PEO-PLLA のミセル混合溶液を加熱するとゲル化が進行した。これは，ゲル形成が高分子トポロジーの効果によって誘導されたことを示唆している。さらに，o-ニトロベンジル部分を有する光開裂可能な環状 PDLA-PEO および環状 PLLA-PEO を調製した。これらのブロック共重合体のミセル溶液を混合し，露光によりトポロジー変換を行うことでゲル化する光反応性の高分子材料の作製に成功した。

環状高分子の合成と機能発現

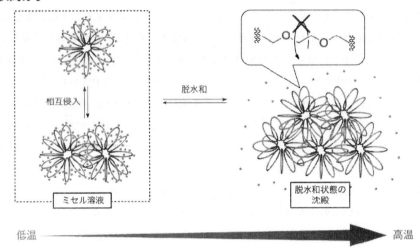

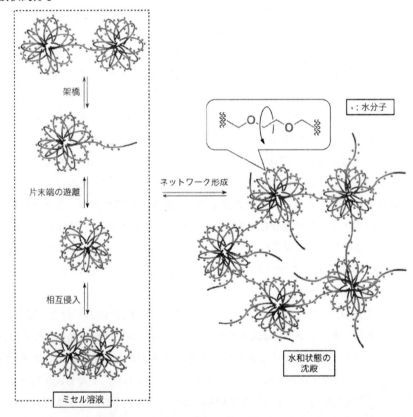

図2　環状および直鎖状ブロック共重合体が形成するミセルの相転移メカニズム

第13章　環状高分子が形作る分子集合体の機能

　直鎖状ポリスチレン-ポリエチレンオキシド-ポリスチレン（PS-PEO-PS）および環状ポリスチレン-ポリエチレンオキシド（PS-PEO）は，自己組織化によりベシクルを形成した（図3a～d）[39]。これらの構造確認はTEM（図3e, f），DLS，およびSLSによって行った。注目すべきは，直鎖高分子ベシクルは環状高分子ベシクルよりも高安定性を示したことである。直感に反して，ベシクルの熱安定性の傾向はミセルの場合とは逆であった（図3g）。一方，ベシクルのT_cは，ミセルの場合と同様に直鎖状および環状高分子の混合割合によって制御可能であった。

　液晶高分子は，剛直性および誘電率の異方性に立脚して電場および磁場に応答するため，広範な研究が行われている[44]。著者らは，液晶高分子であるポリ(3-メチルペンタメチレン-4,4'-ビベンゾエート)(BBn)[45]を疎水部とし，ポリアクリル酸（AAm）を親水部とする直鎖状および環状両親媒性ブロック共重合体を合成し，自己組織化と外部電場によるトポロジー効果を調査した[38]。その結果，高分子の初期濃度に依存して，棒状ミセルまたはベシクルを生じた。さらに，電場を印加することによって，ベシクルは巨大化した。これは，外部電場が二分子膜中の液晶セグメントに影響を与えることで分子の再配列が起こったためであると考えられる。

　また，界面における環状および直鎖状の両親媒性ブロック共重合体の動的挙動についても研究を行った。直鎖状PBA-PEOおよびPBA-PEO-PBA構造を有する共重合体ならびに環状PBA-PEOを利用しLangmuir-Blodgett（LB）膜の作製を行った[46]。原子間力顕微鏡観察によって，形成されたLB膜の構造を明らかにした。すなわち，PBA-PEO-PBAは，小さな圧縮速度で結晶化することによって繊維状の構造体を形成した。一方，環状PBA-PEOは明確なドメインを形成しなかった。これらの直鎖状および環状ブロック共重合体によって形成されたLB膜の詳細な構造解析のために，温度依存性のX線回折測定を行った。すべてのブロック共重合体は低温において特徴的な回折ピークを示し，組織化された膜構造が確認された。しかし，直鎖状ブロック共重合体からの形成されたLB膜は，加熱によって低温で徐々に構造性を失った。逆に，環状ブロック共重合体から形成された膜は，比較的高温まで安定であり，より高い構造性を示した。

3　可逆的かつ繰り返し可能なトポロジー変換

　種々の分子量を有する疎水性および親水性の高分子鎖について，可逆的および繰り返し可能な直鎖状-環状トポロジーの変換検討を行った[40]。すなわち，光・熱反応を利用した高分子鎖末端のアントラセンやクマリンの可逆二量化に立脚するものである（図4）。まず，電子供与基または電子求引基によって連結されたアントラセン末端を有するPEOを調製した。電子供与基によって連結された高分子は，光によって分解したが，電子求引基によって連結された高分子は安定であり，光照射を行うことで水中および有機溶媒中で環化反応が進行した。構造はNMR，サイズ排除クロマトグラフィー（SEC）およびマトリックス支援レーザー脱離イオン化飛行時間型質量分析法（MALDI-TOF MS）によって確認された（図5）。この環化反応は，高分子鎖が短ければ短いほど速く進行した。さらに，環化した高分子を150℃に加熱すると，定量的に直鎖

環状高分子の合成と機能発現

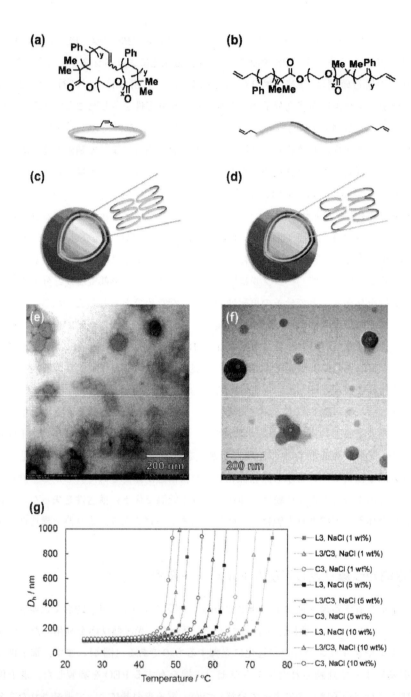

図3 (a) 環状および (b) 直鎖状ブロック共重合体の化学構造および模式図, (c) 環状および (d) 直鎖状ブロック共重合体が形成するベシクルの模式図, (e) 環状および (f) 直鎖状ブロック共重合体が形成するベシクルのTEM像, (g) 環状ブロック共重合体 (C3), 直鎖状ブロック共重合体 (L3), および環・直鎖の混合物 (L3/C3) が形成するベシクルの耐熱・耐塩性実験［流体力学的直径 (D_h) の温度および塩濃度依存性プロット (1, 5, and 10 wt% NaCl)］

第13章 環状高分子が形作る分子集合体の機能

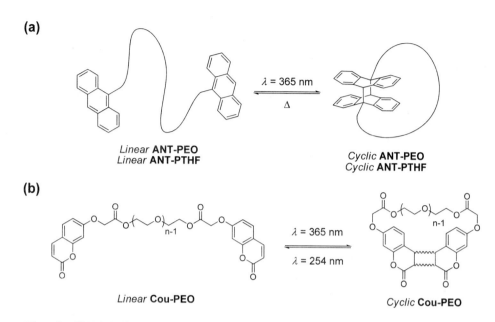

図4 光・熱反応を利用した (a) アントラセンおよび (b) クマリンを末端に有する高分子の可逆的な直鎖−環の変換

状高分子へと戻り，この反応は繰り返しが可能であることが確認された．また，高分子トポロジーの可逆的制御は，疎水性のポリテトラヒドロフランに対しても有効であった．

一方，クマリンの末端基を有する PEO は，水中で 365 nm の光照射によって環状へと変化したが，有機溶媒中では末端基同士の適切な相互作用が弱いために，一部しか反応は進行しなかった．また，逆変換のために，この環状高分子に 254 nm の光を照射したが，反応は完全に進行せず直鎖・環の平衡状態を形成した．

4 結論

環状高分子は大きな可能性を有する材料であり，革新的かつ効果的な合成・精製方法および特性評価に関して顕著な進展が最近報告されている．その結果，高純度の種々の単環状および多環状高分子が作製可能となった．これらの進展を利用して，分子分散や自己組織化状態における環状高分子のユニークな特性が明らかとなり，実用化の準備が整ってきた．さらに，トポロジー効果は，分子量および化学構造の変化が関与しない高分子特性の制御法として認識され始めている．したがって，化学的毒性や環境汚染に注意を払う必要はほとんどないという長所がある．このようにして，トポロジー効果を材料設計に適用することで，従来の高分子材料機能の劇的な向上が予想される．さらに，環状高分子のトポロジー効果は，刺激応答性材料に見られるように分子システムに基づいてさまざまな高度な機能の調整に応用可能である．また，多環状高分子のト

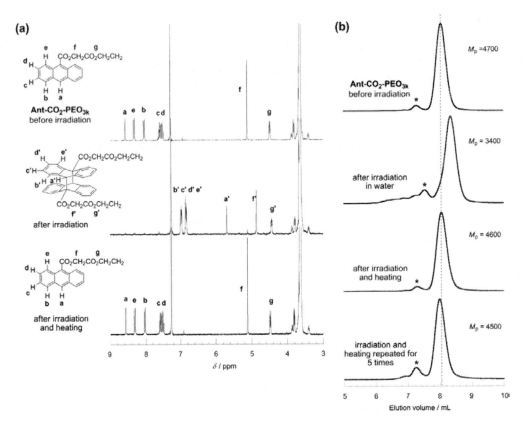

図5 アントラセンを末端に有する高分子を利用した直鎖-環の可逆的変換実験の (a) NMR および (b) SEC
(b) の最下段は，直鎖-環の可逆的変換を 5 回繰り返した後の SEC。

ポロジーに起因する影響も最近明らかになり[47,48]，これらは新しい高分子材料に適用可能であると期待される。

文　献

1) J. A. Semlyen Ed., "Cyclic Polymers", Kluwer (2000)
2) A. Deffieux and R. Borsali, "Macromolecular Engineering: Precise Synthesis, Materials Properties, Applications", p.875, Wiley-VCH (2007)
3) H. R. Kricheldorf, *J. Polym. Sci., Part A: Polym. Chem.*, **48**, 251 (2010)
4) T. Yamamoto and Y. Tezuka, *Polym. Chem.*, **2**, 1930 (2011)

第 13 章 環状高分子が形作る分子集合体の機能

5) E. Baba and T. Yamamoto, "Topological Polymer Chemistry: Progress of Cyclic Polymers in Syntheses, Properties and Functions", p.329, World Scientific (2013)
6) T. Yamamoto, *Polym. J.*, **45**, 711 (2013)
7) K. Endo, *Adv. Polym. Sci.*, **217**, 121 (2008)
8) B. A. Laurent and S. M. Grayson, *Chem. Soc. Rev.*, **38**, 2202 (2009)
9) N. Hadjichristidis et al., *Prog. Polym. Sci.*, **31**, 1068 (2006)
10) N. V. Tsarevsky and K. Matyjaszewski, *Chem. Rev.*, **107**, 2270 (2007)
11) A. Hirao et al., *Macromolecules*, **42**, 682 (2009)
12) X. Xu et al., *Macromol. Rapid Commun.*, **31**, 1791 (2010)
13) J. N. Hoskins and S. M. Grayson, *Macromolecules*, **42**, 6406 (2009)
14) J. N. Hoskins and S. M. Grayson, *Polym. Chem.*, **2**, 289 (2011)
15) X. P. Qiu et al., *Macromolecules*, **40**, 7069 (2007)
16) J. Xu et al., *Macromolecules*, **40**, 9103 (2007)
17) N. Nasongkla et al., *J. Am. Chem. Soc.*, **131**, 3842 (2009)
18) M. E. Fox et al., *Acc. Chem. Res.*, **42**, 1141 (2009)
19) C. R. A. Abreu and F. A. Escobedo, *Macromolecules*, **38**, 8532 (2005)
20) G. Beaucage and A. S. Kulkarni, *Macromolecules*, **43**, 532 (2010)
21) Y. Wang et al., *Macromolecules*, **44**, 403 (2011)
22) A. V. Vakhrushev et al., *Anal. Chem.*, **80**, 8153 (2008)
23) E. Baba et al., *Polym. Chem.*, **3**, 1903 (2012)
24) N. Sugai et al., *ACS Macro Lett.*, **1**, 902 (2012)
25) Y. Tada et al., *Chem. Lett.*, **41**, 1678 (2012)
26) M. M. Stamenović et al., *Polym. Chem.*, **4**, 184 (2013)
27) H. Oike et al., *J. Am. Chem. Soc.*, **122**, 9592 (2000)
28) N. Sugai et al., *J. Am. Chem. Soc.*, **132**, 14790 (2010)
29) N. Sugai et al., *J. Am. Chem. Soc.*, **133**, 19694 (2011)
30) M. Igari et al., *Macromolecules*, **46**, 7303 (2013)
31) Y. S. Ko et al., *Macromol. Rapid Commun.*, **35**, 412 (2014)
32) F. Hatakeyama et al., *ACS Macro Lett.*, **2**, 427 (2013)
33) A. Kimura et al., *J. Org. Chem.*, **78**, 3086 (2013)
34) S. Honda et al., *J. Am. Chem. Soc.*, **132**, 10251 (2010)
35) S. Honda et al., *Nat. Commun.*, **4**, 1574 (2013)
36) K. Heo et al., *ACS Macro Lett.*, **3**, 233 (2014)
37) H. Wada et al., *Langmuir*, **31**, 8739 (2015)
38) S. Honda et al., *Polym. Chem.*, **6**, 4167 (2015)
39) E. Baba et al., *Langmuir*, **32**, 10344 (2016)
40) T. Yamamoto et al., *J. Am. Chem. Soc.*, **138**, 3904 (2016)
41) Z. Gu Ed., "Bioinspired and Biomimetic Polymer Systems for Drug and Gene Delivery", Wiley-VCH (2014)
42) M. Kates, "The Biochemistry of Archaea (Archaebacteria)", p.261, Elsevier (1993)

43) T. Yamamoto et al., *Polym. J.*, **48**, 391 (2016)
44) A. M. Donald et al., "Liquid Crystalline Polymers", Cambridge University Press (2006)
45) R. Ishige et al., *Macromolecules*, **44**, 4586 (2011)
46) Q. Meng et al., *J. Polym. Sci., Part B: Polym. Phys.*, **54**, 486 (2016)
47) T. Suzuki et al., *J. Am. Chem. Soc.*, **136**, 10148 (2014)
48) H. Heguri et al., *Angew. Chem., Int. Ed.*, **54**, 8688 (2015)

第14章　環状高分子合成に向けた反応性オリゴマー／ポリマーの設計

足立　馨*

1　はじめに

　末端を持たないその特徴的な主鎖骨格を有する環状高分子に関して，近年分子の「かたち」による興味深い特性，つまり一般的な直鎖状高分子とは異なる特性を示すトポロジー効果が数多く明らかになってきた[1]。このトポロジー効果に基づく実用的な材料設計の実現が大いに期待されているが，効率的な環状高分子の合成には課題が多く，まだまだ基礎研究の段階に留まっているのが現状である。

　環状高分子の主な合成法は，両末端に同種または相補的な官能基を導入した末端反応性オリゴマー／ポリマー（テレケリクス）の，希釈条件下における分子内環化反応により合成する古典的な手法と，環状分子の主鎖骨格に連続的にモノマーユニットを逐次的に挿入する環拡大重合法に大別することができる[2]。後者は環状高分子のみを選択的に合成できることが利点であるが，開始剤やモノマーに特殊な分子設計が必要となる。一方，前者は環状高分子の前駆体を一般的な高分子の末端修飾により合成することが可能なことから，さまざまな重合法を用いることができる。そのためモノマーの種類にとらわれず，機能性官能基を有する環状高分子への応用も可能である。この高い汎用性から，高分子環化は，古典的ながら現在においても環状高分子合成における主流となっている。この手法の大きな問題点として，分子間反応による多量体が副生成物として生成することが挙げられる。環状高分子の収率は，いかに分子間反応を抑制し，分子内環化反応のみを選択的に進行させるかが鍵になる。そこで，この副反応の抑制のための技術的な取り組みと分子設計が行われてきた。しかし依然として高分子量体における環化効率の低下や反応時間の増大などの課題が大きい。実用スケールの環状高分子の合成には効率の良い環化反応の選択が求められている。

　一方，分子内環化反応により合成した環状高分子は，NMRによる解析とともに，サイズ排除クロマトグラフィー（SEC）を用いた流体力学的体積の変化による解析が一般的に行われる。そのため，前駆体となるテレケリクスは，分子量の良く制御されたオリゴマーやポリマーが用いられる。すなわちリビング重合による主鎖骨格の構築が環状高分子前駆体合成の基盤となっている。近年のリビング重合の発展に伴い，重合法と末端基とのさまざまな組み合わせにより，効率の良い環状高分子の合成法が報告されてきた。そこで本章では環状高分子の前駆体となるテレケ

---

*　Kaoru Adachi　京都工芸繊維大学　大学院工芸科学研究科　物質合成化学専攻　助教

リクス，およびテレケリクスからの環状高分子の合成方法について重合法の観点から述べる。

2 カチオン重合を用いたテレケリクスの設計

　副反応が少なく分子量の厳密制御が可能なリビングカチオン重合の発展に伴い，カチオン重合を用いた環状高分子の合成は，環状高分子に関する研究の黎明期から注目を集めてきた。Schappacher らは，スチレンユニットを有するビニルエーテルにヨウ化水素を選択的に付加することで得られるカチオン重合開始剤を用いて，ルイス酸触媒である $ZnCl_2$ 存在下でクロロエチルビニルエーテル（CEVE）のリビングカチオン重合を行い，α 末端にスチリル基および ω 末端にヨード基を有するポリマーを合成した[3]。この反応条件では末端のスチリル基は重合せずに末端に残る。このポリマーを，よりルイス酸性の強い $SnCl_2$ 触媒の希薄溶液に滴下すると，スチリル基とヨード基が分子内カップリングし，環状高分子が得られる（図1a）。この系では高分子の両末端に相補的な官能基が導入されているため，ポリマーのみを希釈することで，分子内環化反応が進行する。Schappacher らはこの手法を発展させ，直鎖状高分子や星型高分子の分子

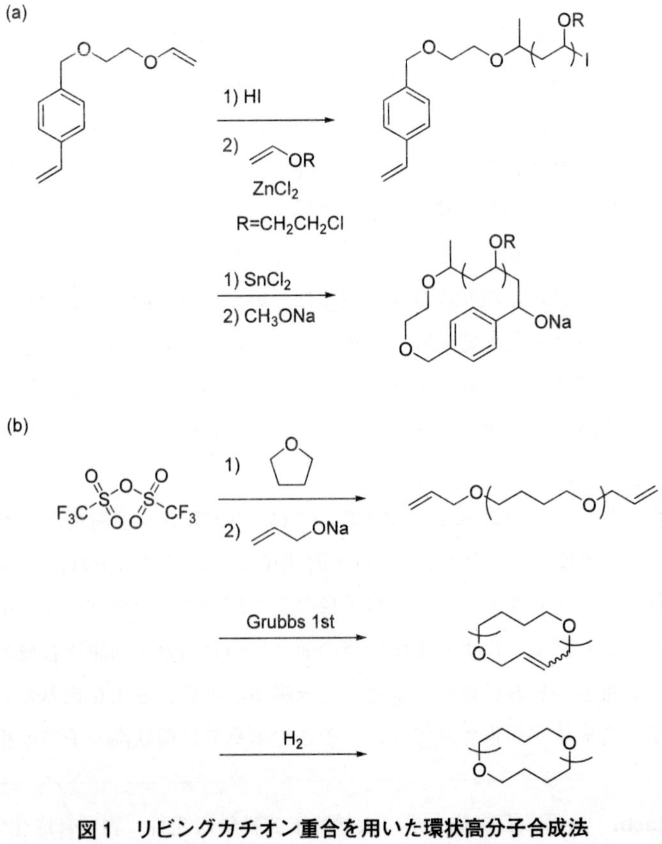

図1　リビングカチオン重合を用いた環状高分子合成法

第 14 章　環状高分子合成に向けた反応性オリゴマー／ポリマーの設計

内の規定された位置にスチリル基を導入し，高分子鎖末端と分子内カップリングさせることで，8 の字型や三環型などの種々の構造の高分子を得ている[4]。さらに CEVE のカルバニオンとの反応性を利用して，環状高分子の側鎖修飾などを報告している[5]。

　カチオン開環重合の末端修飾によるテレケリクスの合成と，続く環化反応によって環状高分子を効率的に合成する方法も開発されている。手塚らは静電相互作用を利用して高い環化効率を達成している[6]。ESA-CF 法と呼ばれるこの手法では，まず二官能性の重合開始剤であるトリフルオロメタンスルホン酸無水物を用いてテトラヒドロフランを重合し，N-フェニルピロリジンで重合を停止することで，両末端に N-フェニルピロリジニウム塩を持つポリマーを合成する。続いて，得られた高分子をジカルボン酸アニオンと混合し，精製することで荷電バランスが保たれたイオン性混合物を得る。希釈条件においてこのイオン会合体を共有結合へと変換すると，環状高分子が選択的に生成する。この環化反応は高分子テレケリクスと低分子との間の分子間反応になるため，高効率で環状高分子を得るには両成分の等量性が求められることとなる。ESA-CF 法ではイオン性集合体中の荷電バランスにより，2 成分の等量性を確保している。手塚らは荷電バランスによる自己組織化手法を応用し，さまざまな環状高分子群（リングファミリー）を達成している[7]。

　一方，メタセシス反応は，環状オレフィンの開環重合（ROMP），末端ジエン類の縮合重合（ADMET）などの高分子合成だけでなく，閉環メタセシス反応（RCM）による環状高分子設計への研究の展開がめざましい。手塚らはまた，アリル基を両末端に導入した直鎖状テレケリクスの分子内メタセシス反応が希釈下でも効率的に進行し，単環状高分子の実用的合成法であることを明らかにしている[8]。トリフルオロメタンスルホン酸無水物を用いたテトラヒドロフランの開環重合により得られたリビングポリマーをナトリウムアリロキシドで停止し，両末端にアリル基を有するテレケリクスを得る。このポリマーを希釈条件下，第一世代 Grubbs 触媒によりメタセシス反応させると，環状高分子が得られる（図 1b）。テレケリクスの両末端が同種の官能基であるにも関わらず，この反応は分子内での縮合反応のため効率的に進行し，対応する環状高分子が高収率で得られる。この高分子環化では，NMR および MALDI-TOF MS 解析によって各重合度成分の連結化学構造の詳細が決定され，さらにメタセシス縮合反応に伴うエチレン分子の脱離による分子量低下も確認できる。また SEC からも，高分子環化に伴う流体力学的体積の低下が観測される。興味深いことに，得られた環状高分子鎖中，閉環メタセシス反応の際に生成する唯一の内部オレフィンを適当な触媒で水素化すると，その部位がテトラエチレンユニットとなり，これはポリテトラヒドロフランの繰り返し単位と同一になる[9]。つまり水素化後のポリマーは繋ぎ目のない完全な環状高分子といえる。このような完全な環状高分子は，その特性において繋ぎ目による影響が完全に排除されたものであることから，真のトポロジー効果の解析に極めて重要な位置付けである。

　官能基に対する選択性の高いメタセシス反応は，さまざまな機能性官能基存在下でも効率的に反応が進行することから，近年における環状高分子群の合成において大きな役割を果たしてい

る。例えば，上で述べた静電相互作用による高分子自己組織化を用いる環状高分子合成プロセスと，種々の官能基を有するアルケン類に対して高いメタセシス活性を示す Grubbs 触媒とを組み合わせると，双環状 8 の字型高分子トポロジーの設計が実現する[10]。このように複数の環化反応の適切な組み合わせとそれぞれの環化反応の順序決定が，今後より複雑な環状高分子群を構築するための戦略になると考えられる。

3 アニオン重合を用いたテレケリクスの設計

リビングアニオン重合は，開始剤およびモノマーの適切な選択により停止反応や連鎖移動反応を抑制することができることから，分子量や分子量分布の揃った高分子の合成に多く利用されてきた。環状高分子の研究においては，高分子環化に伴う流体力学的体積の低下が，長く今日においても環状高分子合成の間接的な証拠として有効な手段である。そこでリビングアニオン重合で合成される分子量および分子量分布の制御された高分子は，環状高分子の解析に非常に適している。そのためアニオン重合はカチオン重合と並んで，初期の環状高分子の研究から広く用いられてきた。アニオン重合のもう一つの特徴として，リビングポリマーの活性末端の安定性が挙げられる。ビニルモノマーのアニオン重合による環状高分子の研究は，この活性なリビングポリマーの両末端と二官能性停止剤とのカップリングによる環化反応から始まった。

ナトリウムナフタレンは電子移動型のアニオン重合開始剤であるが，反応初期にモノマーが 2 分子結合したジアニオンを形成することが知られている。このジアニオンから成長したポリマーは，両末端にアニオンを有するリビングポリマーとなる。Geiser らはスチレンのリビングアニオン重合により得られるリビングポリマーに，高希釈条件下で二官能性停止剤であるジクロロ-p-キシレンを反応させることで，環状高分子を得ている（図 2a）[11]。これ以降，さまざまな開始剤，モノマー，および停止剤との組み合わせが試され，多くの種類の環状高分子が合成されてきた[12]。しかしこの手法は分子間反応による環化反応であり，また停止反応は極めて迅速に進行することから制御が難しく，環状高分子の収率はそれほど高いものではなかった。

久保らはアミノ基とカルボキシル基の保護と脱保護を巧みに利用して，両末端に相補的な官能基であるアミノ基とカルボキシル基とを同時に有する高分子を合成し，2つの官能基を希釈条件下で反応させることにより，種々の環状高分子を高効率で得た。例えば，カルボキシル基を保護したアニオン重合開始剤からスチレンを重合し，保護アミノ基を有するハロゲン化アルキルで停止させることで，両末端官能基を保護したテレケリクスを合成し，続く適当な脱保護反応により，α 末端にカルボキシル基を，ω 末端にアミノ基を有する高分子を合成する。これによって得られたアミノ基およびカルボキシル基をそれぞれ両末端に持つ非対称テレケリクスは，希釈下の分子内アミド化反応によって環状高分子を与える（図 2b）[13]。この系では高分子の両末端にある，相補的なカルボキシル基とアミノ基が選択的に反応するため，希釈下において比較的良好に分子内環化反応が進行する。これとは逆に，α 末端にアミノ基を，ω 末端にカルボキシル基をも

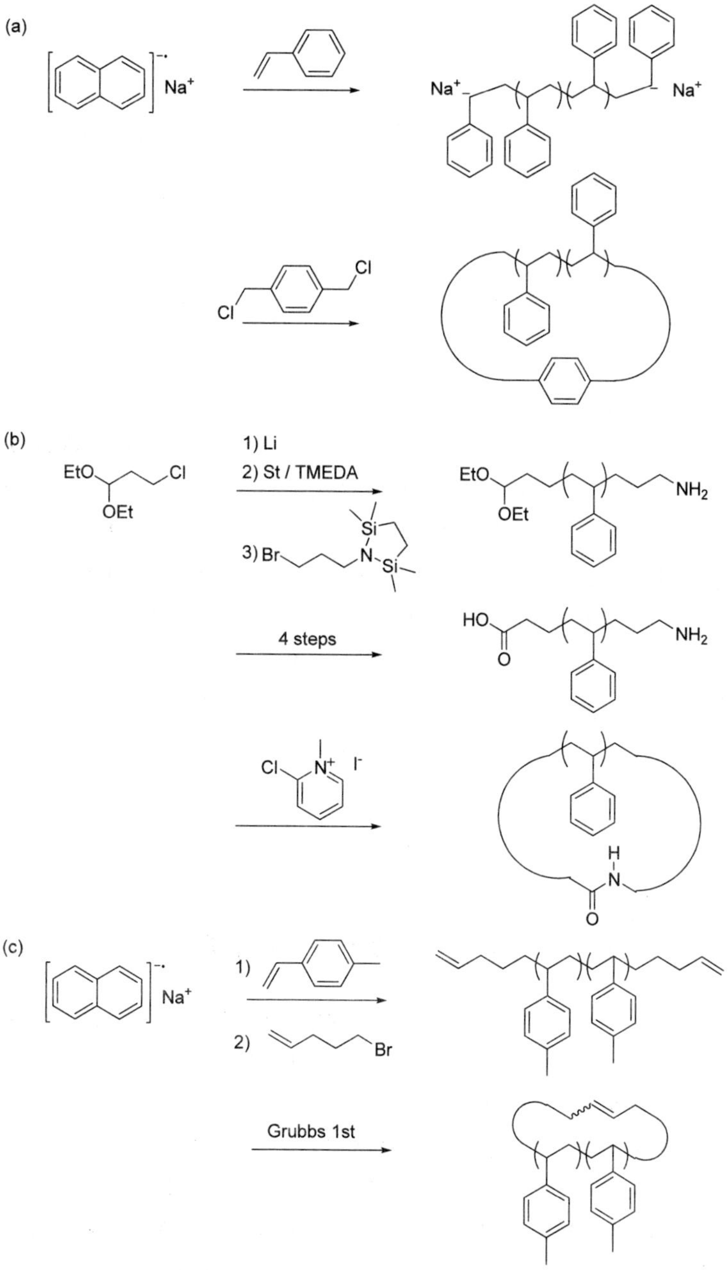

第 14 章　環状高分子合成に向けた反応性オリゴマー／ポリマーの設計

図2　リビングアニオン重合を用いた環状高分子合成法

つテレケリクスからも環状高分子が合成できる。保護したアミノ基を持つ開始剤で t-ブチルアクリレートをリビングアニオン重合し，末端修飾反応によってカルボキシル基を導入すると，得られた高分子は希釈下の分子内アミド化反応によって環状高分子を与える[14]。同様に，t-ブチル

ジメチルシリル基で保護した水酸基を有する開始剤からは，α末端に水酸基を，ω末端にカルボキシル基を有する高分子が得られ，その分子内エステル化反応によっても環状高分子が合成できる[15]。

一方，比較的マイルドな条件で効率良く反応が進行するクリック反応をアニオン重合と組み合わせた例も，近年報告されている。Tourisらはトリエチルシリル基で保護したアルキンを持ったアニオン重合開始剤を合成し，そこからスチレンおよびイソプレンを重合することで，ブロック共重合体を得ている[16]。活性末端をジブロモブタンにより停止し，末端ブロモ基を続くアジ化ナトリウムとの反応によりアジド化する。その後開始末端の脱保護により，α末端にアルキンを，ω末端にアジド基をもつブロック共重合体が合成できる。この末端同士を希釈条件下でカップリングさせると，環状ブロック共重合体が得られる。

また筆者らは，メタセシス反応を用いた選択的環化反応をアニオン重合に拡大することに成功している[17]。非共役オレフィンはアニオン重合に対して不活性であることから，ハロゲン化アルキル基を有する非共役オレフィンは，ポリマー末端へのビニル基導入に用いることができる。そこで二官能性開始剤であるナトリウムナフタレンを用いたp-メチルスチレンのリビングアニオン重合の停止剤に5-ブロモ-1-ペンテンを用い，両末端にビニル基をもつ直鎖状高分子を得た。続いてこのポリマーを希釈条件下，第一世代Grubbs触媒によりメタセシス反応させ，環状高分子を得ている（図2c）。筆者らはさらに繰り返し単位であるp-メチルスチレンのメチルプロトンをアルキルリチウムにより引き抜き，アニオン重合の開始種に変換することで，続くモノマーの添加により，より複雑な構造をもつ環状グラフト高分子を合成している。このような高分子反応による環状高分子の修飾により，新たなトポロジー効果の開拓が期待される。

4 制御ラジカル重合を用いたテレケリクスの設計

制御ラジカル重合は，重合可能なモノマーの多様性や水存在下での重合などのさまざまな利点を有していることから，その発表以来幅広い用途への展開がなされ，近年発展が著しい。環状高分子の分野における制御ラジカル重合は，官能基の制約の少なさと，開始および成長末端基修飾の容易さから，近年最も広く用いられている手法である。この制御ラジカル重合においてもオレフィンメタセシス反応は環状高分子の合成に有効である[18]。例えば，原子移動ラジカル重合（ATRP）とKeckアリル化反応を組み合わせると，両末端に二重結合を有するテレケリクスが得られる。二官能性ATRP開始剤を用いて，原子移動ラジカル重合によりメタクリレートモノマーを重合し，両末端のハロゲンをアリルトリブチルすずを用いてラジカル的にアリル基に変換すると，両末端アリル型ポリメタクリレートが得られる。得られたテレケリクスを希釈条件下でメタセシス反応により閉環すると，比較的効率良く環状高分子が得られる。

また，アリル基はラジカル重合に対して比較的不活性であることから，アリルブロミドのようなアリル基を有するATRP開始剤を用いて両末端アリル型のテレケリクスを合成することもで

第 14 章　環状高分子合成に向けた反応性オリゴマー／ポリマーの設計

きる[19]。この場合，活性末端が高分子の片側のみのため，一方向にのみ高分子を生長させることができる。この特性を活かすと第一モノマーの消費後に異なるモノマー種を重合させた A-B ブロック共重合体に代表される特殊な主鎖骨格を有する環状高分子が得られる。この活性末端を Keck アリル化反応によりアリル化すると，両末端アリル型高分子となり，続く希釈条件下におけるメタセシス反応により，対応する環状高分子が得られる。例えば著者らは，アリルブロミドを開始剤として ATRP によりアクリル酸メチルを重合し，続いてアクリル酸ブチルを重合することで直鎖ブロック共重合体を合成した。続いて系中にアリルトリブチルすずを添加して加熱し，ハロゲン末端をアリル基に置換した。得られた両末端アリル型ブロック共重合体を希釈条件下で第一世代 Grubbs 触媒を用いて閉環メタセシス反応し，環状高分子合成を得ている（図3a）。

　一方，高い反応性と選択性を有するクリック反応を，制御ラジカル重合と組み合わせた環状高分子の合成も多数報告されている。種々のクリック反応のうち，アジドとアルキンとの環化付加反応は，環状高分子合成において最も良く用いられている手法の一つである。Laurent らは初めてクリック反応と制御ラジカル重合とを組み合わせた環状高分子の合成法を報告した[20]。彼らは臭化銅（I）および N,N,N',N'',N''-ペンタメチルジエチレントリアミン存在下，2-ブロモイソ酪酸プロパルギルを開始剤に用いたスチレンの ATRP を行い，続いて得られた高分子の臭素末端をアジ化ナトリウムによりアジド基に変換することで，末端にそれぞれアルキンとアジド基を有する，比較的分子量分布の狭い直鎖状ポリスチレンを得た。この高分子の希薄溶液をクリック反応の触媒溶液に徐々に滴下することで，目的の環状高分子を得ている（図3b）。また Qiu らはアジド基を有する RAFT 剤から N-イソプロピルアクリルアミドを重合し，続いて末端のチオカルボニルチオ基をブチルアミンで処理した後にプロパルギルアクリレートと反応させることで，末端にそれぞれアジド基とプロパルギル基を有し，分子量分布の狭いポリ N-イソプロピルアクリルアミドを得ている[21]。このポリマーを硫酸銅およびアスコルビン酸ナトリウム存在下，高希釈条件で分子内環化反応させることにより，環状ポリマーを合成している。また近年では末端アルキンの副反応をトリメチルシリル基により抑制した ATRP 開始剤[22]や，歪み促進型アジド-アルキン付加環化（SPAAC）を用いた，分子量分布が狭く，かつ環化効率の良い環状高分子の合成法[23]が開発され，この分野のますますの発展が期待される。

　また Diels-Alder 反応も環状高分子の合成に用いられる。Glassner らは保護したマレイミド基を有する ATRP 開始剤からモノマーを重合し，ω 末端をシクロペンタジエニル基に変換することで，テレケリクスを合成した[24]。このポリマーの希薄溶液を加熱し，その後室温まで冷却することで，脱保護と分子内環化反応を同時に進行させ，目的の環状高分子を高効率で得ている。また Tang らは光照射によって生成するフォトエノールとジチオエステルとの Diels-Alder 反応に着目し，前駆体である 2-メトキシ-6-ベンズアルデヒドを組み込んだ RAFT 剤を開発した[25]。この RAFT 剤を用いて重合を行うと，それぞれの成分を末端に有するテレケリクスが得られ，希釈条件下での光照射により分子内環化反応が進行し，環状高分子が得られる（図3c）。

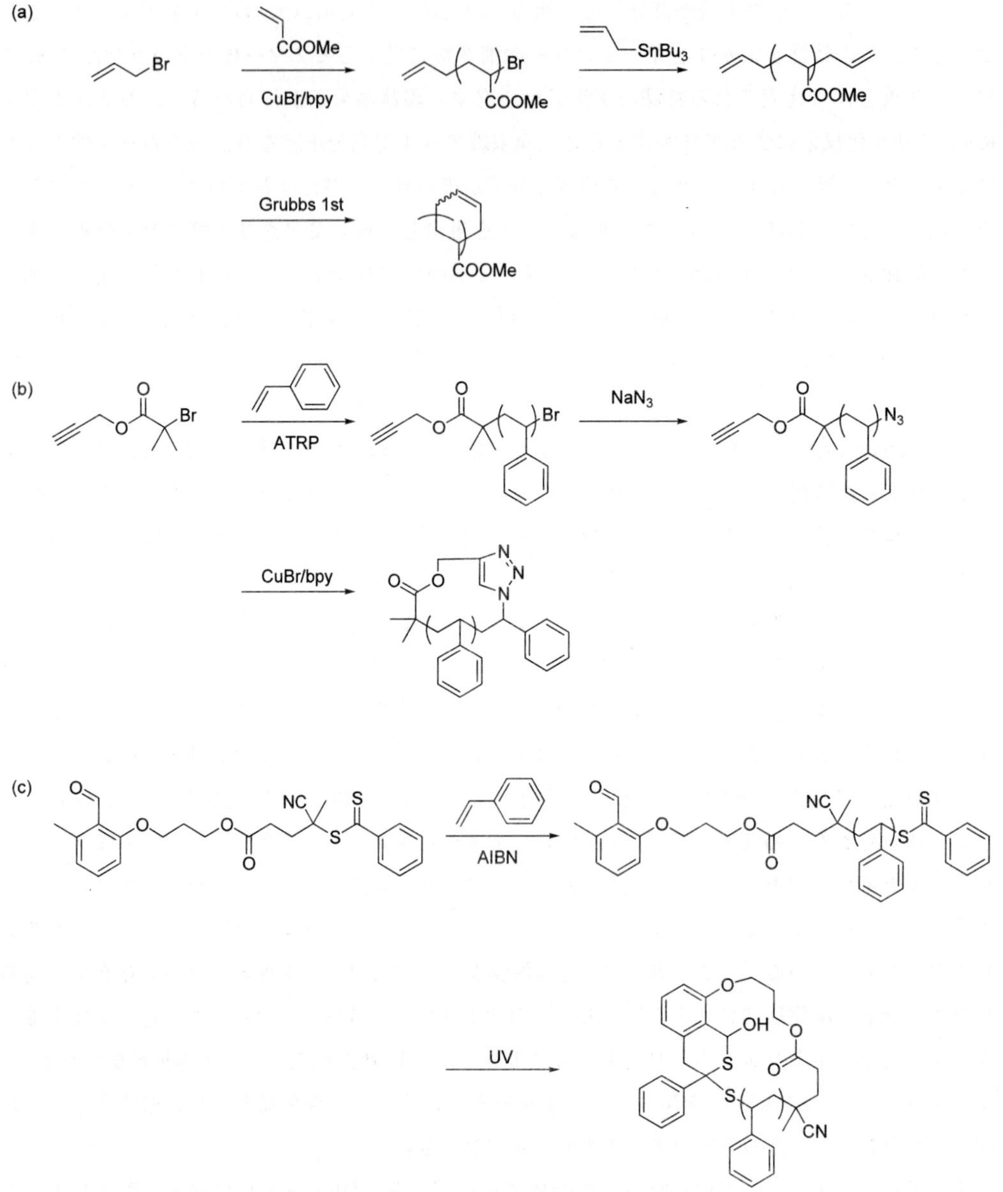

図3 制御ラジカル重合を用いた環状高分子合成法

この方法では，重合の成長末端であるジチオエステルを他の官能基に変換することなく，直接環化反応に有効利用する点が興味深い．いずれの系においても Diels-Alder 反応は無触媒で進行することが大きな利点である．

制御ラジカル重合では，官能基の種類に制限が少なく多様なモノマーを重合できるため，多くの機能性ポリマーが環状高分子合成の対象となった．これにより，特異的な環状構造がつくりだ

第14章　環状高分子合成に向けた反応性オリゴマー／ポリマーの設計

すさまざまなトポロジー効果が発見され，環状高分子の研究の発展に大きく貢献している。例えば筆者らは，剛直なメソゲンユニットである4-メトキシビフェニル基を有するモノマーを用い，二官能性開始剤からのATRPと両末端アリル化反応および続く閉環メタセシス反応により，繰り返し単位にペンダントメソゲン基を有する大環状高分子を合成してDSCによりその特性を調べた[26]。その結果，繰り返し単位にペンダントメソゲン基を有する環状高分子では昇温過程，冷却過程いずれにおいても，対応する直鎖状高分子に比べて高い相転移温度を示した。また相転移温度域は直鎖状高分子の方が広く，環状高分子は比較的狭い温度域で相転移を示したことから，これは主鎖の環状トポロジーが側鎖メソゲン基の配向挙動に影響を及ぼしたトポロジー効果であると考えられる。そのほか，ポリN-イソプロピルアクリルアミドの下限臨界溶液温度（LCST）やブロック共重合体ミセルの熱安定性など，さまざまなトポロジー効果が明らかになってきており，環状高分子による機能材料開発への展開が期待される。

5　その他の重合法を用いたテレケリクスの設計

上に挙げた手法以外にも，リビング重合によって得られた高分子の末端修飾を用いることで，さまざまな環状高分子の設計が可能である。例えば，適当な触媒を用いた環状オレフィンの開環メタセシス重合は，環拡大重合法により選択的に環状高分子が得られることが知られているが，開環メタセシス重合の末端基修飾を用いることで，分子内環化型の環状高分子を設計することができる。ClarkらはBoc保護アミンを有する環状オレフィンの開環メタセシス重合に，2つのブロモ基を有する連鎖移動剤を共存させることで，両末端ブロモ型テレケリクスを合成した[27]。この両末端をアジド基に変換した後，ジアルキンとのクリック反応により環状高分子を得ている。また，すず触媒を用いたラクトンの開環重合による環状高分子の合成も報告されている。Hoskinsらはアジド基を有するアルコールからε-カプロラクトンを開環重合し，エステル化反応により高分子のω末端にアルキンを導入した[28]。これをクリック反応することで，目的の環状高分子を合成している。このように一旦直鎖状高分子を合成し，その分子内環化反応で環状高分子を合成すると，同じ長さの直鎖および環状高分子が合成できるため，トポロジー効果の評価には都合がいい。

6　おわりに

本章では，さまざまな重合法について環状高分子を合成するための手法を述べたが，いずれも重合法に適した末端修飾法および，分子内環化反応のための官能基の選択によって成り立っている。そのため，合成したい高分子の合成法ならびに末端基修飾法を良く理解し，それを応用すれば，環状高分子前駆体は容易に合成できる。特に高効率な環状高分子の合成には，両末端にそれぞれ相補的な官能基を有する高分子前駆体の分子設計が求められる。今後より複雑化してくるで

あろう環状高分子群の分子設計には，ここに挙げた環状高分子合成法の組み合わせが必要と考えられ，逆に言えば，これらの組み合わせにより，より自由度の高い環状高分子群の合成が可能になると言える。

文　献

1) T. Yamamoto & Y. Tezuka, *Soft Matter*, **11**, 7458 (2015)
2) B. A. Laurent & S. M. Grayson, *Chem. Soc. Rev.*, **38**, 2202 (2009)
3) M. Schappacher & A. Deffieux, *Macromol. Rapid Commun.*, **12**, 447 (1991)
4) M. Schappacher & A. Deffieux, *Macromolecules*, **28**, 2629 (1995)
5) M. Schappacher et al., *Macromol. Chem. Phys.*, **200**, 2377 (1999)
6) H. Oike et al., *J. Am. Chem. Soc.*, **122**, 9592 (2000)
7) Y. Tezuka, *Acc. Chem. Res.*, **50**, 2661 (2017)
8) Y. Tezuka & R. Komiya, *Macromolecules*, **35**, 8667 (2002)
9) Y. Tezuka et al., *Macromol. Rapid Commun.*, **29**, 1237 (2008)
10) Y. Tezuka et al., *Macromolecules*, **36**, 12 (2003)
11) D. Geiser & H. Höcker, *Polym. Bull.*, **2**, 591 (1980)
12) N. Hadjichristidis et al., *Chem. Rev.*, **101**, 3747 (2001)
13) M. Kubo et al., *Macromolecules*, **30**, 2805 (1997)
14) M. Kubo et al., *Macromolecules*, **36**, 9264 (2003)
15) 三木一也ほか，高分子論文集，**68**, 685 (2011)
16) A. Touris & N. Hadjichristidis, *Macromolecules*, **44**, 1969 (2011)
17) 濱口裕介ほか，高分子討論会予稿集，**59**, 2852 (2010)
18) K. Adachi et al., *Macromolecules*, **41**, 7898 (2008)
19) S. Hayashi et al., *Chem. Lett.*, **38**, 982 (2007)
20) B. A. Laurent & S. M. Grayson, *J. Am. Chem. Soc.*, **128**, 4238 (2006)
21) X.-P. Qiu et al., *Macromolecules*, **40**, 7069 (2007)
22) G. Jiang et al., *J. Polym. Sci., Part A: Polym. Chem.*, **54**, 1834 (2016)
23) L. Qu et al., *Macromol. Rapid Commun.*, **38**, 1700121 (2017)
24) M. Glassner et al., *Macromol. Rapid Commun.*, **32**, 724 (2011)
25) Q. Tang et al., *Macromolecules*, **47**, 3775 (2014)
26) 足立馨ほか，高分子論文集，**68**, 679 (2011)
27) P. G. Clark et al., *J. Am. Chem. Soc.*, **132**, 3405 (2010)
28) J. N. Hoskins & S. M. Grayson, *Macromolecules*, **42**, 6406 (2009)

第15章 結合の切断・再生に基づく機能性環状高分子材料の開発

本多　智[*1], 岡　美奈実[*2]

1　はじめに

　わたしたちが生まれて初めて高分子の構造式に出会ったのは、おそらく高校の教科書ではないだろうか。きっとその構造式は繰り返し単位に「かっこ」をつけて表現されただけのものであり、「かっこ」の外側に思いを馳せる余地はなかっただろう。「かっこ」の外側の構造とは高分子のトポロジー、すなわち分岐構造や環状構造など主鎖の結合様式の違いを特徴づける部分である。高分子鎖全体のうち「かっこ」の外側が占める割合はごく一部に過ぎず、高分子物性は側鎖の官能基や立体規則性など「かっこ」の内側の違いに支配されると長らく考えられてきた。しかし、有機・高分子合成法の発展に伴って高分子のトポロジーを精密に操ることができるようになったいま、同等の化学組成や分子量を持つ高分子であってもトポロジーの違いのみによってさまざまな物性の違いを生じることが明らかにされている。「かっこ」の外側で分子鎖が連結してなる環状高分子も例外ではない。また詳細は他章に譲るが、環状高分子が自己集合して分子集合体を形成すると、高分子一本ごとの物性の違いが増幅されて「驚くような物性の違い」となることも分かってきている[1~3]。ところが、これまでの研究の多くは異なるトポロジーの高分子間の物性の比較でしかなかった。これからは、意図したタイミングで思い通りに高分子のトポロジーを組換えることで高分子機能を動的に操る時代であろう。

　代表的な高分子トポロジーの組換えに関する報告には、直鎖状-星型[4]、直鎖状-環状[5~8]、および星型-網目状トポロジー[9]の組換えなどがある。これら高分子トポロジー間の組換えには、多くの場合に共有結合または非共有結合の切断と再生を伴うことから、これらを可能にする化学種が重要な鍵を握る。非共有結合を利用した高分子トポロジーの組換えについては、第IV編において紹介されるのでそちらを参照されたい。本章では、材料に対する要請を追求した結果としてトポロジーの組換えが優位に働く展開について、共有結合の切断と再生（動的共有結合[10~12]とも呼ばれる）を利用した我々の研究を中心に紹介する。

[*1] Satoshi Honda　東京大学　大学院総合文化研究科　広域科学専攻　助教
[*2] Minami Oka　東京大学　大学院総合文化研究科　広域科学専攻

2 網目状-星型-8の字型トポロジーの組換えに伴い粘弾性を制御できる高分子の開発

SF映画や漫画などフィクションの世界では，姿形を自在に変化させることのできるキャラクターがしばしば登場する．物質科学の言葉で言い換えると，『物質の一部または全体の自在な粘弾性制御』機能とでも表現できるだろう．最近，光刺激で物質の粘弾性を制御しようとする研究が急速に報告され始め，フィクションの世界の出来事は現実になろうとしている．広範囲あるいは物質全体に伝わりやすい熱刺激とは異なって光刺激には時空間的局所性がある．したがって，従来にない物質形態制御・加工法や粘接着剤への応用の観点からも研究が進められている．

溶媒を含む混合物が外部刺激によって流動化および非流動化する現象には，ゾル-ゲル転移が古くから知られている．しかしゲル材料には，溶媒成分の蒸発に伴って性質が変化する欠点があり，溶媒成分を含まなくとも流動性を変化させられる物質が求められていた．それに対して，溶媒成分を含まずに光刺激によって物質の相転移が引き起こされる現象，すなわち光誘起相転移が腰原らによって見出されたのは1990年のことである[13]．近年，腰原らを含む複数の研究グループから光誘起相転移に伴って結晶化および融解する分子が報告され，注目を集めている[14, 15]．これらの分子には，複数のアゾベンゼンが含まれている．アゾベンゼンは，光異性化によってトランス（*trans*）体とシス（*cis*）体との間で立体配座が変化する（図1a）．これらの分子は，アゾベンゼン部位がトランス体になるとその平面的な立体構造ゆえに容易に配列して結晶化する．他方，アゾベンゼン部位がシス体になると，折れ曲がったような立体構造となるため配列しづらくなり融解する．光誘起相転移は溶媒成分を必要としないことから，ゲル材料のような溶媒の蒸発に伴う性質の変化が起こりえず，環境調和性にも優れる．しかし，こうした低分子物質は一般に，結晶，液体，またはそれらが混合した状態として得られるため粘弾性の制御が苦手である．それに対して高分子は，分子鎖が絡み合うことで本来的に粘弾性を示す．高分子の粘弾性は，熱刺激によって容易に制御されてきた．もしも高分子物質の粘弾性が光刺激のみによって変化した

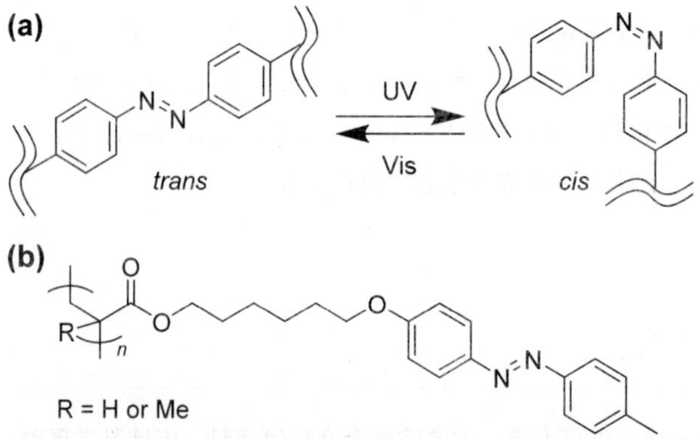

図1 (a) アゾベンゼンの光異性化と (b) アゾベンゼン側鎖型高分子の例

第 15 章　結合の切断・再生に基づく機能性環状高分子材料の開発

なら，この分野におけるブレークスルーとなるであろう。

　ごく最近，アゾベンゼン側鎖を持つ高分子（図1b）に光刺激を与えると，粘弾性が変化することが報告された[16]。この高分子のガラス転移温度は，側鎖のアゾベンゼンがトランス体だと室温よりも高く，シス体に光異性化すると室温よりも低くなるため，溶媒成分を含まずとも粘弾性を制御できる。ところが，この高分子の示す粘弾性変化はアゾベンゼン側鎖の光異性化に基づいており，側鎖の改変を通じたさらなる機能化の余地が限定されていた。それに対して，この研究とは並行して我々は，光刺激を利用した高分子トポロジーの組換えによる粘弾性制御を着想していた。とりわけ，ポリシロキサン，すなわちシリコーン材料に注目した。オイルやグリースとして利用されるようにポリシロキサンには流動性があり，その架橋体はシリコーンゴムとして知られるように流動性はない。また，ポリシロキサンの側鎖にはさまざまな官能基を導入することができる。ポリシロキサンのトポロジーを網目状，星型，および8の字との間で組換えることができたなら，側鎖に設計の余地を残しつつも大胆な粘弾性の変化を示す物質となるだろう。一方,切断および再生可能な共有結合を含む原子団としてヘキサアリールビイミダゾール（HABI）に着目した。HABI に UV を照射すると2つのイミダゾール環の間の結合が開裂してトリフェニルイミダゾリルラジカル（TPIR）対を生じる（図2）。TPIR は酸素存在下でも安定だが[17]，UV の照射をやめると他の TPIR と再結合して HABI に戻る。HABI は1960年の発見[18]から現在に至るまで高速フォトクロミズムの研究[19]を中心に盛んに研究されてきた。我々は，HABI の光反応をポリジメチルシロキサン（PDMS）による網目の切断・再生に応用できると考え，分子鎖中に HABI を有する網目状 PDMS（**1**）を合成した（図2上）。次いで，**1**をサンプル瓶に入

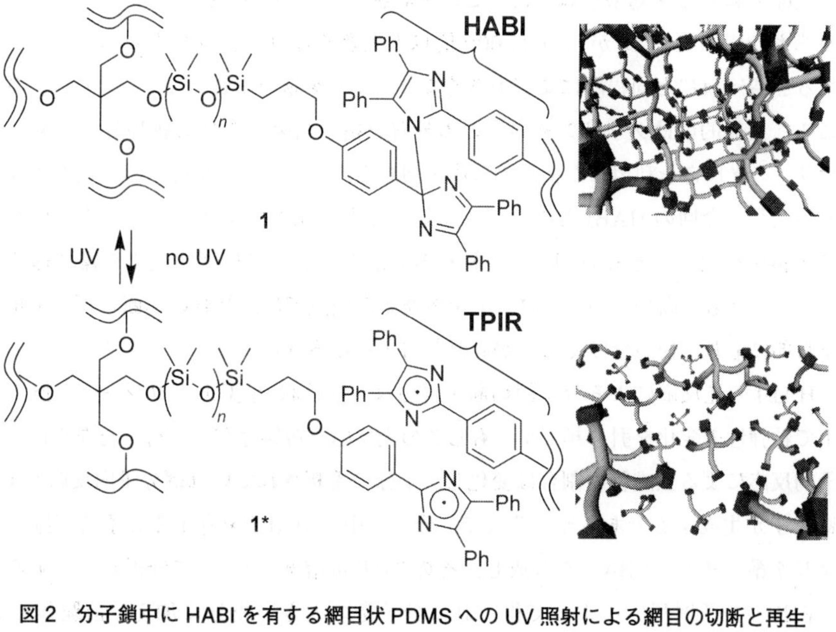

図2　分子鎖中に HABI を有する網目状 PDMS への UV 照射による網目の切断と再生

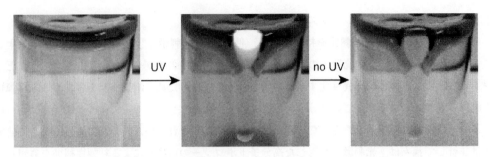

図3 UV照射に伴う1の流動化と照射をやめた後に非流動化した様子の写真

れた状態で倒立させ（図3左），365 nm のUV（UV_{365}）を照射したところ，照射した部分のみが流動化して流れ落ちる様子が見られた（図3中央）。この変化は，UV_{365} 照射によって網目が切断されて流動的な末端TPIR型星型PDMS（**1***）が生成したことに対応する（図2下）。また，UV_{365} の照射をやめると **1*** 同士の再結合に伴って網目が再生し，流動性がなくなった（図3右）[20]。すなわち，高分子トポロジーの組換えのみによって非流動状態から流動状態まで粘弾性を変化させられることを我々は明らかにした。このトポロジーの組換えに基づくと，光刺激を与えている間のみ粘弾性が低下する物質が得られる。それに対して，網目の形成した状態と切断した状態とをそれぞれ維持できる物質を考えることもできるだろう。クマリンは，UV_{365} および 254 nm のUV（UV_{254}）照射に伴う可逆的光二量化を示す物質であり，この目的に好適である。また，水中でのゾル-ゲル状態の切換えにも利用されてきた実績がある[21]。そこで，さまざまな分岐様式を含む液状の末端クマリン型分岐状PDMSを合成し，UV照射が貯蔵（G'）および損失弾性率（G''）に及ぼす効果を調べた。この液状物質に UV_{365} を照射すると，G'' には目立った変化が見られなかったが G' が元の30,000倍以上大きくなり，弾性体となった。続いて UV_{254} を照射すると G' が G'' と同程度にまで小さくなり，より柔軟な物質となった。UV_{254} の照射を続けたところ，最終的にはクマリンそのものの分解を招く結果となり液状物質には戻らなかったが，クマリンの光反応を利用した網目の形成・切断を通じて大きな粘弾性の変化を生み出せることが分かった[22]。今回のHABIとクマリンを比べると，比較的エネルギーの小さい UV_{365} で結合の切断・再生を制御できるHABIは，材料の分解を招かずに粘弾性変化を繰り返せる点で優れている。もっとも，高分子のトポロジーを組換える観点では，結合の切断と再生を担う原子団の特徴を目的に応じて使い分けることが肝要と言えるだろう。

さて，HABIの光反応による分子鎖切断・再生は，網目状-星型トポロジーの組換えに伴って無溶媒下で粘弾性の変化を引き起こす。もしこの光反応を溶媒存在下で行ったならば，分子間および分子内反応による生成物の割合は変化し，十分に希釈されていれば分子内反応が優先して8の字型高分子が生成するであろう。そこで，分子鎖中にHABIを有する分子量の揃った網目状ポリアクリル酸ブチル（PBA）を合成し，そのTHF可溶部をSECで分析した。すると，分子鎖末端TPIRの分子間反応によって得られる分子量の大きい成分に加え，前駆体である星型

第 15 章　結合の切断・再生に基づく機能性環状高分子材料の開発

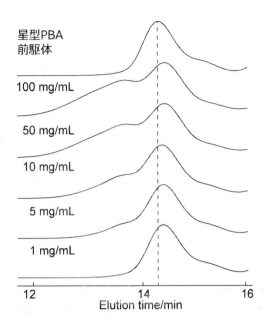

図 4　網目状 PBA と THF の混合物に対する UV 照射によって作製したさまざまな濃度の溶液の SEC 曲線

PBA よりも分子量の小さい成分が見られた。また，網目状 PBA と THF とを混合し UV_{365} を照射すると，膨潤体が得られるのではなく溶解した。そこで，網目状 PBA と THF との混合物に UV_{365} を照射することでさまざまな濃度の THF 溶液を作製し SEC で分析した。すると，濃度の低下に伴い分子間反応に由来する分子量の大きい成分は減少し，THF 溶液の濃度を 1 mg/mL にまで低下させると分子量の小さい成分のみとなった（図 4）。この結果は，希釈下で末端 TPIR 型星型 PBA の 4 つの TPIR が全て分子内で反応して 8 の字型 PBA を与えることを示唆する。単離した 8 の字型 PBA に無溶媒下で UV_{365} を照射すれば，結合の切断・再生に伴ってまた網目状 PBA が生成するであろう。このように，同一の組成であっても異なるトポロジーとして材料を取り出すことができると，材料提供形態を多様化させられることになる。たとえば，非流動的な網目状高分子はそのまま包装して固体として提供でき，流動的な 8 の字型高分子はチューブに詰めて液体として提供することもできる。そして UV_{365} を照射すれば，いずれの場合にも最終的に非流動的な網目状高分子を与えることになる。

3　環状-直鎖状トポロジーの組換えによって流動性が変化する高分子の開発

前節では分子鎖の切断と再生に基づく網目状-星型-8 の字型トポロジーの組換えを紹介した。しかし最も基本となるのは言うまでもなく環状-直鎖状トポロジーの組換えであろう。ここで，両末端 TPIR 型直鎖状高分子（**L***）が HABI を形成する過程を概念図で考えると分子内の環化

反応では環状高分子が生成し，分子間の鎖延長反応ではより鎖長の長い直鎖状高分子が生成する（図5）。TPIR は最終的には全て消費されてさまざまな環サイズを有する環状高分子の混合物（C_{mix}）となる。生成した C_{mix} に UV を照射すればいつでも最小構成単位である L^* にリセットできるだろう（図5）。我々はこの操作を T・レックス（topology-reset execution：T-rex）と名付けた。また T-rex によって生成した L^* は TPIR 同士の再結合を通じて C_{mix} を再構築することから，一連の過程を環化後再環化（post-cyclization recyclization：PCR）と呼ぶことにした[23]。具体的に我々は，分子鎖中に HABI を有する環状 PDMS（C_{mix}）を合成した（図6上）。C_{mix} の SEC には2成分の高分子が現れ，主成分は直鎖状 PDMS 前駆体（図7a）に比べて分子量が大きく分子量分布が広い成分であった（図7b）。一方，低分子量の副成分に着目すると，そのピーク分子量（M_p = 3,500）は直鎖状前駆体（M_p = 4,300）のものよりも小さく（図7b），単環状 PDMS（C_{uni}）の生成が示唆された。分子間および分子内反応がともに進行した結果，C_{mix} にはさまざまな環サイズの環状 PDMS が含まれていることが分かった。さて，C_{mix} に UV_{365} を照射すると両末端 TPIR 型直鎖状 PDMS（L^*）を生じ（図6下），UV_{365} の照射をやめると再環化して C_{mix} を再生するだろう。そこで続いて，T-rex と PCR が生成物の分子量に及ぼす効果を検証するために，さまざまな濃度の C_{mix} の THF 溶液に対して UV_{365} を照射した。すると，濃度の低下に伴い高分子量成分が減少し（図7c~f），0.1 mg/mL にまで濃度を低下させると低分子量成分のみのクロマトグラムが得られた（図7g）。MALDI-TOF mass による分析の結果，この低分子量成分は C_{uni} であることが突き止められた。

T-rex と PCR に基づくと，希釈状態に応じて環サイズ（分子量）とその混合状態を何度も繰り返して操ることができる。たとえば，一度 UV_{365} を照射した図7c~fの生成物を混合し（図7h），0.1 mg/mL にまで希釈してから UV_{365} を照射すると C_{uni} と同じクロマトグラムが得られる（図7i）。さらに無溶媒下で UV_{365} を照射すれば，分子量は増大し C_{mix} を与える（図7j）。

さて，C_{mix} にはシリコーン材料ゆえの流動性，すなわち分子鎖の十分な運動性があり，無溶媒下でも T-rex および PCR は進行する（図7j）。このことは，無溶媒下で流動状態が変化することを示唆する。そこで最後に，C_{mix} に対する T-rex と PCR に伴うレオロジー特性の変化を紹介したい。一般に，液体は損失弾性率（G''）＞貯蔵弾性率（G'）の関係にある。C_{mix} にも流動性があり，実際に $G'' > G'$ の関係を示した（図8a）。続いて，UV_{365} 照射の ON-OFF サイクルにおける G' および G'' の時間変化を調べたところ，UV_{365} 照射に伴う G' および G'' の急激な低下がみられた（図8a）。とりわけ，G' は UV_{365} 照射前の 1/10 以下にまで低下した。UV_{365} 照射前後で $G'' > G'$ の関係は変化しておらず，流動状態を維持していることが分かる。また，UV_{365} の照射をやめると数分で G' および G'' ともに照射前と同程度にまで戻り，これらの変化を何度も繰り返せることが分かった。ここで，弾性および粘性の寄与を表す損失正接（$\tan \delta = G''/G'$）を調べると，G' および G'' はともに低下したにも関わらず $\tan \delta$ は UV_{365} 照射前の約2から照射中には約8にまで増大した（図8b）[23]。誤解を恐れずに表現すると，ネバネバの液体が UV_{365} 照射によって一瞬にしてサラサラの液体に変化し，UV を消して少し待っているとまたネバネバの液体

第 15 章 結合の切断・再生に基づく機能性環状高分子材料の開発

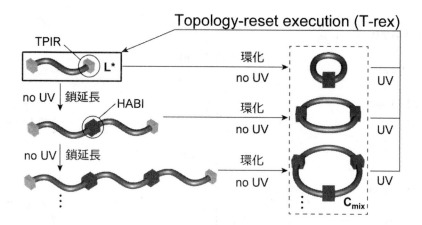

図 5 T-rex と PCR の概念図
末端の直方体は TPIR を表し，その 2 倍の大きさの立方体は HABI を表す．

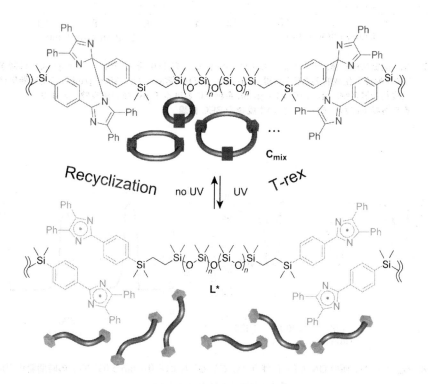

図 6 C_{mix} および L^* の構造式と T-rex に伴う構造変化

環状高分子の合成と機能発現

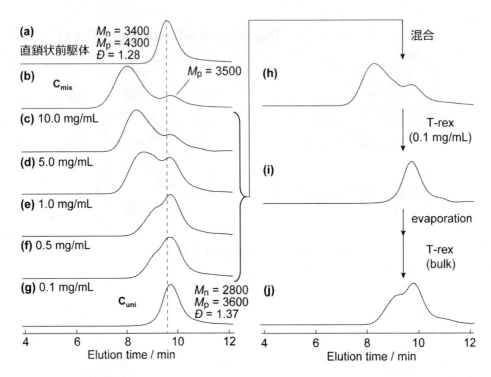

図7 (a) 直鎖状前駆体，(b) C_{mix}，および (c-g) C_{mix} の THF 溶液（0.1〜10 mg/mL）に対する UV 照射後の生成物の SEC 曲線。(h) C_{mix} の THF 溶液（0.5〜10 mg/mL）に UV 照射後の生成物の混合物，(i) その 0.1 mg/mL 希釈下における T-rex 後の生成物，および (j) さらなる無溶媒下における T-rex 後の生成物の SEC 曲線

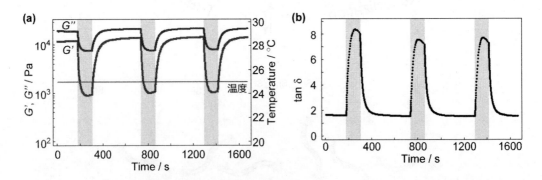

図8 C_{mix} への UV 照射 ON-OFF に伴う (a) G', G'' および (b) $\tan\delta$ (G''/G') の時間変化測定
網掛け領域は UV の照射を表す。

第 15 章　結合の切断・再生に基づく機能性環状高分子材料の開発

に戻るイメージである。

　本節で紹介した環状-直鎖状トポロジーの組換えは，液状の直鎖状高分子前駆体さえあれば原理的にはどのような高分子でも成立しうる．我々は現在，さまざまな高分子トポロジーの組換えに T-rex 法を適用し，無溶媒下での物性変換に取り組んでいる．

4　おわりに

　本章では，結合の切断・再生に基づく網目状-星型-8 の字型トポロジーの組換え，および環状-直鎖状トポロジーの組換えを，重要な材料物性の一つである粘弾性との対応の観点から紹介した．本章で紹介した結合の切断・再生によるトポロジーの組換えは，UV 照射という極めて簡単な方法論で達成される．また特筆すべきことに，材料の厚みを薄くすればごく一般的な市販の（研究用ではない）UV ペンライトでもこの変化を引き起こせることも分かっている．今後，本章で紹介したような結合の切断と再生を利用したトポロジーの組換えが，我々が手にし扱う機能性材料になくてはならない仕掛けとして活用される日が来ることを期待したい．

文　　献

1) S. Honda *et al., J. Am. Chem. Soc.*, **132**, 10251 (2010)
2) S. Honda *et al., Nat. Commun.*, **4**, 1574 (2013)
3) S. Honda *et al., Nature (Research Highlights)*, **466**, 534 (2010)
4) D. Aoki *et al., Angew. Chem. Int. Ed.*, **54**, 6770 (2015)
5) T. Ogawa *et al., ACS Macro Lett.*, **4**, 343 (2015)
6) T. Ogawa *et al., Chem. Commun.*, **51**, 5606 (2015)
7) S. Valentina *et al., Chem. Eur. J.*, **22**, 8759 (2016)
8) T. Yamamoto *et al., J. Am. Chem. Soc.*, **138**, 3904 (2016)
9) S. Telitel *et al., Polym. Chem.*, **5**, 921 (2014)
10) S. J. Rowan *et al., Angew. Chem., Int. Ed.*, **41**, 898 (2002)
11) R. J. Wojtecki *et al., Nat. Mater.*, **10**, 14 (2011)
12) T. Maeda *et al., Prog. Polym. Sci.*, **34**, 581 (2009)
13) S. Koshihara *et al., Phys. Rev. B*, **42**, 6853 (1990)
14) M. Hoshino *et al., J. Am. Chem. Soc.*, **136**, 9158 (2014)
15) H. Akiyama and M. Yoshida, *Adv. Mater.*, **24**, 2353 (2012)
16) H. Zhou *et al., Nat. Chem.*, **9**, 145 (2017)
17) G. R. Coraor *et al., J. Org. Chem.*, **36**, 2267 (1971)
18) T. Hayashi and K. Maeda, *Bull. Chem. Soc. Jpn.*, **33**, 565 (1960)

19) Y. Kishimoto and J. Abe, *J. Am. Chem. Soc.*, **131**, 4227 (2009)
20) S. Honda and T. Toyota, *Nat. Commun.*, **8**, 502 (2017)
21) Y. Zheng et al., *Macromolecules*, **35**, 5228 (2002)
22) S. Honda and T. Toyota, *Polymer*, **148**, 211 (2018)
23) S. Honda et al., *Angew. Chem. Int. Ed.*, in press (DOI: 10.1002/anie. 201809621)

第16章 環状アミロースからの剛直環状高分子の合成と溶液中における構造・物性解析

寺尾 憲*

1 はじめに（剛直な環状鎖）

　高分子の分子形態を決定づける要素として最も重要なものが高分子の剛直性である[1,2]。剛直性が高い高分子は，高分子鎖自体が高い異方性を有するため，高分子鎖の配列が起こりやすい[3]。実際，剛直性高分子の濃厚溶液は液晶性を示すことが多く，また，その粘弾性挙動は，屈曲性高分子のそれとは大きく異なるずり速度依存性を示す[4]。環状構造をもつ高分子についても，高い剛直性を有するものは特徴的な物性をもつことが示唆されるが，一般に線状高分子の両末端を結合する方法で剛直な環状鎖の合成を試みても，その両末端の溶媒中における閉環確率が低く，現実的な収率が得られるとは考えづらい。生態系はDNAの二重らせんが1本鎖に比べてはるかに剛直であることを巧みに利用して，環状のDNAを原核生物の遺伝子情報の保存のために利用しているが，多重らせんに特異的なねじりの問題がある[5]。そして，DNA自体が高分子電解質であり，その分子内や分子間の相互作用を考える際に必ずしも単純な系とはいえない。他方，剛直な環状鎖は両末端が閉環していることにより，その部分鎖にひずみが生じることが推察される。このようなひずみは屈曲性の環状鎖には見られないはずであり，剛直環状鎖の研究の動機の一つとなる。

　一般的に多くの天然多糖には分岐構造が含まれるが，酵素合成法を用いることにより，完全に分岐構造のないアミロースを合成できる[6,7]。適切な反応条件を選ぶことにより，低分子量から重量平均モル質量 M_w が 1,000 kg/mol を超える試料が調製できること，アニオン重合などのリビング重合に匹敵，あるいはときに凌駕する狭い分子量分布の試料が得られること，得られたアミロース試料は完全なキラル構造を有するという点で合成高分子とは一線を画す。さらに，このアミロースを酵素によって環化すると，他の結合と同じ α-1,4 結合で環化されるため環上に特異点を持たない環状高分子が合成できる[8]。不純物となる線状アミロースは線状アミロースのみを分解する酵素により容易に除去できること，そして，環状アミロースが水に対して高い溶解性を示すことから，環状鎖のモデルとして適している高分子である[9〜11]。また，アミロースに特有の包接錯体生成能を環状アミロースも持つことを利用して，変性タンパク質から正しい立体的構造を再生するための人工シャペロンとして実際に応用されている[12]。

　多糖のカルバメート誘導体は，塩化リチウムを含むジメチルアセトアミドなどの溶媒に原料と

---

* Ken Terao　大阪大学　大学院理学研究科　高分子科学専攻　准教授

なる多糖を溶解させた後，ピリジンなどの適切な溶媒中で対応するイソシアナートと反応させることによって合成される[13]。特にフェニルカルバメート誘導体はその合成の際に主鎖の切断が起きないこと，すべてのOH基をほぼ完全に反応させることができることから，一般に会合性が高く分子量測定に適した溶媒を見つけるのが困難な種々の多糖の分子量やコンホメーションの特徴を知る手段として当初用いられた[14]。ただし，その後発見された多糖を溶解する溶媒には，高分子間の水素結合を切断することが求められるため，ごく一部の例外を除き，多糖分子内の水素結合は阻害され，高分子鎖は比較的柔軟なコンホメーションをとる[15]。これに対し，多糖のカルバメート誘導体は，その化学構造から分子間の水素結合が起こりにくく，比較的極性の低い有機溶媒にも高い溶解性をもつ。また，カルバメート基自体のかさ高さが多糖主鎖の内部回転を制限することもあり，多糖カルバメート誘導体は溶液中で幾分広がっていることが多いこと，また，この効果は，セルロースよりアミロースでより顕著になることが報告されていた[14]。

本章では，線状アミロースカルバメート誘導体の置換基と分子形態の関係について紹介するとともに，剛直な環状鎖を得る方法として，環状アミロースの水酸基の修飾によって剛直化した例を示す。また，光学分割カラムの担体として有用なアミローストリス(3,5-ジメチルフェニルカルバメート)(ADMPC)の線状鎖と環状鎖の局所コンホメーションの違いとキラル分離能への影響についても述べる。

2 線状アミロース誘導体の剛直性とらせん構造

最近，我々は図1に示す，様々な化学構造のアミロースカルバメート誘導体を合成し，その溶液中における分子形態を調べた[16〜18]。結晶中などと異なり，溶液中で高分子鎖は熱揺らぎにさらされているため，詳細な原子位置やらせん構造を決めることはできないが，統計的に厳密な平均のサイズを決めることができる。詳細はここには示さないが，広い分子量範囲にわたるアミロースカルバメート試料を調製，精製し，光散乱測定，小角X線散乱測定，粘度測定などを行って，M_w，粒子散乱関数$P(q)$，z-平均二乗回転半径$\langle S^2 \rangle_z$，そして固有粘度$[\eta]$を決定した[13,19〜26]。排除体積効果を考慮した線状みみず鎖についての理論[2]を用いて，得られたデータを

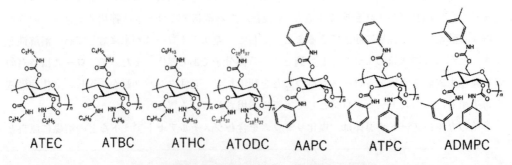

図1　研究に用いた線状アミロース誘導体の化学構造

第16章　環状アミロースからの剛直環状高分子の合成と溶液中における構造・物性解析

解析し，主に鎖の剛直性を表すKuhnの統計セグメント長λ^{-1}と，局所的ならせん構造を反映する繰り返し単位当たりのらせんのピッチhを決定した。さらに，溶媒を介した高分子間の分子間相互作用を反映する第二ビリアル係数A_2を決定し，ATBC，ATPCにはA_2が消失するシータ溶媒が確認された[21, 25]。ただし，ここで取り扱ったアミロース誘導体は分子内排除体積効果の寄与が顕著に現れるほどの屈曲性は持たないため，$\langle S^2 \rangle_z$や$[\eta]$の解析上シータ溶媒であるか否かは重要ではない。むしろ，後述する環状鎖間の分子間相互作用を研究する上で，シータ溶媒中のA_2が重要となる。また，原料となる線状アミロースの分子量が100万を超える場合を除いて，誘導体調製時に主鎖の切断はほとんど問題にならず，後述する環状誘導体の合成にもこれらの誘導体が適していることが示された。

得られた分子パラメータを図2にまとめる。それぞれの誘導体について複数の点があるのは

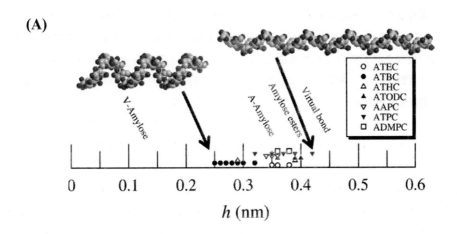

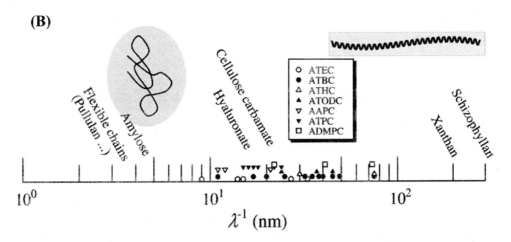

図2　アミロース誘導体のみみず鎖パラメータ
(A) 局所らせん構造を反映する単位経路長あたりのらせんのピッチh，(B) 鎖の剛直性を表すKuhnの統計セグメント長λ^{-1}。

溶媒により，異なる値が得られたためである。パネル(a)に示した h は置換基，溶媒により 0.25～0.42 nm の範囲に及ぶ。アミロースカルバメート誘導体については結晶構造に関する報告がないため，固体中におけるアミロースやほかの誘導体の値を図中に併記してある。最大値である 0.42 nm は結晶中のアミローストリエステル（0.34～0.40 nm）[27]や仮想ボンド長（0.425 nm）に近い。これに対し，最小値である 0.25 nm は二重らせんアミロース（0.35 nm）[28]と 1 本鎖アミロースが低分子を包接して形成した V 型結晶（0.10～0.13 nm）[29,30]との中間的な値である。他方，パネル(b)に示すように鎖の剛直性 λ^{-1} は，9 nm から 75 nm の比較的広い範囲にわたり連続的に分布する。h，λ^{-1} そして溶液の赤外吸収より見積もられる分子内水素結合状態を調査した結果，側鎖が小さい ATEC[19]，ATBC[20~22]，ATHC[19]，AAPC[24]の分子形態の溶媒変化は高分子内の隣接する糖ユニットの NH 基と C=O 基間の水素結合に主に支配されていることがわかった。なお，比較的極性の低いテトラヒドロフラン中では高分子中半分強の C=O 基が分子内水素結合した剛直ならせん構造を形成するが，その剛直性は ATBC や ATHC で最も高くなり，h の値は小さくなる（0.26～0.29 nm）[19]。らせん空孔内部に ATBC のブチル基や ATHC のヘキシル基の一部が包接されて剛直ならせん構造（λ^{-1}=75 nm）が形成されているのに対し，より短い側鎖を持つ ATEC や長い側鎖をもつ ATODC の h は THF 中でそれぞれ 0.36 nm，0.40 nm となり，その剛直性もそれぞれ 33 nm，24 nm と幾分小さな値となった[19,23]。

　他方，置換基がかさ高くなると，それ自身が内部回転の障害となり，分子形態に影響を与える。また，比較的サイズの大きな溶媒分子が水素結合することにより，顕著な分子形態の変化も観測された。たとえば，側鎖の NH 基との水素結合が予想されるケトン，エステル中における ATPC は，溶媒のモル体積の増加に伴い，h と λ^{-1} の両方が増加した[25]。この剛直性の変化は，キラルカラムのキラルセレクターとして上市されている ADMPC でより顕著に現れ，その剛直性は 3 倍以上変化した[26]。反面，その h は 0.36～0.38 nm の範囲に収まっており，局所らせん構造はほとんど変化しないことがわかった。キラルセレクターとしての ADMPC の高い性能は，この局所らせん構造の安定性によるものであるのかもしれない。

3　環状アミロース誘導体の合成と溶液中における分子形態

　線状のアミロースを不均化酵素によって環化したのち，残存の線状鎖をグルコアミラーゼによって選択的に分解することによって環状のアミロースを比較的容易にかつ高純度で調製することができる[8,11]。線状のアミロースカルバメート誘導体を合成したのと同じ方法で図 3 に示す 4 種類の環状アミロースカルバメート誘導体を合成した[23,31~34]。主鎖重合度の範囲は 20～300 程度であった。これは環状鎖の経路長 L で 8～100 nm，直径で 2.5～30 nm に相当する。線状鎖と同様の手法で分子形態に関する物理量である $P(q)$，$\langle S^2 \rangle_z$ を M_w とともに決定し，得られたデータを環状みみず鎖についての理論値と比較することによって分子形態を推定した[23,32,34~37]。また，得られた試料のうち，cADMPC 試料は環状鎖のみが THF に溶解した。THF 中の散乱実

第16章 環状アミロースからの剛直環状高分子の合成と溶液中における構造・物性解析

験に会合体の影響がほとんど見られなかったことから，誘導体調製時の環状鎖の切断に伴う線状鎖の混入は無視できるほど少ないと考えられる。

井田らの手法[38, 39]を使用して得た離散みみず鎖についての $P(q)$ の計算値と実験値を比較した例を図4に示す。線状鎖の剛直性が最も高い（λ^{-1} = 75 nm）THF 中での線状鎖（ATBC53K）と環状鎖（cATBC110K）の Holtzer プロットである。cATBC には剛直な線状鎖には見られないピークが低角領域に見られる。このピークは，図中一点鎖線で表す剛直な環状鎖に予想されるピークよりも顕著に高い。このピークを再現する計算値を探索し，鎖の剛直性を決定した。後述するように得られた鎖の剛直性は線状鎖より低いものが多くみられた。本研究の環状アミロース誘導体の純度は相当高いと考えられるが，もし線状鎖が混入していた場合でも，このピークは低くなり，環状鎖の剛直性が過大評価されることを考えると，線状鎖に比較して低い環状鎖の剛直性は線状鎖の混入による誤差ではありえないことがわかる。さらに，高角側の散乱関数は，線状鎖と環状鎖でほとんど差がなくなる。このことからこの領域の散乱挙動から決定される n も少

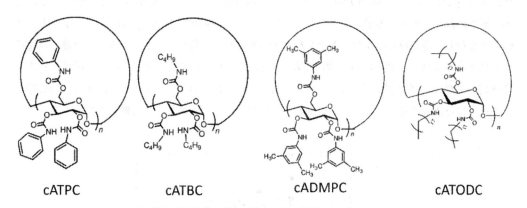

図3 本研究で合成した環状アミロースカルバメート誘導体の化学構造

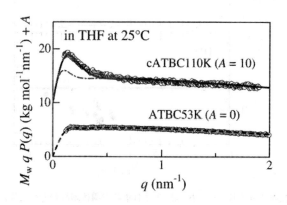

図4 cATBC と ATBC の散乱関数の比較

実線は環状みみず鎖に対する計算値，一点鎖線は剛直環状鎖に対する理論値，破線は線状みみず鎖に対する理論値。

量の線状鎖の混入にはほとんど影響されない。

　冒頭に述べたように，剛直な環状鎖の局所構造には鎖長依存性があっても不思議ではない。そこで，それぞれの試料のデータからみみず鎖の分子パラメータである h と λ^{-1} の両方が決められる $P(q)$ の解析より得られた環状鎖の h_{ring} と対応する条件における線状鎖の h_{linear} との比を M_{w} に比例する量である還元鎖長 N_{K} $(\equiv \lambda L)$ に対してプロットしたものを図5に示す。ただし，M_{w} からこの N_{K} を計算するために用いた h と λ^{-1} は線状鎖に対する値である。幾分のばらつきはあるがパネル(a)のデータより鎖の屈曲性が顕著になる $N_{\text{K}} > 1$ の領域では環状鎖と線状鎖の h は近い。これに対し，鎖の剛直性の寄与が顕著になる $N_{\text{K}} < 0.5$ の領域では環状鎖の h_{ring} は線状鎖の h_{linear} より10～30％大きい。すなわち，剛直ならせんを環状化するために曲げることによって，局所のらせん構造は引き伸ばされていることが推察される。このときの線状鎖と環状鎖の剛直性を比較するために，それぞれの環状鎖の分子パラメータのみから計算される還元鎖長 $N_{\text{K, ring}}$ と，同じ分子量の線状鎖に対する計算値 $N_{\text{K, linear}}$ を比較したものを図6に示す。環状鎖の $P(q)$ が完全に剛直な環状鎖の $P(q)$ と近い場合には正確な $N_{\text{K, ring}}$ を見積もることができないため，図5に比べてデータの数が少なくなっているが，どの領域でも $N_{\text{K, ring}}$ は $N_{\text{K, linear}}$ よりも大きい，すなわち，環状鎖のほうが，幾分やわらかい鎖として振舞うことがわかる。この違いは先述した局所らせん構造が顕著に引き伸ばされている $N_{\text{K}} < 1$ の領域では顕著になり，環状鎖の剛直性は同じ条件下の線状鎖の半分以下となる。次に図5(b)に注目されたい。この図にはcATPCの非水素結合性の溶媒中（〇）および水素結合性のケトンやエステル中（●）のデータを示して

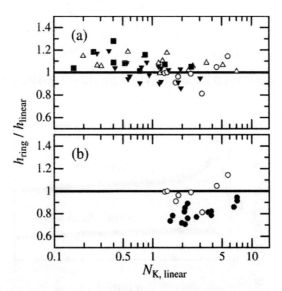

図5 線状鎖と環状鎖の h の比（$h_{\text{ring}}/h_{\text{linear}}$）をそれぞれの環状鎖試料の分子量と対応する線状鎖のみみず鎖パラメータから計算した還元鎖長 $N_{\text{K, linear}}$ に対してプロットしたもの

図中のデータはcATPC（〇，●），cATBC（△），cADMPC（■），cATPDC（▼）。ただし，cATPCの〇はジオキサンおよびエチルセロソルブ中，●はケトン，エステル中のデータを表す。

第 16 章　環状アミロースからの剛直環状高分子の合成と溶液中における構造・物性解析

いる。後者の系では溶媒分子がアミロース誘導体に水素結合することによって線状鎖の主鎖のらせん構造が幾分引き伸ばされているが，環状鎖になることによって，それらは非水素結合性の溶媒中の値に近くなり，結果，線状鎖よりも小さな n の値をとっている。線状鎖と環状鎖で溶媒分子との相互作用に顕著な違いがあることを示唆する結果である。

この溶媒分子との相互作用の違いは，第二ビリアル係数に顕著に反映される。図 7 にシータ溶媒中における環状アミロース誘導体の第二ビリアル係数をまとめる。分子形態が高分子内の分

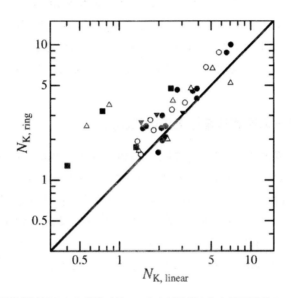

図 6　それぞれの環状鎖試料のみみず鎖パラメータより計算された還元鎖長 $N_{K, ring}$ を同じ分子量の線状鎖について計算した還元鎖長 $N_{K, linear}$ の比較
　図中のシンボルは図 5 と同じ。環状アミロース誘導体の溶媒中における分子間相互作用。

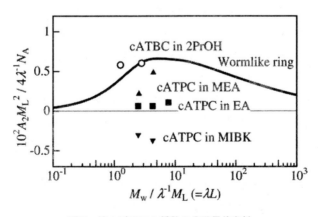

図 7　第二ビリアル係数の分子量依存性
　図中のシンボルは 2-プロパノール中の cATBC の（○），酢酸メチル中の cATPC の（▲），酢酸エチル中の cATPC の（■），4-メチル-2-ペンタノン中の cATPC の（▼）。

子内水素結合のみによって説明できるATBCの2-プロパノール（2-PrOH）系では，対応する線状鎖のシータ温度である35℃でcATBCのA_2は正の値を持つ。この現象は2つの環状鎖がお互いに入り込めないトポロジカルな相互作用が見かけ上高分子間に斥力が働くように振舞うためである。実際得られた絶対値は，剛直環状鎖に対して知られる理論値，そして，図中実線で表す環状みみず鎖に対する計算値にかなり近い。これに対し，酢酸メチル（MEA），酢酸エチル（EA），そして4-メチル-2-ペンタノン（MIBK）中におけるA_2はいずれもこの計算より小さく，またその値は溶媒分子のサイズ，すなわち溶媒のモル体積の増加に従って小さくなり，もっともサイズの大きいMIBK中ではA_2は負の値を示す。環状鎖には溶媒分子が水素結合しにくく，局所的に対応する線状鎖よりも主鎖軸方向に縮んだらせん構造を有する環状鎖間の相互作用は溶媒分子が水素結合した線状鎖間と比べてより引力的になっているためと考えられる。

4 環状アミロース誘導体濃厚溶液の液晶性

線状アミロース誘導体については，ATEC，ATBC，ATHCおよびATODCの濃厚溶液について液晶性が確認されており，それらの相図について定量的に議論されている[40]。環状アミロース誘導体のうち，cATBCおよびcATODCについても比較的剛直性が高くなるTHFなどの溶媒中で，その濃厚溶液に強い複屈折が確認された。ただし，線状鎖に観測されたコレステリック構造は確認されなかった。現在，定量的なデータの収集中であるため詳細を記すことはできないが，液晶相が発現する濃度は線状鎖のそれよりもかなり高いことがわかりつつある[33]。

5 環状アミロース誘導体のキラル分離能

線状アミロースカルバメート誘導体，本章で紹介した中ではADMPCには高いキラル分離能が報告されており[41]，実際，光学異性体分離カラムとして市販されている。これは，比較的局所のらせん構造が重要であり，主鎖付近の極性基（C=OやNH）が重要な役割を果たしているといわれている。他方，我々の研究では，ATECやATBCの剛直性が光学活性な低分子であるD-乳酸エチル中で，L-乳酸エチル中よりも1.5〜1.8倍大きくなることを報告した[19, 22]。これは，アミロースカルバメート分子の分子内水素結合がそれぞれの乳酸エチル分子によって切断されるが，その度合いが異なることに起因する。これらのことは多糖誘導体分子の局所構造が変化すると低分子との相互作用も変化しうることを予想させる。実際，物理吸着型と化学結合型のキラル分離カラムはそのキラル分離挙動が異なることが報告されており[42]，その原因として，高分子鎖の局所形態の違いが指摘されている。環状アミロース誘導体のキラル分離挙動は線状鎖のそれとは有意に異なることが推察されるが，これについては現在，線状鎖と環状鎖の光学異性体分離カラムを作製してその性能を比較し，検討しているところである。

第 16 章　環状アミロースからの剛直環状高分子の合成と溶液中における構造・物性解析

文　　献

1) 松下裕秀ほか，高分子の構造と物性，講談社サイエンティフィク（2013）
2) H. Yamakawa and T. Yoshizaki, Helical wormlike chains in polymer solutions, 2nd ed., Springer（2016）
3) 寺尾憲，佐藤尚弘，液晶，**18**, 108（2014）
4) 佐藤尚弘，高分子論文集，**69**, 613（2012）
5) A. D. Bates and A. Maxwell, DNA topology, Oxford University Press（2005）
6) S. Kitamura et al., *Polym. J.*, **14**, 93（1982）
7) H. Waldmann et al., *Carbohydr. Res.*, **157**, c4（1986）
8) T. Takaha et al., *J. Biol. Chem.*, **271**, 2902（1996）
9) S. Kitamura et al., *Carbohydr. Res.*, **304**, 303（1997）
10) J. Shimada et al., *J. Phys. Chem. B*, **104**, 2136（2000）
11) Y. Nakata et al., *Biopolymers*, **69**, 508（2003）
12) S. Machida et al., *FEBS Lett.*, **486**, 131（2000）
13) K. Terao et al., *Polym. J.*, **41**, 201（2009）
14) W. Burchard, Soft matter characterization, Ch.9, p.463, Springer（2008）
15) X. Y. Jiang et al., *Macromolecules*, **50**, 3980（2017）
16) K. Terao and T. Sato, Bioinspired materials science and engineering, Ch.9, p.167, Wiley（2018）
17) 寺尾憲，*Cell. Commun.*, **23**, 71（2016）
18) 寺尾憲，熱測定，**42**, 69（2015）
19) K. Terao et al., *J. Phys. Chem. B*, **116**, 12714（2012）
20) K. Terao et al., *Macromolecules*, **43**, 1061（2010）
21) Y. Sano et al., *Polymer*, **51**, 4243（2010）
22) S. Arakawa et al., *Polym. Chem.*, **3**, 472（2013）
23) A. Ryoki et al., *Polymer*, **137**, 13（2018）
24) M. Tsuda et al., *Biopolymers*, **97**, 1010（2012）
25) T. Fujii et al., *Biopolymers*, **91**, 729（2009）
26) M. Tsuda et al., *Macromolecules*, **43**, 5779（2010）
27) P. Zugenmaier and H. Steinmeier, *Polymer*, **27**, 1601（1986）
28) Y. Takahashi et al., *Macromolecules*, **37**, 6827（2004）
29) Y. Nishiyama and L. Putaux, *Macromolecules*, **43**, 8628（2010）
30) M. B. Cardoso et al., *Biomacromolecules*, **8**, 1319（2007）
31) 寺尾憲，領木研之，高分子論文集，**73**, 505（2016）
32) K. Terao et al., *ACS Macro Lett.*, **1**, 1291（2012）
33) K. Terao et al., *Macromolecules*, **46**, 5355（2013）
34) A. Ryoki et al., *Macromolecules*, **50**, 4000（2017）
35) A. Ryoki et al., *Polym. J.*, **49**, 633（2017）
36) 寺尾憲ほか，高分子論文集，**75**, 254（2018）

37) N. Asano *et al.*, *J. Phys. Chem. B*, **117**, 9576 (2013)
38) R. Tsubouchi *et al.*, *Macromolecules*, **47**, 1449 (2014)
39) D. Ida, *React. Funct. Polym.*, **130**, 111 (2018)
40) K. Oyamada *et al.*, *Macromolecules*, **46**, 4589 (2013)
41) Y. Okamoto, *J. Polym. Sci. Pol. Chem.*, **47**, 1731 (2009)
42) J. Shen *et al.*, *J. Chromatogr. A*, **1363**, 51 (2014)

第17章 分子内水素結合を利用した大環状化合物の合成

横山明弘[*]

1 はじめに

　大環状化合物は，内部の空洞を用いた分子認識などの機能や，環状構造に由来する物性などのために注目されている。大環状化合物を逐次的に合成するには，まず対応する直鎖状化合物を合成し，それを希釈条件下で分子内反応させて環化させる手法が一般的である。しかしこの方法は多くの反応工程を必要とし，さらに最後の環化の収率がそれほど高くないことが多く，効率よく大環状化合物を合成することは容易ではない。そこで二官能性モノマーを重合条件下で反応させ，1工程で大環状化合物を合成する手法が開発されてきた。この手法において，ポリマーの生成を抑えて大環状化合物を効率的に得るためには，反応を高希釈条件下で行ったり，動的共有結合のように可逆的な結合形成反応を用いたりする必要がある。これらとは別に，オリゴマーがある程度の長さになった際に分子の両末端が近づいて環化が効率的に起こるようにするために，鋳型効果や水素結合を用いて生長途中のオリゴマーの立体配座を湾曲型に固定する方法がある。1994年にHunterらのグループが，ピリジン-2,6-ジカルボキサミドの分子内水素結合を利用した大環状化合物の合成を報告してから[1)]，分子内水素結合を利用してさまざまな大環状化合物，特に立体配座の変化が少なくて剛直な構造を有する形状保持大環状化合物（shape-persistent macrocycle：形状安定大環状化合物または形状永続的大環状化合物，形状固定型大環状化合物とよばれることもある）が合成されてきた。本稿では分子内水素結合を利用した大環状化合物の合成を，環を形成する結合の種類で分類してまとめた。

2 アミド

　Gongらのグループは，二塩化イソフタロイル誘導体**1**と*m*-フェニレンジアミン誘導体**2**との反応において，アミド結合のNHと，そのアミド結合でつながった2つのベンゼン環のオルト位にある酸素原子との三中心水素結合によりS(5)型およびS(6)型の環構造を形成させ，芳香族オリゴアミドの立体配座を湾曲型にすることによって環状6量体**3**が82％の収率で得られたと報告した（スキーム1)[2)]。不可逆的なアミド結合形成反応によって進行するこの反応が，6量体より大きな鎖状および環状オリゴマーをほとんど与えずに，環状6量体を選択的かつ高収率

---

[*] Akihiro Yokoyama　成蹊大学　理工学部　物質生命理工学科　教授

スキーム1

で与えている原因として，彼らは縮合反応が連鎖的に進行しているか，あるいは立体的な要因のために6量体より長いオリゴマーが生成しにくくなっていると考えた。そこでさまざまな長さをもつ2つのオリゴマー間の反応を調べた結果，6量体よりも長い生成物を与える反応は進行しにくいことを明らかにした。これは2つのオリゴマーが反応する際に，6量体よりも長い生成物を与える場合は2つのオリゴマーの反応しない方のそれぞれの末端が接近して立体的に反発するためだと考えられている[3]。1と2の反応を−20℃で行うと環状6量体3が選択的に得られるが，反応温度を上げると環状8量体の生成比が増加し，反応を50 mM，20℃で行うと環状6量体3が37％，環状8量体が30％の収率で得られた[4]。さらにメタ型の1の代わりにパラ型の二塩化テレフタロイル誘導体を2と反応させることによって，環状14量体，環状16量体，環状18量体，および少量の環状20量体が得られることも明らかにしている[3]。上記の反応はいずれもAA型とBB型の芳香族モノマーを用いた反応なのでベンゼン環の個数が偶数の大環状化合物しか得られないが，5量体のジアミンと2量体または4量体のジカルボン酸塩化物を反応させることにより環状7量体および環状9量体も合成している[5]。

Liらのグループは，m-フェニレンジアミン誘導体4と二塩化イソフタロイル誘導体5またはピリジン-2,6-ジカルボン酸ジクロリド6との反応において，アミドのNHと，そのアミドに結合しているベンゼン環上のフッ素原子やピリジン窒素原子の非結合性電子対との水素結合を利用した環状6量体7および8の合成を報告している（スキーム2，3）[6]。この大環状化合物の特徴の一つは，Gongらが合成した大環状化合物（たとえば3）とは逆に，アミド結合のNHとC=Oがそれぞれ環の内側と外側に向いており，分子内水素結合が環の内側で形成していることである。また7はC_{60}と錯体を形成することも報告されている。

環の内側に水素結合を形成する大環状化合物として，Zengらのグループは環状5量体9（R^1=H，R^2=CH_3）を逐次的に合成し，その立体構造を報告した[7]。さらに彼らは2位にアルコキ

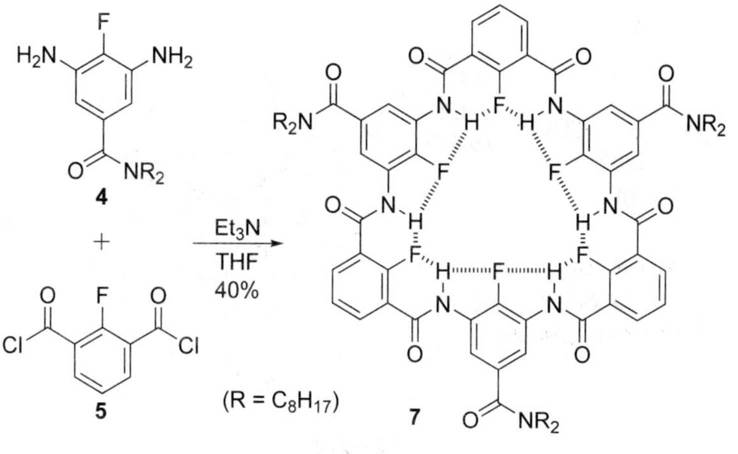

第17章 分子内水素結合を利用した大環状化合物の合成

スキーム2

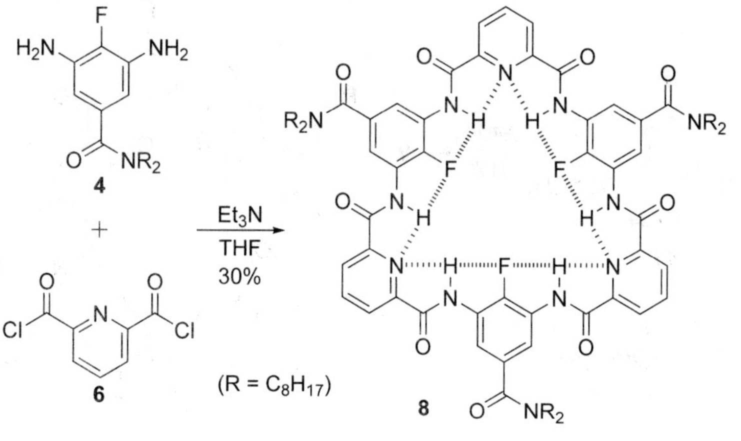

スキーム3

シ基を有する3-アミノ安息香酸誘導体 **10** の縮合反応による **9** の一段階合成を行うために，種々の縮合試薬を検討した。その結果，トリエチルアミン存在下，室温で **10** に塩化ホスホリルを作用させると縮合反応が進行し，**9** が中程度の収率で得られることを明らかにした（スキーム4）[8]。モノマーとオリゴマーの反応，および長さが異なる2種類のオリゴマー間の反応を解析し，この縮合反応は連鎖機構で進行するために環化物を効率よく与えていると提案している[9,10]。反応溶媒として使っていたHPLCグレードのアセトニトリルを水素化カルシウムで脱水してから用い，温度を40℃に上げて反応を行うと，環状5量体 **9** の他に環状6量体や環状7量体が得られた[11]。一方，同じZengらのグループは **10** のメチルエステル体 **11** の縮合も検討し，**11** にトリメチルアルミニウムを作用させると環状5量体 **9** は少量しか生成せず，環状6量体 **12** が主生成物として得られることを報告している（スキーム5）[12]。さらに4-ピリドン誘導体 **13**

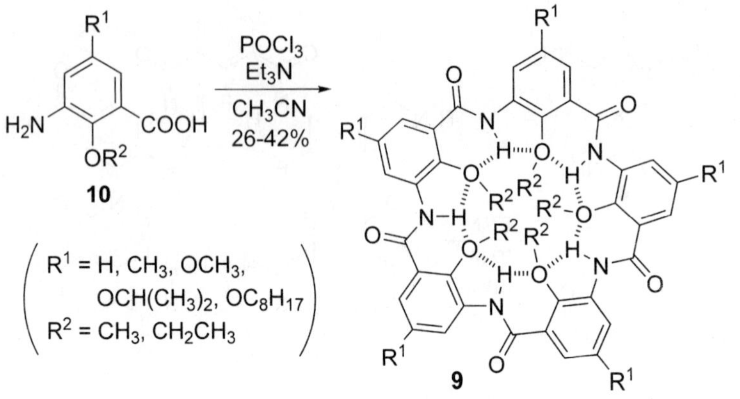

スキーム4

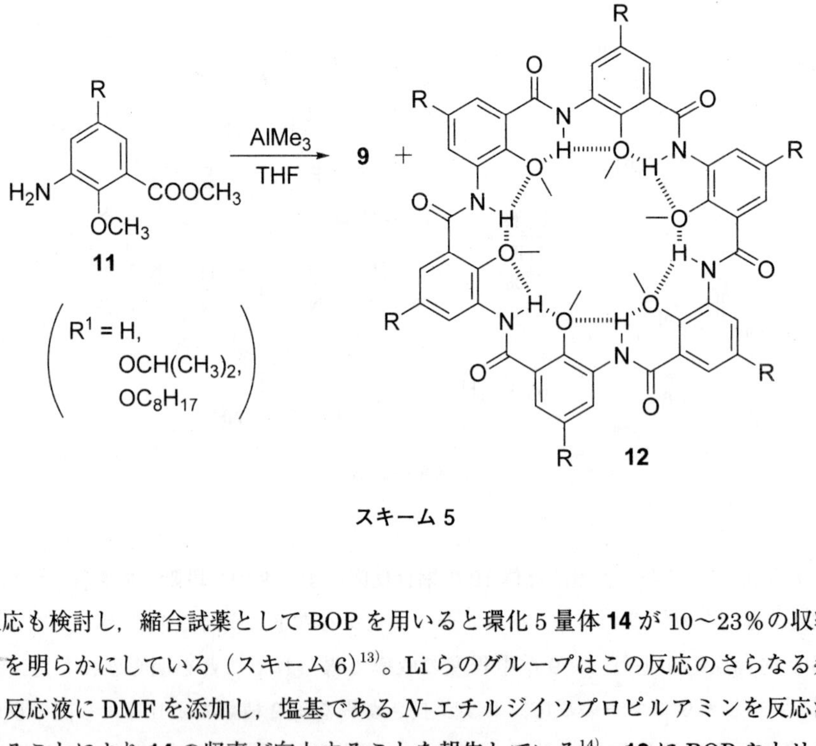

(R¹ = H, CH₃, OCH₃, OCH(CH₃)₂, OC₈H₁₇
R² = CH₃, CH₂CH₃)

スキーム5

(R¹ = H, OCH(CH₃)₂, OC₈H₁₇)

の縮合反応も検討し，縮合試薬としてBOPを用いると環化5量体**14**が10〜23%の収率で得られることを明らかにしている（スキーム6）[13]。Liらのグループはこの反応のさらなる条件検討を行い，反応液にDMFを添加し，塩基であるN-エチルジイソプロピルアミンを反応液に滴下して加えることにより**14**の収率が向上することを報告している[14]。**13**にBOPやトリメチルアルミニウムを作用させた反応では環状6量体を得ることができなかったが，**13**の二量体に対してBOPを作用させて縮合反応を起こすことにより，環状6量体を31〜56%の収率で合成している[15]。

キノリン骨格を用いた大環状化合物の合成として，HucらのグループはNMPとピリジンの混合溶媒中，塩化リチウム存在下で8-アミノキノリン-2-カルボン酸誘導体**15**に亜りん酸トリ

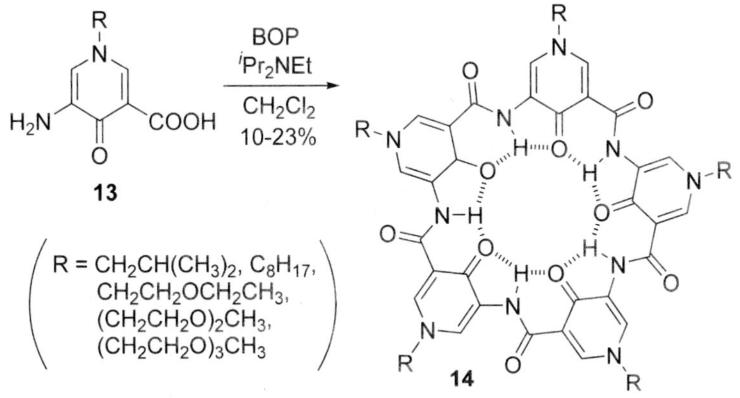

第17章 分子内水素結合を利用した大環状化合物の合成

スキーム6

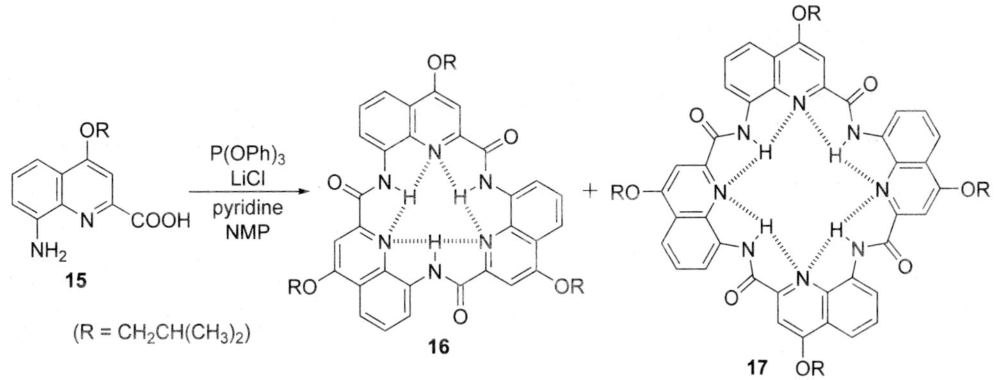

スキーム7

フェニルを作用させることにより，環化3量体 **16** と環化4量体 **17** をいずれも20％の収率で得ている（スキーム7)[16]。ヘキサクロロエタンとトリフェニルホスフィンを用いた穏和な反応条件を用いて **15** を縮合させると，**17** は微量しか得られず，**16** が50％の収率で得られたと報告している。**15** と似た骨格で，アミノ基が8位ではなく7位にあり，4位と8位の両方にアルコキシ基を有するキノリン-2-カルボン酸モノマーの縮合反応が Wang と Jiang のグループによって検討されており，環化4量体が46～53％の収率で得られている[17]。一方，Huc らのグループはキノリンにピリジンを縮合させたピリドキノリン誘導体 **18** と 2,6-ジアミノピリジン **19** を用いた縮合反応も検討し，大環状化合物 **20** を収率50％で得ている（スキーム8)[18]。

3 ホルムアミジンとウレア

ジアミンモノマーとオルトぎ酸トリエチルを用いた縮合重合によるポリホルムアミジンの合成において，Böhmeらはジアミンモノマーとして m-フェニレンジアミン **21** を用いると鎖状のオリゴマー **22** が得られるが（スキーム 9），2,6-ジアミノピリジン **19** を用いると環化 3 量体 **23** が 97% の収率で得られたと報告している（スキーム 10）[19]。さらに **21** または **19** に 1,1'-カルボニルジイミダゾールを反応させたポリウレアの合成においても，**21** を用いると鎖状のオリゴマーが得られるが，**19** を用いると環化 3 量体と環化 4 量体が得られると報告している[20]。いずれの

第17章 分子内水素結合を利用した大環状化合物の合成

報告においても，**19** を用いた反応で大環状化合物が選択的に生成する理由として，Böhme らは水素結合よりも非結合性電子対の反発や立体反発が大きく影響していると考察している。

一方，Cuccia のグループは，含窒素複素芳香環の窒素原子の非結合性電子対とホルムアミジンの CH およびウレアの NH との間に水素結合が形成すると考え，2,7-ジアミノ-1,8-ナフチリジンとオルトぎ酸トリエチルおよび 1,1'-カルボニルジイミダゾールを反応させて，環化3量体 **24** と **25** をそれぞれ 75% と 64% の収率で得ている（図 1）[21]。さらに N-置換 3,6-ジアミノピリダジンとジイソシアン酸 1,3-フェニレンおよびトリレン-2,6-ジイソシアナートを反応させて，大環状化合物 **26** と **27** を 46〜67% の収率で合成している。いずれの大環状化合物も固体の立体構造は X 線構造解析で確認しており，溶液中での分子内水素結合は H/D 交換反応の速さや温度可変 NMR での化学シフトの変化により確認している。

ウレア結合を有する大環状化合物の合成は Gong らのグループも報告しており，ジアリールウレア **28** とトリホスゲンとの反応により，大環状化合物 **29** を 65〜68% の収率で得ている（スキーム 11）[22]。

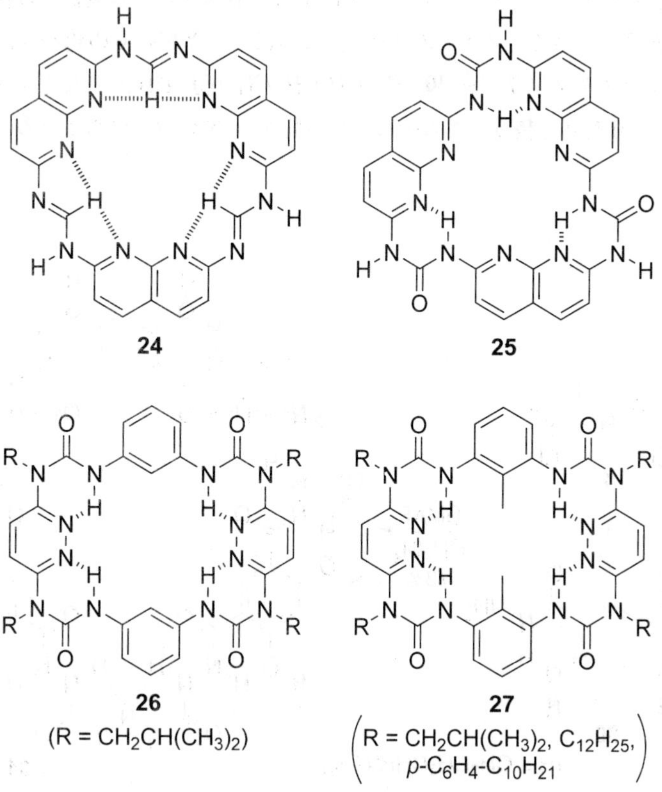

24

25

26
(R = CH$_2$CH(CH$_3$)$_2$)

27
(R = CH$_2$CH(CH$_3$)$_2$, C$_{12}$H$_{25}$, p-C$_6$H$_4$-C$_{10}$H$_{21}$)

図 1

4 ヒドラジド

Gong らのグループはジクロロメタン中,ピリジン-2,6-ジカルボン酸ジクロリド **6** とジヒドラジド **30** を反応させると,モノマーユニット 6 残基で構成された大環状化合物 **31** が 73% の収率で得られたと報告している(スキーム 12)[23]。さらに,メタ型の **6** の代わりにパラ型の 2,3-ジメトキシテレフタロイルクロリドを **30**(R = $CH_2CH(CH_3)CH_2CH_3$)と反応させることにより,モノマーユニット 10 残基で構成された大環状化合物を 91% の収率で得ている。

第 17 章 分子内水素結合を利用した大環状化合物の合成

5 イミン

　動的共有結合と分子間水素結合を組み合わせて，効率よく大環状化合物を合成している報告がある。Li らのグループは，分子内水素結合により立体配座が固定されたジアルデヒド **32** とジアミン **33** をクロロホルム中で反応させることにより，大環状化合物 **34** を 75% の収率で得ている（スキーム 13）[24]。さらにジアミン **33**（$R^1 = (CH_2)_7CH_3$，$R^2 = (CH_2)_3CH_3$）をテレフタルアルデヒドやグリオキサールと反応させると [2+2] 型の大環状化合物が得られることや，ホルミル基と Boc で保護されたアミノ基を有する分子をトリフルオロ酢酸存在下で反応させると，脱 Boc しながら 2 量化して大環状化合物が生成することも報告している。

　一方，MacLachlan のグループは，3 位にニトロ基を有するベンズアルデヒド誘導体 **35** に亜ジチオン酸ナトリウムを作用させると，ニトロ基が還元されてアミノ基となり，それが反応系中で他の分子のホルミル基と反応してイミンを形成し，環化 5 量体 **36** を 70～99% で与えたと報告している（スキーム 14）[25]。還元剤として用いた亜ジチオン酸ナトリウムから生じるナトリウムイオンによる鋳型効果が大環状形成に寄与している可能性が考えられたため，**35** のホルミル基を環状アミナールで保護した化合物を用い，水素ガスとパラジウム-炭素でニトロ基を還元した後に環化反応を行った。その結果，**36** が 93～99% の収率で得られたことより，ナトリウムイオンは大環状化に影響を与えていないことを明らかにした。

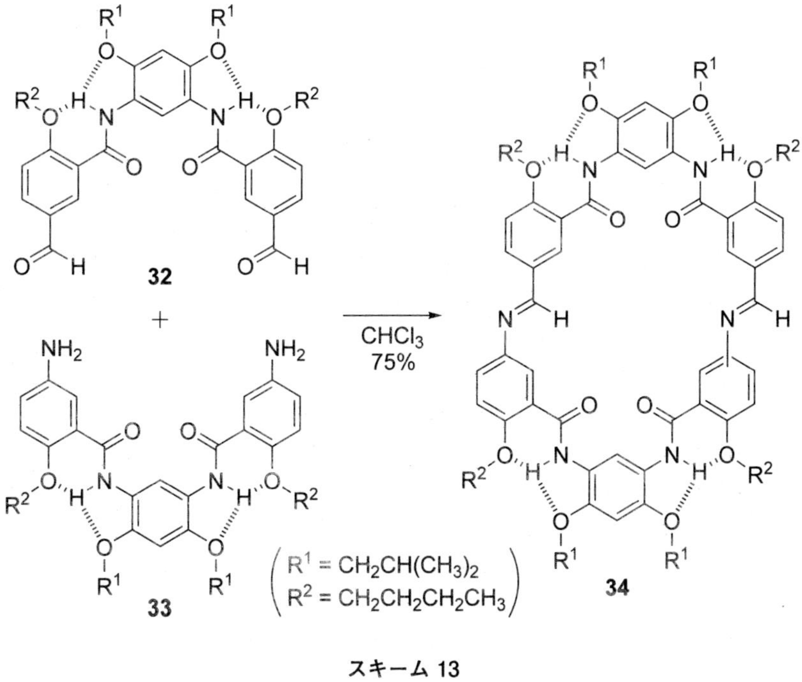

スキーム 13

スキーム 14

6 まとめ

　分子内の水素結合を利用して，1工程で大環状化合物を合成した報告をまとめた。これまでに報告されたものは，芳香環をアミド結合やウレア結合，ヒドラジドなど水素結合供与体となる結合でつなげたものが大環状化合物の主骨格を形成し，その水素結合供与体と芳香環上の置換基や芳香環に含まれる窒素原子との間で水素結合しているものが多い。別のパターンの水素結合を利用することにより，さらに多様な大環状化合物の合成が可能になると思われる。

文　献

1) F. J. Carver et al., *J. Chem. Soc., Chem. Commun.*, 1277 (1994)
2) L. Yuan et al., *J. Am. Chem. Soc.*, **126**, 11120 (2004)
3) W. Feng et al., *J. Am. Chem. Soc.*, **131**, 2629 (2009)
4) S. Zou et al., *Synlett*, 1437 (2009)
5) L. Yang et al., *New J. Chem.*, **33**, 729 (2009)
6) Y.-Y. Zhu et al., *J. Org. Chem.*, **73**, 1745 (2008)
7) B. Qin et al., *Org. Lett.*, **10**, 5127 (2008)
8) B. Qin et al., *Chem. Commun.*, **47**, 5419 (2011)
9) B. Qin et al., *Org. Lett.*, **13**, 2270 (2011)
10) B. Qin et al., *Chem. Asian J.*, **6**, 3298 (2011)
11) L. Ying et al., *Sci. China Chem.*, **55**, 55 (2012)
12) H. Fu et al., *Chem. Commun.*, **50**, 3582 (2014)

13) Z. Du *et al.*, *Chem. Commun.*, **47**, 12488 (2011)
14) V. Z. Zeng *et al.*, *Org. Biomol. Chem.*, **14**, 9961 (2016)
15) C. Ren *et al.*, *Org. Lett.*, **17**, 5946 (2015)
16) H. Jiang *et al.*, *Org. Lett.*, **6**, 2985 (2004)
17) F. Li *et al.*, *Tetrahedron Lett.*, **50**, 2367 (2009)
18) E. Berni *et al.*, *J. Org. Chem.*, **73**, 2687 (2008)
19) F. Böhme *et al.*, *Macromol. Chem. Phys.*, **196**, 3209 (1995)
20) F. Böhme *et al.*, *Macromolecules*, **35**, 4233 (2002)
21) L. Xing *et al.*, *Chem. Commun.*, 5751 (2005)
22) A. Zhang *et al.*, *Org. Lett.*, **8**, 803 (2006)
23) J. S. Ferguson *et al.*, *Angew. Chem. Int. Ed.*, **48**, 3150 (2009)
24) J.-B. Lin *et al.*, *J. Org. Chem.*, **73**, 9403 (2008)
25) S. Guieu *et al.*, *Chem. Commun.*, **47**, 1169 (2011)

【第Ⅳ編　設計・合成（環状分子・超分子）】

第1章　ロタキサンの動的特性を用いた環状ポリマーの合成

中薗和子[*1], 高田十志和[*2]

1　はじめに

「環化」はエントロピー的に不利なかたちへの変換反応であり，分子量数十万の高分子の末端どうしを分子内で連結して環化する場合には，分子間反応の抑制とともに末端濃度の低さに由来する反応効率の低さを補う工夫が必要である。さらには未反応の直鎖状高分子や分子間反応生成物との混合物から高純度で環化生成物のみを単離することの困難さは想像に難くない。本章では，重合法や個々の反応を高める工夫ではなく，環化戦略そのものに新しい考え方を導入することで，高純度かつ大量に環状高分子を得られる方法について紹介する。高分子の環化戦略の主な様式を図1に示す。

同一分子の末端を連結する閉環法（図1a）は，鎖状高分子の末端同士を連結する正攻法であり，テレケリックな鎖状高分子であれば環化可能な方法である。分子間反応を抑制するために高希釈条件が好ましく，高分子末端の官能基の反応性が環化収率を大きく左右する。また，環拡大重合法（図1b）は環状構造をもつ触媒またはモノマーから，環状構造を維持したまま重合して環状高分子を合成する方法である。環拡大法は，鎖状高分子の混入が起こりにくく，大量合成や高分子量体の合成が期待できる。これらの合成戦略は精密重合法や高効率反応の開発により補強され，合成効率の向上と汎用性の拡張によって環状高分子の物性研究を牽引してきた。一方で環化戦略そのものに検討の余地はまだ残されているのではないだろうか。例えば図1cに示す[1]ロタキサン（あるいはLasso（投げ縄状の）ロタキサン）は自己貫通型の分子であり小さいループ構造を持つ。貫通している部分を貫通鎖の末端まで移動させるとループが拡大する。ループを拡大すると末端同士が近づいて環を形成しているという観点では閉環法にも似ているが，最初に比較的合成しやすい小さいループ構造を構築しておき，これを分子内のコンフォメーション変換により拡大している点では環拡大法にも通じる。しかし，反応によって環化するのではなく，コンフォメーション変換によって環化する点で本質的に閉環法とも環拡大法とも異なる。本章では，実際にロタキサンを使った鎖状-環状トランスフォーマブル高分子合成の例について紹介する。

＊1　Kazuko Nakazono　東京工業大学　物質理工学院　特任助教
＊2　Toshikazu Takata　東京工業大学　物質理工学院　教授

第1章　ロタキサンの動的特性を用いた環状ポリマーの合成

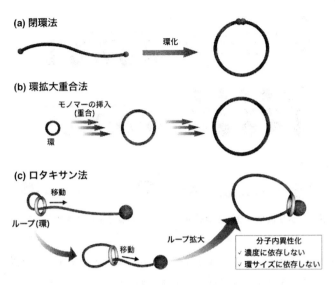

図1　環状高分子の合成戦略

2　ロタキサンと高分子

　今日ではロタキサンは特別合成の難しい分子ではなく，医薬・医療といったライフサイエンス分野から実用材料分野など幅広い分野で応用研究が進められている素構造と言える。ロタキサンは環（輪）と軸コンポーネントが空間的な結合である機械結合によって緩やかに連結されて1つの分子を形成しており，コンポーネント同士は互いに物理的・化学的に影響を及ぼし合う関係にある。高分子分野ではロタキサン研究の比較的早い段階からこうした結合特性を高分子に組み込むことで，新たな物性・機能を付与できると考えられてきた。そのため，ロタキサンの類縁体であるカテナンも含めたインターロック構造を含むポリマーは，実にさまざまなバリエーションのものが合成されてきている（図2）[1]。Aは軸がポリマーであるのに対して，Bはロタキサンの末端がポリマーであるし，CとDは輪がポリマーである。このように多数のコンポーネントを集積したロタキサンはポリロタキサンと呼ばれている。

　一方，EやFといった高分子鎖を軸にもち，限定された数のロタキサン構造をもつ高分子も合成されている。ロタキサンの命名法に従うとEは[1]ロタキサン，Fは[2]ロタキサン[2,3]であり，無数のロタキサン構造をもつポリロタキサンとは区別され，高分子鎖をもつロタキサンとして「高分子ロタキサン」と呼ばれている。高分子ロタキサンの合成は，高分子中の特異点にロタキサン構造を構築するために環状分子と高分子の特定の部分との選択的な1：1引力的相互作用の導入が不可欠である。このような1：1引力的相互作用によってロタキサン構造を形成する環状分子と官能基の組み合わせは，低分子系において多くの研究があり，ロタキサン化したい高分子の構造に応じて，相互作用の種類や構造を選定することで戦略的に合成することが可能である。例えば水素結合やドナー・アクセプター相互作用，金属配位結合などが構造明確なロタキサ

環状高分子の合成と機能発現

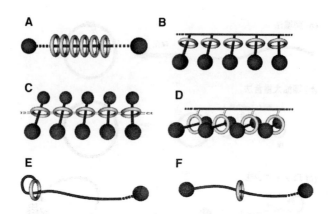

図2 ポリロタキサンの構造例（A〜D）と高分子ロタキサン（E, F）

ン構造の構築に用いることができる。疎水性相互作用はロタキサン構造の位置や個数を規定することは難しく，ポリロタキサン合成には有効であるが，高分子ロタキサン合成には一般に不向きである。しかし，先述の水素結合などの相互作用を用いてロタキサン化すると，合成後には分子内効果によってこれらの引力的相互作用が安定化され，より強調される。すなわちロタキサン結合の運動性は極めて抑制された状態であり，高分子軸中のロタキサン結合部位を移動させるためには，合成時に用いた引力的相互作用を除く必要がある。強い相互作用を除くと，ロタキサンの輪成分は高分子鎖上を動き始め，相互作用部位がなければ熱運動によってコンフォメーションは平均化される。実際には軸上にポテンシャル勾配が存在しない場合はほとんどないので，低温条件にしていけば熱運動が抑制されて分子内で最も安定なコンフォメーションの割合が高まっていくし，新たに相互作用する部位を導入すればコンフォメーションを固定化することも可能である。このように高分子ロタキサンのコンフォメーション変換系は，ポリロタキサンとは異なり精密かつナノスケールでの単分子コンフォメーション変換が可能と期待され，高分子のかたちや凝集構造制御などへの展開が期待できる。

3 [1]ロタキサンを用いた高分子の環化

図2Eの[1]ロタキサンは，左側にある貫通構造の位置を軸上で移動させて右側の末端まで移動させるとループ構造の拡大が起こって大きな環状構造をもたらす。この環状高分子への変換では，鎖状末端が輪成分に拘束されるためにコンフォメーションの自由度は低下する，すなわちエントロピー的に不利になるコンフォメーション変換である。最も環が広がったエントロピー的に不利な構造へとコンフォメーション変換するには，末端に第二の引力的相互作用を導入することで解決できる。つまり[1]ロタキサンを環状構造に固定化するにはエントロピー減少を補填するに十分なエンタルピーの安定化が得られれば良い。スキーム1には疎水性相互作用による，環状構造安定化を利用した高分子[1]ロタキサンの環化の最初の例を示す[4]。環状オリゴ糖である

第1章　ロタキサンの動的特性を用いた環状ポリマーの合成

スキーム1　最初の高分子[1]ロタキサン合成

シクロデキストリン（CD）内孔は疎水性相互作用により芳香環やポリエチレングリコールなどのポリマーを包接する。原田らは末端にアゾベンゼンユニットを有する数平均分子量600のポリエチレングリコールをβ-CDに結合させた[1]ロタキサンを合成した。水中ではフェニル基をβ-CD内孔に包接した構造がエンタルピー的に安定なコンフォメーションとなるが，光照射によってアゾベンゼン部位をトランス体からシス体に異性化させるとβ-CDはシスアゾベンゼン部位を包接して安定化する。この時PEG部分はループ構造（環状）となっており，[1]ロタキサン構造によって束縛された環状PEGとして存在する。熱異性化によってトランスアゾベンゼンに戻るとβ-CDとの包接構造が不安定化するので，フェニル基が包接された構造となり，PEG鎖はループ構造から開放されて鎖状分子として振舞うようになる。このように高分子鎖中に強さの異なる相互作用部位を導入しておき，何らかの刺激によって一方の相互作用を強めたり弱めたりすることにより，輪成分を任意の相互作用部位に留めておくことができるようになる。

しかし，相互作用の効力は環境に左右されるので，疎水性相互作用を用いているCDロタキサン系は水中においてのみ[1]ロタキサン構造が維持されるのであって，水の存在しないところで環状高分子として手にすることは難しい。

外部環境に依存せず，環状高分子として存在可能な環状高分子をロタキサン法によって合成するためには，疎水性相互作用以外の引力的相互作用を用いればよい。例えば水素結合は方向性があり，選択的かつ時には強力に結合する。特にロタキサン合成においては24員環のジベンゾ-24-クラウン-8エーテルは，PF_6^-のようなソフトな対アニオンを有するジアルキルアンモニウム塩との水素結合によって，選択的に包接錯体を形成する。ロタキサン分子内では分子内効果により水素結合はより安定化されて顕在化するため，ほぼ100％アンモニウム塩上にクラウンエーテルは局在化，コンポーネント配置が明確である[5]。このアンモニウム塩を水素結合しない第三級アミドなどへ変換して水素結合能を除去してしまうと，クラウンエーテルは軸上を動き始める。このとき，最も安定に相互作用できる位置に輪成分は高い確率で局在するようになるが，あらかじめ軸中に保護したアンモニウム塩部位があれば，脱保護によりアンモニウム塩化するこ

環状高分子の合成と機能発現

とで、クラウンエーテルを局在化させることができ、ほぼ確実にコンフォメーションを規定できる。アンモニウム塩とクラウンエーテルの組み合わせは、合成時の錯形成率の高さからもわかるように非常に大きなエンタルピーの安定化が得られるので、ロタキサン分子内で軸中にアンモニウム塩を発生させれば、ほぼ自発的にアンモニウム塩部位にクラウンエーテルが移動するコンフォメーション変換が起こるはずである。このような強い水素結合を用いれば、エントロピー的に不利なコンフォメーションであっても安定化が可能と考えられる。

実際にクラウンエーテルと第二級アンモニウム塩の水素結合を用いて、スキーム2に示す高分子[1]ロタキサンを合成した[6]。片末端に第二級アミン保護体構造を有するポリテトラヒドロフラン（PTHF，数平均分子量 $M_{n, SEC}$：3,500）を合成し、[1]ロタキサンユニットの軸末端に縮合して[1]ロタキサン化PTHFを得た。

輪成分の移動により環状PTHFへ変換する反応は、第二級アンモニウム塩部位（ステーションA）の2,2,2-トリクロロエトキシカルボニル基による保護から始まる。保護によって水素結合ステーションが失われるとクラウンエーテルは高分子上の立体障害の小さい方へスルスルと熱運動により移動するようになる[7]。この時、特に強い相互作用部位はないので熱運動による多様なコンフォメーションの平均構造をとっている。次にPTHF末端の2-ニトロベンゼンスルホニル化アミンをチオールにより脱保護し、ヘキサフルオロアンモニウムを用いてプロトン化して第二級アンモニウム塩（ステーションB）に変換した。クラウンエーテルは水素結合サイトのステーションBに局在化するようになるので、PTHF部分が全てループ構造になった環状PTHFが得られる。

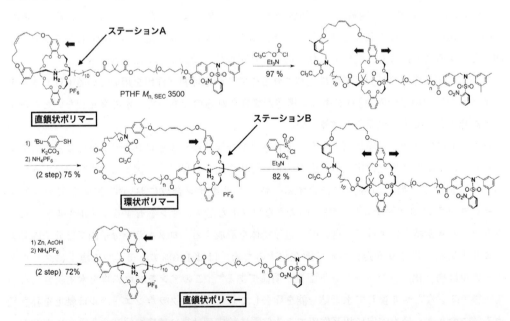

スキーム2 [1]ロタキサン構造をもつポリテトラヒドロフランの合成およびロタキサンの動的結合特性を利用した環化と環状構造の固定化

第1章 ロタキサンの動的特性を用いた環状ポリマーの合成

　クラウンエーテルがステーション B に局在化し，環状高分子として存在していることは ^{1}H NMR スペクトルからも確かめられる。クラウンエーテルに包接された近傍の軸のプロトンシグナルは特徴的なピークシフトを示し，ステーション B がクラウンエーテルの影響下にあることを支持する。さらに DOSY NMR 法により，ステーション A にクラウンエーテルが局在化する鎖状構造よりも，ステーション B に輪が局在化する環状構造は小さい拡散係数を示したことから，溶液中で環状高分子として振舞うことが示された。また，一般に環状高分子は直鎖高分子よりも流体力学的半径が小さくなり SEC の溶出時間が遅くなるが，実際に[1]ロタキサン部位を移動させる前後で溶出時間は異なり，ステーション B に輪成分が局在化する場合は溶出時間が遅れて流体力学的半径が小さくなっていることが示唆された。もちろん水素結合の安定性は溶媒の極性の影響を受けるので，極性が高くなるにつれてステーション B にクラウンエーテルが水素結合した構造の存在確率は低下する。したがってロタキサン構造による環状コンフォメーションの固定化は完全ではなく平均構造として存在している。しかし最安定構造であることには変わりはなく，通常の溶液条件やバルク条件では，直鎖状高分子を含まない純粋な環状高分子として扱うことが可能である。また，ロタキサン法の特徴として，コンフォメーションの可逆変換が可能である。ステーション B を 2-ニトロベンゼンスルホニル化し，続いてステーション A の脱保護とアンモニウム塩化を行うと，クラウンエーテルはステーション A に局在化するようになり，合成時と同じ構造に戻すことができる。閉環法では，可逆的に結合形成・開列可能な結合により環化と開環を行えば，直鎖状-環状高分子トポロジー変換は可能であるが，環化プロセスを繰り返し行う点で効率の低下が起こる。一方でロタキサン法は，[1]ロタキサン化してしまえば，環化反応を含まずに異性化に必要な反応だけで直鎖状-環状高分子トポロジー変換が可能である。しかし，第二級アンモニウム塩の保護・脱保護は多段階の高分子反応を含んでおり，高分子量体においては高分子効果による反応効率の低下が懸念され，より簡便な反応を用いたコンフォメーション変換が好ましい。また，高分子末端への導入法も改良が必要である。そこでまずはロタキサン開始剤を設計し，リビング重合により高分子鎖を伸長し，成長末端をかさ高い置換基で封止して高分子ロタキサンを高収率で得る方法を開発した（スキーム 3）[8]。クラウンエーテルとアンモニウム塩の水素結合形成を阻害しない条件で重合可能なリビング重合系として，ジフェニルリン酸を触媒とする環状ラクトンの開環重合を用いている[9]。

　また，[1]ロタキサン末端の効果的な構築と，重合条件におけるロタキサン構造の分解を抑制するために，重合開始剤には[1]ロタキサンより安定な擬[2]ロタキサン開始剤を設計し，ε-カプロラクトン（ε-CL）の開環重合の開始剤として用いた。成長末端の水酸基に 3,5-ビストリフルオメチルフェニルイソシアネートを付加させると，酸性度の高い水素をもつウレタン結合末端が導入された高分子[2]ロタキサンが得られる。クラウンエーテルと軸末端アルケンをオレフィンメタセシス反応により連結して[1]ロタキサン化するのであるが，この環化プロセスを高分子末端での分子内反応とすることで，[1]ロタキサン化の選択性を高めている。実際に比較的高濃度でも分子内環化体である高分子[1]ロタキサンが高純度で得られる。クラウンエーテルの位置

スキーム3 [1]ロタキサン構造をもつポリカプロラクトンの合成およびロタキサンスイッチによる環状トポロジーへの変換

　を第二級アンモニウム塩から移動させる反応には，無水酢酸を第三級アミン存在下で反応させる温和なアセチル化が有効である。高分子中を移動できるようになったクラウンエーテルは，重合時の末端封止により生成したウレタン部位まで移動して水素結合し，環状トポロジーが安定化されたポリ(ε-カプロラクトン) (PCL) を得た。また，モデルとして[1]ロタキサン化せずにアセチル化した直鎖状PCLを合成した。これらのほぼ同一化学組成，分子量の高分子のトポロジー効果をSECやDOSY法によって比較すると，[1]ロタキサンは環状高分子としての性質を示した。すなわち水素結合の安定性がエントロピー的に不利な環状トポロジーを固定化しているわけである。興味深いことに末端を3,5-ビストリフルオロメチルフェニル基からより電子豊富な3,5-ジメチルフェニル基に変更すると，SECやDOSY法においてより直鎖状トポロジーに近い値となる。つまりクラウンエーテルとウレタンの水素結合は弱まるために，環化したコンフォメーションの寄与が低くなるのである。

　また，先述の[2]ロタキサン開始剤からε-CLを重合し，続けてδ-ヘキサノラクトン (δ-HL) を重合することで環状のABブロックポリマーの合成を達成した[10] (スキーム4)。

　表1には，スキーム4で合成した環状と直鎖状ポリマーの比較のため，SEC測定より見積も

第1章　ロタキサンの動的特性を用いた環状ポリマーの合成

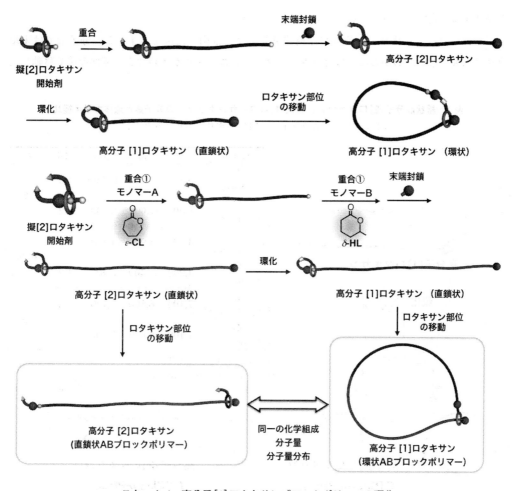

スキーム4　高分子[1]ロタキサンブロックポリマーの環化

られた分子量および流体力学半径比 G を示す。ABブロックポリマーの場合，環状と直鎖状高分子（ほぼ同一の化学組成・分子量・分子量分布をもつ高分子[2]ロタキサン）の分子量は，環状体の方が小さくなっていることがわかる。ホモポリマーのPCLとPHLについても，すべて環化後のポリマーの分子量が小さくなっている。また，それぞれの流体力学半径比は若干異なるが，これは分子量の効果と考えられる。つまり，高分子量体では線状と環状のトポロジーの差は小さいということである。そのほかに考えられる理由として，ウレタン結合の隣接位に分岐構造をもつヘキサノラクトンユニットがある場合，クラウンエーテルとウレタンの水素結合の安定性が立体障害により低くなっており，環状トポロジーの安定性が低下しているという考えもある。ロタキサン結合は強い引力的相互作用がないと熱運動可能であることからクラウンエーテルが高分子鎖中へと移動する可能性も否定はできない。しかし，高分子鎖中にクラウンエーテルがリークした構造は，酸素原子同士の静電反発もあってエンタルピー的には不利と考えられるため，概

ね環状構造が安定に存在していると考えている。

図3にはブロックポリマーを簡単な構造計算により描画した図を示す。この分子量では末端構造は拡大しないとわからないほど小さく，クラウンエーテルがトポロジー変換前後で移動した

表1 線状高分子[2]ロタキサンと環状[1]ロタキサンポリマーの分子量と流体力学半径比
(PCL：ポリカプロラクトン，PHL：ポリヘキサノラクトン)

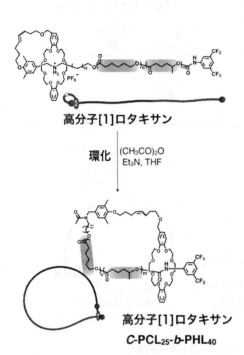

Polymer	M	M	M	PDI	G
L ([2]rotaxane)	8,800	8,300	10,500	1.2	0.84
C ([1]rotaxane)	8,800	7,600	8,800	1.2	
L ([2]rotaxane)	4,200	3,900	4,400	1.2	0.78
C ([1]rotaxane)	4,200	3,400	3,400	1.2	
L ([2]rotaxane)	7,100	6,800	7,700	1.2	0.91
C ([1]rotaxane)	7,100	6,000	7,000	1.2	

[a]SEC: Eluent CHCl
cyclic to linear polymer G =

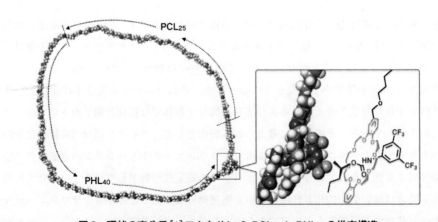

図3 環状の高分子[1]ロタキサン C-PCL$_{25}$-b-PHL$_{40}$ の推定構造
(OPLS 2005, Macromodel を用いて描画)

距離は単純計算で約 100 nm にも達する。ロタキサン法による環状高分子合成が,実際にはどのくらいの分子量まで適用可能であるかについてはまだ明らかにできていないが,溶融状態や溶液状態のように分子鎖が十分に熱運動する条件であれば分子量に依らず環化は可能と考えられる。

4　自己組織化による環化：[c2]デイジーチェーンを用いた高分子の環化

　ここまで述べてきた[1]ロタキサンを用いた高分子の環化では,輪と軸を連結する段階を環化プロセスとしており,高分子の分子内で環化することによって効率化を図ってきた。しかし[1]ロタキサン以外にもロタキサン結合によって作られるループ構造をもつロタキサンであれば,高分子の環化に用いることができる。Stoddart らは,第二級アンモニウム塩部位を含むグラフト鎖が結合したクラウンエーテルが高濃度条件で自発的に2分子が相互貫通した[c2]デイジーチェーンと呼ばれるロタキサン構造を形成することを報告している[11]。[c2]デイジーチェーンは相互貫通によって,2つのロタキサン結合で区切られた内孔空間を有しており,もし軸を高分子化できれば,環状高分子合成に用いることができる。実際の合成をスキーム5に示す[c2]デイジーチェーン開始剤は非常に安定で,水酸基末端をかさ高い置換基などで封鎖せずとも単離可能である。これを開始剤として[1]ロタキサンのところで用いた ε-CL の開環重合とイソシアナートによる軸の成長末端の末端封鎖を行って[c2]デイジーチェーンポリマーを得た[12]。重合濃度は3 M と非常に濃い条件で行っており,グラムスケールでの重合が可能である。続いて第二級アンモニウム塩部位をアセチル化し,クラウンエーテルが移動できるようにすると,軸末端のウレタン部位まで移動していって水素結合した構造が安定構造となる。つまり,開始剤の中央にあった内孔空間はクラウンエーテルの移動にともなって拡大され,PCL の環化が達成された。一連の合成は高濃度条件で行えるので,50 mL のフラスコを用いて 7.3 g の環状高分子を高純度で得ることに成功しており,ロタキサン法による環状高分子の効率を格段に高めることに成功した。

5　さいごに

　本章では環状高分子の新しい合成戦略としてロタキサン法による環状高分子の合成例を紹介した。ロタキサン結合が動的な特性を有していることを利用した新しい環化戦略であるが,さらにその特性を活かすことで直鎖状と環状トポロジーの可逆変換が可能な点は,従来法とは大きく異なる点である。現在,可逆変換系を「トランスフォーマブル高分子」という新しい刺激応答性を示す高分子と位置づけて研究の展開を図っている。また,ロタキサン法は高分子に限らずさまざまな鎖状分子を環化する技術になりうると期待している。近年,ラッソペプチドと言われる[1]ロタキサン構造をもつ環状ペプチドの発見が相次いでいることをご存知だろうか[13]。大腸菌が生産する環状ペプチドであり,現在までに 40 種近くが見つかっている。クラウンエーテル-アンモニウム塩型ロタキサンを用いた人工ラッソペプチド合成[14]も報告されており,生理活性物質と

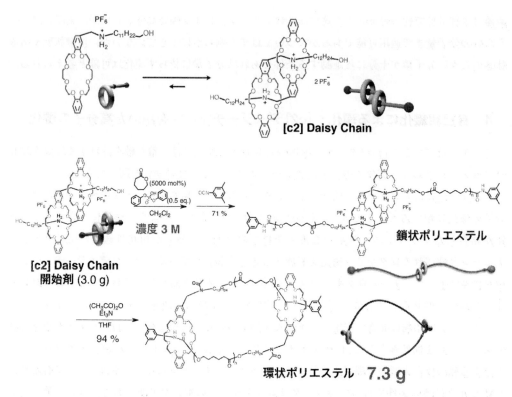

スキーム5 [c2]デイジーチェーンを用いた環状高分子合成

しての今後の研究の発展が期待されるが，これらの発見は天然も環化を高効率かつ選択的に行うためにロタキサン構造を利用している可能性を示唆するものであり，合成化学においてもロタキサン法の意義を示したいと考えている。生物において環は重要な構造であるということであり，「環化」は分子の新しい機能創出に直結しているということを強く思わずにはいられない。

文　　献

1) Reviews for polyrotaxane: (a) D. Aoki & T. Takata, *Polymer*, **128**, 76 (2017); (b) M. Arunachalam & H. W. Gibson, *Prog. Polym. Sci.*, **39**, 1043 (2014); Book: (c) C. J. Bruns & J. F. Stoddart, "The nature of the mechanical bond: from molecules to machines", first edition, Chapter 4, 4.2.3.1. [1]Rotanes, p.424, John wiley & sons, Inc. (2017)
2) G. D. Bo et al., *Angew. Chem. Int. Ed.*, **50**, 9093 (2011)

第 1 章　ロタキサンの動的特性を用いた環状ポリマーの合成

3) D. Aoki *et al.*, *Angew. Chem. Int. Ed.*, **54**, 6770 (2015)
4) Y. Inoue *et al.*, *J. Am. Chem. Soc.*, **129**, 6396 (2007)
5) (a) P. R. Ashton *et al.*, *Chem. Eur. J.*, **2**, 709 (1996); (b) Y. Tachibana *et al.*, *J. Org. Chem.*, **71**, 5093 (2006)
6) T. Ogawa *et al.*, *Chem. Commun.*, **51**, 5606 (2015)
7) T. Makita *et al.*, *J. Org. Chem.*, **73**, 9245 (2008)
8) T. Ogawa *et al.*, *ACS Macro Lett.*, **4**, 343 (2015)
9) K. Makiguchi *et al.*, *Macromolecules*, **44**, 1999 (2011)
10) S. Valentina *et al.*, *Chem. Eur. J.*, **22**, 8759 (2016)
11) J. Wu *et al.*, *Angew. Chem. Int. Ed.*, **47**, 7470 (2008)
12) D. Aoki *et al.*, *J. Am. Chem. Soc.*, **139**, 6791 (2017)
13) J. D. Hegemann *et al.*, *Acc. Chem. Res.*, **48**, 1909 (2015)
14) F. Saito & J. W. Bode, *Chem. Sci.*, **8**, 2878 (2017)

第2章　環動高分子材料　セルム製品シリーズ

野田結実樹*

1　はじめに

　幾何学的に拘束された分子から構成されているトポロジカル超分子は，2016年ノーベル化学賞の対象分野になったこともあり，近年大きな注目を集めている。その典型的な例の一つとして，線状高分子が多数の環状分子を貫き，さらに環状分子が抜け落ちないように線状高分子の両端を立体的に大きな分子で封止した構造を有する超分子であるポリロタキサンがある。効率的なポリロタキサンの合成として，α-シクロデキストリンとポリエチレングリコールの自己組織的な包接体形成を利用する方法が1990年頃に原田らによって報告[1]されている。

　一方，伊藤らは，ポリロタキサン構造を利用した従来とはまったく異なる架橋高分子を報告[2]している（図1）。このポリロタキサンを架橋した環動高分子（スライドリングマテリアル）は，従来の化学架橋高分子とは異なり，架橋部分が軸分子に沿ってスライドしたり回転したりできるため，特異的な機能を発揮できることが判ってきている。

　当社では環動高分子の構築に必須であるポリロタキサン材料の量産化に成功し，機能性環動高分子材料セルム製品シリーズとして提供するとともに関連製品の開発を進めている。本稿では環動高分子材料とその機能および最近急速に進んでいる実用化例なども紹介する。

図1　環動架橋ポリマーの概念図

＊　Yumiki Noda　アドバンスト・ソフトマテリアルズ㈱　代表取締役

2 環動高分子材料の特徴

　一般的な化学架橋で得られる高分子は高分子鎖同士が共有結合でお互いに結合しており，本来1本であった高分子鎖が種々の長さの高分子鎖に分断された，不均一な3次元ネットワークを全体として形成している。そのため外部から力が加えられ変形する場合，その応力は最初に最も短い高分子鎖に集中しやすく，その局所部分から切断，破壊が起こりやすいと考えられる。一方，環動高分子の場合，高分子鎖は環状分子の架橋構造内を自由に通り抜けられるため，力学的に元々の1本の高分子鎖のままとして振る舞うことができる。この効果は1本の高分子鎖にとどまらず，環状分子の架橋構造を介して繋がっている他の高分子鎖同士でも有効なため高分子全体にわたり，その結果，応力の局所部分への集中を分散し，高分子材料が本来持っている強度を最大限発揮することが可能だと考えられている（図2）。

　環動高分子は形状回復力が強いことも特徴の一つである。環動高分子は鎖状高分子と多数の環状分子から構成されており，そのため変形時には，鎖状高分子の形態だけでなく，環状分子の分布の仕方にも影響を与える。たとえば，環動高分子を一軸延伸すると，通常の架橋点が固定されたゴムなどとは異なり，高分子鎖が環状分子の結合による架橋構造内をすり抜けて延伸方向に並ぼうとするため，延伸方向の鎖は長く，延伸と垂直方向の鎖は短くなる。これに対して環状分子は，お互いにすり抜けることができないため，延伸と垂直方向の分布は密に，延伸方向の分布は

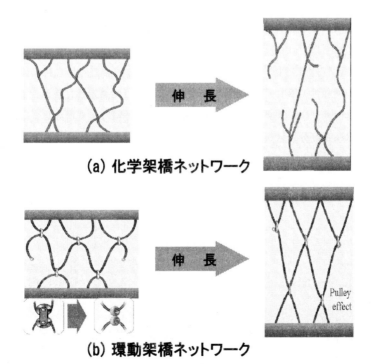

図2　(a) 化学架橋と (b) 環動架橋ネットワークの比較

疎になる。すなわち，環状分子の分布の不均一性が増加し，エントロピーが低下する。その結果，環状分子が元のより均一な空間分布に戻ろうとする復元力が働く。この環状分子の配置エントロピーによる弾性は，通常の高分子鎖のみからなる高分子材料では発現し得ないエントロピー弾性であり，ゴム弾性と区別しスライディング弾性と呼ばれている[3]。

3 環動高分子材料セルム製品

当社では化学修飾を加えたポリロタキサン材料を量産化しており，セルム® スーパーポリマーとして提供している（図3）。

鎖状高分子鎖は平均分子量が11,000，20,000および35,000の3種類のポリエチレングリコール（PEG）を用いている。環状分子はα-シクロデキストリン（α-CD）で，PEGの長さ（分子量）に応じ，30～100個が包接しており，また，PEGの両端は立体的に嵩高いアダマンタンで封止されている。このPEGの分子量の範囲ではほぼ包接率は一定である。さらにα-CDの水酸基をポリカプロラクトンで修飾し，その末端に1級水酸基ないしラジカル反応性官能基であるアクリルおよびメタクリル基を導入している。一連の製品グレードと特性を表1に示した。これらの化学修飾ポリロタキサンをマクロモノマーとして他のモノマー，オリゴマーと共重合することで，様々な高分子材料中に環動構造を導入することが可能である。環動構造を高分子材料中に組み込むことで，軟質材料では，伸びと強度，低弾性率と低圧縮歪化，あるいはTgを保ったまま高架橋密度化のような改質が可能である。他方，硬質材料では硬度と靭性の両立など，従来の化学架橋高分子材料系では相反しがちな特性を付与することが可能である。上記の環動高分子材料を用い，その改質効果を生かすことで，一例として耐擦り傷性や磨耗性に優れた塗料やインキ，密着性・応力緩和性に優れた光学用粘着シートあるいは耐衝撃性に優れた3Dプリンタ用インキなどが当社ユーザーにて製品化されており，その実用化例は年々増加している。

他方，当社では環動高分子材料としてポリロタキサン材料を提供するだけでなく，自社でその特性を生かした高分子製品の開発も進めている。例えばポリオール型のポリロタキサン材料をポリウレタン構造中に組み込むことで顕著な耐ヘタリ性が発現することを見出し，フォームやエラ

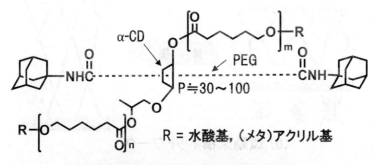

図3 代表的なポリロタキサン製品の化学構造

第2章 環動高分子材料 セルム製品シリーズ

表1 セルム® スーパーポリマー

名 称	スーパーポリマー(ポリロタキサン単体)							
製品コード	SH3400P	SH2400P	SH1300P	SM3403P	SM1303P	SA3403P	SA2403P	SA1303P
種類	ポリオールタイプ			ラジカル硬化タイプ				
軸の分子量	3.5万	2万	1.1万	3.5万	1.1万	3.5万	2万	1.1万
架橋官能基	水酸基			メタクリル		アクリル		
全体分子量(代表値)	70万	40万	18万	100万	18万	100万	60万	19万
水酸基価(代表値)	72 mgKOH/g	76 mgKOH/g	85 mgKOH/g					
重合基量(ソリッド)				0.48 mmol/g	0.74 mmol/g	0.90 mmol/g	0.90 mmol/g	1.15 mmol/g
外観	白色から乳白色,固体			白色から淡黄色,粘稠液体または白色ワックス				
固形分	50% MEK 溶液							
溶剤への溶解性	可溶:トルエン,キシレン,アセトン,MEK,THF,酢酸エステル類 不溶:水,メタノール,エタノール			可溶:トルエン,キシレン,アセトン,MEK,シクロヘキサノン,THF,酢酸エステル類 不溶:水,ヘキサン				
安衛法	11-(4)-817			11-(4)-836		11-(4)-835		
化審法	登録済							

ストマーへ展開している。当社のセルム軟質ウレタンフォームは所定の試験[4]で,圧倒的な繰り返し圧縮残留歪性と圧力分散性を示し,国立の医療研究機関でも高評価である。またエラストマーではユーザーとの共同研究でユニークな高機能製品も生まれており次節で紹介する。

4 エラストマー応用例

4.1 高分子誘電アクチュエータ・センサー

近年,様々な動作原理に基づくソフトアクチュエータの研究がなされており,その中の一つに高分子材料であるエラストマーを用いた誘電アクチュエータがある。この誘電アクチュエータは,エネルギー効率が高く,大気中でも動作させることが可能であるが,一般には動作電圧が非常に高い(数千 V)ため,実用化が困難であった。豊田合成㈱では早くから環動高分子材料の持つ可能性に着目し,当社と共同開発を進めている。

誘電アクチュエータ用の誘電層高分子の設計指針として,動作電圧を下げるため低弾性率化,出力向上のため高誘電率化と薄膜化,また繰り返し動作性とエネルギー損失を低くするための低ヒステリシスロス化が重要である。環動ポリマーを用いたエラストマーは,低弾性率化,薄膜化と低ヒステリシスロス化の設計が可能である。また,環状分子の α-CD は比較的大きな永久双極子を持つため,通常の高分子材料に比べ高い誘電率を持つ($\varepsilon = 8 \sim 10$)。これらの特徴から環動架橋ポリマーを用いたエラストマーは高分子誘電アクチュエータ用の誘電層材料として理想的

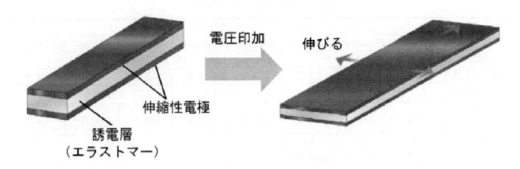

図4 高分子誘電アクチュエータ
(豊田合成㈱ ご提供)

な材料であると言え，現在，同社の低消費電力ゴム振動シート「e-Rubber」に採用されている(図4)[5]。

今後成長が予想されるロボティクス，IoT などの市場での誘電アクチュエータ，センサーとしての拡大が期待されている。

4.2 鏡面研磨メディア

環動高分子を用いたエラストマーは無機フィラーを分散しても，一般のゴムのように堅くなったり柔軟性を失ったりし難い特性も有する。したがってフィラーの分散媒体としても有効であり，機能性無機フィラーと組み合わせ，伝熱や導電コンポジット材料などとしても利用可能である。

㈱不二製作所と当社は，研磨砥粒を担持する担持媒体として環動高分子材料を応用したエラストマーを用い，ブラスト法として知られる噴霧加工法で鏡面研磨が自動化できる，新しい研磨メディア（シリウスZ）を開発した（図5)[6]。

エアガンからの噴霧エネルギーを利用して，研磨メディアをノズルよりワーク（加工対象）へ噴霧して衝突させる。通常のゴムとは異なり，担体のエラストマーは初期弾性率が低いため，垂直（跳ね）方向へ受ける反発エネルギーを容易に変形（扁平）により発散し，研磨メディアは表面に留まる。同時に水平方向への残余エネルギーで加工面を滑りながら移動し研磨する。ノズル噴霧方式となっているため，加工対象物の大きさ，形状に制約されず，従来，人手に頼らざるを得なかった微小部位の加工面の鏡面仕上げを可能にしている。この鏡面仕上げは金属表面の摩擦低減効果や石英，サファイヤガラスといった高硬度で脆性破壊し易い材料の強度向上の効果もあり，各方面から注目されている。

第2章 環動高分子材料 セルム製品シリーズ

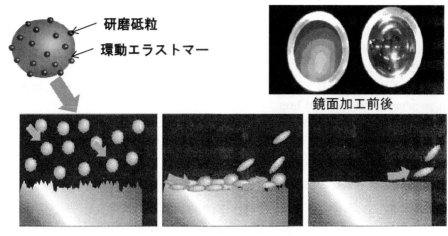

図5 シリウスZを用いた研磨加工イメージ
(㈱不二製作所 ご提供)

5 おわりに

　環動高分子は従来の化学架橋高分子とは原理的に異なる材料であり，本稿では紹介仕切れなかったが，多くの製品分野で活発に評価が行われている。たとえば当社では吸音材としての応用も検討している。原理的には未解明な部分も多いが，環動ポリマーを処方したコーティングを多孔質材料に施すことで，吸音率を大きく改善することが可能である。自動車騒音で吸音ニーズが高まっている1,000 Hz前後の周波数にも効果的であり，自動車および関連部材メーカーから興味を頂いている。

　また当社は，内閣府「革新的研究開発推進プログラム（ImPACT）」の『超薄膜化・強靭化「しなやかなタフポリマー」の実現』[7]に研究開発機関として参画している。このプログラムを通じ，環動ポリマーによるタフニングのメカニズムが解明されつつあり，たとえば東レ㈱によるポリアミドのタフニングが非常に注目を集めている[8]。今後，さらに多方面に渡る研究の進展で応用分野が広がるものと期待している。

文　　献

1) A. Harada *et al.*, *Nature*, **356**, 325 (1992)
2) Y. Okumura and K. Ito, *Adv. Mater.*, **13**, 485 (2001)

3) K. Ito, *Poly. J.*, **44**, 38 (2011)
4) JIS K 6400-4:2004 6.1 A 法
5) 竹内宏充, 高分子, **62**, 133 (2013)
6) 特許 5923113 号
7) ImPACT 革新的研究開発プログラム「しなやかタフポリマーの開発」HP, http://www.jst.go.jp/impact/program/01.htm
8) 日経 Automotive　2017 年 2 月号, p.63, 日経 BP (2017)

第3章　ポリロタキサンを導入したポリマー材料開発

小林定之*

1　はじめに

　ポリマー材料の高機能化・高付加価値化，および用途の多様化が進む中，複数の樹脂成分を組み合わせるポリマーアロイによる新素材開発が盛んに行われており，近年では，ナノオーダーでアロイ構造を形成させる技術により，従来からのアロイ技術では達成不可の飛躍的な高性能化を可能とする技術が報告されている[1]。

　これと呼応して，内閣府 総合科学技術・イノベーション会議が主導する革新的研究開発推進プログラム（ImPACT）において，伊藤耕三プログラム・マネージャーの研究開発プログラムでは，従来の限界を超える薄膜化と強靱化を同時に達成する「しなやかなタフポリマー」の実現を目指す取り組みが，2014年より開始した。一般に，ポリマー材料は，自動車のバンパーや内装，家電製品の筐体などの身近な部材に用いられることが多く，衝突や落下で壊れないタフさが要求される。しかしポリマー材料は，硬い程壊れやすく，柔らかい程壊れにくい特性を有し，柔軟なゴムなどを添加した場合，耐衝撃性は改善されるものの，強度・剛性が低下する課題があった。そして，このポリマー材料が破壊する際には，分子レベルでは，糸毬状に絡み合ったポリマーが，ほぐれながら変形し，最終的に一部分に応力が集中し，分子鎖が切断することで壊れるものと考えられている。すなわち材料中の一部に局所的な応力が集中することで，壊れやすくなり，ポリマー材料が本来持っている性能を十分に発揮しきれていない可能性がある。

　一方，日本人と古くから関わりのある竹のしなやかさの起源は，柔軟な幹と，剛直な節にある。つまり，節が特定の間隔で存在することで，変形する際に局所的な応力が集中せず，分散される。このように，ポリマー分子に加えられた外力をできる限り分散させることができれば，竹のように硬くても，しなやかに外力を受け流すことができ，ポリマー材料の持つポテンシャルを最大限に発揮させることができるのではないかと考えられる。

　ここで，このような変形を可能とするポリマーとして，分子結合部がスライドし環動ポリマー構造となるポリロタキサンが知られている。ポリロタキサンはリング状の分子をポリマー分子が貫通し，数珠やネックレスのような構造を持ったいわゆる超分子ポリマーである。さらにこのリング状の分子同士を化学結合で結合させたポリロタキサンゲル（図1）[2]は，分子結合部がポリマー分子に沿ってスライドすることで，応力集中を抑制させるものと考えられている（図2）[3]。

　このような背景の下，ImPACTプログラムの一環として，東レでは環状高分子であるポリロ

＊　Sadayuki Kobayashi　東レ㈱　化成品研究所　樹脂研究室　研究主幹

環状高分子の合成と機能発現

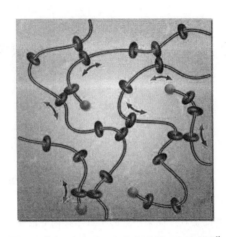

図1　ポリロタキサンからなるゲルの模式図[2]

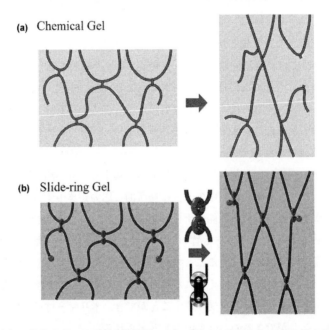

図2　(a) 一般的なゲルの変形の模式図，(b) ポリロタキサンからなるゲルの模式図[3]

タキサンを，種々のポリマー中にナノオーダーで高度に分散させる研究開発を進め，これにより飛躍的な高性能化を実現した各種ポリマー材料を創出した．以下，これらの技術と材料の特徴を紹介する．

第3章　ポリロタキサンを導入したポリマー材料開発

2　ポリロタキサン導入ポリアミド6の開発

　上述の分子結合部がスライドするポリロタキサンの構造をポリアミド6中に，ナノオーダーで高度に分散させることで，ポリアミド6の元来有す，剛性・強度を保ったまま，破断伸びを飛躍的に向上させた革新的な材料を開発した[4]。

　検討に際し，まずポリアミド6との親和性を高めるべくポリロタキサンのリング状分子に側鎖をグラフト化し，さらに側鎖の末端には，ポリアミド6との溶融混練時に反応する官能基を付与するなどのポリロタキサンの分子設計を行った。さらにこの変性ポリロタキサンを用い，ポリアミド6とのリアクティブプロセッシングする際に，2種類以上のプラスチックをナノメートル単位で最適に混合する技術である東レのナノアロイ®を適用した結果，ポリアミド6とポリロタキサンの分子同士を結合させることが初めて可能となった（図3）。

　これにより，引張試験における破断伸びは環動ポリマー構造を組み込まない場合と比較して，約6倍に向上し，さらに繰り返し曲げ試験における屈曲耐久性を，約20倍と大幅に向上させることが可能となった（図4）。剛性，強度を保ったまま，これら特性を向上させた材料は，従来の，柔軟材料を添加する手法では得られない。

　さらに，箱状成形品を用いた衝撃試験では，ポリロタキサンによる環動ポリマー構造を組み込むことで，破壊されにくくなり，約2倍強のエネルギー吸収性を示すことがわかった（図5）。

　ポリアミド6にポリロタキサンを導入すると，ポリアミド6と比較し大きなクラックが発生することなく変形可能であり，このような特性発現の機構解明のため，大型放射光設備（SPring-8）や，高精度電子顕微鏡を用いることで，数百ナノメートルの大きさの微細な孔を形成しながら大きく変形していることが初めて判明した。このような孔の形成は，分子結合部がスライドする環動ポリマー構造がポリアミド6に組み込まれたことと密接に関係していると考えており，本構造により剛性，強度を保ちながら大きく柔軟に変形することが可能となったものと推定している。

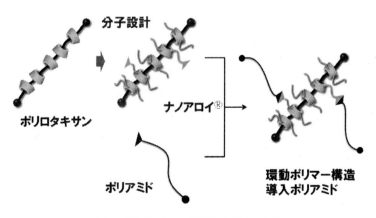

図3　環動ポリマー構造導入ポリアミド

環状高分子の合成と機能発現

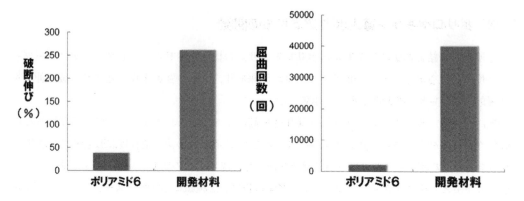

図4 （左）引張試験における破断伸び（剛性・強度を維持しつつ，開発材料は約6倍の破断伸びを示す。），（右）繰り返し曲げ試験における屈曲耐久性（厚さ1mmの試験片を繰り返し曲げた際に，破断するまでの曲げ回数。開発材料の耐久性は約20倍に向上。）

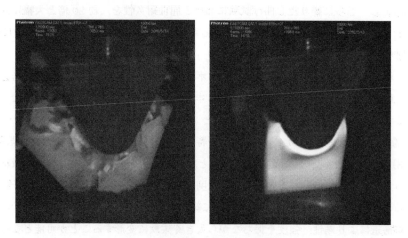

図5 箱状成形品を用いた衝撃試験
高さ2mからおもりを落下。ポリアミド6は破壊（左図）したのに対し，開発材料は変形しながらエネルギーを吸収（右図）した。

3 ポリロタキサン導入ガラス強化系ポリアミド6の開発

　一般的に，強度と剛性を高める目的で，ガラス繊維や炭素繊維で複合化した繊維強化ポリマーは，大幅な補強効果が得られる反面，繊維方向の強度と比較して，繊維に垂直方向にかかる剥離強度が低いため，繊維表面が破壊の起点となり，大きな変形に追随できず，複合材料においても脆く壊れやすくなることが課題であった。

　一方，強度，剛性を持ちつつ延性的な変形をする材料として金属材料があり，金属材料の粘り強さは，展性とよばれる性質による。金属材料は外力によって変形を受けた際に，金属原子が元の位置からずれるが，それに伴い自由電子が移動することにより，金属結合を保ちながら変形

第3章 ポリロタキサンを導入したポリマー材料開発

し，受けた力を「いなす」ことで粘り強さを示し衝撃を吸収する。

このように，ポリマー系の複合材料においても，破壊の起点となる繊維表面に分子結合部がスライドする環動ポリマー構造を選択的に配置することができれば，ポリロタキサンのもつ"加えられた力を分子レベルで「いなす」効果"を発揮することができ，強さと剛性を保ちながら，金属材料のような衝撃吸収性を持った材料を創出できるのではないかと考えた。

そこで，分子結合部がスライドするポリロタキサンをポリマーと繊維の境界面に選択的に配置することで，従来の繊維強化ポリマーでは困難であった強度と靱性の両立に成功した[5]。

本検討では，ポリロタキサンの分子設計に加え，繊維表面をポリロタキサンとの親和性が高くなるよう，専用設計することで，繊維表面に高濃度のポリロタキサンを選択的に配置させ，変形時に受けた力を繊維表面で「いなす」ことで，繊維強化プラスチックのもつ高剛性，高強度を保ちながら，高靱性化を実現した。

本技術をポリアミド6に適用することで，材料の破断伸びは環動ポリマー構造を組み込まない場合と比較して，実に5倍以上の15%超にまで向上し（図6），さらに，箱状成形品を用いた衝撃試験では，環動ポリマー構造を組み込むことで，全く異なる破壊形態となり，4倍以上のエネルギーを吸収することがわかった（図7）。

このような特性発現機構の詳細については現在解析を進めており，繊維表面の成分分析から，開発材では，繊維表面に高濃度のポリロタキサンが存在することがわかっている。これは繊維表面に分子結合部がスライドする環動ポリマー構造が組み込まれた結果であり，繊維表面のポリロタキサン量を制御することが本技術のキーであると推定している（図8）。

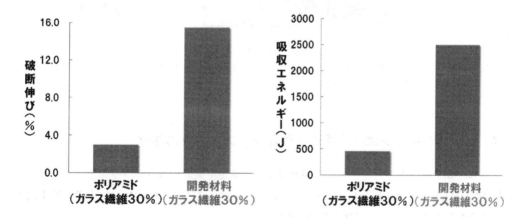

図6 （左）引張試験における破断伸び（開発材料は5倍超の破断伸びを示す），（右）箱状成形品を用いた大型衝撃試験（250 kgの錘を，高さを変えて落下させることで，入力エネルギーを設定。開発材料は約4倍のエネルギーを吸収。）

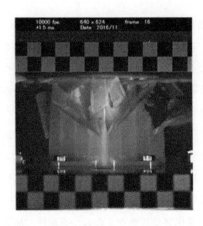
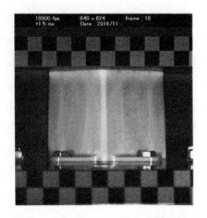

図7 箱状成形品を用いた大型衝撃試験

250 kgの錘を,高さを変えて落下させることで,入力エネルギーを設定。ポリアミド6(ガラス繊維30%)は破壊(左図)したのに対し,開発材料(右図)は変形しながらエネルギーを吸収。

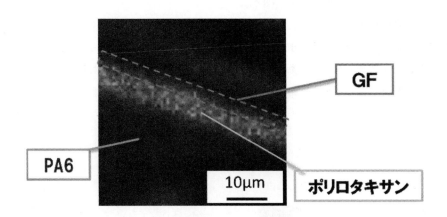

図8 繊維表面の成分分析結果

TOF-SIMS(飛行時間型2次イオン質量分析法)による繊維表面の成分分析結果。ガラス繊維表面に高濃度のポリロタキサンを検出。

4 ポリロタキサン導入炭素繊維強化プラスチックの開発

さらに,分子結合部がスライドする環動ポリマー構造を炭素繊維強化プラスチック(以下,「CFRP」:Carbon Fiber Reinforced Plastics)に導入することで,CFRPの耐疲労特性を向上させる新たなポリマーアロイ技術を開発した[6]。

ここでCFRPのマトリックス樹脂として用いられる熱硬化性樹脂は,分子内に架橋点を持つことから,熱可塑性樹脂と比較して優れた強度・剛性を示すが,架橋点により分子の動きが制限

第3章 ポリロタキサンを導入したポリマー材料開発

されることで，材料の変形に追随できず，繰り返しの変形により壊れやすくなる懸念があり，耐疲労特性向上によるさらなる高性能化が期待されていた。

CFRPにおいて熱硬化性樹脂の耐疲労特性を向上させる方法として，靱性に優れるゴム成分の配合が知られているが，ゴムは，弾性率やガラス転移温度が低いため，ゴム成分の配合により，樹脂硬化物の弾性率が低下し，耐疲労特性と剛性，強度のバランスを取ることは困難であった。

本検討では，ポリロタキサンをCFRPのマトリックス樹脂である熱硬化性樹脂中にナノスケールで均一に分散させることに取り組み，具体的には，分子設計技術に基づきポリロタキサンの分子構造を最適化した上で，熱硬化性樹脂の出発原料である低粘度の低分子量化合物（プレポリマー）とポリロタキサンを撹拌，混合，溶解し，分子レベルで均一な相溶混合物とした後，重合の化学反応で生じる相溶性変化を利用することで，ポリマーアロイ構造をナノレベルで高度に制御することに成功した。

このように合成した熱硬化性樹脂をCFRPのマトリックス樹脂として使用した結果，一般的なCFRPが有する高強度，高剛性を保ちながら，繰り返し曲げ疲労試験において，環動ポリマー構造を組み込まない場合に比べ，耐疲労特性を約3倍にまで向上させることに成功した（図9）。

また透過型電子顕微鏡による観察から，熱硬化性樹脂中にポリロタキサンがナノメートルオーダーで均一に存在することを確認している（図10）。このことから，相溶状態から硬化させて，ポリロタキサンを架橋点に均一に配置させることが本技術のキーであると考えられる。

さらにポリロタキサンがナノメートルオーダーに均一に分散させた熱硬化性樹脂の大変形後の透過型電子顕微鏡による観察の結果，ナノ分散したポリロタキサンを起点に，万遍なく微細なクラック（1 μm程度）が形成されていることも確認している（図11）。

このように，熱硬化性樹脂の破壊の起点となりうる架橋点に分子結合部がスライドする環動ポ

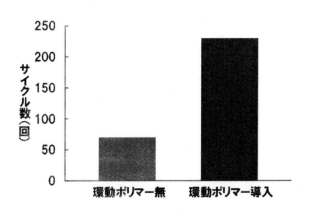

図9 耐疲労特性
厚さ3 mmの試験片を繰り返し曲げた際に，破断するまでの曲げ回数。開発材料の耐疲労特性は約3倍に向上。

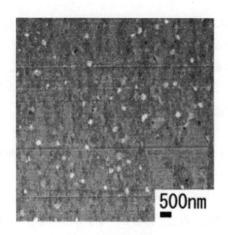

図10 透過型電子顕微鏡観察
マトリックス樹脂中に 100 nm 以下のポリロタキサン相（白色部）が均一に分散。

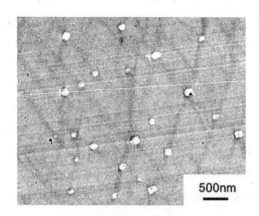

図11 大変形後の透過型電子顕微鏡観察
ナノ分散したポリロタキサン相を起点に，万遍なく微細なクラック（1 μm 程度）が形成。

リマー構造を効果的に組み込み，変形時に受けた力を分子レベルで「いなす」効果を発揮できる分子構造を実現したことにより，今回の耐疲労特性の劇的な向上が達成できたものと考えている。

5 おわりに

本研究で開発したポリロタキサンによる環動ポリマー構造の導入技術により，ポリマー，繊維強化ポリマー，CFRP の持つポテンシャルを最大限に引き出せる可能性があることから，自動車，家電製品，スポーツ用品など，幅広い応用展開とポリマー材料市場の拡大が期待される[7]。

第3章　ポリロタキサンを導入したポリマー材料開発

本研究で開発した環動ポリマー構造の各種ポリマーへの導入技術による高性能化が，さまざまな分野で効力を発揮することを期待している。

謝辞

　本研究は，東京大学の伊藤耕三教授，大阪大学の原田明特任教授，山形大学の伊藤浩志教授，井上隆客員教授，東京工業大学の中嶋健教授，理化学研究所の高田昌樹グループディレクター（東北大学 教授）と星野大樹研究員，アドバンスト・ソフトマテリアルズ株式会社，東レ・カーボンマジック株式会社の協力を得て実施した。

文　　献

1) 小林定之，プラスチックエージ，**60**（3），100（2014）；小林定之，プラスチックエージ，**60**（4），116（2014）；小林定之，成形加工，**27**（4），130（2015）
2) K. Ito, *Polym. J.*, **44**, 38（2012）
3) K. Ito, *Polym. J.*, **39**, 489（2007）
4) 化学工業日報，9月29日朝刊，p.1（2016）
5) 化学工業日報，3月23日朝刊，p.14（2018）；日刊自動車新聞，3月23日朝刊，p.3（2018）；日刊工業新聞，3月23日朝刊，p.20（2018）
6) 日本経済新聞，9月28日夕刊，p.3（2018）；日経産業新聞，10月1日朝刊，p.9（2018）；日刊工業新聞，10月1日朝刊，p.13（2018）；化学工業日報，10月1日朝刊，p.1（2018）；朝日新聞，10月2日朝刊，p.6（2018）
7) 日経 Automotive, **2**, 63（2017）

第4章　ポリカテナン構造環状ジスルフィドポリマーの合成・特性化と形状記憶材料機能

圓藤紀代司*

1　はじめに

　インターロックポリマーの一つの魅力は空間的束縛に起因する特異的性質や機能の発現であろう。空間束縛鎖であるカテナンの最初の合成は重水素でラベルした34員環の環状アルカンであるシクロテトラトリアコンタンの存在下，長鎖ジエステルをアシロイン縮合によりごく微量（収率0.0001％）の[2]カテナンの生成を確認したベル研究所の E. Wasserman によってなされた[1]。その後，J. F. Stoddart は分子間の π-π 相互作用を用いることで効率よくカテナンを合成した[2]。また，J.-P. Sauvage によりフェナントロリンの金属錯体をテンプレートとして用いる効率よいカテナン合成法が開発された[3]。この両者と B. L. Feringa は2016年のノーベル化学賞を「分子マシンの設計と合成」という研究分野で受賞した。

　ロタキサンやカテナンといった空間的束縛鎖を有する特殊構造高分子の合成法は飛躍的に発展し，その構造を生かした高機能性材料としての開発もなされている。ポリロタキサンやポリカテナンなどのインターロックポリマーは環状分子をコンポーネントとして，そのコンポーネントが空間的な束縛を介して連結しているため，その合成は困難ではあるが，多くの研究者の努力によって，高効率でかつ高収率な合成法が見出されている[4〜17]。

　ところで，カテナン構造分子の合成は各コンポーネント前駆体を物理的な相互作用などであらかじめ自己集合させ，その後に環化させる方法が知られている。このことは，カテナン構造高分子の合成においても必ず分子内でも環化反応が必要であることを示している。また，分子の自己集合や分子鎖中への糸通しは基質濃度が高いほど有利となるが，環化反応は分子内反応であり溶液が希薄であるほど反応が有利になることから基質濃度の高い重合系においてはポリカテナンの合成は困難なものとなる。そこで，多くの環状ポリマーから構成されるポリカテナンの合成では，環を段階的につないでいく方法が提案されている。しかし，この方法は環の数が多くなるにつれて収率は減少することから，高分子量のものを合成することが難しい。これらのことを考慮すると，分子内環化反応が高いモノマー濃度においても誘起される重合反応系を見出すことがカテナン型の高分子を合成する際には重要な因子となる。重合の成長種が同一分子内の主鎖結合を攻撃（バックバイティング）することで環化反応も起こり[18,19]，成長鎖の両末端での結合によっても環化しうる重合系が必要となる。

＊　Kiyoshi Endo　元　大阪市立大学　大学院工学研究科　教授

第4章　ポリカテナン構造環状ジスルフィドポリマーの合成・特性化と形状記憶材料機能

環状ジスルフィドの開環重合に関する研究の歴史は古くから行われているが，重合中の環化反応などには触れられていない[20, 21]。環状ジスルフィドの開環重合において，重合中にバックバイティングや再結合が起これば環状のポリマーが生成することになる。これらの反応は基質濃度が高い重合中に誘起されれば環状ポリマーの鎖の中を貫通した構造を有する高分子が生成することが可能と推測される。これまでの環状ジスルフィドの重合研究では，このような観点からの研究はなく，生成ポリマーの詳細な構造の検討も行われていなかった。そこで，環状ジスルフィドの単独ラジカル開環重合を検討し，得られるポリマー構造と性質についての詳細な研究を行い，生成ポリマーがポリカテナン構造したものであることを明らかにしてきた。ここでは，1,2-ジチアン（DT）を主として環状ジスルフィドの重合，生成ポリマーの特殊な構造の解明および特異的な性質や形状記憶機能などについて述べる。

2　環状ジスルフィドの熱重合

環状ジスルフィドの開環重合は主鎖にジスルフィド結合を有するポリマー合成法として有用である[22~26]。これまでにも環の歪と重合活性などとの関係は研究されていたが[27~30]，開始剤なしの塊状重合や生成ポリマーの構造や性質についての検討は見当たらない。そこで，種々の環状ジスルフィドの開始剤なしでの塊状重合を検討した結果を表1に示す。環状ジスルフィドは開始

表1　環状ジスルフィドの熱重合

環状ジスルフィド （モノマーの融点）	温度 (℃)	時間 (h)	収率 (%)	$M_n \times 10^{-4}$	M_w/M_n
DT （mp. 31-32℃）	0	10	~0	—	—
	40	8	24	40.7	2.0
	80	8	84	11.2	2.5
LP （mp. 61-62℃）	40	20	0	—	—
	70	6	76	49.8	2.0
	80	6	88	57.8	2.1
1,2-DTCD （mp. 41-42℃）	30	10	0	—	—
	50	20	trace	—	—
	80	20	26	25.8	1.8
XDS （mp. 77-78℃）	60	2	~0	—	—
	80	2	25	19.9	2.4
	90	2	79	11.5	2.0

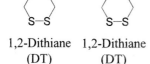
1,2-Dithiane (DT)　　1,2-Dithiane (DT)　　1,2-Dithiacyclodecane (DTCD)

1,4-dihydro-2,3-benzodithine (XDS)

剤不在下の塊状重合において，各々のモノマー融点以上の反応温度において重合は容易に進行し，いずれのモノマーでも高分子量のポリマーが生成した[31〜35]。

環状ジスルフィドの重合においては，モノマーが高純度でないものでは高収率で高分子量のポリマーは生成しなかった。これはモノマー中に原料ジチオールが存在すると，そのものが連鎖移動剤として働くためである。この点を明らかにするためにチオール化合物の添加効果を検討した。チオールの添加で重合の低下が認められ，生成ポリマーの分子量も減少した。この結果より原料チオールは連鎖移動剤として作用していることが分かった。

高純度 DT を用いた熱重合における重合収率と分子量の関係を図 1 に示す[32]。これより分子量は重合収率ともに増加した。この現象は DT の熱重合は通常の連鎖重合で観測されるものとは異なる特徴を示した。このことは，一度重合系中で生成したポリマーが再び重合に関与しているとすれば，生成ポリマーの分子量が増大することが説明される。一方，重合はラジカル重合禁止剤（DPPH，TEMPO）の存在下で進行せず，水の存在下では進行することなどから，環状ジスルフィドの熱重合はラジカル機構で進行していることが確かめられている。

以上のことから，DT の熱重合は重合中においてバックバイティングと分子内結合により環状ポリマーが生成し，生成した環状ポリマーも重合に再び関与することを推察したが，重合におけるモノマー濃度が高いことより生成していた環状構造をしたポリマーの中を成長ポリマー鎖が通

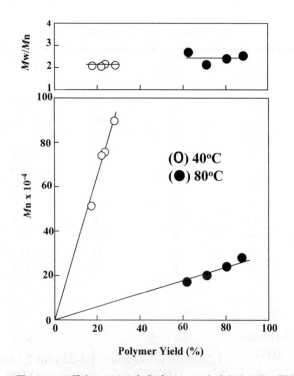

図1　DT の重合における生成ポリマーの収率と分子量の関係

第4章 ポリカテナン構造環状ジスルフィドポリマーの合成・特性化と形状記憶材料機能

過しカテナン構造が生成しているのではないかとした[31)]。

異種環状ジスルフィド間の共重合についても検討された。LPA と DT のラジカル開始剤不在下における共重合も両モノマーの融点より高い温度において容易に起こり高収率で高分子量のものが得られている[36)]。

3 生成ポリマーの構造決定

3.1 ポリマーの NMR，ESI-MS スペクトル解析

DT の開始剤不在下における熱塊状重合で得られたポリマーと重合に際してチオールを添加して合成したポリマーの構造を ^{1}H NMR スペクトルから確かめた。^{1}H NMR スペクトルから，チオールを添加して得られた直鎖状ポリマーに認められた末端基に基づくピークは，高純度モノマーの重合からのポリマーでは観測されないことから環状ポリマーの生成が推測された[31)]。同様にして生成ポリマー構造が図2に示した ^{13}C NMR スペクトルからも確かめられた。この場合にもチオール化合物の添加で末端に基づく吸収が認められた。しかし，このような NMR 測定において，チオール化合物を添加していない重合系でポリマー末端基によるピークが認められないのは分子量が大きいことによる可能性を否定できず，環状構造が生成しているという明確な証拠とはならない。

そこで，環構造の存在を証明できる方法として，ESI-MS による測定を行い環構造ポリマーが生成していることを明確にした。熱重合から得られた DT ポリマーの ESI-MS 測定の結果を図3に示す。ESI-MS 測定において HPLC で分離した低分子量の DT ポリマーに AgTFA を加えた時に，図3より環状ポリマーとした繰り返し 120 Da の間隔で重合度 $n=5\sim14$ の Ag^+ 付加イオンが検出された。$n=12$（$m/z=1,550$）のピーク付近の同位体分布の解析から環状以外のポリマーは混在していないことが確認された[37)]。すなわち，DT の熱重合から得られたポリマーの形は環状構造より構成されている明確な証拠が得られた。同様のことが XDS から得られたポリマーにおいても観察された。重合で生成したポリマーの分子量からするとポリマーの構造はポリカテナンではないかと推察した。

環状ポリマーの生成については，同一ポリマー鎖の成長種末端どうしの結合反応とバックバイティングの両者が考えられるが，生成機構を考慮するとバックバイティングが主として起こっていると考えられる[38, 39)]。

3.2 生成ポリマーの光分解挙動

DT の熱重合から得られたポリカテナンポリマーと推測されたポリマーの光分解を行うと，単環のものが生成物として得られるのではないかと考え，DT の熱重合から得られたポリマーの光分解を検討した[31)]。その結果，図4に示した GPC チャートから，分解を開始した2時間後と5時間後の分子量はほぼ一定の値を与えることが分かった。その分子量を求めると約千数百となっ

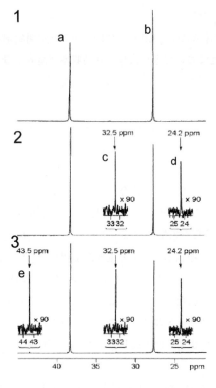
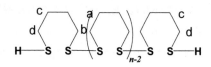

図2　DTポリマーの^{13}C NMRスペクトル

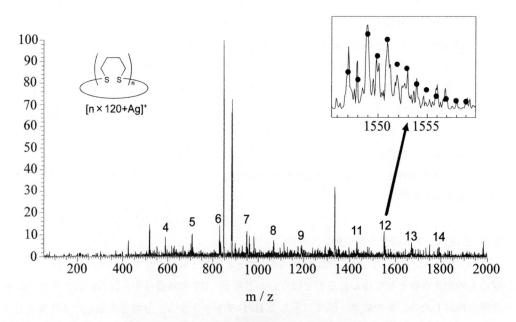

図3　DTポリマーの低分子領域のESI-MSスペクトル

第4章 ポリカテナン構造環状ジスルフィドポリマーの合成・特性化と形状記憶材料機能

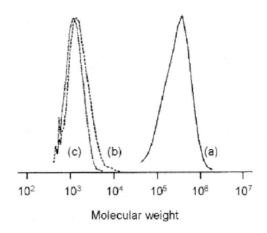

図4 DT ポリマーの (a) 光照射前と (b) 照射2時間後および (c) 5時間後の GPC 溶出曲線

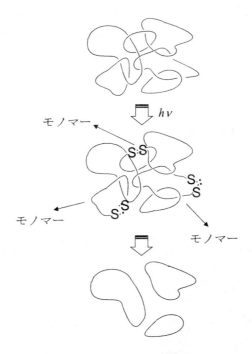

図5 環状 DT ポリマーの光分解経路モデル

た。この値はポリカテナン構造ポリマーを形成する1個の環の大きさではないかと推測した。そして，DT の重合から得られたポリカテナンポリマーの光分解経路モデルを図5として提案した。

そこで，ポリマーの動的粘弾性の擬似平衡点での弾性率の値から絡み合い点間の分子量が求ま

る。ゴム状領域における性質は絡み合い点の分子量 M_e を求めると $M_e = 1,370$ g/mol となった。一方，GPC 測定（光分解）より単環の平均的な分子量は 2,700 g/mol と求まった。絡み合い点間の分子量は単環の分子量の半分に相当するとして計算すると $M_e = 1,350$ g/mol と求まり，粘弾性から求めた分子量と光分解で得られたものと一致した[31]。この結果より，環状ジスルフィドの重合から得られたカテナン構造ポリマーは多くの分子量のあまり高くない環状ポリマーのコンポーネントから成っている一つの確証が得られた。

3.3 原子間顕微鏡測定と動的光散乱測定

環状ジスルフィドの重合から得られたカテナン構造ポリマーは多くの環状ポリマーのコンポーネントから成っていると推測される。そこで，原子間顕微鏡（AFM）を用い測定を行いポリカテナンポリマーの形を直接観察することを検討した[40]。DT の重合から得られたカテナン型ポリマーとされるものの AFM の像を図 6 に示す。これより環状ポリマーの存在が観察され，その環状物が連なっているような画像が得られ，DT の重合から得られたポリマーはポリカテナン構造のポリマーであることが認められた。その像の形からクラスター型よりネックレス型であると示唆された。そこで，DT のカテナンポリマーの光分解後の希薄溶液では単環構造の特徴が示されると考え，動的光散乱（DLS）測定を行った。その結果，DT 重合から得られたカテナンポリマーの環 1 つの直径は約 20 nm と求まり，AFM 像から得られる値とほぼ一致した。

4 生成ポリマーの構造の性質

4.1 熱的性質

DT の重合から生成したポリマーの GPC より求めた分子量と DSC より求めたガラス転移温度の関係を図 7 に示す。DT の重合から得られた環状ポリマーでは分子量が増大しても T_g にはほ

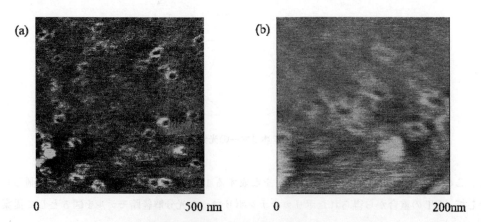

図 6　DT の重合から得られたポリカテナン型ポリマーの AFM 図
(a) は位相像で (b) は位相像の拡大図。

第4章 ポリカテナン構造環状ジスルフィドポリマーの合成・特性化と形状記憶材料機能

とんど変化がなく，ほぼ一定の値を示した。これとは対照的に環状 CPO や DT の直鎖状のポリマーでは T_g はポリマーの分子量の増加をほとんど示さなかった。このことは DT の重合から得られた環状ポリマーは環状のものが空間束縛鎖で繋がったポリカテナン構造をしていることを示唆している[31]。

4.2 力学的性質

環状ジスルフィドの重合から得られたポリマーをクロロホルム溶液からキャスト法により試料を作製し動的粘弾性の測定を行った。図8には XDS から生成したポリマーの動的粘弾性測定の結果を示す[41]。これより，XDS から生成したポリマーにおいて融点以上の温度において，試料の破断が起こることなくゴム平坦部が認められた。これは DT から生成したポリマーと同様の挙動であった[31]。通常のポリマーではこのような現象は認められず，融点以上の溶融状態では試料の溶融体の切断につながる挙動を示す。事実，両者のポリマーにおいてチオールのような連鎖移動剤を存在させて得られた直鎖状のポリマーを用いた動的粘弾性測定からは，通常のポリマーと同様な現象が認められた。DT および XDS のポリマーにおいて，ポリマーの融点以上の測定温度で認められたゴム弾性はポリマーのポリカテナン構造を支持するものである。

次に，DT の熱重合から生成したポリマーの引っ張り試験を行った。DT からのポリマーは室温においては，2段階の応力-歪曲線（S-S）曲線を与えた。これは環1つの伸びとカテナンポリマー鎖の伸びによるものとされる。直鎖状のポリマーでは通常のポリマーと同様の S-S 曲線を与えた[34]。DT のポリマーは 50℃ では溶融状態となる。この状態においてポリマーの引っ張り試験を行うと，図9に示すようにカテナン構造を含むとされる DT ポリマーでは 3,000% に延伸しても試料の切断は認められなかった[31]。これに対して，ベンジルメルカプタン（BM）存在下に得られた直鎖状 DT-BM ポリマーのものでは溶融状態の挙動を示した。これらの挙動の違い

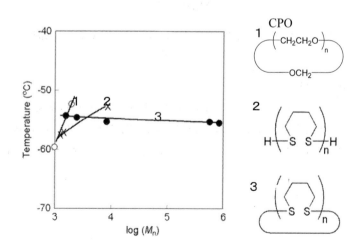

図7 環状ポリマーと直鎖状ポリマーの分子量とガラス転移温度

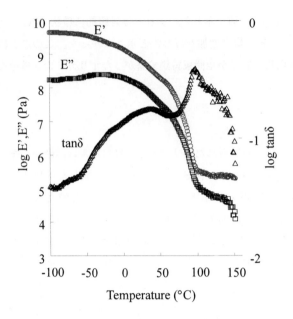

図8　XDS ポリマーの粘弾性挙動

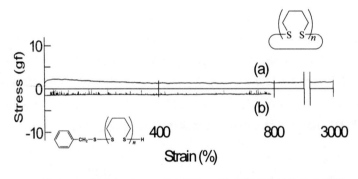

図9　DT ポリマーと DT-BM ポリマーの 50℃における S-S 曲線

もポリカテナン構造を支持するものであった。

　ついで，エラストマーの性質について DT ポリマーを用いて弾性回復試験から検討した。その結果を図 10 に示した。弾性回復試験における弾性回復を調べたところ，10 回繰り返しても，弾性回復は瞬時に起こり元の長さに回復した。これらの材料は新しいエラストマー材料としての用途が期待できる。

第4章 ポリカテナン構造環状ジスルフィドポリマーの合成・特性化と形状記憶材料機能

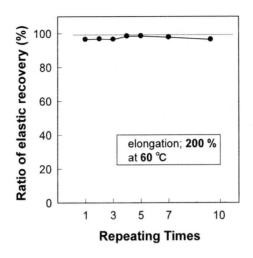

図10 DT ポリマーの引き伸ばしの繰り返し回数と弾性回復の関係

5 架橋体の合成と特性

　従来の物理ゲルや化学ゲルとは異なったポリロタキサンネットワークによるトポロジカルゲルが報告されている[42〜45]。このゲルの最大の特徴は，架橋点が自由に動くことで高分子鎖の運動性が高く保持される点である。さらに，このようなゲルでは溶媒分子の鎖内への侵入が容易になるため膨潤性が大きく，耐衝撃性や架橋点の均一性も優れるとされている。

　そこで，環状ジスルフィドの一つであるリポ酸（LPA）を 1,6-ヘキサンジアミンで結合したヘキサンビスリポアミド（LPA-HD-LPA）を合成し，LPA との共重合を検討した[46]。共重合体である LPA-co-LPA-HD-LPA ポリマーは THF 中において溶けずに膨潤し，ネットワーク構造の形成によるゲル化物が得られた。ゲル化物の乾燥時と膨潤時の様子を図 11 に示す。LPA-HD-LPA の割合が減少するに伴い，より大きく膨潤した。これは架橋密度の減少で，LPA-co-LPA-HD-LPA ポリマーの運動の制約が軽減されることによるものとされる[47]。

6 形状記憶特性

　これまでにも多くの形状記憶ポリマーが開発されている。たとえば，成型段階で加熱架橋したトランス型ポリイソプレン，ポリノルボルネンやスチレン-ブタジエン共重合体，アクリル酸メチルとアクリル酸ステアリルの共重合体のゲル，ある種のポリウレタンなどの熱可塑性エラストマーなどである[48〜50]。いずれの場合もポリマー中に化学結合による架橋点あるいは物理的架橋点とされるハードセグメント（凍結相）が存在し，温度変化によるポリマー鎖の運動が制限・開放されることによって形状記憶が示されている。環状高分子の空間的な絡み合いのみで形成され

環状高分子の合成と機能発現

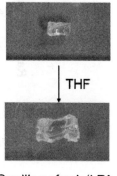

[LPA]/[LPA-HD-LPA]	Network yield (%)	Degree of swelling (wt%)
0 / 100	51	-
90 / 10	65	150
94 / 6	59	310
99 / 1	63	480
99.9 / 0.1	45	2260
100 / 0	61[a]	-

[a] Soluble polymer yield

図11 LPA と LPA-HD-LPA の共重合

たポリカテナンのような空間的束縛を利用する形状記憶材料はこれまで検討されていない。そこで，DT および XDS を用いた重合から得られたポリマーについて形状記憶材料としての観点から検討した。

DT の重合から得られたポリマーを用いて形状記憶材料として利用が可能であるかを検討した。このポリマーは室温において約30％の結晶化度を示し，ポリマーの融点（42℃）以上でゴム弾性を示す。このことはポリマー融点を可逆相の転換温度とした形状記憶材料の条件を備えている。そこで，DT ポリマーの試料を注型法で作製し形状記憶特性を検討した。その結果，ポリマーの融点以上（60℃）で変形し，室温まで冷却するとその形状は完全に保持された。この試料を再びポリマーの融点以上に加温すると，試料は瞬時に元の形状に回復した。形状記憶試験の前後においてポリマーの GPC 溶出曲線に変化はなく，ポリマーの構造にも変化は認められなかった。このように DT ポリマーは融点を可逆相の転換温度とした形状記憶ポリマーとして利用できることが示された[51]。

一方，主鎖に芳香環を有する XDS ポリマーは融点も100℃と高い。しかし，この場合も結晶融解温度を可逆相として利用することも可能であると思われたが，このポリマーは39℃にガラス転移温度をもつ。このガラス転移温度を利用した形状記憶が可能と思われる。そこで，DT ポリマーと同様に注型法により測定試料を作製し，形状記憶試験を行った。その結果を図12に示す。試料の構造回復速度は DT ポリマーに比べ少し遅くなったが，ガラス転移を可逆相とする形

第4章 ポリカテナン構造環状ジスルフィドポリマーの合成・特性化と形状記憶材料機能

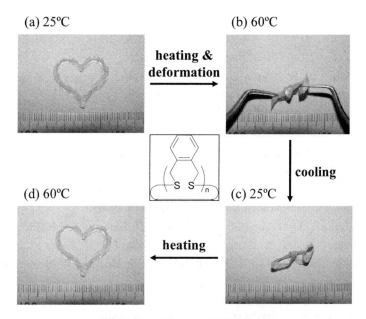

図12 XDSポリマーの記憶形状試験
（a）加熱前の試料，（b）加熱後に変形した試料，（c）冷却後の試料，（d）変形回復した試料。

状記憶が可能であることが認められた[52]。

以上の結果より，架橋成形体や熱可塑性エラストマーといった既存の形状記憶ポリマーのように，化学結合の架橋点やハードセグメントがなくても，トポロジカルな結合の空間的束縛によっても形状記憶特性を示すことが明らかとなった。

7 おわりに

環状ジスルフィドの重合から生成する環状ポリマー同士が空間的束縛のみで連結されたポリカテナンポリマーが開始剤なしの熱重合という簡便な方法で合成できることを種々の検討から明らかにしてきた。さらに，得られたポリマーは種々の特異性を示した。また，形状記憶特性を持つことも見出した。環状ジスルフィドポリマーにかかわらず空間束縛鎖を利用した新規構造材料はその物性解明とともに用途に関しても進展していくであろう。環状ポリプロピレンや環状ポリスチレンにおいても末端にSH基を持つポリマーが合成されていることから，これらを用いたカテナン構造ポリマー合成も可能と思われる。種々のコンポーネントから成るポリカテナンポリマーが生まれ，機能材料として利用されることを期待したい。

環状高分子の合成と機能発現

文　献

1) E. J. Wasserman, *Am. Chem. Soc.*, **82**, 4433 (1960)
2) D. B. Amabilino, P. R. Ashton, S. E. Boyd, J. Y. Lee, S. Menzer, J. F. Stoddart, *Angew. Chem. Int. Ed. Engl.*, **36**, 2070 (1997)
3) J.-P. Sauvage, *Acc. Chem. Res.*, **31**, 611 (1998)
4) K. Endo, *Adv. Polym. Sci.*, **217**, 121 (2008)
5) D. B. Amabilino, P. R. Ashton, V. Balzani, S. E. Boyd, A. Credi, J. Y. Lee, S. Menzer, J. F. Stoddart, M. Venturi, D. J. Williams, *J. Am. Chem. Soc.*, **120**, 4295 (1998)
6) A.-D. Schlüter Ed., Synthesis of Polymers, Wiley-VCH: Weinheim (1999)
7) F. M. Raymo & J. F. Stoddart, *Chem. Rev.*, **99**, 1643 (1999)
8) J.-L. Weidmann, J.-M. Kern, J.-P. Sauvage, D. Muscat, S. Mullins, W. Kohler, C. Rosenauer, H. J. Rader, K. Martin, Y. Geerts, *Chem. Eur. J.*, **5**, 1841 (1999)
9) D. Muscat, W. Köhler, H. J. Räder, K. Martin, S. Mullins, B. Müller, K. Müllen, Y. Geerts, *Macromolecules*, **32**, 1737 (1999)
10) A. Harada, *Acc. Chem. Res.*, **34**, 456 (2001)
11) 高田十志和，木原伸浩，古荘義雄，高分子，**50**, 770 (2001)
12) A. Harada, A. Hashidzume, H. Yamaguchi, Y. Takashima, *Chem. Rev.*, **109**, 5974 (2009)
13) Z. Niu & H. W. Gibson, *Chem. Rev.*, **109**, 6024 (2009)
14) L. Fang, M. A. Olson, D. Benítez, E. Tkatchouk, W. A. Goddard III, J. F. Stoddart, *Chem. Soc. Rev.*, **39**, 17 (2010)
15) M. Schappacher, A. Deffieux, *Angew. Chem. Int. Ed.*, **48**, 5930 (2009)
16) M. Bohn, D. W. Heermann, O. Lourenço, C. Cordeiro, *Macromolecules*, **43**, 2564 (2010)
17) P. G. Clark, E. N. Guidry, W. Y. Chan, W. E. Steinmetz, R. H. Grubbs, *J. Am. Chem. Soc.*, **132**, 3405 (2010)
18) S. J. Clarson, J. A. Semylen, *Polymer*, **27**, 91 (1986)
19) R. C. Schulz, K. Albrecht, Q. V. T. Thi, J. Nienberg, D. Engel, *Polym. J.*, **12**, 6391 (1980)
20) F. O. Davis & F. M. Fettes, *J. Am. Chem. Soc.*, **70**, 2611 (1948)
21) A. V. Tobolsky, F. Leonard, G. P. Roeser, *J. Polym. Sci.*, **3**, 604 (1948)
22) F. S. Dainton, J. A. Davies, P. P. Manning, S. A. Zahir, *Trans. Faraday Soc.*, **53**, 813 (1957)
23) A. V. Tobolsky, F. Leonard, G. P. Roeser, *J. Polym. Sci.*, **3**, 604 (1948)
24) J. A. Barltlop, P. M. Hayes, M. Calvin, *J. Am. Chem. Soc.*, **76**, 4348 (1954)
25) F. S. Dainton, K. J. Ivin, D. A. G. Walmsley, *Trans. Faraday Soc.*, **56**, 1784 (1960)
26) J. Houk & G. M. Whitesides, *Tetrahedron*, **45**, 91 (1989)
27) J. A. Burns & G. M. Whitesides, *J. Am. Chem. Soc.*, **112**, 6296 (1990)
28) R. Singh & G. M. Whitesides, *J. Am. Chem. Soc.*, **112**, 6304 (1990)
29) A. Fava, A. Iliceto, E. Camera, *J. Am. Chem. Soc.*, **79**, 833 (1957)
30) J. G. Affleck & G. Dougherty, *J. Org. Chem.*, **15**, 865 (1950)
31) K. Endo, T. Shiroi, N. Murata, G. Kojima, T. Yamanaka, *Macromolecules*, **37**, 3143

第 4 章　ポリカテナン構造環状ジスルフィドポリマーの合成・特性化と形状記憶材料機能

(2004)
32) K. Endo, T. Shiroi, N. Murata, *Polym. J.*, **37**, 512 (2005)
33) H. Ishida, A. Kisanuki, K. Endo, *Polym. J.*, **41**, 110 (2009)
34) A. Kisanuki, Y. Kimpara, Y. Oikado, N. Kado, M. Matsumoto, K. Endo, *J. Polym. Sci. Part A: Polym. Chem.*, **48**, 5247 (2010)
35) 石田豪伸, 圓藤紀代司, 高分子加工, **53**, 345 (2004)
36) K. Endo & T. Yamanaka, *Macromolecules*, **39**, 4038 (2006)
37) R. Arakawa, T. Watanabe, T. Fukuo, K. Endo, *J. Polym. Sci. Part A: Polym. Chem.*, **38**, 4403 (2000)
38) S. J. Clarson & J. A. Semylen, *Polymer*, **27**, 91 (1986)
39) R. C. Schulz, K. Albrecht, Q. V. T. Thi, J. Nienberg, D. Engel, *Polym. J.*, **12**, 6391 (1980)
40) 圓藤紀代司, 架橋の反応・構造制御と分析事例集, p.574, 技術情報協会 (2010)
41) 石田豪伸, 圓藤紀代司, 第 53 回高分子討論会, **53**, 2D04 (2004)
42) Y. Okumura & K. Ito, *Adv. Mater.*, **13**, 485 (2001)
43) H. Oike, T. Mouri, Y. Tezuka, *Macromolecules*, **34**, 6229 (2001)
44) M. Kubo, T. Hibino, M. Tamura, T. Uno, T. Itoh, *Macromolecules*, **35**, 5816 (2002)
45) Y. Kohsaka, K. Nakazono, Y. Koyama, S. Asai, T. Takata, *Angew. Chem., Int. Ed.*, **50**, 4872 (2011)
46) K. Endo, N. Kubo, T. Ishida, *Kaut. Gum. Kunst.*, **61**, 176 (2008)
47) T.Yamanaka & K.Endo, *Polym. J.*, **39**, 1360 (2007)
48) 長田義仁, 梶原莞爾, ゲルハンドブック, p.398, エヌ・ティー・エス (1997)
49) 入江正浩監修, 形状記憶ポリマーの材料開発, シーエムシー出版 (2000)
50) A. Lendlein & R. Langer, *Science*, **296**, 1673 (2002)
51) 圓藤紀代司, 高分子, **54**, 806 (2005)
52) 圓藤紀代司, 高分子論文集, **68**, 773 (2011)

第5章 環状ホスト分子を基とした超分子集合体の創製

角田貴洋[*1]，生越友樹[*2]

1 はじめに

　材料開発は，有機合成手法の増加や向上に伴い，効率的に機能付与可能となった。そのため環状化合物においても，新たな機能を生み出すため，有機合成的にアプローチするのは有効である。有機合成により生み出された環状化合物は，多数存在している。クラウンエーテル，カリックスアレーン，ククルビトゥリルなどは，ホストーゲスト相互作用を示す化合物の代表格でもあり，合成により生み出された環状化合物である。我々のグループでは，環状化合物の中でも，ジアルコキシベンゼンがパラ位でメチレン結合により環状に繋がれた化合物，Pillar[n]arene (P[n]A; nは繰り返しユニット数を示し，5もしくは6が主である) を2008年に世界で初めて報告した[1]。この環状物質は（図1a），有機溶媒への高い溶解性を示し，柱状の正多角柱構造を有している。ベンゼン環で囲まれた内部空間は，電子豊富なことからビオロゲンなどのカチオン性化合物や，電子吸引性基を有する炭化水素などの電子不足ゲストを包接する。さらに，置換基の存在により面不斉が存在する（図1b）。P[n]Aの対象性の高い柱状骨格は，平面や三次元に集合体を形成できる可能性を有する。加えて有機溶媒から水溶液，固体状態に至るさまざまな条件でホストーゲスト相互作用を示すため，ロタキサンやカテナン，共有結合性の有機骨格構造など材料形成のキーマテリアルとして世界的に研究が行われている[2,3]。本章では，P[n]Aの合成と特色について説明し，正多角柱構造を利用した超分子集合体の形成について紹介する。

2 柱状化合物の合成と特性

　P[n]Aは，ジアルコキシベンゼンとパラホルムアルデヒドのルイス酸触媒下における付加縮合により形成される。この合成法に関しては，最適化が行われており，P[n]Aの空孔サイズに応じたゲスト分子を溶媒とすることで，高収率でユニット数を制御した合成が可能である（図2）。例えば，ユニット数が5つのP[5]Aは，1,2-ジクロロエタンを，6つのP[6]Aは，クロロシクロヘキサンがゲスト分子となる。そのためこれらの溶媒を用いることで，P[5]Aおよび

[*1] Takahiro Kakuta　金沢大学　理工研究域　物質化学系／新学術創成研究機構
　　　　　　　　　　ナノ生命科学研究所　助教
[*2] Tomoki Ogoshi　金沢大学　新学術創成研究機構　ナノ生命科学研究所　教授

第5章　環状ホスト分子を基とした超分子集合体の創製

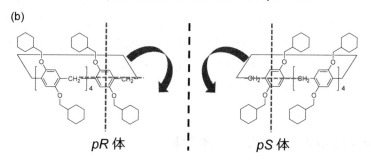

図1　Pillar[n]areneの構造とその特性

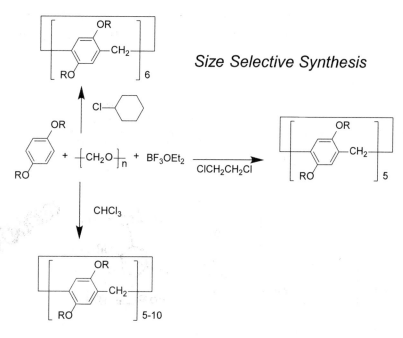

図2　P[n]Aの合成とテンプレート法によるサイズ制御

P[6]A が選択的に得られることが明らかとなった。一方で，クロロホルムなどのテンプレートにならない溶媒を利用した際には，ユニット数が 5～10 の P[n]A 混合物の形成が報告されている[4]。P[n]A の有するアルコキシ基は，酸化還元法や脱保護法などの有機反応を利用し，任意の数で置換基変換可能である。例えば 1 つを置換基変換する場合，アルコキシ基のヒドロキシ化は，三臭化ホウ素による反応の時間と温度により制御できる。同様にして，全てのアルコキシ基をヒドロキシ化することも可能である。一方で，ユニットごとに変換する方法もある。ジアルコキシベンゼンが酸化剤によりキノン化することを利用し，P[n]A のユニットごとに変換するものである。この手法は，酸化還元を経ることでユニットごとにヒドロキノン化でき，複数の置換基変換位置を制御しやすいというメリットを有する。P[n]A は，置換基によってベンゼン環の回転運動が抑制され，面不斉を発現することも明らかになっている。これまでの研究で，嵩高い置換基のシクロヘキシルメチル基置換基を導入すると，修飾位置が左上と右下の時 pR 体，右上と左下の時 pS 体となる。キラルカラムにより光学分割したこの P[n]A は，円二色性分散計でミラーイメージのスペクトルが得られる[5,6]。

3 Pillar[n]arene による超分子集合体

3.1 一次元チャンネル集合体

我々は，酸化還元法による P[5]A の 1 ユニットのみのヒドロキノン化と，全置換基の脱保護に着目し，新たな P[5]A ポリマーの作製を試みた（図 3）。はじめに，ヒドロキノン化した 1 ユニットをトリフルオロメタンスルホン酸エステルへ変換した。その後，鈴木カップリングを利用し，パラジボロン酸アリールと反応させることにより，P[5]A が結合されたポリマーが得られ

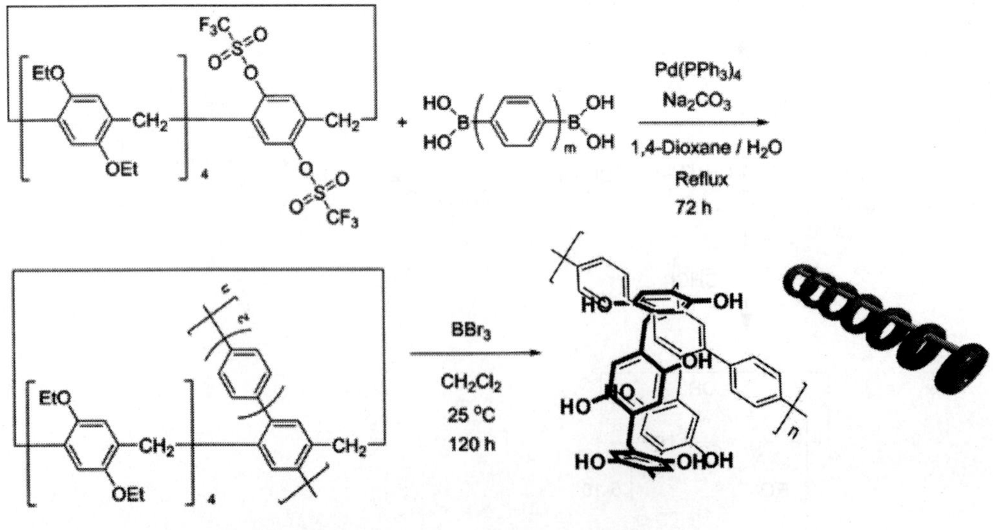

図 3 P[5]A による一次元チューブ構造の形成

第5章　環状ホスト分子を基とした超分子集合体の創製

た。このポリマーは，脱保護を行うことで全ての置換基がヒドロキシ化し，ヒドロキシ基の水素結合による分子チューブを形成することも合わせて明らかとなった。この分子チューブは，ベンゼン環が繋がった骨格由来の蛍光を示した。蛍光強度は，濃度が上昇するに伴い大きくなることも合わせて確認された。これらは，P[5]Aがチューブ状に繋がることで，発光ユニットであるポリフェニレン部位の凝集が抑制されたためと考えられる。さらに，P[5]A由来のガス吸着特性も示し，分子チューブとしての新たな活用が期待される[7]。

脱保護により全ての置換基をヒドロキシ化したP[6]A（図4a）は，三次元超分子集合体の形成が明らかとなった（図4c）。得られたP[6]A超分子集合体は，単結晶X線構造解析の結果から，P[6]Aがチューブ状に結合した一次元チャンネル構造を有することがわかった。特にこの構造は，溶媒の有無によらず形成することが粉末X線回折より示されたことから，ヒドロキシ基同士の水素結合が構造形成に重要であると判断した。また近年の研究により，P[6]Aは，固体結晶状態でガス・有機蒸気を吸着できると分かってきた。P[6]Aの結晶を用い，窒素（直径3.7 Å），二酸化炭素（直径3.3 Å），n-ブタン（直径4.3 Å）の蒸気吸着を行った（図4d）。その

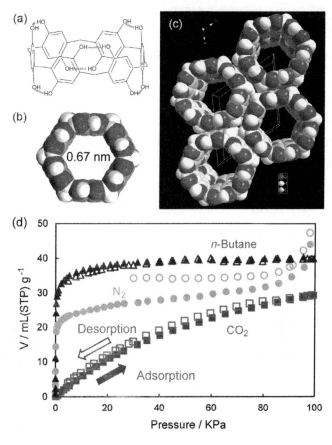

図4　P[6]Aの集合体によるガス吸着特性

結果，これらガス蒸気をⅠ型の等温吸着曲線により吸着した（図4b）。P[6]Aの正六角形と水素結合から作られる規則構造が，ガス・蒸気分子の吸着に有効であることが示された[8]。

3.2 二次元シートの形成

　P[n]Aは，幾何学的に対称性の高い正多角柱構造であるために凝集体構造を制御しやすい。我々はこの点に着目し，P[n]Aによる二次元超分子集合体の形成を試みた（図5）。正六角柱のP[6]Aを用いれば，その対称性の高さから二次元的にこの分子を敷き詰めた二次元ヘキサゴナルシート構造を得られると予測した。分子間の連結には，ヒドロキノンとベンゾキノンとの電荷移動錯体を利用した。ヒドロキノンは酸化によりベンゾキノンへと変換され，生じたベンゾキノンは残存するヒドロキノンと電荷移動錯体を形成する。電荷移動錯体の形成は分子間で進行し，六角柱構造が集積化した二次元ヘキサゴナルシートを得ることができた。この積層体は，加熱による焼却処理を施すことで，炭化処理を行うことができる。その結果，P[6]A由来のポーラス構造を有するカーボンシートが得られ，空孔サイズ由来のゲスト吸着特性を示すことが明らかとなった[9]。

　さらに我々は，P[n]Aの幾何学構造を利用したマルチレイヤーの形成を試みた（図6）。マルチレイヤー形成は，イオン性相互作用を示すカチオン性のP[5]Aとアニオン性のP[5]Aを利用した。酸処理により表面にシラノールアニオンを形成したガラス基板を利用することで，カチオン性のP[5]Aは，基板上にモノレイヤーを積層可能であった。このような基板上でのモノレイヤー形成は，P[n]Aのユニット分子が基板上への均一積層が難しいことから，均一構造の形成が困難であるのに対し，柱状の対称性の高い構造のためにP[5]Aは均一なモノレイヤーを形成したと考えられる。さらに，アニオン性のP[5]Aとカチオン性のP[5]Aを交互に利用し，マルチレイヤーの形成に成功した。このマルチレイヤーは，空孔サイズに見合ったゲスト分子を選択的に包接することも明らかとなっている[10]。最近では，アゾベンゼンを修飾したカチオン性P[5]Aを利用し，ゲスト分子取り込み能への刺激応答性付与を試みた。アゾベンゼンを導入後も，ゲスト分子取り込み能は保たれ，光異性化により，ゲスト分子の取り込みと放出を制御可能

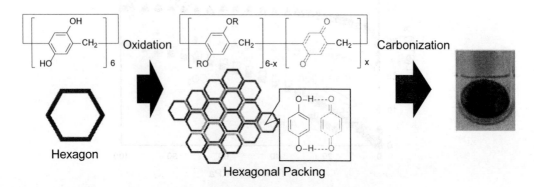

図5　P[6]Aを利用した集積体の形成とカーボン材料の形成

第 5 章　環状ホスト分子を基とした超分子集合体の創製

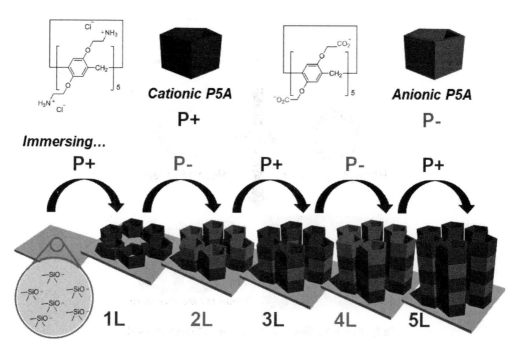

図 6　P[5]A を利用した多重積層体の形成

であった。このような，固体状態での積層体が光応答性を示すことはこれまでになく，P[n]A の集合体が示す新たな機能として期待される[11]。

3.3　三次元集合体の形成

より高次な集合体形成を目指し，フラーレンを模倣した三次元ベシクル構造の形成を試みた（図 7）。フラーレンは，六角形構造の中に五角形構造が存在することで曲面を与え球状の構造となる。このことから五角柱構造の P[5]A が六角柱構造の P[6]A が形成する二次元シートに組み込まれれば，フラーレン様の球状集合体が得られると予測した。対称性の低い五角柱 P[5]A が六角柱 P[6]A からなる二次元シートに組み込まれるように 5 つのベンゾキノンからなる Pillar[5]quinone を用いた。P[6]A のみもしくは過剰の場合では，六角柱分子 P[6]A が敷き詰まることにより六角形の結晶が得られた。一方で Pillar[5]quinone のみもしくは過剰の場合では，ファイバー構造を形成した。組成をフラーレンの比（P[6]A：Pillar[5]quinone＝20：12）で混合すると球状の集合体が得られた。TEM 観察からは中空の球状構造が確認され，ベシクル構造の形成が明らかとなった。通常ベシクル状分子は両親媒性分子の集合によって形成される。本研究では，五角形と六角形を混合して得られるベシクルであり，幾何学的デザインに基づく新しいベシクル形成法であるといえる[12]。

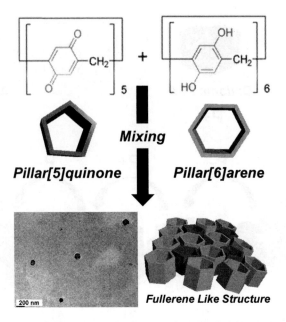

図7 P[n]Aを利用したフラーレン様三次元集合体の形成

4 おわりに

　P[n]Aの合成と置換基変換から，P[n]Aを利用した超分子集合体に関して解説した。P[n]Aの利点である，使用できる有機溶媒の多様さや置換基変換の自由度から，P[n]Aを利用した一次元集合体の形成に成功した。さらに，一次元集合体は，蛍光特性や固体結晶状態でのゲスト分子吸着能を示し，P[n]Aの有する材料設計性の高さを示した。対称性の高いP[n]Aは，幾何学的構造を利用した，二次元・三次元でのオリジナリティのある超分子集合体を設計することが可能になる。特に，ガス吸着挙動を示す超分子集合体を形成するのみでなく，これを利用したカーボン材料の作製にも成功している。今回の紹介から，さらなるアイディアあふれる超分子集合体の設計が生まれることを期待したい。

文　献

1) T. Ogoshi *et al.*, *J. Am. Chem. Soc.*, **130**, 5022 (2008)
2) T. Ogoshi Ed., "Pillararenes", Royal Society of Chemistry (2016)
3) T. Ogoshi *et al.*, *Chem. Rev.*, **116**, 7937 (2016)
4) T. Ogoshi *et al.*, *Chem. Commun.*, **53**, 5250 (2017)

第 5 章　環状ホスト分子を基とした超分子集合体の創製

5) T. Ogoshi *et al.*, *J. Org. Chem.*, **75**, 3268 (2010)
6) N. L. Strutt *et al.*, *Acc. Chem. Res.*, **47**, 2631 (2014)
7) T. Ogoshi *et al.*, *Polymer*, **128**, 325 (2017)
8) T. Ogoshi *et al.*, *Chem. Commun.*, **50**, 15209 (2014)
9) T. Ogoshi *et al.*, *Angew. Chem. Int. Ed.*, **54**, 6466 (2015)
10) T. Ogoshi *et al.*, *J. Am. Chem. Soc.*, **137**, 10962 (2015)
11) T. Ogoshi *et al.*, *J. Am. Chem. Soc.*, **140**, 1544 (2018)
12) T. Ogoshi *et al.*, *J. Am. Chem. Soc.*, **138**, 8064 (2016)

第6章 シクロデキストリン含有ポリロタキサンの バイオマテリアル応用

田村篤志[*1], 由井伸彦[*2]

1 超分子を用いたバイオマテリアル設計

　病気の診断や治療，外傷からの回復などのさまざまな医療の場面で医療機器が利用されている。日本では，医療機器は医薬品医療機器法によって分類されているが，その中にはメスやピンセットなどの器具から診断用の大型装置，人工心臓などの人工臓器まで幅広い機器，材料が含まれる[1]。このような医療機器を構成する材料はバイオマテリアル，あるいは生体材料と呼ばれている。バイオマテリアルとして主に利用される素材は金属，セラミックス，高分子であり，目的に応じて単独，または複数の素材を組み合わせることで設計されている。これらの中でも高分子材料は，生体を構成する成分と原子組成が近く，成型加工が容易で，化学構造などにより種々の物性を細かく制御できることから多くの医療機器で利用されている[2]。身近な高分子生体材料であるコンタクトレンズやう蝕治療用のレジンなどは日常的に広く用いられている。近年では，医薬品や再生医療製品，あるいはそれに利用される材料も広義のバイオマテリアルと考えられており，高分子材料を基盤とした薬物キャリアや移植用材料などが開発されている。バイオマテリアル応用を目的とした高分子の化学構造については，現在に至るまで非常に多くの基礎研究が行われてきている。近年では，生体分子の構造を模倣したバイオミメティック高分子材料が開発され，非常に優れた特性を示すことが明らかにされている。代表的な例は，リン脂質の化学構造を模倣したpoly(2-methacryloyloxyethyl phosphorylcholine)（MPCポリマー）であり，MPCポリマーを被覆した表面はタンパク質の非特異的な吸着を抑制することが知られている[3]。また，海洋生物のイガイに多く含まれる3-(3,4-dihydroxyphenyl)-L-alanine（DOPA）を結合した高分子も生体分子を模倣した材料として有名であり，DOPA部位がガラス，金属，プラスチックなどさまざまな器材表面へと結合するため，化学修飾や表面修飾に応用されている[4]。

　一方，環状分子や共有結合を介さずに機械的に分子が連結されたロタキサン，カテナンなどの超分子は生体内には存在しない特異的な化学構造であり，そのような点ではバイオミメティック材料とは正反対のコンセプトの材料と言える。しかしながら，環状分子や超分子の構造に由来する物性は，新たな材料機能の発現につながることが生体材料開発においても強く期待される。こ

[*1] Atsushi Tamura　東京医科歯科大学　生体材料工学研究所　有機生体材料学分野　准教授
[*2] Nobuhiko Yui　東京医科歯科大学　生体材料工学研究所　有機生体材料学分野　教授

第6章　シクロデキストリン含有ポリロタキサンのバイオマテリアル応用

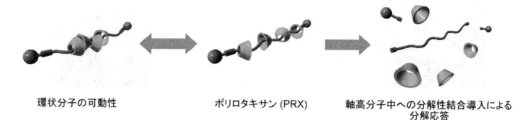

図1　バイオマテリアル設計に有用なポリロタキサンの機能特性

のような発想のもと，筆者らは多数のシクロデキストリン（CD）の空洞部に高分子鎖が貫通することで束ねられたポリロタキサン（PRX）（図1）の生体材料応用を研究している[5~7]。ポリロタキサン中に含まれる環状分子の可動性，ポリロタキサンの骨格構造に由来する分子間相互作用や分子可動性など従来の高分子にはない性質を示す（図1）。また，筆者らが開発した刺激分解性ポリロタキサンは，生体材料に広く用いられている生分解性高分子とは異なる迅速な分解様式を示すため，新たな分解性材料の設計に応用できる（図1）[8,9]。また，最も広く研究されているポリロタキサンは α-CD とポリエチレングリコール（PEG）から形成されるものであるが，これらの構成成分は医薬品として利用されている化合物であることから，ポリロタキサンは生体に対する侵襲性が低いと考えられることもバイオマテリアル応用には重要である。本章では，筆者らの研究例を中心にポリロタキサンのバイオマテリアル応用について概説する。

2　ポリロタキサンの自己会合を利用したバイオマテリアル

ポリロタキサンの構成成分である α-CD と PEG の水溶液を混合すると，主軸末端が封鎖をされていない状態の包接化合物（擬ポリロタキサン）が形成される。擬ポリロタキサンは分子間で強固な水素結合を形成するため，反応の進行に伴い擬ポリロタキサンは系中に析出する[10]。ここで生じた擬ポリロタキサンの沈殿を回収し，主軸両末端をかさ高い化合物で封鎖することでポリロタキサンを得ることができる[11]。Li らは，擬ポリロタキサン形成時の α-CD と PEG の濃度や PEG 分子量の影響を調べたところ，特定の条件では α-CD と PEG の水溶液がゲル状に硬化することを見出した[12]。擬ポリロタキサン部分が分子間で会合することで架橋点としてふるまい，PEG の非被覆領域がゲルのネットワークとして機能していると考えられる（図2）。Li らは，このような擬ポリロタキサンのゲル化現象を利用して，タンパク質デリバリーのための担体としての応用を検討した[13]。擬ポリロタキサンゲル内には蛍光標識デキストランを内包することが可能であり，さらにデキストランの放出速度は擬ポリロタキサンを形成する PEG の分子量が大きいほど遅延されることを明らかにした。また，束らは PEG と γ-CD から形成される擬ポリロタキサンにおいて，CD 同士が形成する微小空間にも薬物が内包され，三元複合体が形成されることを明らかにしている[14]。興味深いことに，擬ポリロタキサンが形成する微小空間にはさまざまな

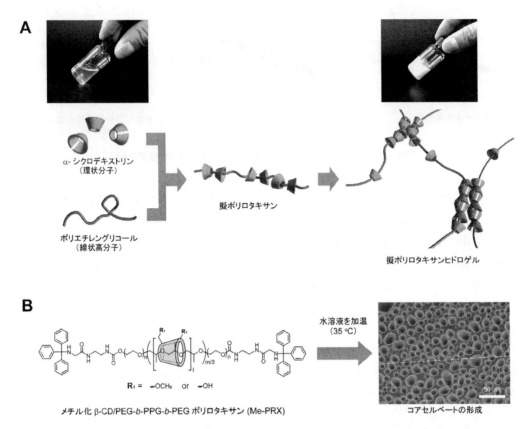

図2 （A）擬ポリロタキサンの分子間相互作用によるヒドロゲルの形成，（B）メチル化 β-CD/PEG-b-PPG-b-PEG ポリロタキサンの温度変化に伴うコアセルベート形成

化学構造の薬物が内包されることが明らかにされており，薬物の分子サイズが三元複合体の形成に影響することが示されている[15]。

東らは，分子量2,200のPEGが修飾されたPEG化インシュリンとγ-CDを混合することで擬ポリロタキサンゲルを調製し，タンパク質デリバリーへの応用を検討した[16]。PEG化インシュリン／γ-CD擬ポリロタキサンをラット皮下に投与し薬物動態を評価した結果，PEG化インシュリン単独と比較して最高血中濃度到達時間（t_{max}）が遅延されるとともに，血中濃度－時間曲線下面積（AUC）が有意に増加するなどの変化が認められた[17]。これは，擬ポリロタキサンの水への溶解度が低く，生体内でPEG化インシュリンが徐放されたことによると考えられる。また，PEG化インシュリンを単独で投与したラットでは投与2時間後に血糖値が最小となり，投与6時間後には元の血糖値に戻った。これに対し，PEG化インシュリン／γ-CD擬ポリロタキサンを投与したラットでは，投与4時間後に血糖値が最小となり，元の血糖値に戻るまでにおよそ12時間かかった。本結果は薬物動態パラメーターと相関しており，擬ポリロタキサンゲルを利用することで薬物の作用時間を長期的に持続させることが可能であることを示している。

また筆者らは，主軸両末端が封鎖されたポリロタキサン間の分子間相互作用により形成されるコアセルベートを用いたタンパク質デリバリーを検討した[18,19]。ランダムにメチル化されたβ-CDに，PEGとポリプロピレングリコール（PPG）のトリブロック共重合体（PEG-b-PPG-b-PEG）が貫通したメチル化ポリロタキサン（Me-PRX）は水溶液中で下限臨界溶液温度（LCST）型相分離を示し，高温では水溶液中で沈殿を生じる[18]。この時，Me-PRXの軸となるPEG-b-PPG-b-PEGの組成によってLCSTが変化するとともに，高温時に液相−液相の相分離であるコアセルベートを形成することを見出した（図2）。コアセルベートの形成には高温時に脱水和する環状分子間の疎水性相互作用が重要であり，このため疎水性の化合物は容易にコアセルベート内部へと封入される。また，分子内に疎水性のドメインを有するタンパク質も分子量や等電点に関わらずコアセルベート内に保持された[19]。よって，Me-PRXが形成するコアセルベートは体内局所にタンパク質を直接投与し，長期間作用させるための担体としての利用が期待される。実際に，マウス皮下に蛍光標識牛血清アルブミン（BSA）単体，ならびに蛍光標識BSA内包コアセルベートを局所投与し，蛍光イメージングにより投与部位からの消失速度を比較した。蛍光標識BSA単体では投与24時間以降，徐々に投与部位からの消失が認められた。一方，コアセルベートに内包して蛍光標識BSAを投与した場合，有意に高い蛍光強度を示し長時間投与部位に留まっていることが明らかになった。よって，Me-PRXの自己組織化によって形成されるコアセルベートはタンパク質を局所的に長時間作用させるためのインジェクタブルキャリアとして応用が期待される。

3 ポリロタキサンの分子可動性を利用したバイオマテリアル

ポリロタキサン構造において，軸高分子と軸上に機械的に束縛されている環状分子の間に分子間相互作用が働かない場合，環状分子は軸に沿って回転，移動すると考えられる。このような分子可動性は，一般的な高分子材料にはない特異的な性質である。ポリロタキサン中のCDの分子可動性はCDの貫通率などによって変化すると考えられる。実際に核磁気共鳴のスピン−スピン緩和時間（T_2緩和時間）よりCDの可動性を見積もると，ポリロタキサン中のCDは貫通数によって大きく変化するが，条件によってはCD単体と同程度のスピン−スピン緩和時間を示す[20]。通常の高分子側鎖ではこのような速い分子可動性を獲得することや広範囲に可動性を変化することはできない。このようなポリロタキサンに固有とも言える分子可動性は，分子間相互作用の制御に役立てることができる。例えば，オリゴ糖などをリガンドとしてポリロタキサン中のCDに修飾すると，レセプタータンパク質間の結合定数がオリゴ糖単体と比較して3桁ほど向上する[20]。また，従来の合成高分子にオリゴ糖を結合したものと比較しても結合定数ははるかに高かった。CDに結合したリガンド分子が軸に沿って可動するため，レセプターとの結合における立体障害の解消や，多価相互作用の亢進によるものであると考えられる（図3）。実際に，ポリロタキサンに結合したオリゴ糖部位のT_2緩和時間とレセプターとの結合定数の間には相関性が

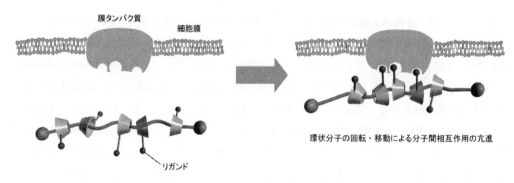

図3　リガンド修飾ポリロタキサンと膜タンパク質（レセプター）間の相互作用における分子可動性の効果

認められることから，分子間相互作用において分子可動性は重要な因子であると言える。

細胞表面に発現する膜タンパク質に対する相互作用を明らかにするために，細胞の接着因子として膜上に発現するインテグリンと選択的に結合するArg-Gly-Asp（RGD）ペプチドをCD部位に修飾したポリロタキサンを調製し，細胞との相互作用を評価した[21]。RGDペプチド修飾ポリロタキサンを固定した表面上では，RGDとインテグリン間の相互作用が亢進されることが表面プラスモン共鳴（SPR）装置を用いた解析により明らかになった。また，RGDペプチド修飾ポリロタキサンを固定した表面上にインテグリンを高発現するヒト臍帯静脈内皮細胞を播種すると，非可動性のRGD修飾ポリマー表面と比較して非常に迅速な細胞接着が観察された。これらの結果は，ポリロタキサンの分子可動性によってRGDペプチドと細胞表面のインテグリン間の相互作用が亢進したため，細胞の接着挙動に影響したと考えられる。このような分子可動性表面の分子認識機能を用いることで，高機能な細胞培養器材やバイオセンサー表面の設計に応用することができると期待される。また，ポリロタキサン（リガンド未修飾）を固定した器材表面では，細胞の接着形態，間葉系幹細胞の分化系統，iPS細胞の分化誘導効率がポリロタキサンの分子可動性に応じて変化することを明らかにしている[22～24]。すなわち，ポリロタキサンは細胞表面の膜タンパク質との相互作用を亢進するだけではなく，直接接着細胞の機能を制御することから細胞生物学的にも興味深く，従来のバイオマテリアル設計の概念を超越する新たな機能を秘めていると期待している。

4　分解性ポリロタキサンの医薬応用

ポリロタキサン中のCDは軸高分子によって構造的に束縛されているが，化学的な外部環境の変化や物理的な刺激によって封鎖基が脱離すると，ただちに超分子構造は崩壊する。このような化学的，物理的な刺激に対する分解応答性を賦与することで，ポリロタキサンは生分解性高分子のような機能を示す。分解性ポリロタキサンは，1つの封鎖基が脱離すると瞬時に貫通している

第 6 章　シクロデキストリン含有ポリロタキサンのバイオマテリアル応用

すべての CD が放出される。このため，完全な分解に必要な時間が短く，迅速な分解応答を示すことが特徴である。このような分解応答性のポリロタキサンは分解性のヒドロゲル，薬物キャリア，遺伝子キャリアなどのドラッグデリバリーシステムへの応用をこれまで検討してきた[25〜27]。また，分解性ポリロタキサンそのものが，疾患治療のための医薬として有用であることを筆者らは見出している。

グルコース 7 分子からなる β-CD は，コレステロールを空洞部に包接することが可能であり，生命科学研究に利用されてきた。近年，β-CD が細胞中の脂質やコレステロールに作用することでアルツハイマー病や動脈硬化症などの疾患に対して治療効果を示すことが明らかにされ，医薬品としての応用が期待されている[28, 29]。最も医薬品としての認可が期待されている疾患は，ライソゾーム病の一種であり細胞内にコレステロールの蓄積を生じるニーマンピック病 C 型（NPC病）である[30]。NPC 病は，常染色体劣性遺伝症であり乳児期より全身の細胞にコレステロールの蓄積が起こり神経後退などの重篤な症状を示すが，有効な治療法が確立されていない。Dietschy らは，ヒドロキシプロピル β-CD（HP-β-CD）を NPC 病モデルマウスに投与したところ，組織中へのコレステロールの蓄積が抑制され，神経機能の改善や生存期間の延長などの治療効果に繋がることを報告した[31]。

しかし，HP-β-CD は水溶性の化合物であり，NPC 病でコレステロールが蓄積している細胞内部へは到達しにくいといった課題がある。β-CD を効果的な医薬として応用するためには，何らかの分子設計を施す必要があると筆者らは考えた。そこで筆者らは，分解性ポリロタキサンを細胞内へと β-CD を輸送するためのキャリアとして応用できないかと考えた。ポリロタキサン

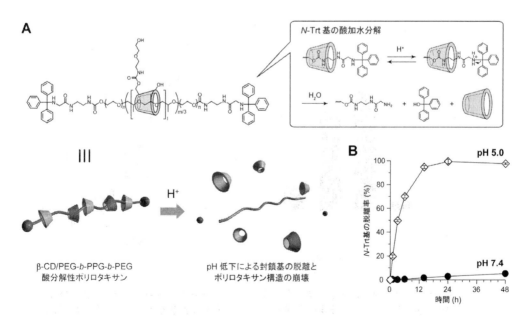

図4　(A) N-Trt 基を封鎖基として有する酸分解性ポリロタキサンの構造式と酸加水分解反応，
(B) 各 pH における酸分解性ポリロタキサン中の N-Trt 基脱離率（n = 3）

に細胞内への取り込みを促進させるリガンド分子などを修飾し，細胞内へと到達させた後に，pHなどの細胞内外の環境変化に応答して分解する設計を施せば，多数のβ-CDを細胞内部で放出することが可能となる。そこで，エンドソーム，リソソームでは細胞外環境（pH 7.4）よりもpHが低下（pH 4〜5）していることに着目し，酸性pHで脱離するN-triphenylmethyl（N-Trt）基を封鎖基として使用した酸分解性ポリロタキサンを新たに設計した（図4）[32]。N-Trt基を有するポリロタキサンは弱塩基性〜中性pHでは長期間安定であるが，エンドソーム，リソソームのpHに近いpH 5では24時間以内にTrt基が完全に解離し，β-CDを放出する（図4）。

　酸分解性ポリロタキサンのNPC病に対する治療効果を明らかにするために，NPC1を欠損したマウス（$Npc1^{-/-}$）をNPC病モデルマウスとして使用し，ポリロタキサン投与によるコレステロール蓄積量の変化を評価した[33]。3週齢より週1回ポリロタキサン（500 mg/kg）を投与し，8週齢のNPC病モデルマウスの肝臓中のコレステロール含量を定量した。NPC病モデルマウスは，正常マウスの約10倍コレステロールが蓄積していたが，ポリロタキサンを投与することで肝臓中のコレステロール蓄積を有意に抑制することが明らかになった（図5）。一方，同投与量（500 mg/kg）でHP-β-CDを投与したマウスでは，コレステロールの蓄積は抑制されなかった。これは，HP-β-CDの投与量が既報で有効とされている4,000 mg/kgと比べて著しく低かったためだと考えられる[31]。また，ポリロタキサンを週1回投与し続けた結果，NPC病モデルマウスの生存期間が約3週間延長されることが明らかになった（図5）。一方，同投与量のHP-β-CDでは有意な生存期間の変化は認められなかった。以上の結果より，酸分解性ポリロタ

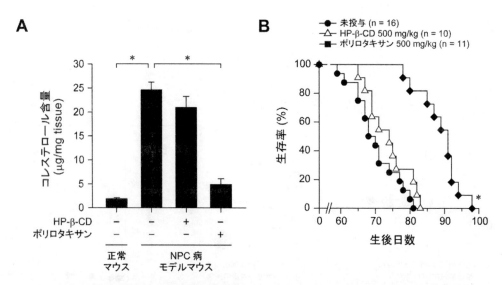

図5　(A) HP-β-CD（500 mg/kg），ポリロタキサン（500 mg/kg）を週1回計5回皮下投与したNPC病モデルマウス（8週齢）肝臓中のコレステロール含量変化（n = 5, *P < 0.001），(B) HP-β-CD（500 mg/kg），ポリロタキサン（500 mg/kg）を週1回皮下投与したNPC病モデルマウスの生存期間（*P < 0.001）

キサンは組織中のコレステロールの蓄積を低投与量でも効果的に抑制することで，HP-β-CD では治療効果が得られない低濃度でも優れた治療効果を示したと考えられる。分解性ポリロタキサンは細胞内のコレステロールへの作用が必要な場合，非常に優れた効果を示すと考えられ，NPC 病以外にもさまざまな疾患治療に役立てることができると期待される。

5 おわりに

本章では，生体には存在しないインターロック構造の超分子ポリロタキサンのバイオマテリアル応用について概説した。ポリロタキサンに特徴的な分子間相互作用や分子可動性を利用することで，従来の高分子とは異なるバイオマテリアル機能の発現に繋がることがさまざまな研究で明らかにされており，ポリロタキサンは魅力的な材料である。また，分解性ポリロタキサンはドラッグデリバリーシステムだけではなく，CD の医薬応用，疾患治療において特に有望だと考えられ，今後のさらなる応用展開が期待される。材料としてのポリロタキサンの機能には，ユニークな構造に由来する未解明の新機能が多く秘められていると筆者らは考えており，画期的，革新的なバイオマテリアルの創製に寄与することを強く期待している。

文　　献

1) 中林亘男ほか，バイオマテリアル，コロナ社（1999）
2) 石原一彦，ポリマーバイオマテリアル，コロナ社（2009）
3) Y. Iwasaki & K. Ishihara, *Sci. Technol. Adv. Mater.*, **13**（6），064101（2012）
4) B. P. Lee *et al.*, *Annu. Rev. Mater. Res.*, **41**, 99（2011）
5) N. Yui & T. Ooya, *Chem. Eur. J.*, **12**（26），6730（2006）
6) A. Tamura & N. Yui, *Chem. Commun.*, **50**（88），13433（2014）
7) J. H. Seo *et al.*, *Adv. Sci. Technol.*, **102**, 34（2017）
8) 大谷亨ほか，高分子論文集，**59**（12），734（2002）
9) 田村篤志ほか，高分子論文集，**74**（4），239（2017）
10) A. Harada *et al.*, *Macromolecules*, **23**（10），2821（1990）
11) A. Harada *et al.*, *Nature*, **356**（6367），1325（1992）
12) J. Li *et al.*, *Polym. J.*, **26**（9），1019（1994）
13) J. Li *et al.*, *J. Biomed. Mater. Res. A*, **65**（2），196（2003）
14) K. Higashi *et al.*, *Cryst. Growth Des.*, **9**（10），4243（2009）
15) K. Higashi *et al.*, *Cryst. Growth Des.*, **14**（6），2773（2014）
16) T. Higashi *et al.*, *Bioorg. Med. Chem. Lett.*, **17**（7），1871（2007）
17) T. Higashi *et al.*, *Biomaterials*, **29**（28），3866（2008）

18) K. Nishida *et al.*, *Macromolecules*, **49** (16), 6021 (2016)
19) K. Nishida *et al.*, *Biomacromolecules*, **19** (6), 2238 (2018)
20) T. Ooya *et al.*, *Bioconjugate Chem.*, **16** (1), 62 (2005)
21) J. H. Seo *et al.*, *J. Am. Chem. Soc.*, **135** (15), 5513 (2013)
22) J. H. Seo & N. Yui, *Biomaterials*, **34** (1), 55 (2013)
23) J. H. Seo *et al.*, *Adv. Healthcare Mater.*, **4** (2), 215 (2015)
24) J. H. Seo *et al.*, *RSC Adv.*, **6** (42), 35668 (2016)
25) T. Ichi *et al.*, *Biomacromolecules*, **2** (1), 204 (2001)
26) T. Ooya & N. Yui, *J. Control. Release*, **58** (3), 251 (1999)
27) T. Ooya *et al.*, *J. Am. Chem. Soc.*, **128** (12), 3852 (2012)
28) J. Yao *et al.*, *J. Exp. Med.*, **209** (13), 2501 (2012)
29) S. Zimmer *et al.*, *Sci. Transl. Med.*, **8**, 333ra50 (2016)
30) M. T. Vanier. *Orphanet J. Rare Dis.*, **5**, 16 (2010)
31) B. Liu *et al.*, *Proc. Natl. Acad. Sci. U.S.A.*, **106** (7), 2377 (2009)
32) A. Tamura *et al.*, *Sci. Technol. Adv. Mater.*, **17** (1), 251 (2016)
33) A. Tamura & N. Yui, *J. Control. Release*, **269**, 148 (2018)

第7章 ビスジアゾカルボニル化合物を用いた環化重合体の合成

下元浩晃[*1], 井原栄治[*2]

1 はじめに

　分子内に2つの重合性官能基を有する化合物をモノマーとする重合において，その2つの官能基が分子内で連続して反応して環状構造が生成すると環化重合[1~4)]になる。この環化重合ではポリマー主鎖に沿って多数の環状構造が存在する構造のポリマーが得られるが，その環状構造がガラス転移温度の上昇といった高分子材料としての物性を向上させるため，環化重合は高分子合成手法として注目されている。

　本書でも紹介されているが，従来の環化重合の主な例はジビニル化合物をモノマーとするものである。1,5-ヘキサジエン，1,6-ヘプタジエンを始めとする非共役ジエン類の遷移金属触媒重合および，2官能性のスチレン，アクリレート，ビニルエーテル誘導体のラジカル重合，イオン重合による環化重合が数多く報告されている。これらのジビニル化合物の環化重合で得られるポリマーの主鎖を構成する炭素は，通常のビニルポリマー同様すべてsp^3混成の炭素である。そして，その主鎖は，常に無置換のCH_2と置換基を有する炭素の交互の配列から構成される（図1(a)）。

　一方，我々の研究グループでは，ビニル重合とはまったく異なるsp^3混成の炭素のみから主鎖が構成されるポリマーの合成法として，ジアゾ酢酸エステルの重合[5~7)]という手法の開発を行ってきた（図2）。これは，主鎖のC-C結合をビニル重合の2炭素ユニットではなく，1炭素ユニットから構築することから，一般的に「C1重合」あるいは「ポリ（置換メチレン）合成」と総称される重合法の一種である。ジアゾ酢酸エステルの重合では，主鎖のすべての炭素に置換基としてアルコキシカルボニル基（エステル）が結合した構造のポリマーが得られる。主鎖周囲のアルコキシカルボニル基の密度は，同じ置換基を有するビニルポリマーであるポリ（アクリル酸エステル）と比べて単純に2倍になり，このエステル置換基は主鎖の周囲に高密度に集積することになる。この構造的な特徴を活かし，さまざまな官能基をエステル置換基に有するモノマーの重合を行い，その集積効果を利用する機能性高分子の開発研究を行ってきた[8~19)]。

　ここで我々は，1分子内に2つのジアゾ酢酸エスエル部を有する2官能性モノマーを合成し，その官能基の分子内での連続的な成長反応を行うことができれば，ビニル重合で得られるものと

---

*1　Hiroaki Shimomoto　愛媛大学　大学院理工学研究科　物質生命工学専攻　特任講師
*2　Eiji Ihara　愛媛大学　大学院理工学研究科　物質生命工学専攻　教授

は異なる特徴を有する環化重合体が得られると着想した（図1(b)）[14]。図1(b)に示すように，この重合で得られるポリマーの主鎖の炭素は，すべてジアゾカルボニル基に由来するものとなるので，その主鎖中には無置換の CH_2 は含まれていない。すなわち，主鎖を構成するすべての炭素は環状構造を形成するための枝分かれを有しており，これがジビニルモノマーの環化重合により得られるポリマーとの重要な構造的違いである。結果として，得られるポリマーは主鎖に沿って環状構造が密に並んだ構造となる。

このビスジアゾカルボニル化合物の環化重合により得られる構造は，従来の重合法で合成することの困難なものである。N-置換マレイミドのラジカル重合により得られるポリマーが唯一，類似の基本骨格構造を有していることから，ビスジアゾカルボニル化合物の重合により得られるポリマーは，ポリ(N-置換マレイミド)の環サイズを拡大したエステル類縁体とみなすこともできる（図3）。

本稿では，ビスジアゾカルボニル化合物の環化重合による新しいタイプの環化重合体の合成に関する我々の試みを紹介する。

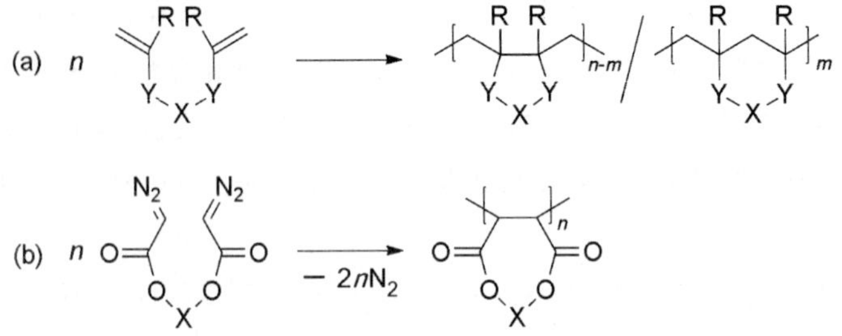

図1　ビニル化合物（a）とジアゾカルボニル化合物（b）の環化重合

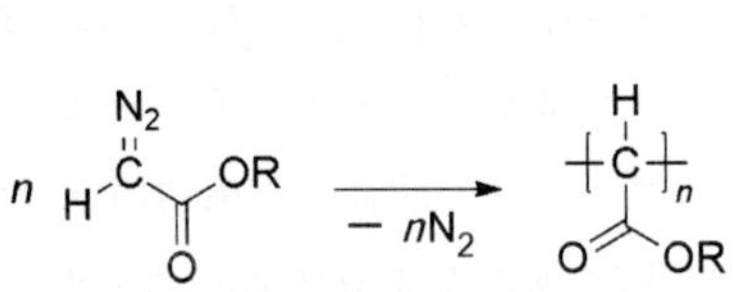

図2　ジアゾ酢酸エステルの重合

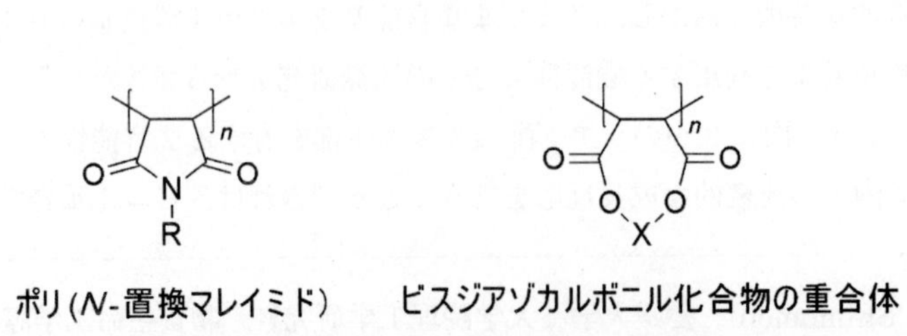

図3　ポリ(N-置換マレイミド)とビスジアゾカルボニル化合物の重合体

2 ビナフチルリンカーモノマーの重合

まず，2つのジアゾカルボニル基を結合させるリンカー部としてビナフチル骨格を有するモノマーを合成し，その重合を試みた。ビナフチル骨格に直接ジアゾカルボニル基を結合させたもの(**Bin-0**) に加えて，ビナフチル部とジアゾカルボニル基の間にモノ，およびジオキシエチレンユニットを挿入したもの (**Bin-1**, **Bin-2**) を合成し，そのリンカー部の構造（結果として生成する環状構造の環のサイズ）の違いが重合挙動に与える影響を検討した（図4）。

一般的に，このような2官能性モノマーの環化重合において，分子内の連続する成長反応を優先的に進行させて環化の効率を上げるためには，重合反応溶液のモノマー濃度の設定は極めて重要である。その濃度が高すぎると分子間成長反応が起こり，架橋構造が生成しやすくなると考えられる。そこで，π-allylPdCl[20]を開始剤とするモノマー **Bin-0** の重合をテトラヒドロフラン (THF) 中，0.24 M から 0.06 M の異なる濃度で行った（表1，runs 1～3）。1官能性のジアゾ酢酸エステルの重合で通常用いられるモノマー濃度 0.24 M での重合では，高分子量体（数平均分子量 M_n = 30,000）が得られたものの，その SEC（サイズ排除クロマトグラフィー）トレースは多峰性であり，分散度（PDI）は 14.8 と非常に高い値であったことから，この条件での **Bin-0** の重合では分子間の架橋反応がかなりの程度進行していると考えられた（図5）。モノマー濃度を 0.16 M (run 2)，0.06 M (run 3) へと低下させるに伴い，得られるポリマーの分子量は大幅に低下し，PDI の値も小さくなったことから，濃度効果による架橋反応の抑制が示唆された。しかしながら，生成物の MALDI-TOF-MS（マトリックス支援レーザー脱離イオン化飛行時間型質量分析）による解析を行ったところ，期待されたモノマー由来の繰り返し単位の分子

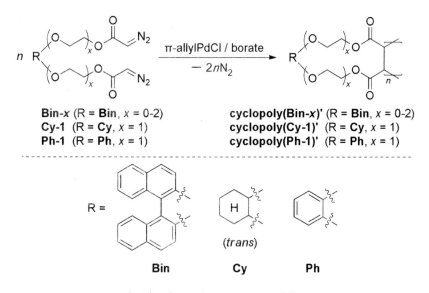

図4 ビスジアゾカルボニルモノマーの重合スキーム

表1 ビスジアゾカルボニル化合物の重合[a]

run	monomer	monomer conc. (M)	borate[b]	yield (%)[c]	M_n[d]	PDI[d]
1	**Bin-0**	0.24	none	41	30000	14.8
2	**Bin-0**	0.16	none	58	23300	1.98
3	**Bin-0**	0.06	none	56	3000	1.92
4	**Bin-1**	0.05	none	46	3100	1.47
5	**Bin-1**	0.05	NaBPh$_4$	75	4400	1.84
6	**Bin-1**	0.05	LiBPh$_4$	68	3800	1.60
7	**Bin-2**	0.05	none	45	4800	1.27
8	**Bin-2**	0.05	NaBPh$_4$	72	6300	1.70
9	**Bin-2**	0.05	LiBPh$_4$	76	5200	1.98
10	**Cy-1**	0.05	none	40	2800	1.51
11	**Cy-1**	0.05	LiBPh$_4$	63	3700	1.55
12	**Ph-1**	0.05	none	50	2600	1.64
13	**Ph-1**	0.05	LiBPh$_4$	54	4500	1.93

[a][Pd] = 2 [(π-allylPdCl)$_2$], [monomer]/[Pd] = 25, in THF at 0 °C for 15 h. [b][NaBPh$_4$] or [LiBPh$_4$]/[Pd] = 1.2-2.5. [c]After purification with preparative SEC. [d]Determined by SEC (PMMA standards).

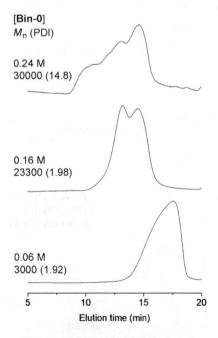

図5 poly(Bin-0)' の SEC トレース

第7章 ビスジアゾカルボニル化合物を用いた環化重合体の合成

量間隔のピークは観測されず,極めてブロードなピークのみが観測された。この結果から,**Bin-0** の重合では,低濃度条件下でも分子間の架橋反応の抑制が難しいと考えられる。

モノマー **Bin-0** の環化重合により形成される 10 員環の環サイズが環化に不利であるのではないかと考え,ビナフチル部とジアゾカルボニル基の間にモノおよびジオキシエチレン鎖を挿入した **Bin-1**,**Bin-2**(環化重合により,それぞれ 16 員環,22 員環が形成)の重合を試みた。表 1 の run 4 に示すように,π-allylPdCl を開始剤とするモノマー濃度 0.05 M での **Bin-1** の重合により,M_n = 3,100,PDI = 1.47 のポリマーが得られた。また,π-allylPdCl と組み合わせる添加剤として,ジアゾ酢酸エステルの重合に対する活性の向上に有効であることがわかっているボラート $NaBPh_4$ およびそのリチウム体 $LiBPh_4$ を用いたところ,収率の上昇が見られた(runs 5,6)。

Bin-1 の π-allylPdCl と π-allylPdCl/$LiBPh_4$ により得られたポリマーの MALDI-TOF-MS による解析結果を図 6 に示す。上述の **Bin-0** の場合と異なり,繰り返しユニットの分子量に対応する間隔(m/z = 454)で鋭いピークが観測された。その鋭いピークは,π-allylPdCl を用いて得られたポリマーでは複数現れているが,π-allylPdCl/$LiBPh_4$ を開始剤系として得られたポリマーのスペクトルでは,主に 1 種のピークが観測されている。その主なピークは,その m/z の値から開始末端が Cl,停止末端は溶媒として用いた THF が開環した構造[20]であることが判明した。π-allylPdCl と π-allylPdCl/$LiBPh_4$ により得られたスペクトルを比較すると,分子間の架橋反応の影響によると思われるブロードなピークの強度も,後者の方が低くなっている。

図 7 には,モノマー **Bin-1** および,π-allylPdCl と π-allylPdCl/$LiBPh_4$ により得られたポリ

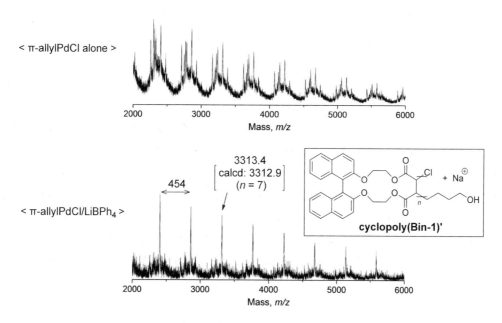

図 6 poly(Bin-1)' の MALDI-TOF-MS スペクトル

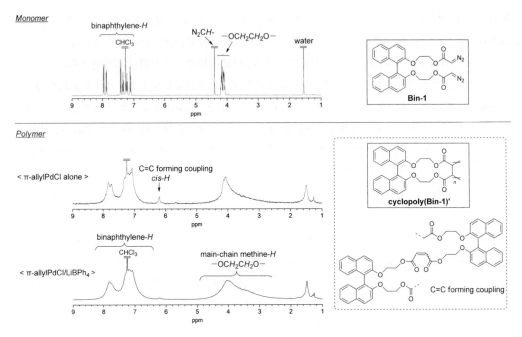

図7　Bin-1 およびそのポリマーの ^{1}H NMR スペクトル

マーの ^{1}H 核磁気共鳴（NMR）スペクトルを示す。モノマーのスペクトルに見られるピークが，ポリマーのスペクトル中では非常にブロードなピークとなっていることから，重合の進行が確認できる。注目すべきことは，π-allylPdCl により得られたポリマーのスペクトルには，6.2 ppm 付近に C=C に結合した H のピークが見られることである。これはジアゾカルボニル基の炭素が N_2 の脱離後にカップリングして C=C 結合を形成する副反応の進行によるものと考えられるが，この副反応も結果として架橋体の生成をもたらすものである。一方，π-allylPdCl/LiBPh$_4$ により得られたポリマーのスペクトルにはそのようなピークはほぼ見られず，上記の MALDI-TOF-MS の結果と合わせて，LiBPh$_4$ の使用により副反応が抑制されているといえる。

　リンカー部にジオキシエチレン鎖を導入したモノマー **Bin-2** の場合も，重合結果（表1, runs 7〜9），MALDI-TOF-MS，^{1}H NMR に関して，**Bin-1** と同様の結果が得られた。以上の結果から，ビナフチルリンカーを有するビスジアゾカルボニル化合物の環化重合はある程度は進行するものの，架橋反応を完全に抑制して定量的に環化重合のみを進行させることは困難であることが明らかとなった。ビナフチルリンカーに結合した2つのジアゾカルボニル基の，ビナフチル骨格に結合することによる空間配置が，環化に対して不利であることがその原因であると考えられる。そこで環化の効率を上げるために，リンカー部の構造を変更することとした。

第 7 章　ビスジアゾカルボニル化合物を用いた環化重合体の合成

3　シクロヘキシレン，フェニレンリンカーを有するビスジアゾカルボニル化合物の環化重合

　結合する 2 つのジアゾカルボニル基が環化重合の進行，すなわち分子内での連続した成長反応の進行に適した空間配置をとらせるためのリンカー部として，*trans*-1,2-シクロヘキシレンおよび，1,2-フェニレンを用いることとした．リンカー部とジアゾカルボニル基との間にモノオキシエチレンを挿入しているので，両者ともに，環化で生成するのは 14 員環である．表 1，runs 10〜13 にシクロヘキシレンモノマー **Cy-1**，フェニレンモノマー **Ph-1** の重合結果を示す．いずれのモノマーも，分子量 3,000〜5,000 程度のポリマーを 40〜60 % の収率で与えたが，π-allylPdCl のみよりもこの錯体に LiBPh$_4$ を添加剤として用いた場合の方が，収率，分子量ともに高い結果となった．

　図 8 に π-allylPdCl/LiBPh$_4$ による **Cy-1** と **Ph-1** の重合により得られたポリマーの MALDI-TOF-MS のスペクトルを示した．両サンプルともに，そのスペクトルは図 6 の **Bin-1** のものに比べて，ブロードなピークの強度の減少と主成分となるピークの強度の増大が観測されていることから，これらのリンカー部の構造の影響により，環化重合の効率が上昇していることが明らか

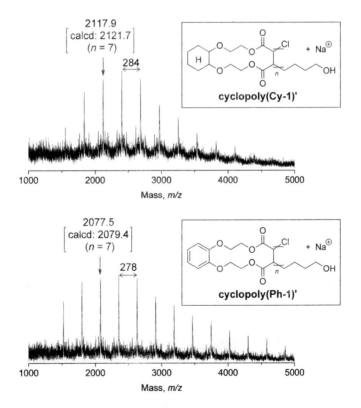

図 8　**poly(Cy-1)'** および **poly(Ph-1)'** の MALDI-TOF-MS スペクトル（リニアモード）

となった。その主成分ピークは，m/z 値からやはり上述の **Bin-1** の場合と同様に，開始末端に Cl，停止末端に開環 THF 由来の構造を有しているポリマー鎖に起因していることが明らかとなった。この MALDI-TOF-MS による末端構造の解析をさらに確実にするため，上記のリニアモードでの測定よりも分解能の高いリフレクターモードでの測定を行った結果を図 9 に示す。ここで，重合度 $n=7$ のポリマーに対応するピークについて，実測のピーク形状と理論的同位体分布のシミュレーションのピーク形状がほぼ一致していることから，この構造の同定が妥当であることが明確となった。

　ここで，この開始末端，停止末端が生じる重合の開始，停止機構について述べる。我々はすでに，ジアゾ酢酸エチルの π-allylPdCl/NaBPh$_4$ や π-allylPdCl のみを開始剤とする重合により得られたポリマーの末端構造の MALDI-TOF-MS による解析結果を報告している[20]。π-allylPdCl/NaBPh$_4$ を開始剤とした場合，開始末端には Ph が結合しており，これは NaBPh$_4$ からのトランスメタル化により生じた Pd-Ph 種により重合が開始していることを示している。そして，π-allylPdCl のみを用いた場合には，この錯体の Pd-Cl から重合が開始して，得られるポリマーの開始末端には Cl が結合する。今回の重合で，π-allylPdCl/LiBPh$_4$ を開始剤としているにもかかわらず開始末端が Cl であることは，図 10 に示すように活性種は Pd 上に負電荷が存在するアート錯体であって，Pd 上に開始種として機能できる Ph と Cl の両者が結合しており，ジアゾ酢酸エチルの場合とは異なりこのモノマーの重合では，Pd-Cl からの開始反応が進行したのではないかと推測している。停止反応に関しては，π-allylPdCl のみを開始剤とするジアゾ酢酸エチルの重合において，溶媒として用いた THF が成長種と反応して開環し，今回得られたものと同じ末端を生じることを明らかにしている。

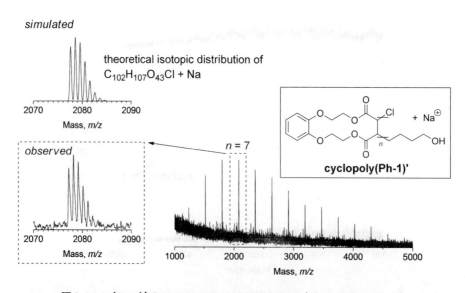

図9　**poly(Ph-1)'** の MALDI-TOF-MS スペクトル（リフレクターモード）

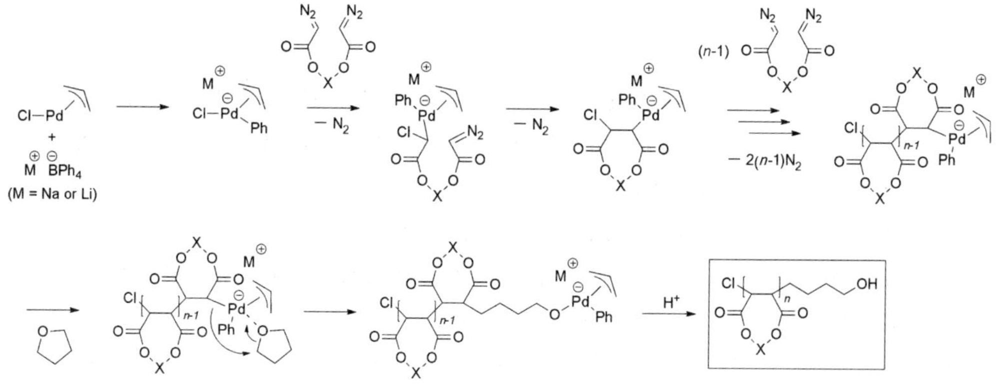

第7章　ビスジアゾカルボニル化合物を用いた環化重合体の合成

図10　ジアゾカルボニル化合物の環化重合における推定される開始・停止機構

4　環化重合体のガラス転移温度

　一般に，環化重合により得られた主鎖骨格に環状構造を含んだポリマーは，対応する環状構造を含まないポリマーと比較して，ポリマー鎖の運動性の低下によりガラス転移温度（T_g）が上昇することが期待できる。今回得られた環化重合体 **cyclopoly(Ph-1)'** に対応するポリマーとして，C1重合により **poly(Ph-1)'** を合成し（図11），示差走査熱量（DSC）測定による両ポリマーのガラス転移温度の比較を行った。その結果，ガラス転移温度は **cyclopoly(Ph-1)'** は81℃，**poly(Ph-1)'** は11℃となり，期待通りに環状構造の影響によって，環化重合体の方がガラス転移温度が大きく上昇するということが明らかとなった。

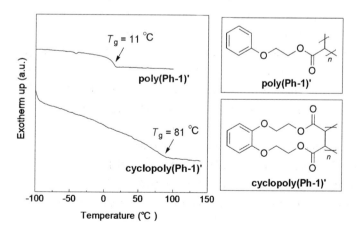

図11　**cyclopoly(Ph-1)'** および **poly(Ph-1)'** のDSC測定

5 まとめ

ビスジアゾカルボニル化合物の環化重合に初めて成功した。ジビニル化合物の環化重合の生成物と同様に，主鎖骨格が sp^3 炭素のみから構成されている環化重合体が得られた。成長反応における環化の効率はリンカー部の構造に大きく依存し，シクロヘキシレン，フェニレンリンカーを有するモノマーでは効率よく環化重合が進行し，構造の明確な環化重合体を得ることができた。ジビニル化合物から得られるポリマーの主鎖が，無置換の CH_2 と環状構造を形成するための置換基（枝分かれ）を有するユニットの交互配列から成るのに対して，ビスジアゾカルボニル化合物から得られるポリマーの主鎖はその置換基（枝分かれ）を有しているもののみから構成されている。このような特徴的な構造を有する環化重合体には，これまでにない性質，機能を有する高分子材料としての応用が期待できる。

文　献

1) G. B. Butler, Cyclopolymerization and Cyclocopolymerization, Marcel Dekker (1992)
2) G. B. Butler, *J. Polym. Sci., Part A: Polym. Chem.*, **38**, 3451 (2000)
3) T. Kodaira, *Prog. Polym. Sci.*, **25**, 627 (2000)
4) D. Pasini & D. Takeuchi, *Chem. Rev.*, **118**, 8983 (2018)
5) E. Ihara, *Adv. Polym. Sci.*, **231**, 191 (2010)
6) 井原栄治，下元浩晃ほか，高分子論文集，**72**, 375 (2015)
7) B. de Bruin *et al.*, *Chem. Soc. Rev.*, **39**, 1706 (2010)
8) E. Ihara, H. Shimomoto *et al.*, *J. Polym. Sci., Part A: Polym. Chem.*, **51**, 1020 (2013)
9) H. Shimomoto, E. Ihara *et al.*, *Macromolecules*, **47**, 4169 (2014)
10) H. Shimomoto, E. Ihara *et al.*, *Polym. Chem.*, **6**, 4709 (2015)
11) H. Shimomoto, E. Ihara *et al.*, *Polym. Chem.*, **6**, 8124 (2015)
12) H. Shimomoto, E. Ihara *et al.*, *J. Polym. Sci., Part A: Polym. Chem.*, **54**, 1742 (2016)
13) H. Shimomoto, E. Ihara *et al.*, *Solid State Ionics*, **292**, 1 (2016)
14) H. Shimomoto, E. Ihara *et al.*, *Macromolecules*, **49**, 8459 (2016)
15) H. Shimomoto, E. Ihara *et al.*, *Macromolecules*, **51**, 328 (2018)
16) E. Ihara, T. Hayakawa *et al.*, *ACS Macro Lett.*, **7**, 37 (2018)
17) T. Takaya, E. Ihara *et al.*, *Macromolecules*, **51**, 5430 (2018)
18) M. Tokita, K. Shikinaka *et al.*, *Polymer*, **54**, 995 (2013)
19) M. Tokita *et al.*, *Macromolecules*, **48**, 3653 (2015)
20) H. Shimomoto, E. Ihara *et al.*, *Macromolecules*, **45**, 6869 (2012)

第8章　環状高分子を利用する可動性架橋高分子の合成

久保雅敬*

1　はじめに

　環状高分子は，星形高分子，超分岐高分子，櫛形高分子，あるいはデンドリマーなどの特殊形状高分子に分類されるものであるが，その中で唯一，末端が存在しないものである。自由鎖末端を持たないことで，環状高分子はその性質（排除体積，ガラス転移温度，粘度，結晶性など）が同じモノマー単位から構成された直鎖状高分子と異なっている。したがって，高分子鎖の幾何学的構造を変えることで新しい性質が発現できるという点で興味深い。しかし，直鎖状高分子と環状高分子の最も大きな違いは合成に関わるコストであるかもしれない。汎用高分子の代表例であるポリスチレンについても，環状ポリスチレンに関する多くの研究報告が存在しているが，リビングアニオン重合や精密ラジカル重合，それに引き続く官能基変換，あるいは高度希釈条件による環化反応など，その合成には多くの手間がかかっており，その収率も高くないのが普通である。すなわち，環状ポリスチレンは，汎用高分子のポリスチレンであっても「高価な高分子」である。ガラス転移温度や粘度が少し異なるという理由のために環状高分子を材料として選ぶことは考えにくい。

　本稿では，そのような高価な高分子の用途を開拓するために，少量で材料の特性を変えることができる添加剤として利用することに着目した。具体的には，環状高分子を利用して可動性架橋高分子を合成する検討結果を紹介する。

2　可動性架橋高分子

　3次元高分子は，通常，共有結合によって高分子鎖同士を結合させる化学架橋や水素結合や疎水相互作用などのような可逆的な相互作用で高分子鎖を結びつける物理架橋によって調製される。最近になって，化学架橋や物理架橋とは異なる新しい範疇に属する架橋高分子が合成されてきている。その構造を図1に示す。このようなネットワーク構造においては，環状分子への糸通しが重要な役割を果たしている。すなわち，幹高分子が環状分子に糸通しすることによって，機械的な結合が生じ，高分子鎖同士が拘束される。高分子鎖間に共有結合をはじめとする化学結合が存在しないにもかかわらず，3次元構造が形成されている。この新しい架橋構造の最大の特徴は，架橋点の移動が可能なことである。架橋点が動くことにより，高分子鎖の運動性が高く保

＊　Masataka Kubo　三重大学　工学部　分子素材工学科　教授

持されており,大きな膨潤性や優れた耐衝撃性などが発現する。すなわち,可動性架橋を導入することで,従来の架橋高分子とは異なる物性の発現が期待できる。

3 環状マクロモノマーを利用する可動性架橋高分子の合成

これまでに,さまざまな手法によって可動性架橋構造を有するネットワーク高分子が合成されてきている。その合成手法は,ネットワーク高分子の構造によって異なるが,ここでは,環状マクロモノマーの重合を利用して移動架橋をネットワーク高分子中に導入する手法を紹介する。その反応スキームを図2に示す。環状マクロモノマーは,糸通し可能な十分な大きさの内孔を有する環状高分子に1つの重合性官能基が導入されている。このような環状マクロモノマーと適当なモノマーを高濃度条件下で共重合すると,共重合過程で起こる糸通しによって3次元構造が形成される。すなわち,環状マクロモノマーは非共有結合型架橋剤として機能する。

非共有結合型架橋剤として用いられた環状マクロモノマーの例を図3に示す。環状マクロモノマー1および2はZilkhaらによって報告[1~3)]されたものであり,糸通し可能な大きさの内孔を有する環状ポリエチレンオキシドにフマル酸部位あるいはメタクリルアミド部位のような重合性官能基を導入したものである。種々のビニルモノマーとのラジカル重合によってゲル化が起こることが見出されている。環状マクロモノマー1の場合,N-ビニルピロリドンのような水溶性ビニルモノマーとのラジカル重合によって,機械的に架橋されたヒドロゲルの合成についても報告

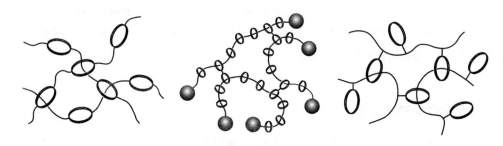

図1 可動性架橋高分子の例

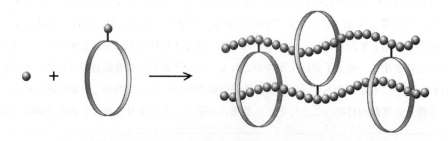

図2 環状マクロモノマーの重合を利用する可動性架橋高分子の合成

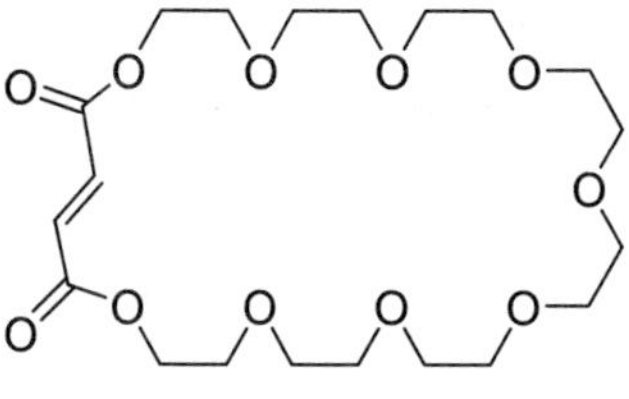

第8章　環状高分子を利用する可動性架橋高分子の合成

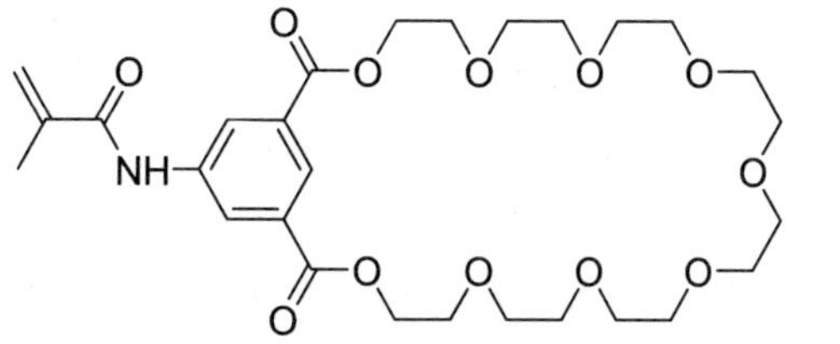

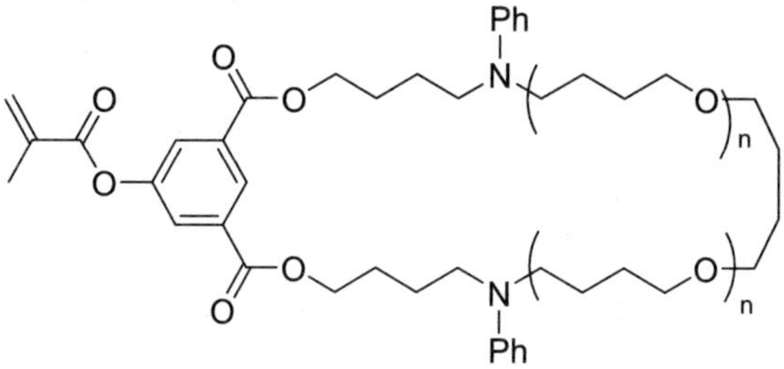

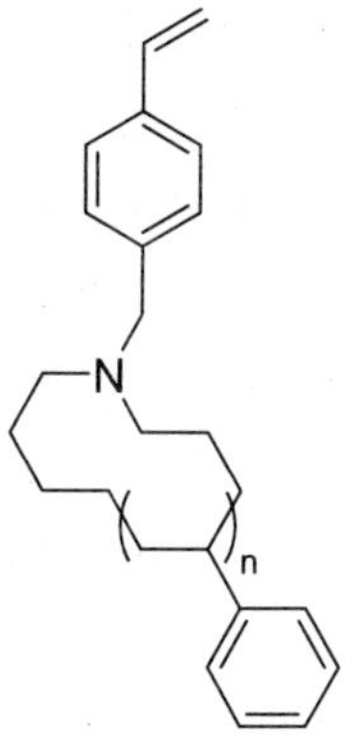

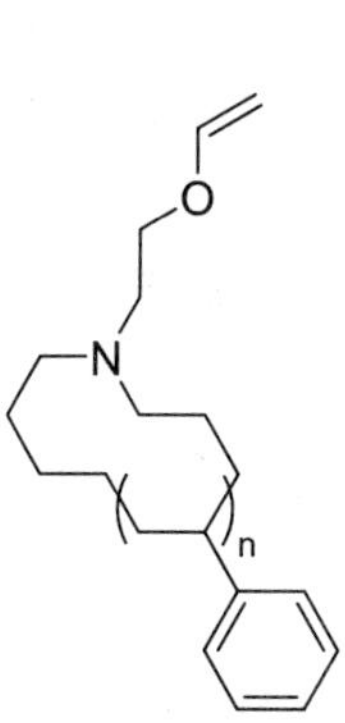

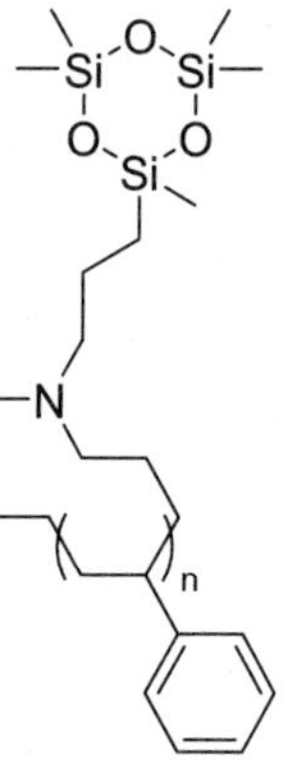

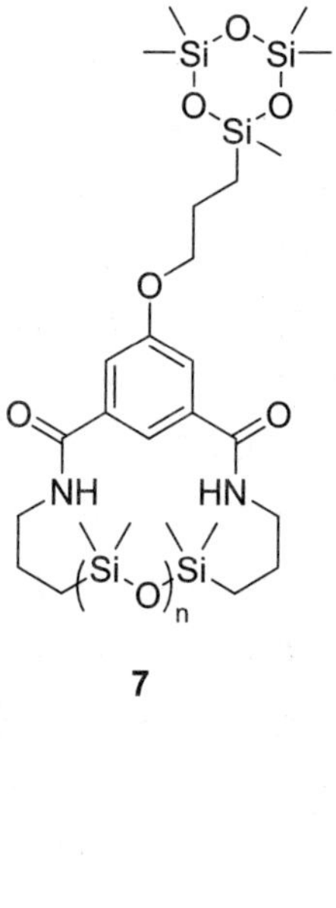

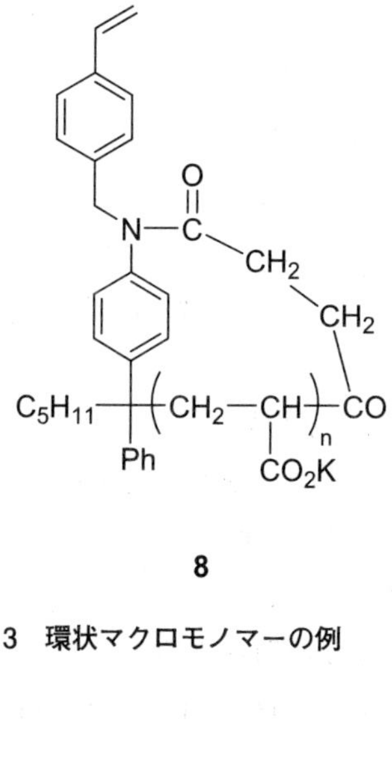

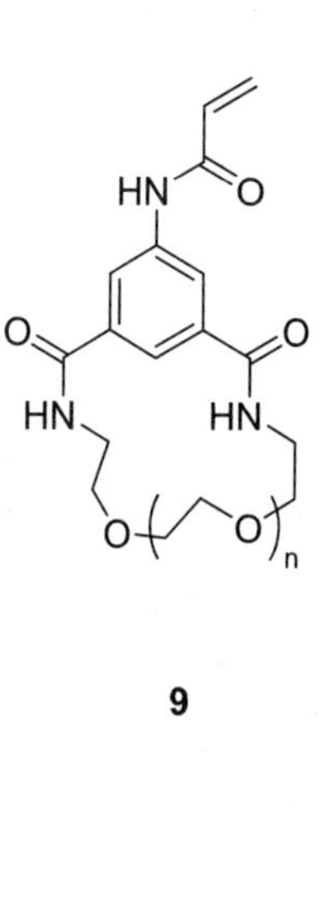

図3　環状マクロモノマーの例

されている。化合物 **3** は，手塚らによって報告[4]された環状マクロモノマーである。彼らは，テレケリックポリマーの自己集積とそれに引き続く熱的な共有結合生成反応を巧みに利用することで，効率的な環状ポリマーの合成方法を開発している。その研究の一環として，環状ポリテトラヒドロフランに重合性官能基を導入し，メタクリル酸メチルとのラジカル重合によって，糸通しに由来する機械的な架橋反応の進行を確認した。

可動性架橋構造を形成するための環状部位への糸通しは，配位相互作用や水素結合などの補助的な相互作用を利用していないので，糸通しが効率よく起こるためには，環状部位が比較的硬く，しっかりとした内孔を形成している方が有利であると考えられる。そこで，筆者らは，脂肪族ポリエーテルよりも剛直なポリスチレンに着目し，環状ポリスチレンに基づいた環状マクロモノマーを分子設計した。それが **4～6** である。これらの環状マクロモノマーは，環状ポリスチレンに基づいており，ポリスチレン部位としては，NMR 解析や MALDI-TOF MS 分析が容易になるように，重合度としては 20～30 程度のものを用いている。この場合は，環を構成している原子数が，平均として 60～70 程度であるので，ポリマー鎖が糸通しするのに十分な大きさであると考えられる。環状マクロモノマー **4**[5,6]には共役型のビニル基が導入されており，アクリル酸 t-ブチルとの共重合においてゲル化が観測された。また，スチレンとの共重合を乳化条件下あるいは熱重合条件下で行うことにより，可動性架橋構造を有するポリスチレンゲルが得られた。非共役型のビニル基が導入された環状マクロモノマー **5**[7]の場合，非共役型ビニルモノマーである酢酸ビニルとの共重合によって，機械的に架橋されたポリ酢酸ビニルが得られる。また，得られた架橋ポリマーは，容易に，ヒドロゲルであるポリビニルアルコールへ誘導することが可能であった。このようにして合成されたネットワークポリマーは，大きな膨潤体積を示すことが特徴であり，低い架橋密度と可動性架橋の性質を反映していると考えられる。一方，環状マクロモノマー **6**[8]の場合は，重合性官能基としてシクロトリシロキサン部位を有している。したがって，環状マクロモノマー **6** とヘキサメチルシクロトリシロキサン（D3），あるいはオクタメチルシクロテトラシロキサン（D4）とのアニオン共重合を行うことで，可動性架橋構造を有するポリジメチルシロキサン（PDMS）が得られた。通常，化学架橋された PDMS は，そのままでは機械的な強度が弱く，もろいので，シリカなどのような無機フィラーと複合化して用いられているが，機械的に架橋された PDMS ゲルは，非常に伸張性に富んでおり，化学的な性質は従来の PDMS ゲルと類似しているものの，物理的な性質は大きく異なっていることがわかった。

前述したように，環状ポリスチレンにシクロトリシロキサン部位を導入することで，機械的に架橋された PDMS ゲルを得ることが可能である。しかし，ポリスチレンと PDMS は相溶性が低く，重合過程で糸通しが起こる均一溶液を形成するためには，ニトロベンゼンのような高極性・高沸点溶媒を使用することが必要であった。また，この場合は，共重合の進行に従って架橋構造が形成されていくので，結果として，架橋ポリマーが反応系から析出してくる。一方，環状マクロモノマー **7**[8]は，このような課題を克服するために分子設計されたものであり，環状 PDMS に基づいている。したがって，D4 と化合物 **7** は相溶性があるので均一に混和する。すな

第8章 環状高分子を利用する可動性架橋高分子の合成

わち,共重合反応は,溶媒を使用することなく進行するので,バルク状のゲルが得られる特徴を有している。

ヒドロゲルは水溶性ビニルモノマーを架橋させたものであり,近年は刺激応答ゲルを始めとしたスマートゲル（インテリジェントゲル）などの分野で注目されている機能性高分子材料である。通常,ヒドロゲルはメチレンビスアクリルアミド（MBAAm）などを化学架橋剤として用いることで調製されるが,ヒドロゲルの構造中に可動性架橋を導入することができれば,高分子鎖の運動性が高くなるので,ゲルの体積変化速度などの動的性能を向上することができると期待される。そのような発想から,ヒドロゲル中に可動性架橋を導入する目的で合成された水溶性環状マクロモノマーが **8**[9]である。化合物 **8** はポリアクリル酸カリウムに基づいており,アクリルアミド／アクリル酸ナトリウムとの3元共重合を行うことにより,可動性架橋構造を有する高分子電解質ゲルが得られる。塩化銅(Ⅱ)を用いたゲルの収縮実験から,可動性架橋点を導入することで大きな体積収縮が観測されることがわかった。一方,環状マクロモノマー **9**[10]はポリエチレングリコールに基づいた水溶性環状マクロモノマーであり,N-イソプロピルアクリルアミド（NIPAAm）との共重合によって,可動性架橋構造を有するポリ（N-イソプロピルアクリルアミド）（PNIPAAm）が得られる。また,化学架橋ゲルに比較して速い体積収縮速度を示すことがわかった。すなわち,可動性架橋に由来する高分子鎖の高い運動性によって,ゲルの動的性能が向上することがわかった。

4 擬ポリロタキサンを経由する2段階の架橋反応

上述した環状マクロモノマーを利用する可動性架橋高分子の合成は,いったん環状マクロモノマーが調製できれば,コモノマーを変えることでさまざまな架橋高分子を得ることができるという点で汎用性の高い手法である。しかし,共重合課程で起こる糸通しがネットワーク構造を形成することから,反応の比較的初期に3次元化が起こり,反応系の粘度が急速に上昇するので,得られた架橋体の3次元構造は均一でないと考えられる。また,反応を溶液系で行った場合は,3次元構造の形成によって架橋高分子が反応系から析出してくるので,望み通りの形状に成型することができない。すなわち,架橋構造の不均一性と低い成型性が課題である。

そこで,均一な架橋構造と成型加工性を同時に達成できるように,途中で可溶性の中間体を経由する2段階の架橋反応を考案した。その反応スキームを図4に示す。まず,最初の反応段階は,環状分子の存在下で適当なモノマー重合することで,糸通しによって生成する擬ポリロタキサンを形成する。この段階では,架橋構造が形成されていないので,成型加工することができる。次に,環状部位と直鎖状部位との間に共有結合を導入することができれば3次元構造へ誘導することができる。

このような考えを基にして,アミノ基を有する環状ポリスチレン **10**[11]の存在下でメタクリル酸メチル（MMA）のバルクラジカル重合を行った。得られた重合体を加熱することで,不溶化

環状高分子の合成と機能発現

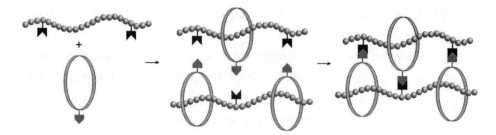

図4 擬ポリロタキサンを経由する可動性架橋高分子の合成

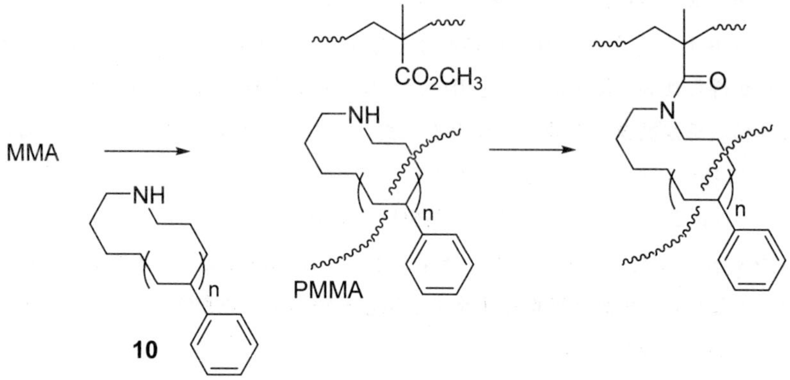

図5 2段階反応を利用する PMMA の架橋反応

することが確認された。同様な反応を，アミノ基を持たない環状ポリスチレンの存在下で行ってもゲル化は観測されなかった。また，アミノ基含有ポリスチレンの濃度を上げることで，得られたゲルの膨潤度が低下し，より密な架橋構造が形成されたことがわかった。このような実験事実は，MMA の重合過程で糸通しが起こり，結果として擬ポリロタキサンが形成し，その後の熱的アミド化反応によって3次元構造が完成したことを示している（図5）。

5 おわりに

合成に手間のかかる環状高分子を可動性架橋高分子の形成に用いる架橋剤として着目し，可動性架橋を有するネットワークポリマーを得るための非共有結合型架橋剤の分子設計とその反応について紹介した。可動性架橋を有するネットワークポリマーの合成例は，これまでのところ，まだ限られており，その性質についても未知な領域が多く残されている。機械的な結合によって得られるカテナンあるいはロタキサンは，有機化学の分野においても精力的に研究が進められているが，その場合，効率的に糸通しが起こるように，金属イオンの配位相互作用などを積極的に利用しているものが多い。しかし，抵抗なく架橋点が移動することで，より高いポリマー鎖の運動

第8章 環状高分子を利用する可動性架橋高分子の合成

性が保持されるという観点からは,糸通しの駆動力として,配位相互作用や水素結合などの補助的な相互作用が存在しないほうが望ましい。環状ポリマーに基づいた非結合型架橋剤の分子設計や架橋構造を形成するための反応設計を適切に行うことで,伸張性や耐衝撃性に優れたエラストマー,あるいは,速い膨潤・収縮が可能な刺激応答ゲルなど,優れた物性を有する新しいネットワークポリマーの開拓が期待される

文　献

1) A. Zada et al., *Eur. Polym. J.*, **35**, 1159 (1999)
2) A. Zilkha, *Eur. Polym. J.*, **37**, 2145 (2001)
3) A. Zada et al., *Eur. Polym. J.*, **36**, 351 (2000)
4) H. Oike et al., *Macromolecules*, **34**, 6229 (2001)
5) M. Kubo et al., *Macromolecules*, **35**, 5816 (2002)
6) M. Kubo et al., *Macromolecules*, **37**, 2762 (2004)
7) M. Kubo et al., *Polym. Bull.*, **52**, 201 (2004)
8) K. Miki et al., *J. Polym. Sci. Part A: Polym. Chem.*, **47**, 5882 (2009)
9) M. Kubo et al., *J. Polym. Sci. Part A: Polym. Chem.*, **43**, 5032 (2005)
10) K. Ishida et al., *Macromolecules*, **45**, 6136 (2012)
11) T. Nozaki et al., *Macromolecules*, **41**, 5186 (2008)

【第Ⅴ編　解析】

第1章　環状高分子の精密キャラクタリゼーション

高野敦志[*]

1　はじめに

　高分子の一次構造がその物性に影響を与えることはよく知られている。環状高分子は「末端を持たない」という一次構造により，その構造を反映した特徴的な物性を示すと考えられている。しかしながら，環状高分子は線状高分子や分岐高分子と比べて物性測定に適した素性の明確な環状試料の調製の難しさから，その物性は最近まで十分理解されていなかった。環状高分子の合成研究の歴史は50年以上あり，例えば，Semlyenらによる環状ポリジメチルシロキサン[1]，Remppらによる環状ポリスチレン[2]，Rooversらによる環状ポリスチレン[3]と環状ポリブタジエン[4]の報告などがある。1980年代に入ると，これらの試料を用いて溶液中ならびにバルク中における諸物性が研究され，特に粘弾性についてはRoovers[5,6]やMcKenna[7,8]らにより測定が行われた。その結果，環状高分子の粘弾性挙動は線状高分子のそれとは明らかに異なるものの，一貫性のある結果は得られず，環状高分子の分子運動の描像など，明確な結論が得られるところまでは至っていなかった。この原因の一つは，環状高分子の素性が不明確であったこと，すなわち，キャラクタリゼーションが厳密に行われた環状高分子試料が使用されていなかったことにあると考えられる。

　それでは，なぜ環状高分子のキャラクタリゼーションがきちんと行われていなかったのであろうか？　線状高分子と環状高分子の唯一の一次構造上の違いは「末端」の有無である。線状高分子の末端は必ず2つあるのに対して，環状高分子では0であり，これらの値はその試料の分子量によらず，一定である。そのため，特に環状高分子の分子量が増加するにしたがって，この末端がないこと（あるいは連結点があること）を定量的に証明することは困難になっていく。このことが，高分子量環状試料における環状構造の証明を困難にしていると考えられる。後述するが，最近，新しい高性能液体クロマトグラフィー（HPLC）分析技術の進歩により，従来の物性測定に用いられてきた環状高分子試料中には，10～25%の分子量の等しい線状高分子が含まれていたことが明らかとなった[9]。すなわち従来の粘弾性をはじめとする物性研究では，線状高分子が混入した試料を使用しており，純粋な環状高分子単体の性質を調べることができていなかったことが明らかにされている。さらに環状高分子の厳密な物性研究においては高純度環状試料の調製が必要であることが示されている。

　近年，高分子合成技術の進展により，さまざまな合成方法が開発され，いろいろな環状高分子

---

[*] Atsushi Takano　名古屋大学　大学院工学研究科　有機・高分子化学専攻　准教授

第1章 環状高分子の精密キャラクタリゼーション

が合成されるようになってきた。その合成方法は基本的に2種類の方法に分類され，その一つは，両末端反応性の線状高分子の分子内末端カップリング反応を用いた合成方法であり，もう一つは，環状開始剤を利用したモノマーの環拡大重合による方法である。ただし，いずれの方法で環状高分子を合成しても，環状分子生成率は100％ではない。前者の方法では，環状高分子の生成とともに必ず未反応前駆体線状分子の残存や，前駆体線状分子同士の分子間反応による高分子量線状分子などの副生が必然的に起こる。また，後者では，理想的には環状分子のみを生成する反応機構であるが，実際には開始剤中，あるいはモノマー中に含まれる不純物などの影響で，線状分子が副生してしまう。したがって，環状高分子のキャラクタリゼーションにおいては環状高分子の含有率の分析は物性研究をはじめとする環状高分子の本質解明にとっては非常に重要である。

そこで，本稿では，環状高分子のキャラクタリゼーションを①環状高分子の一次構造の証明（末端のない環構造を有しているか？），②環状高分子の含有率分析，の観点から概説する。さらに，環状高分子はその閉環構造に起因して位相幾何学的（トポロジー）異性体，例えば，「結び目」や「絡み目」を有する環状高分子，の形成が可能である。そこで③環状高分子の位相幾何学的（トポロジー）構造評価，についても紹介する

2　環状高分子の一次構造の証明

これまでさまざまな方法で環状高分子が合成されてきたが，定性的な環状構造のキャラクタリゼーション方法としては，分子量の等しい線状高分子と環状高分子の拡がり（コンフォメーション）の比較がよく行われている。実際にはサイズ排除クロマトグラフィー（size exclusion chromatography：SEC），光散乱，固有粘度による両高分子の拡がりの比較が行われている。

線状高分子と環状高分子の非摂動状態の拡がり（ガウス鎖近似），2乗平均回転半径（R_g^2）を比較してみるとNをセグメント数，bをセグメント長とするとき

$$R_{g(Linear)}^2 = Nb^2$$

$$R_{g(Ring)}^2 = (1/2)\ Nb^2 \tag{1}$$

で表されるので，

$$R_{g(Linear)}^2 = (1/2)\ R_{g(Ring)}^2$$

$$R_{g(Linear)} = 0.71 R_{g(Ring)} \tag{2}$$

の関係が導かれる[10]。実際，良溶媒中におけるSEC測定による分子量の等しい線状ポリスチレンと環状ポリスチレンの見掛けの分子量は実験的に求められており，おおよそ

$$M_{w(Ring)} = (0.71 \sim 0.73) \ M_{w(Linear)} \tag{3}$$

となることが確認されている[2,11]。すなわち，環状高分子は分子量の等しい線状高分子より，コンパクトなコンフォメーションをとることがわかる。これまでに合成された環状高分子の研究例では，SECを用いて線状高分子と環状高分子の見掛けの分子量（拡がり）を比較して議論されることが多い。しかし，後述するように，分子量の等しい線状高分子と環状高分子のSECクロマトグラムは必ず重なり合う部分があるため，その比較から定量的に環状分子の含有率を議論することは困難である。

次に定量的な環状構造のキャラクタリゼーション方法についてみてみる。両末端反応性の線状高分子の分子内末端カップリング反応を用いた環状高分子の合成方法では，先ず①2つ存在する末端部分が連結して新しい結合部分を形成する様子をNMRなど分光学的手法により追跡し，さらに②その反応が分子内反応であることをカップリング反応前後の試料の分子量がほとんど変化していないこと，あるいはカップリング反応に際して低分子の脱離などを伴う場合，脱離分子の分子量低下が起きていること，を質量スペクトルやSEC分析を用いて確認する，という2つの分析を組み合わせて環状構造の証明が行われている。図1にはこのような分子内末端カップリング反応前後の官能基の変化，および分子量変化を調べて環状構造証明を行った代表的な例を示す。

Kuboらは図1aに示すように，両末端にそれぞれアミノ基とカルボキシル基を有する線状ポリスチレンから脱水反応によりアミド結合を有する環状ポリスチレンを合成している[12]。この反応における官能基の変化の様子をNMRで確認し，さらに反応前後の試料の見掛けの分子量をSECで分析し，環状構造確認を行っている。また，Tezukaらは図1bに示すように，両末端に環状アンモニウム塩を有する線状ポリテトラヒドロフランと連結剤としてのビフェニルジカルボン酸ナトリウム塩を反応させ，一旦，希薄条件下，イオン結合で連結された環状高分子前駆体を形成させた後，さらに加熱することにより，イオン結合を共有結合へと変換する方法で環状ポリ

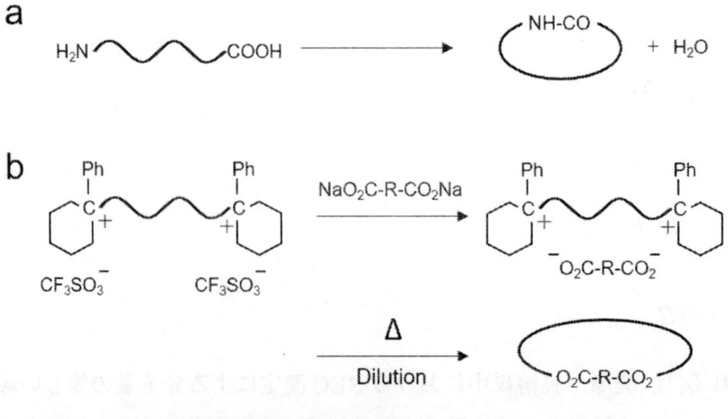

図1 Synthesis of ring polymers from linear telechelic polymers.

第 1 章 環状高分子の精密キャラクタリゼーション

マーを得ている[13]。この反応でも反応前後の末端官能基の変化を NMR により確認し、さらに反応前後の高分子の分子量を質量スペクトル（マトリックス支援レーザー脱離イオン化-飛行時間型質量分析法：MALDI-TOF-MS）により求め、環状構造確認を行っている。

また、ポリエステル（ポリエチレンテレフタレート）やポリアミド（6,6-ナイロン）など縮合高分子の場合も、両末端に連結可能な官能基を有するので、確率的に環状高分子の形成が可能である。Kricheldorf らはこれらの高分子の MALDI-TOF-MS 測定を行い、水 1 分子分の分子量差を持った分子の存在を確認しており、試料中には線状高分子と環状高分子の両者が存在していることを報告している[14,15]。

一方、環状開始剤を利用したモノマーの環拡大重合により合成された環状高分子試料の場合、得られた試料はすべて同じモノマー連鎖を有していることが多いので、NMR から試料中に環状分子がどれだけ含まれているかという定量的な分析は困難な場合が多い。そのため、定量的な分析としては MALDI-TOF-MS 測定により、線状分子と環状分子の分子量を正確に求めて環状構造の確認が行われている。

3 環状高分子の含有率測定

3.1 新しい HPLC による高分解能分析

上述の通り、比較的分子量の低い環状高分子の一次構造解析、あるいは環状高分子の含有率分析には NMR や質量スペクトルは非常に有効であるが、分子量が高くなると、末端（あるいは連結点）の検出は困難になっていくため、その定量的な分析は難しくなる。比較的分子量の高い環状高分子試料に対しても線状高分子との違いを明確に分析できる手段として、最近、高分解能 HPLC が開発され、利用されている。

高分子の分子量、ならびに分子量分布測定のための代表的な HPLC としては一般的に SEC が広く利用されている。SEC では試料と相互作用を持たないカラムを用い、溶質分子はカラム内に存在するさまざまな大きさの細孔への浸透の可否によって分離されるため、溶液中における拡がり（流体力学的半径）の大きい分子から小さい分子の順に溶出する。線状高分子に対して適用すれば、分子量の高い試料から低い試料の順に溶出する。その一方で、主に低分子化合物の HPLC 分析方法としては相互作用クロマトグラフィー（interaction chromatography：IC）がよく利用されている。IC では試料―固定相間に相互作用を持つカラムを用い、試料はカラム内で（吸着―脱着）を繰り返しながら移動し、溶出する。そのため、同じ極性の分子では吸着点の少ない分子、すなわち分子量の低い分子から高い分子の順に溶出する。ただし、高分子に対してはカラムに対する吸着が強すぎて、ほとんど溶出してこないために、これまではほとんど利用されなかった。しかし、最近、溶媒組成を変化させながら溶出させる方法（solvent-gradient interaction chromatography：SGIC）やカラム温度を変化させながら溶出させる方法（temperature-gradient interaction chromatography：TGIC）を用いて、試料―カラム間の相

互作用を連続的に変化させることにより，ICが高分子の分離に対しても適用されるようになってきた。さらにいくつかの高分子系ではカラム，溶媒組成，およびカラム温度を適切に選択することにより，組成や温度を一定にした条件でも分子量の低い試料から高い試料の順に溶出する条件も見つかってきている[16]。

上記2種類のクロマトグラフィーは正反対の溶出挙動を示すが，固定相ならびに移動相の極性を変化させ，固定相に対する溶質の吸着力を適切に変化させるならば，単一のHPLCカラムであってもその溶出機構をSEC機構からIC機構まで変化させることができる。そして，両者の間で相補的な条件を選ぶと，同じ高分子種で，かつ同じ一次構造の高分子であれば，分子量に依存せず，ほぼ同じ溶出体積に試料が溶出するところが現れることが見出された。このような臨界吸着条件（chromatographic critical condition）を利用したHPLCはliquid chromatography at the chromatographic critical condition（LCCC）と呼ばれている。例えば，ある高分子種の線状高分子のLCCC条件において，同じ高分子種で一次構造の異なる試料の測定を行うならば，その試料は，線状高分子のLCCC条件とは明確に異なる溶出時間に溶出される。すなわち，LCCCは環状高分子と線状高分子の分離に対しても非常に高い分解能を示す。さらにLCCCは一次構造の異なる高分子の分離のみならず，高分子ブレンド，ブロック・グラフト共重合体，末端官能基の異なる高分子，さらに立体規則性の異なる高分子などの分離に利用できることがわかってきている[16]。

筆者らは，これまで環状高分子やその同族体の合成に取り組んでいるが，それらのキャラクタリゼーションに対してLCCCやICを適用し，高分解能分離や試料含有率測定が可能であることを報告している。そこで次項では合成された環状高分子のLCCC分析（あるいはIC分析）に加えて，オタマジャクシ型高分子の分析についても検討した結果を紹介する。

3.2 LCCCによる環状高分子の分析

環状高分子は通常，両末端反応性線状プレカーサーの分子内末端カップリング反応により合成される。その環化反応においては分子間カップリング反応も競合するため，SEC分取や分別操作により環状高分子の単離精製が行われる。しかし，分別後の試料中の線状プレカーサーの混入の有無についてはSECなどを用いても明確に分析することができないため，これまでほとんどその含有率については定量的に議論されたことはなかった。

筆者らは，リビングアニオン重合により，両末端に1,1-ジフェニルエチレン型ビニル基を有する線状ポリスチレンを合成し，それを良溶媒中，希薄条件下で環化させ，さらにSEC分取により，環状ポリスチレン試料を得ている。図2にその合成スキームを示す。

分子量20 kから600 kまでの4種類の環状ポリスチレン試料を調製し，SEC，ならびにLCCCにより環状分子の含有率測定を試みている。SEC測定ではポリスチレンゲルカラム（内径7.8 mm×長さ300 mm）3本を用い，溶媒THF，流速1.0/minで，検出器としてUVを用いた。また，LCCC測定ではODSカラム（100Åpore，内径4.6 mm×長さ150 mm）を用い，

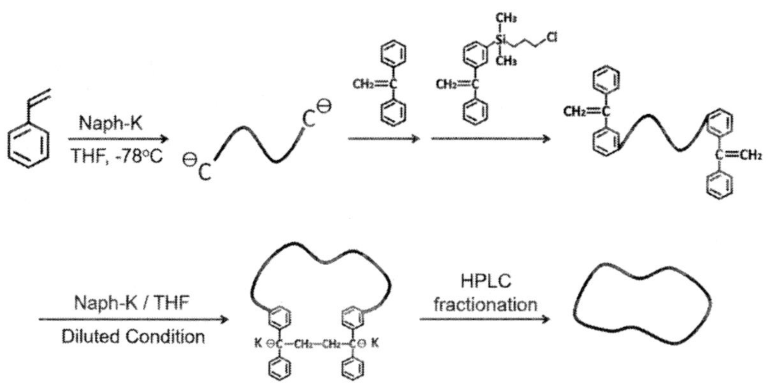

第 1 章　環状高分子の精密キャラクタリゼーション

図 2　Synthetic scheme of ring polystyrene.

溶媒 CH_2Cl_2/CH_3CN（57/43, vol/vol），温度 36〜40℃，流速 0.5 mL/min で，同じく検出器として UV を用いた。後者の測定における 37.5℃ の条件は線状ポリスチレンに対する LCCC 条件であり，線状ポリスチレンは分子量依存性がなくなり，同じ溶出時間に溶出する。一方，この条件ではセグメント密度の高い環状ポリスチレンは，線状ポリスチレンに比べてカラムに対して強く吸着するため，線状物より遅い溶出時間に溶出する。すなわち，環状ポリスチレンは IC 機構で溶出し，かつ分子量依存性を持つ。

図 3 に 4 組の線状／環状ポリスチレンの SEC 溶出曲線を示す。得られた環状高分子試料はいずれも分子量分布は狭く（$M_w/M_n \leq 1.04$），見掛けの分子量は対応する線状プレカーサーのおよそ 7 割程度になっていることがわかる。しかし，環状高分子と線状プレカーサーの溶出曲線はいずれも重なりあっていることから，環状高分子試料中に線状物がどれだけ含有しているかを定量的に見積もることは不可能である。

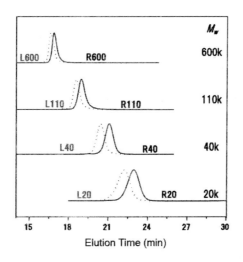

図 3　SEC curves for ring polystyrenes and the linear counterparts.

図4にODSカラムで，溶媒CH_2Cl_2/CH_3CN（57/43, vol/vol），流速 0.5 mL/min の条件で標準線状ポリスチレン（M_w = 10, 20, 110 k）を温度36～40℃の間で測定したクロマトグラムを示す。低温（36, 37℃）では分子量の低い試料から溶出していることからIC機構で分離されているのに対して，高温（39, 40℃）では分子量の高い試料から溶出しており，SEC機構で分離されていることがわかる。そして，37.5℃では3種の線状ポリスチレンは同じ溶出時間に溶出しており，この温度が線状ポリスチレンのLCCC条件であることがわかる。

また，図5に線状ポリスチレンのLCCC条件下でSEC分取により精製した環状ポリスチレン

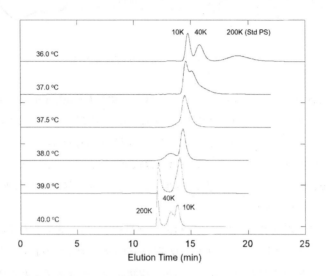

図4 HPLC chromatograms of standard polystyrenes (M_w=10 k, 40 k, and 200 k) at different temperatures ranging from 36 to 40℃.

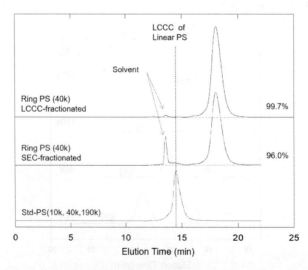

図5 LCCC chromatograms of SEC-fractionated ring polystyrene and LCCC-fractionated ring polystyrene.

試料（$M_w = 40$ k）とさらに LCCC 分取を行って精製した環状ポリスチレン試料の LCCC クロマトグラムを示す。まず，環状高分子は線状高分子より遅い時間に溶出していることがわかる。また，それらのピーク面積比より環状高分子含有率を定量的に評価することができる。この結果，精製された環状高分子は定量的に 96％，ならびに 99.7％の環状分子含有率を有することが確認された[11, 17~19]。

3.3 LCCC によるオタマジャクシ型高分子の分析

オタマジャクシ型高分子は分子内に環状高分子部分と線状高分子部分の両方を有した特徴的な一次構造を持つことから，例えば粘弾性的には分子間で強い絡み合いを形成することができ，非常に興味深い高分子である。この分子の環状部分となるジフェニルエチレン型ビニル（DPE）基を有する環状ポリスチレンの合成スキームを図 6a に示す。生成する環状高分子は反応機構上 2 点の DPE 基を有している。さらに図 6b の反応スキームにしたがい，環状高分子と片末端線

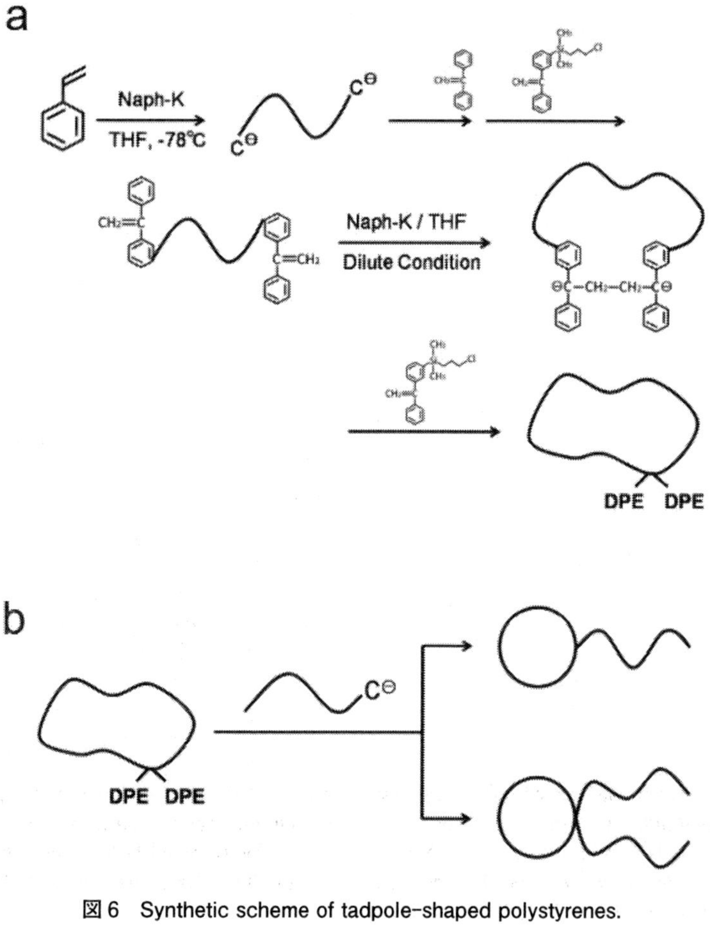

図 6 Synthetic scheme of tadpole-shaped polystyrenes.

状リビングポリスチレンをカップリングすると，1本腕オタマジャクシ型高分子と2本腕オタマジャクシ型高分子，さらに未反応の線状高分子の混合物が生成する。

多段のHPLC分取を通して高純度の環状高分子を単離した後，この高純度環状ポリスチレンとリビングポリスチレンをカップリングした際の反応前後のSECクロマトグラムを図7に示す。

図7cに示す反応生成物のクロマトグラムから，主生成物は2本腕オタマジャクシ型高分子で，その1/5程度の1本腕オタマジャクシ型高分子が生成していることがわかる。2種類のオタマジャクシ型高分子と未反応線状高分子は，SEC分取によって溶出時間の差があるため分離可能と考えられる。そこで，SEC分取を行い，2種類のオタマジャクシ型高分子をそれぞれ単離した。得られた試料の分子特性を表1に示す。さらにオタマジャクシ型高分子をSEC，LCCC，ICの3種類の溶出条件で測定した場合にどのように分離されるかを調べた結果を図8に示す。これより，本研究で調製された2種類のオタマジャクシ型高分子はSEC条件（50℃）でも分離できるが，強いIC条件（20℃）でも高い分解能で分離可能である[20]。

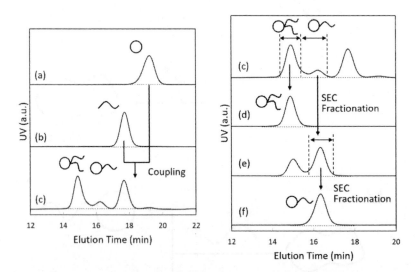

図7 SEC chromatograms of (a) ring polystyrene with DPE type functional groups, (b) living polystyrene, (c) raw reaction products from coupling reaction between the ring and the living polystyrene, (d) SEC-fractionated product for twin-tail tadpole polystyrene, (e) SEC-fractionated raw product for single-tail tadpole polystyrene, (f) SEC-fractionated product for single-tail tadpole polystyrene.

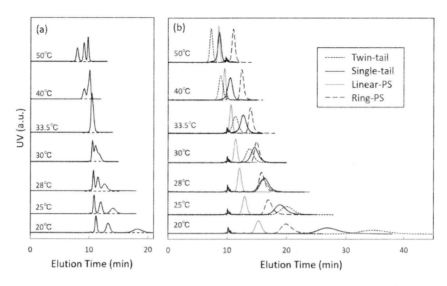

図8 SEC-LCCC-IC chromatograms of (a) standard polystyrenes with molecular weight of 10 k, 40 k and 100 k, and (b) twin-tail tadpole, single-tail tadpole, linear and ring.

4 環状高分子の位相幾何学的（トポロジー）構造評価

前節までHPLC技術を利用した環状高分子と環化反応生成物の分析について紹介した。その環化反応に際しては，いずれも線状高分子を良溶媒中で末端連結させることにより環状高分子の合成を行ってきた。良溶媒中ではテレケリックポリマーは十分に拡がっており，確率的に分子内に結び目を有する環状高分子が生成する確率は低いと考えられる。しかし，テレケリックポリマーにとって貧溶媒中で環化させた場合どのような分子が生成するのであろうか？ これを確かめるため，分子量38万のテレケリックポリスチレンを希薄条件下，貧溶媒中（シクロヘキサン中，30℃），ならびに良溶媒中（テトラヒドロフラン中，25℃）で環化した生成物を多角度光散乱検出器（MALS）を連結したSECにより比較分析した。各生成物中には線状プレカーサー，分子内環化物，分子間縮合物が確認できるが，最も溶出時間の長いピーク（1量体環状高分子）に注目してみると，両生成物は等しい絶対分子量を有しているにもかかわらず，貧溶媒中での環状1量体は良溶媒中のものより小さい回転半径を持つことが分かった。この結果は高重合度のポリマーを貧溶媒中で環化することで結び目（ノット）を有する環状高分子が生成していることを強く示唆している[20, 21]。

5 終わりに

現在，高分子合成技術の進歩に伴い，さまざまな合成方法を用いて環状高分子や環状共重合体が合成されている。HPLC技術のみならず，新しいキャラクタリゼーション技術が進み，環状

高分子試料のより精密，かつ迅速なキャラクタリゼーションが可能になることと，環状高分子類の自然科学の上での面白さがより広がることを期待する。

文　　献

1)　K. Dodgson and J. A. Semlyen, *Polymer*, **18**, 1265 (1977)
2)　G. Hild *et al.*, *Eur. Polym. J.*, **19**, 721 (1983)
3)　J. Roovers and P. M. Toporowski, *Macromolecules*, **16**, 843 (1983)
4)　J. Roovers and P. M. Toporowski, *J. Polym. Sci. Part B*, **6**, 1251 (1983)
5)　J. Roovers, *Macromolecules*, **18**, 1359 (1985)
6)　J. Roovers, *Macromolecules*, **21**, 1517 (1988)
7)　G. B. McKenna *et al.*, *Macromolecules*, **20**, 498 (1987)
8)　G. B. McKenna *et al.*, *Macromolecules*, **22**, 1834 (1989)
9)　H. C. Lee *et al.*, *Macromolecules*, **33**, 8119 (2000)
10)　B. H. Zimm and W. H. Stockmayer, *J. Chem. Phys.*, **17**, 1301 (1949)
11)　A. Takano *et al.*, *Polymer*, **50**, 1300 (2009)
12)　M. Kubo *et al.*, *Macromolecules*, **30**, 2805 (1997)
13)　K. Adachi *et al.*, *Macromolecules*, **39**, 5585 (2006)
14)　H. R. Kricheldorf *et al.*, *Macromolecules*, **34**, 713 (2001)
15)　H. R. Kricheldorf *et al.*, *Macromolecules*, **34**, 8879 (2001)
16)　H. Pasch and B. Trathnigg, "HPLC of Polymers", Elsevier (1998)
17)　D. Cho *et al.*, *Polym. J.*, **37**, 506 (2005)
18)　A. Takano *et al.*, *Macromolecules*, **45**, 369 (2012)
19)　Y. Doi *et al.*, *Macromolecules*, **48**, 3140 (2015)
20)　Y. Doi *et al.*, *Macromolecules*, **48**, 8667 (2015)
21)　Y. Ohta *et al.*, *Polymer*, **50**, 1297 (2009)
22)　Y. Ohta *et al.*, *Polymer*, **53**, 466 (2012)

第2章　環状および多環状高分子の拡散挙動の単一分子分光解析

羽渕聡史[*]

1　高分子粘弾性の分子レベルでの解析に向けて

　高分子の粘弾性は微視的には高分子鎖間の絡み合いに起因する[1,2]。数十年にわたる理論的，実験的[3~6]，そしてシミュレーション[7~9]を用いた研究から，高分子鎖のトポロジー（直鎖状，環状，多環状など）が分子鎖間の絡み合いに大きく影響することが明らかにされてきた。近年の研究では，高分子鎖のトポロジーがゲルなどの高分子材料の巨視的な物性を左右する大きな因子であることが判明しつつある[10,11]。

　高分子の粘弾性の解析には一般的にはNMR分光法，光／中性子散乱測定，応力緩和測定などの手法が用いられてきた[12~14]。現在の高分子物理理論はこれらの手法を用いて得られた結果を基に確立されてきたが，これらの集合平均計測法では個々の高分子鎖の動きを直接解析することはできない。高分子物理理論は，基本的には，異なる時間と長さスケールで生じる高分子鎖の種々の緩和モードを定量的に記述するものであるため，単一高分子の絡み合い条件下での拡散運動と分子内緩和の測定が分子レベルで高分子粘弾性を解析するための最初のステップとなる[15~19]。近年開発が進む単一分子イメージング法を用いると，個々の高分子鎖の動きと緩和を直接可視化し解析することが可能となるため，分子レベルでの高分子物性の解析のための有力なツールになりうる。そこで本稿では，絡み合い条件下での単一高分子の拡散挙動を計測するための手法について，その定量的解析のためのツールを含めて概説する。単一高分子の緩和過程の解析については他の文献を参照いただきたい[20,21]。

2　絡み合い条件下での高分子拡散挙動の単一分子解析のための実験系の構築

　単一高分子鎖の拡散挙動の測定には，単一分子を検出できる感度に加え，分子の動きを捕捉するための高い時間分解能と空間分解能が必要となる。単一分子蛍光イメージングは，これらの条件を満たす非常に強力なツールとなる[15,22~24]。絡み合い条件下での高分子の運動を捉えるため

---

[*]　Satoshi Habuchi　Associate Professor, Biological and Environmental Sciences and Engineering Division, King Abdullah University of Science and Technology

にこれまでに種々の手法が提案されている。高分子マトリックス中に分散させた蛍光性低分子トレーサーの動きから高分子鎖の運動を解析する手法なども提案されているが，計測対象となる高分子鎖を蛍光ラベル化しその動きを解析する手法が最も直接的な解析法といえる。蛍光ラベル化した高分子鎖の運動は蛍光相関分光法などの手法でも解析されているが[25, 26]，分子鎖の時空間挙動の直接可視化を通した拡散挙動の解析という観点からは単一分子蛍光イメージング法が最も有効なアプローチといえる。

我々は，ペリレンジイミド（PI）蛍光団をポリテトラヒドロフラン（polyTHF）に導入し，PI 部位からの蛍光を単一分子蛍光イメージング法で検出することによって分子鎖全体の動きを計測する実験系を構築した（図 1a）[27]。PI 蛍光団を導入した直鎖状の polyTHF（1）と環状の polyTHF（2）を蛍光団を含まない polyTHF マトリックスと混合し測定試料とした（図 1b）。この際，1 および 2 の濃度を非常に低く（ナノモルあるいは ppb）調整することで，単一分子が空間的に隔離されそれぞれの動きを単一分子蛍光イメージング法で捉えることが可能となる。また，1，2 および蛍光団を含まない polyTHF の分子量（それぞれ M_n = 4,200，M_n = 3,800，M_n = 3,000）と polyTHF 類似鎖の物理特性から，重なり濃度（C^*）= 0.05 g/L，絡み合い分子量（M_e）= 1,700 g/mol と見積もられるため，polyTHF マトリックスの濃度を約 1 g/mL とする，あるいは溶融体を用いることで絡み合い条件下での 1 および 2 の動きを測定することができる。調整した混合試料を 2 枚の顕微鏡用カバーガラスの間に挟み厚さ約 10 マイクロメーターの蛍光イメージング測定用のサンプルとした。

単一分子蛍光イメージング測定は広視野蛍光顕微鏡を用いて行った（図 1c）[27]。PI 蛍光団を光

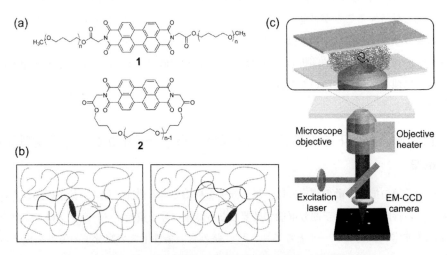

図 1　絡み合い条件下での高分子拡散の単一分子計測
(a) ペリレンジイミド（PI）蛍光団を導入した直鎖状（1）と環状（2）のポリテトラヒドロフラン（polyTHF）の構造式。(b) 絡み合い条件下で高分子拡散の単一分子計測するためのサンプル作製の模式図。微量の 1 あるいは 2 を，蛍光団を含まない polyTHF の高濃度トルエン溶液あるいは溶融体と混合する。(c) 単一分子蛍光イメージング法を用いた高分子拡散の単一分子計測の模式図。

第2章 環状および多環状高分子の拡散挙動の単一分子分光解析

励起するために488 nmのレーザー光を高開口数(numerical aperture:N.A.)の顕微鏡対物レンズ(N.A.=1.3, ×100)を通してサンプルに照射し、PI部位からの蛍光を同じ対物レンズを通して捕集しEM-CCDカメラで検出した。この計測システムを用いることによって、ミリ秒の時間分解能でPI部位の動きを捉えることができる。また得られた蛍光イメージの適切な画像解析[28]から数十ナノメーターの空間分解能でPI部位の位置を決定することができる。測定に用いたpolyTHF鎖はランダムコイル構造を取っているとすると数ナノメーターの旋回半径となるため、本手法の時空間分解能で捉えることができる分子運動は高分子鎖全体の拡散に相当する。

3 単一分子拡散挙動の定量的解析のための手法の構築

単一分子の拡散挙動は一般的には平均二乗変位(mean square displacement:MSD)を用いて解析を行う。まず、単一分子蛍光イメージング測定から得られた分子の拡散軌跡(図2a)から式(1)を用いて遅延時間ΔtにおけるMSDを計算する(図2b)。

$$\text{MSD}(\Delta t) = \langle (x_{i+n} - x_i)^2 + (y_{i+n} - y_i)^2 \rangle \tag{1}$$

ここでx_iとy_iは時間iにおける分子の位置、x_{i+n}とy_{i+n}は画像のフレーム数nで表される遅延時

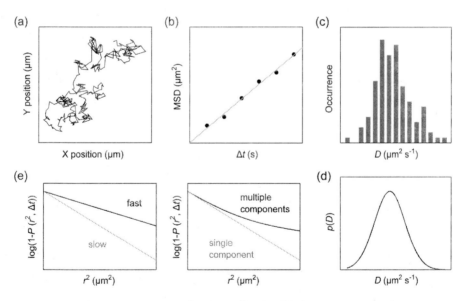

図2 単一分子拡散の定量的解析
(a) 単一高分子の拡散軌跡の例。(b) 拡散軌跡から式(1)を用いて計算される遅延時間Δtにおける平均二乗変位(mean square displacement:MSD)の例。(c) 式(2)により得られる個々の高分子の拡散定数(D)の頻度ヒストグラムの例。(d) 式(3)を用いて計算した均一拡散時の拡散定数の確率分布($p(D)$)の例。(e) 式(4)を用いて得られる累積分布関数(cumulative distribution function:CDF, P)の例。

間 Δt における分子の位置をそれぞれ表す。分子が二次元のランダムな動き（ブラウン運動）を示す場合 MSD と Δt は式（2）を用いて表される。

$$\mathrm{MSD}(\Delta t) = 4D\Delta t \tag{2}$$

つまり，MSD-Δt プロットの傾きから拡散定数（D）を計算することができる。

この手法は，均一拡散など比較的単純な拡散挙動の解析には適しているが，絡み合い条件下での高分子拡散はより複雑な挙動を示すことも想定される。そこで我々は，MSD 解析を拡散定数の確率分布（$p(D)$）解析と累積分布関数（cumulative distribution function：CDF，P）解析と組み合わせることによって，拡散挙動のより定量的な解析を行った。MSD 解析から得られる個々の分子の D の頻度ヒストグラム（図 2c）はある分布を示すが，この分布には，拡散軌跡の長さが有限であることから生じる統計誤差に起因する分布と分子の拡散運動の不均一さに起因する分布の両者が寄与する[29]。そこで，前者による寄与を均一拡散時の $p(D)$ を式（3）によって計算することによって評価した[30,31]。

$$p(D)\mathrm{d}D = \frac{1}{(N-1)!} \cdot \left(\frac{N}{D_0}\right)^N \cdot D^{N-1} \cdot \exp\left(\frac{-ND}{D_0}\right) \mathrm{d}D \tag{3}$$

ここで N は拡散軌跡の長さ（フレーム数），D_0 は真の平均拡散定数，D は実験から得られた個々の分子の拡散定数を表す。実験から得られた D の中央値を D_0 とした。式（3）によって計算された $p(D)$（図 2d）を，実験から得られた D の頻度ヒストグラム（図 2c）と比較し，両者に系統的な誤差が存在する場合は分子の拡散運動が不均一であることを示す。

我々はさらに CDF 解析を行うことによって分子の拡散挙動の不均一性の定量的評価を行った。CDF は，ある起点から半径 r 以内の距離に遅延時間 Δt において分子が観測される累積確率であり，式（4）によって表される[32]。

$$P(r^2, \Delta t) = \int_0^r p(r^{2'}, \Delta t) \mathrm{d}r' = 1 - \sum_{j=0}^n \left\{ A_j \cdot \exp\left[-\frac{r^2}{4D_j(\Delta t)}\right] \right\} \tag{4}$$

ここで A_j と D_j は拡散成分 j の比率と拡散定数をそれぞれ表す。CDF はある条件で測定された全ての分子の拡散軌跡を用いて計算するため，個々の分子の差異の直接評価には用いることはできないが，分子の拡散運動の不均一さを定量的に評価するためのツールとなる。CDF を log$(1-P)$ としてプロットした際の傾き（図 2e 左）からは拡散定数の大きさ，曲率（図 2e 右）からは試料中の計測対象分子種が示す拡散成分の数を定量的に解析できる。

4　Semi-dilute 溶液中での環状高分子の拡散挙動

我々はまず初めに高濃度高分子溶液中における直鎖状高分子（**1**）と環状高分子（**2**）の拡散挙

第2章　環状および多環状高分子の拡散挙動の単一分子分光解析

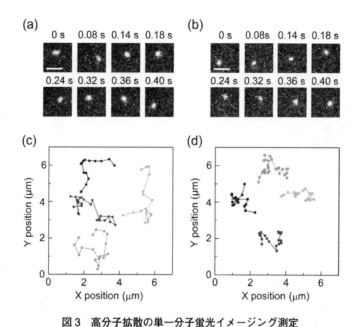

図3　高分子拡散の単一分子蛍光イメージング測定
(a) ペリレンジイミド (PI) 蛍光団を導入した直鎖状のポリテトラヒドロフラン (polyTHF) (1) の蛍光団を含まない polyTHF の高濃度トルエン溶液中におけるタイムラプス蛍光イメージ。(b) PI 蛍光団を導入した環状 polyTHF (2) の蛍光団を含まない polyTHF の高濃度トルエン溶液中におけるタイムラプス蛍光イメージ。スケールバー：2 μm。(c) 蛍光イメージング測定から得られた1の二次元拡散軌跡。(d) 蛍光イメージング測定から得られた2の二次元拡散軌跡。

動の解析を行った[27]。M_e 以上の分子量で C^* 以上の濃度の polyTHF 溶液（semi-dilute 溶液）を用いることによって分子拡散が絡み合い条件下で起こる条件を確保したうえで，単一分子蛍光イメージング測定を行った。明るい蛍光スポットがタイムラプス蛍光イメージ（図3a, 3b）で観測され，これは PI 部位の動きをミリ秒の時間分解能で計測できることを示している。得られた蛍光イメージを二次元ガウス関数でフィット[28]することによって各フレームでの分子の位置を正確に決定し，単一分子の二次元拡散軌跡（図3c, 3d）を得た。拡散軌跡は観測分子が顕微鏡の焦点面付近に位置する時にのみ計測可能であるため，拡散軌跡の長さは主に三次元の分子拡散によって制限される。このような制約はあるものの，この手法を用いて後述のように統計的に有意な単一分子鎖の拡散定数とその分布を得ることができた。

1と2から得られた拡散定数の頻度ヒストグラムはともに幅広い分布を示し（図4a, 4b），両者とも類似の平均拡散定数を示した（それぞれ 2.0 $\mu m^2/s$ と 1.74 $\mu m^2/s$）。一方，頻度ヒストグラムの分布は両者において大きく異なる。1では単一のピークを示すのに対して2では2つのピークが観測された。拡散定数の確率分布（$p(D)$）を用いてより定量的な解析を行った結果，1から得られた拡散定数の頻度ヒストグラムは，式（4）により計算された均一拡散時の $p(D)$ と良い一致を示し（Pearson の相関係数（r）= 0.82, 図4a），この結果は1の絡み合い条件下での拡散挙動が均一環境中における単一成分拡散として記述できることを示している。これに対し

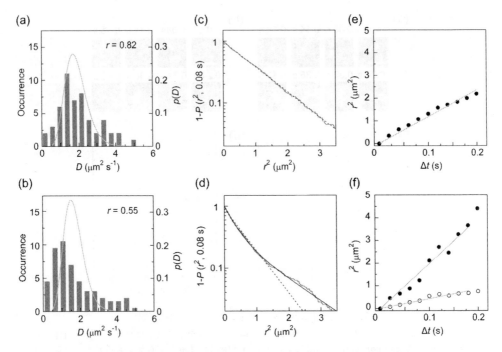

図4 高濃度高分子溶液中における単一高分子多モード拡散の定量的解析
(a) ペリレンジイミド (PI) 蛍光団を導入した直鎖状のポリテトラヒドロフラン (polyTHF) (**1**) の蛍光団を含まない polyTHF の高濃度トルエン溶液中における拡散定数の頻度ヒストグラム。実線は式 (3) を用いて計算した均一拡散時の拡散定数の確率分布 ($p(D)$)。(b) PI 蛍光団を導入した環状の (polyTHF) (**2**) の蛍光団を含まない polyTHF の高濃度トルエン溶液中における拡散定数の頻度ヒストグラム。実線は式 (3) を用いて計算した均一拡散時の $p(D)$。(c) 測定した全ての**1**の拡散軌跡を用いて計算し $1-P$ の形でプロットした累積分布関数 (cumulative distribution function: CDF, P)。破線は単一指数減衰関数 (式 (4) において $n=0$) によるフィッティング。(d) 測定した全ての**2**の拡散軌跡を用いて計算し $1-P$ の形でプロットした CDF。破線と実線はそれぞれ単一指数減衰関数と二重指数減衰関数 (式 (4) において $n=1$) によるフィッティング。(e) 異なる遅延時間 (Δt) における**1**の CDF の単一指数減衰関数によるフィッティングから得られた CDF 係数のプロット。実線は線形フィット。(f) 異なる Δt における**2**の CDF の二重指数減衰関数によるフィッティングから得られた CDF 係数のプロット。実線は線形フィット。

て, **2** から得られた拡散定数の頻度ヒストグラムは, 計算された均一拡散時の $p(D)$ との一致が見られず ($r=0.55$, 図4b), この結果は**2**の絡み合い条件下での拡散挙動は時間的あるいは空間的に不均一であることを示唆している。

そこで CDF 解析による拡散成分の定量的解析を次に行った。遅延時間 (Δt) $=0.08$ s における CDF を計算したところ, **1** から得られた $1-P$ は単一指数減衰関数でフィット (式 (4) において $n=0$) することができた (図4c)。これは, **1** の拡散挙動が単一成分拡散として表せることを意味しており, この結果は $p(D)$ を用いた解析の結果ともよく一致している。異なる Δt で同様の解析を行い得られた CDF 係数を Δt に対してプロットしたところ, 両者には線形関係が見られた (図4e)。これは測定した時間スケール (0.08〜0.2 s) において**1**がランダムな拡散挙動

第2章　環状および多環状高分子の拡散挙動の単一分子分光解析

を示すことを意味しており，ここからも1の拡散挙動を均一環境中における単一成分拡散として記述できることが支持される。一方，2から得られた$1-P$は単一指数減衰関数でフィットすることはできず，二重指数減衰関数によるフィッティング（式（4）において$n=1$）が必要となった（図4d）。この結果は，2には時間的あるいは空間的に最低でも2つの拡散成分が含まれることを意味しており，これは$p(D)$を用いた解析の結果とも矛盾しない。異なるΔtでの解析から得られたCDF係数をΔtに対してプロットしたところ，2つの拡散成分ともに線形関係が見られ（図4f），このことから2には空間的に2つの異なる拡散成分が存在することが示唆された。さらに図4fから2つの拡散成分の拡散定数が1.1 $\mu m^2/s$と4.9 $\mu m^2/s$と見積もられ，この値は図4bの頻度ヒストグラムの2つのピークとも良い一致を示している。これらの結果を総合すると，2には速い拡散と遅い拡散を示す分子が共存しているといえる。

2の遅い拡散成分のDは1から得られえたDよりも小さい値を取っている。可能な解釈としては，環状高分子に特有な高分子鎖の貫通による分子鎖相互作用が挙げられる[33]。一方，2の速い拡散成分のDは1から得られえたDよりも大きな値を取っている。環状高分子は直鎖状高分子よりもコンパクトなコンフォメーションを取ることが指摘されているので，貫通による特有の分子鎖相互作用がない（つまり一般的な絡み合いのみ考慮される）場合，環状高分子は直鎖状高分子よりも速い拡散を示すと考えられる。したがって，2において観測された2つの拡散成分は，高分子鎖の貫通による分子鎖相互作用の有無によるものと考えられる。ここで重要な点は，1と2は類似の平均拡散定数を示すことである。これは，集合平均的な手法を用いては環状高分子に特有の不均一な拡散挙動を検出できないことを示唆しており，単一分子蛍光イメージング法を用いた解析法の優位性を顕著に示すものである。

5　溶融体中での環状高分子の拡散挙動

次に，我々は溶融体中における環状高分子（2）の拡散挙動の解析を行った[34]。polyTHFの溶融温度が299 Kであるため，2と蛍光団を含まないpolyTHFを加熱，溶融させたのち両者を混合し測定試料とした。さらに，顕微鏡の対物レンズにヒーターを付着させ，溶融温度以上（303～313 K）に加熱した状態で蛍光イメージング測定を行った。323 K以上の温度では，光学系，液浸油の光学特性，あるいは顕微鏡の躯体に若干の変化が生じ，結果的に質の高い蛍光イメージ測定が困難になったが，溶融温度よりも十分に高い303～313 Kでのイメージング測定には大きな影響はなかった。

溶液中と同様の測定を行い，MSD解析，$p(D)$解析，CDF解析を行った。溶液中での拡散と同様に，MSD解析から得られた個々の分子のDの頻度ヒストグラムは，均一拡散時の$p(D)$からは大きく逸脱しており（図5a），これは明らかに多モードの拡散を示唆している。そこで，CDFの二重指数減衰関数によるフィッティングから得られた2つの拡散定数を用いて二成分拡散時の$p(D)$を式（5）を用いて計算した[34]。

$$p(D)dD = \frac{A_1}{(N-1)!} \cdot \left(\frac{N}{D_{01}}\right)^N \cdot D^{N-1} \cdot \exp\left(\frac{-ND}{D_{01}}\right)dD$$

$$+ \frac{A_2}{(N-1)!} \cdot \left(\frac{N}{D_{02}}\right)^N \cdot D^{N-1} \cdot \exp\left(\frac{-ND}{D_{02}}\right)dD \tag{5}$$

ここで D_{01} と D_{02} は CDF 解析から得られた 2 つの拡散定数, A_1 と A_2 は各拡散成分の比率を表す. 計算された二成分拡散時の $p(D)$ は D の頻度ヒストグラムと一致せず（図5a）, このモデルで多モード拡散を説明することはできなかった. そこで次に, 2 の拡散定数が正規分布をとるとして CDF 解析を式（6）と（7）を用いて行った[34]。

$$P(r^2, \Delta t) = 1 - \int_0^\infty f(D) \cdot D^{-1} \cdot \exp\left[-\frac{r^2}{4D(\Delta t)}\right]dD \tag{6}$$

$$f(D) = A \cdot \exp\left\{-\frac{(D-D_0)^2}{2w^2}\right\} \tag{7}$$

ここで $f(D)$ は正規分布で表される D の統計分布, w は正規分布の標準偏差を表す. 異なる Δt で得られた CDF は全てこのモデルで式（6）と（7）を用いてフィットすることができ（図5b）, この解析から図5cに示す D の統計分布（$f(D)$）が得られた. ここで得られた $f(D)$ を用い

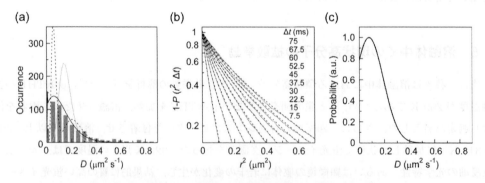

図5　溶融体中での環状単一高分子の拡散挙動の定量的解析

(a) ペリレンジイミド（PI）蛍光団を導入した環状のポリテトラヒドロフラン（polyTHF）（2）の蛍光団を含まない polyTHF の溶融体中（303 K）における拡散定数の頻度ヒストグラム. 灰色の実線は式（3）を用いて計算した均一拡散時の拡散定数の確率分布（$p(D)$）. 破線は式（5）を用いて計算した二成分拡散時の $p(D)$. 実線は式（8）を用いて計算した拡散定数が正規分布を示す場合の $p(D)$. 計算の際には累積分布関数（cumulative distribution function：CDF, P）解析から得られた拡散定数の正規分布（図5c）を用いた.（b）測定した全ての 2 の拡散軌跡を用いて異なる遅延時間（Δt）に対して計算し $1-P$ の形でプロットした CDF. 破線は拡散定数が正規分布を示す場合の指数減衰関数（式（6））によるフィッティング.（c）CDF を式（6）によりフィットすることにより得られた拡散定数の統計分布.

て拡散定数が正規分布をとる場合の$p(D)$を式（8）を用いて計算した[34]。

$$p(D) = \int_0^\infty f(D) \cdot \frac{1}{(N-1)!} \cdot \left(\frac{N}{D_0}\right)^N \cdot D^{N-1} \cdot \exp\left(\frac{-ND}{D_0}\right) dD \tag{8}$$

このモデルで計算された$p(D)$はDの頻度ヒストグラムと非常に良い一致を示す（図5a）ことから，2が溶融体中で示す多モード拡散は拡散定数が連続的な分布（ここでは正規分布）をとることによるものと理解することができる。このような大きな拡散の不均一性は，おそらく溶融体中において個々の2が周囲の分子鎖と異なる数の絡み合いあるいは貫通による分子鎖相互作をしていることによるものと考えられる[35〜37]。

6 溶融体中での多環状高分子の拡散挙動

高分子鎖のトポロジーが分子鎖拡散に与える影響をさらに詳しく検討するために，我々は溶融体中における多環状高分子の拡散挙動の解析を行った。PI 蛍光団を導入した四分岐状（3）と二環状（4a+4b）のpolyTHFを蛍光団を含まないpolyTHFマトリックスと混合し測定試料とした（図6a）[38]。二環状高分子は垂直二環状（4a）と水平二環状（4b）のトポロジカル異性体を含む。

溶融体中における1と2の拡散挙動の解析同様，MSD解析，$p(D)$解析，CDF解析を行った。3と4a+4bともに個々の分子のDの頻度ヒストグラムは，均一拡散時の$p(D)$とは大きく異なる分布を示した（図6b, 6c）。3から得られた頻度ヒストグラムは，拡散定数が正規分布をとる場合の$p(D)$と良く一致（図6b）し，異なるΔtで得られたCDFもこのモデルでフィットすることができた（図6d）。これらの結果から，3は溶融体中で連続的な拡散定数分布（ここでは正規分布）をとる多モード拡散を示すといえる。

一方，4a+4bから得られた頻度ヒストグラムはこのモデルで計算した$p(D)$とも大きな不一致を示した。そこで，4aと4bがそれぞれ異なる拡散定数の分布をとると仮定してCDF解析を式（9）と（10）を用いて行った[38]。

$$P(r^2, \Delta t) = 1 - \sum_{j=0}^{n} A_j \int_0^\infty f(D_j) \cdot D_j^{-1} \cdot \exp\left[-\frac{r^2}{4D_j(\Delta t)}\right] dD_j \tag{9}$$

$$f(D_j) = B_j \cdot \exp\left\{-\frac{(D_j - D_{0j})^2}{2w_j^2}\right\} \tag{10}$$

ここで$f(D_j)$は正規分布で表される拡散成分jの拡散定数（D_j）の統計分布を表す。B_j, w_j, D_{0j}はD_jの正規分布の振幅，標準偏差，ピーク値をそれぞれ表す。異なるΔtで得られたCDFは全てこのモデルでフィット（式（9）において$n=1$）することができたため（図6e），ここで得ら

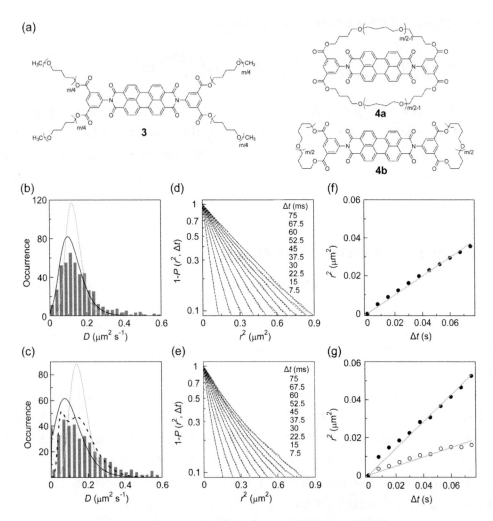

図6 溶融体中での多環状単一高分子の拡散挙動の定量的解析

(a) ペリレンジイミド(PI)蛍光団を導入した四分岐状(**3**),垂直二環状(**4a**),および水平二環状(**4b**)のポリテトラヒドロフラン(polyTHF)の構造式。(b) **3** の蛍光団を含まない polyTHF の溶融体中(303 K)における拡散定数の頻度ヒストグラム。灰色の実線は式(3)を用いて計算した均一拡散時の拡散定数の確率分布($p(D)$)。実線は式(8)を用いて計算した拡散定数が正規分布を示す場合の $p(D)$。計算の際には累積分布関数(cumulative distribution function:CDF,P)解析から得られた拡散定数の正規分布を用いた。(c) **4a** + **4b** の蛍光団を含まない polyTHF の溶融体中(303 K)における拡散定数の頻度ヒストグラム。灰色の実線は式(3)を用いて計算した均一拡散時の拡散定数の $p(D)$。実線は式(8)を用いて計算した拡散定数が正規分布を示す場合の $p(D)$。計算の際には CDF 解析から得られた拡散定数の正規分布を用いた。破線は式(11)を用いて計算した拡散定数が2つの正規分布で表される場合の $p(D)$。(d) 測定した全ての **3** の拡散軌跡を用いて異なる遅延時間(Δt)に対して計算し 1-P の形でプロットした CDF。破線は拡散定数が正規分布を示す場合の指数減衰関数(式(6))によるフィッティング。(e) 測定した全ての **4a** + **4b** の拡散軌跡を用いて異なる Δt に対して計算し 1-P の形でプロットした CDF。破線は拡散定数が2つの正規分布で表される場合の指数減衰関数(式(9))によるフィッティング。(f) 異なる Δt における **3** の CDF の拡散定数が正規分布を示す場合の指数減衰関数によるフィッティングから得られた CDF 係数のプロット。実線は線形フィット。(g) 異なる Δt における **4a** + **4b** の CDF の拡散定数が2つの正規分布で表される場合の指数減衰関数によるフィッティングから得られた CDF 係数のプロット。実線は線形フィット。

第 2 章　環状および多環状高分子の拡散挙動の単一分子分光解析

れた D の統計分布を用いて拡散定数が 2 つの正規分布で表される場合の $p(D)$ を式（11）を用いて計算した[38]。

$$p(D) = \sum_{j=0}^{n} \int_{0}^{\infty} f(D_j) \cdot \frac{1}{(N-1)!} \cdot \left(\frac{N}{D_{0j}}\right)^N \cdot D_j^{N-1} \cdot \exp\left(\frac{-ND_j}{D_{0j}}\right) dD_j \tag{11}$$

このモデルで計算（式（11）において $n=1$）された $p(D)$ は D の頻度ヒストグラムと非常に良い一致を示す（図 6c）ことから，**4a**＋**4b** の溶融体中での拡散挙動は，2 つの異なる連続的分布（ここでは正規分布）で表される拡散定数分布で説明できることが判明した。この結果は，**4a** と **4b** が溶融体中でそれぞれ異なる拡散モードを示すことを意味しており，これは溶融体中での周囲の分子鎖との貫通による分子鎖相互作の効率が **4a** と **4b** では大きく異なることを示唆している。このようなトポロジカル異性体間の拡散挙動の違いにつながる分子鎖コンフォメーションの **4a** と **4b** とでの違いは，NMR やサイズ排除クロマトグラフィーなどの集合平均的手法による測定では検知されておらず，このことは，絡み合い条件下での高分子の拡散挙動およびこれに対する分子鎖トポロジーの影響を解析する際の単一分子蛍光イメージング法の優位性を明確に示している。

7　最後に

本稿で紹介したように，単一分子蛍光イメージング法を用いることによって，絡み合い条件下における高分子の拡散挙動を直接計測し，定量的に解析することが可能になってきた。特に，本手法を用いて解明されつつある環状および多環状の高分子が示す複雑な多モードの拡散挙動は，未だにその物性を記述することが容易ではないこれらの高分子の粘弾特性を分子レベルでボトムアップ的に理解するための第一歩となりうる。本稿では高分子の拡散挙動の単一分子解析のみ紹介したが，分子内緩和の単一分子計測に関する手法の開発も近年大きく進んでいる[20, 21]。これらの手法を駆使することによって，異なる時間と長さスケールで生じる高分子鎖の種々の緩和モードを直接分子レベルで捉えることが可能になっていくものと予想される。これらの研究が，分子レベルでの高分子鎖の動きをベースとした高分子物理理論の構築につながっていくものと期待される。

文　献

1)　P.-G. De Gennes, "Scaling Concepts in Polymer Physics", Cornell University Press（1979）

2) M. Doi and S. F. Edwards, "The Theory of Polymer Dynamics", Oxford University Press (1986)
3) T. Cosgrove *et al.*, *Macromolecules*, **25**, 6761 (1992)
4) M. Kapnistos *et al.*, *Nat. Mater.*, **7**, 997 (2008)
5) R. Pasquino *et al.*, *ACS Macro Lett.*, **2**, 874 (2013)
6) E. von Meerwall *et al.*, *J. Chem. Phys.*, **118**, 3867 (2003)
7) S. Brown and G. Szamel, *J. Chem. Phys.*, **109**, 6184 (1998)
8) J. D. Halverson *et al.*, *J. Chem. Phys.*, **134**, 204905 (2011)
9) S. Y. Reigh and D. Y. Yoon, *ACS Macro Lett.*, **2**, 296 (2013)
10) S. Honda *et al.*, *J. Am. Chem. Soc.*, **132**, 10251 (2010)
11) M. J. Zhong *et al.*, *Science*, **353**, 1264 (2016)
12) J. Klein, *Nature*, **271**, 143 (1978)
13) L. Leger *et al.*, *Macromolecules*, **14**, 1732 (1981)
14) E. D. von Meerwall *et al.*, *Macromolecules*, **18**, 260 (1985)
15) M. Keshavarz *et al.*, *ACS Nano*, **10**, 1434 (2016)
16) T. T. Perkins *et al.*, *Science*, **264**, 822 (1994)
17) S. R. Quake *et al.*, *Nature*, **388**, 151 (1997)
18) R. M. Robertson and D. E. Smith, *Macromolecules*, **40**, 3373 (2007)
19) D. E. Smith *et al.*, *Phys. Rev. Lett.*, **75**, 4146 (1995)
20) M. Abadi *et al.*, *Macromolecules*, **48**, 6263 (2015)
21) M. F. Serag *et al.*, *Nat. Commun.*, **5**, 5123 (2014)
22) J. Kas *et al.*, *Nature*, **368**, 226 (1994)
23) T. T. Perkins *et al.*, *Science*, **264**, 819 (1994)
24) A. E. Cohen and W. E. Moerner, *Phys. Rev. Lett.*, **98**, 116001 (2007)
25) D. Lumma *et al.*, *Phys. Rev. Lett.*, **90**, 218301 (2003)
26) E. P. Petrov *et al.*, *Phys. Rev. Lett.*, **97**, 258101 (2006)
27) S. Habuchi *et al.*, *Angew. Chem. Int. Ed.*, **49**, 1418 (2010)
28) S. Habuchi *et al.*, *Chem. Commun.*, 4868 (2009)
29) M. J. Saxton, *Biophys. J.*, **72**, 1744 (1997)
30) S. Y. Nishimura *et al.*, *J. Phys. Chem. B*, **110**, 8151 (2006)
31) M. Vrljic *et al.*, *Biophys. J.*, **83**, 2681 (2002)
32) G. J. Schutz *et al.*, *Biophys. J.*, **73**, 1073 (1997)
33) P. J. Mills *et al.*, *Macromolecules*, **20**, 513 (1987)
34) S. Habuchi *et al.*, *Anal. Chem.*, **85**, 7369 (2013)
35) C. A. Helfer *et al.*, *Macromolecules*, **36**, 10071 (2003)
36) G. Subramanian and S. Shanbhag, *Phys. Rev. E*, **77**, 011801 (2008)
37) Y. B. Yang *et al.*, *J. Chem. Phys.*, **133**, 064901 (2010)
38) S. Habuchi *et al.*, *Polym. Chem.*, **6**, 4109 (2015)

第3章　環状高分子の結晶化挙動

塩見友雄[*1]，竹下宏樹[*2]，竹中克彦[*3]

1　はじめに

　環状高分子は鎖末端を有さないため鎖末端のフレクシビリティーが無く，それゆえ取り得るコンフォメーションの数が線状高分子に比べ少ない。このため，アモルファス状態では分子鎖がcollapsed されており，分子鎖の慣性半径や融体中での拡散速度に影響を与える[1]。このようなコンフォメーションの抑制は結晶化においても少なからず影響を与えるであろう。高分子の結晶化においては，分子は，ある結晶形にコンフォメーション変化を起こすだけでなく分子全体として折り畳み部分を含めコンフォメーション変化を起こさなければならない。環状高分子においては，分子鎖が2つ繋がったペアのように行動しなければならないこと，またそれによってラメラ中での分子の並び方が折り畳み方を含め制限されることにもなるであろう。また，上で述べた融体中での拡散速度は結晶化速度に影響を与えるであろうし，非晶状態での collapsed された分子形状は融体での結晶化前のコンフォメーションのエントロピーを小さくする。

　最近，よく制御された環状高分子の合成が可能になり[2]，環状高分子の結晶化挙動が線状物と対比して議論されてきており，総説も著されている[3,4]。なかでも，結晶成長速度（球晶成長速度）と融点において，対照的な結果が報告されてきている。本章では，まず環状高分子の結晶ラメラでの折り畳み挙動について述べ，ついで融点と結晶成長速度およびそれらの関連について，筆者らの得た結果をまじえて述べる。なお，本稿では等温結晶化について論じる。

2　結晶ラメラにおける分子鎖の折り畳み構造

　結晶ラメラの折り畳み構造における環状高分子の特徴は，当然のことながら，折り畳みの数が偶数であるということである。また，必ずしもではないが通常，図1[5]に示すように，結晶 stem の数も偶数である。

　Yu ら[6]やCooke ら[7]は，それぞれ分子量 $M=1,000～3,000$ および $4,000～6,000$ の poly (oxyethylene)（PEO）の小角X線散乱（SAXS）測定より，環状高分子のラメラ間 spacing（長周期）が同じ分子量の線状高分子の半分であり，折り畳み数が線状では偶数と奇数の両方を取る

---

*1　Tomoo Shiomi　長岡技術科学大学　名誉教授
*2　Hiroki Takeshita　滋賀県立大学　工学部　材料科学科　准教授
*3　Katsuhiko Takenaka　長岡技術科学大学　技学研究院　物質材料工学専攻　教授

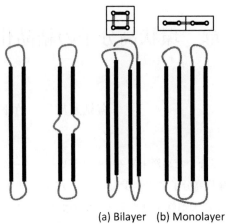

図1 環状高分子の結晶ラメラにおける分子鎖の折り畳み様式の模式図（文献5から転載）

のに対し環状では偶数のみであることを示した。筆者ら[5]も poly(tetrahydrofuran)（PTHF）（線状物：$M=3,100$, $7,500$, $9,100$, 環状物：$M=2,900$, $4,500$, $8,200$）において，SAXSと結晶化度の測定結果より線状物では結晶 stem 数が奇数と偶数を取るのに対し，環状では stem の数が偶数のみすなわち偶数のみの折り畳み数であることを示した。さらに，結晶 stem の数が4のとき，図1[5]に示すように，3種類の折り畳み構造が可能である。筆者らはPTHFにおいて鎖の非晶部分のモノマー数を評価し，3種類の構造のうち 4-fold・bilayer 構造が最も可能性が高いことを示した。Cookeら[7]も，成長に関わる核形成すなわち通常の核形成が二次核形成であり，その核形成の自由エネルギーが小さい構造として，同様の結論を得ている。

3 融解挙動

Yuら[6]とCookeら[7]は，融点 T_m のラメラ厚の逆数に対するプロット（Thomson-Gibbsプロット）において，比較的分子量の高い（$M=4,000 \sim 1,0000$）環状と線状 PEO が同じ直線にのり，低分子量（$M=1,000 \sim 3,000$）環状は別の直線に従うが，それらの外挿値はほぼ同じ平衡融点 $T_m^\circ \approx 70$℃ となることを報告した。また，poly(ε-caprolactone)（PCL）の T_m° では，環状と線状でそれ程明確な差は得られなかった。Hoffman-Weeks プロットの外挿値より得られた T_m° は，環状（$M=110,000$）で 84.2℃，線状（$M=120,000$）82.0℃ と環状が 2℃[8]，$M=7,500$ では環状，線状（末端OH基）がそれぞれ 81℃，80℃ と 1℃[9] しか高くない。一方，最近 Su ら[10]は，$M=7,500$ を用いて Thomson-Gibbs プロットより得た T_m° が，環状で 91.2℃，線状（末端 acetyl 基）で 80℃ と，明らかに環状が高い結果を得た。

それらとは逆に，PTHFにおいて筆者ら[5]は，$M=6,000$ の T_m° が環状 32.9℃，線状 46.8℃ と

第3章 環状高分子の結晶化挙動

環状が14℃低い結果を，Hoffman-Weeks プロットより得た。また，Tezuka ら[11]も $M=5,100$ の PTHF において，環状が5℃低い結果を得ている。北原ら[12]は polyethylene（PE）（$M=44,000$）の T_m° が環状 139.4℃，線状 145.2℃と報告している。

上記の対照的な融点の挙動は，次節で述べる結晶化速度に関連づけられる。

なお，結晶形は，PEO[7]，PTHF[5,13]，PCL[8]とも，環状物と線状物で同じであることが報告されている。

4 結晶化速度

4.1 核形成速度

結晶化速度は，核形成速度と結晶成長速度に分けられ，その合わせたものを全結晶化（overall crystallization）速度と呼ぶ。通常，核形成速度は球晶の発生速度，成長速度は球晶成長速度，全結晶化速度は DSC などから得られる結晶化度の時間発展によって評価される。

核形成に関するこれまでに報告されてきた高分子の結果では，PTHF[5]，PE[12]，PCL[14]，Poly(L-lactide)（PLLA）[15]のいずれにおいても，環状高分子の方が核形成速度が速い。図2に[5]，筆者らが得た PTHF の球晶発生と成長の様子を示す。環状の方が速いのは，融体で環状高分子が collapse されたコンフォメーションをとるため鎖密度が高いこと，また，核形成時において線状高分子に起こる，結び目絡み合いにより滑り拡散がしにくくなるなどの核形成に対する妨害が，環状では絡み合いが少ないためそれ程働かない[12]こと，などと言われている。多数の球晶発生は，星形高分子の腕鎖[5]やグラフト高分子の枝鎖[16]の結晶化においても観察されており，同様

図2 PTHF の環状（cyc050: $M=5,000$）と線状（lin060: $M=6,000$）の球晶の発生と成長の様子
  （文献5から転載）
各写真の下の数字は結晶化時間。

に鎖密度が高いためとされた。

4.2 結晶成長速度

一方,対応する(分子量がほぼ同じ)環状と線状高分子の球晶成長速度においては,高分子の種類によって相反する結果が報告されている。代表的な例として,図3にPTHF[11]とPCL[9]の球晶成長速度の結果を示す。このように,対応する環状と線状高分子の成長速度は,PTHFでは環状が遅く,PCLでは環状が速い。Pérezら[14]は,環状高分子と線状高分子の両方で得られている融点と結晶成長速度との関連を次の3つのグループに分けている。

Group 1 (PTHF, PE):成長速度(環状<線状);平衡融点あるいは融点(環状<線状)。

Group 2 (PEO, poly(L-lactic acid), poly(D-lactic acid):成長速度(環状>線状);融点(環状<線状)。

Group 3 (PCL):成長速度(環状>線状),平衡融点あるいは融点(環状>線状)。

これらの環状と線状高分子の相反する成長速度について,これまでに様々な議論がなされてきた。これらの議論の前に,高分子の結晶成長速度の理論について簡単に述べる。

温度T_cにおける高分子の結晶成長速度Gは,二次核形成速度から導かれるLauritzen-Hoffmanの次式[17]によって表され,分子の輸送に関するエネルギー項と核形成のエネルギー項によって説明されてきた[18]。

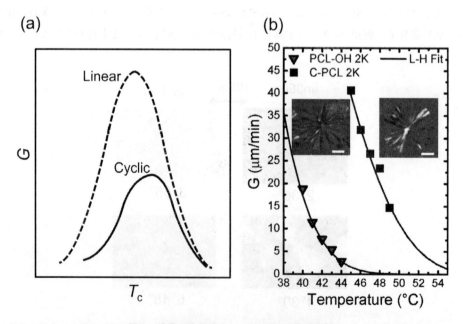

図3 球晶の成長速度Gの結晶化温度依存性
(a) PTHFの模式図(文献11を参考に作画)。(b) PCL(線状(▼),環状(■)とも$M=2,000$)の実験値(文献9から転載)。PCLの実線は,Lauritzen-Hoffman式をfittingした曲線。

第3章 環状高分子の結晶化挙動

$$G = G_0 \exp(-\Delta E / RT_c) \exp(-\Delta \Phi / RT_c) \tag{1}$$

$$= G_0 \exp(-\Delta E / RT_c) \exp(-KT_m^\circ / RT_c \Delta T) \tag{2}$$

ここで，G_0 は定数，ΔE は輸送の自由エネルギーであり融体中の分子拡散だけでなく結晶成長面への吸着・引きずり込み・滑り拡散などを含む[19]。K は

$$K = nb_0 \sigma_e \sigma_s / \Delta H_m \tag{3}$$

で表され，融解のエンタルピー ΔH_m，融体／結晶間の界面自由エネルギー（結晶ラメラの折り畳み面：σ_e，側面：σ_s），核の形状因子 n，および成長（b軸）方向の分子鎖間距離 b_0 を含む定数である。$\Delta \Phi$ は核形成の自由エネルギーであり，次式のように書ける。

$$\Delta \Phi = A\sigma - V\Delta f \tag{4}$$

ここで，$A\sigma$ は融体／結晶界面の界面自由エネルギー，$V\Delta f$ は融体と結晶バルクの自由エネルギー差であり融解のエンタルピー ΔH_m とエントロピー ΔS_m により次式で表される。

$$\Delta f = \Delta H_m - T\Delta S_m \tag{5}$$

(2) 式の ΔT は過冷却度すなわち平衡融点 T_m° と結晶化温度 T_c との差

$$\Delta T = T_m^\circ - T_c \tag{6}$$

であり，平衡融点では $\Delta f = 0$ であるので，(5) 式より

$$T_m^\circ = \Delta H_m / \Delta S_m \tag{7}$$

を得る。

これらの一連の式より，過冷却度が大きい程結晶成長が速く ((2) 式)，したがって同じ結晶化温度でも平衡融点が高いほど成長速度が速く，融解エンタルピーが同じなら，平衡融点が高いほど融解のエントロピーが小さいことになる。一方，(1)，(2) 式に示されるように，成長速度は分子の輸送の項にも影響される。高分子の結晶化の場合，ガラス転移温度に近付く程，分子運動や分子拡散速度が制限される。したがって，高分子の結晶化速度の結晶化温度依存性は，核形成に及ぼす過冷却度の効果と分子輸送との競争により，図3 (a) に示されるような釣鐘型になる。

環状と線状の成長速度の違いは (1)，(2) 式の Lauritzen-Hoffman の式を基礎に議論されてきた。まず，PCL の場合，Córdova ら[9]は図3 (b) に示すように環状の方が成長速度が速いが，平衡融点はそれ程違わないという結果を得た。すなわち環状も線状も同じ T_c では過冷却度がほぼ同じなので，成長速度に対する核形成項の寄与は違わないということになる。また，結晶構造

は同じ[8]なので，融解のエンタルピー変化が同じだとすると（6）式よりエントロピー変化もほぼ同じであることになる．したがって彼ら[8,9]は，成長速度の違いを融体中の分子拡散速度が環状の方が速い[1]という点（(1)式の輸送項）に求めた．しかし，成長速度に及ぼす融体中の分子拡散速度の影響は，より結晶化温度の低い領域で効いてくるはずである．ごく最近，PLLA および PDLA について，釣鐘型の頂点より高温部では環状物の成長速度が速く，低温部では線状物が速いという，融体の拡散速度に基づく議論と矛盾した結果が報告されている[15]．

また，分子量が大きくなると融体の粘性が環状と線状で余り変わらなくなる[20]ということもあり，最近では絡み合いと関連させ，絡み合い点の数が環状の方が少ない，したがって，絡み合い点間距離（鎖に沿った）が環状の方が長いので結晶化しやすいという議論もされている[14, 21, 22]．

一方，環状物の方が遅い PTHF においては次のような主張がなされてきた．3節で述べたように，PTHF の平衡融点は環状の方が低い．PTHF も結晶構造は環状も線状も同じ[5, 13]なので融解のエンタルピーはほぼ同じと考えられるため，(7)式から環状の方が融解のエントロピーが大きい，すなわち，結晶状態と融体とのエントロピー差が大きいことになる．融体中のコンフォメーションに関するエントロピーは環状の方が小さいので，環状の結晶状態のエントロピーは線状より小さくなければならない．Okui, Tezuka ら[13]は，環状の成長速度が遅いことはエントロピーの要因に帰するものとし，図4のように，折り畳み構造が線状の mono-layer adsorption でなく環状が double-layer adsorption でなければならないためとした．すなわち，環状では，図1に示されるように，同じ4回折り畳みでも mono-layer でなく bi-layer が有利であるとい

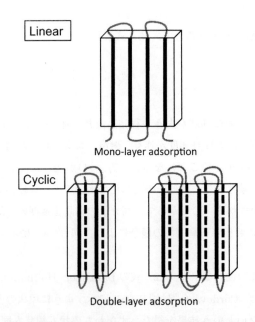

図4 線状高分子（上図）と環状高分子（下図）の分子鎖の折り畳み部のコンフォメーションの模式図（文献13を参考に作画）

第3章 環状高分子の結晶化挙動

うように折り畳み構造を含む分子の並び方が制限される。筆者ら[5]は，それに加え，環状は2つの鎖がつながれたようにペアとして振る舞わなければならないことによるコンフォメーションの制限が生じるためとした。またこのことは，結晶化過程におけるコンフォメーション変化が困難であるため，結晶成長面への分子鎖の吸着や引きずり込みを困難にする。この吸着や引きずり込みは，分子の拡散以外の分子の輸送エネルギー項に含まれる[19]。

3節で述べたように，PCLの平衡融点はほとんど環状と線状で差はなかったが，ごく最近PCLの（$M = 7,500$を用いての）平衡融点が，環状で91.2℃，線状で80℃という結果がSuら[10]によって報告された。これが正しいとするなら同じ結晶化温度では環状の方が過冷却度が大きいということになる。そうすると，環状の成長速度が速いのは環状の方が過冷却度が大きいた

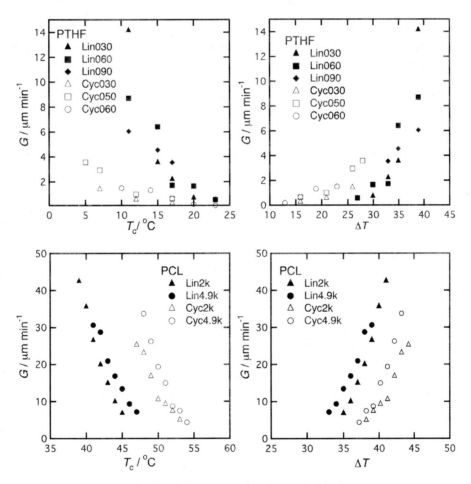

図5　PTHFとPCLの球晶成長速度Gの結晶化温度T_cと過冷却度ΔT依存性

分子量はLin（線状）やCyc（環状）のあとの数字で表され，PTHFでは，030は3,000，PCLでは2kは2,000など。過冷却度において，平衡融点は，PTHFは環状と線状それぞれ，$T_m^\circ = 32.9, 49.9$℃（文献5）を，PCLは環状と線状それぞれ，$T_m^\circ = 91.2, 80$℃（文献10）を使用した。球晶成長速度のPTHFのデータは文献5から，PCLのデータは文献10から得た。

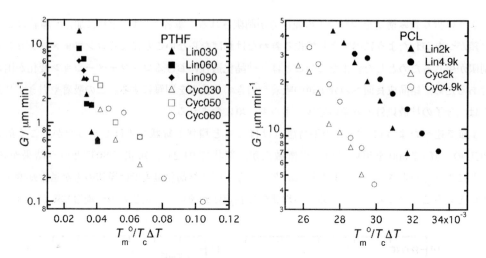

図6 PTHFとPCLの環状と線状の球晶成長速度に対するLauritzen-Hoffman式((2)式)の対数プロット
(2)式の輸送項の温度依存性は無視されている。記号は図5と同じであり，平衡融点も図5と同じ値を用いた。

め((2)式)ということになる。新たに得られたPCLの平衡融点を用いるなら，PCLも環状と線状で成長速度と平衡融点の関係には，矛盾が無いことになる。PTHFについては先に述べたように環状の方が過冷却度が小さく成長速度が遅い。

ところが，PCLについて今述べたことに反する結果が示された。Pérezら[14]は，Suら[10]が得た上記の平衡融点を用い，PCLの半結晶化時間の逆数(全結晶化速度に対応)を過冷却度でプロットすることを試みた。これによると，T_cに対するプロットではこれまで言われていたように環状の方が速いが，ΔTに対するプロットではこれが逆転する。そこで，筆者らは成長速度に対しても，これまでに得られているデータを用いてPTHFとPCLの両方に対してΔTに対するプロットを試みた。その結果を図5に示す。T_cに対するプロットも比較として示す。この図に示されるように，ΔTに対するプロットは，PTHFでは環状物が速く(同じΔTでの環状と線状とのデータの重なりが少ないが)PCLでは環状物が遅いという，T_cに対するプロットと逆の結果になる。これらPTHFとPCLのΔTに対するプロットは，結晶化における過冷却度と結晶化速度との関係は，同一物質では当然成り立つが(図5に見るように，当然のことながら，環状，線状それぞれにおいては過冷却度が大きくなる程結晶化速度は速くなる。)，環状と線状の比較においては，異なった物質間の比較のように成り立たないことを示しているように見える。

成長速度の対数を(2)式を基に$T_m^\circ/T_c\Delta T$でプロットした図を図6に示す。PCLとPTHFでプロットの$T_m^\circ/T_c\Delta T$の範囲のスケールが違うので明確には言えないが，プロットの傾きは，PCLでは環状と線状ではほぼ同じであるが，PTHFでは環状の方が傾きが緩い。このプロットは，(1)，(2)式の輸送項を無視しているので輸送項の温度依存性も含まれているが，この傾き

第3章 環状高分子の結晶化挙動

の傾向が (3) 式の K を表すとするなら, (ΔH_m と b_0 は環状と線状では結晶形が変わらないので同じとして) この傾きの違いは結晶ラメラの表面自由エネルギー $\sigma_e \sigma_s$ の違いを表していることになる。結晶ラメラ側面の自由エネルギーは環状と線状で変わらないだろう (結晶形が同じなので) から, PTHFでは折り畳み面の自由エネルギーが線状の方が大きいことになる。一方PCLでは環状と線状で傾きすなわち表面自由エネルギーが変わらない。結晶ラメラの表面自由エネルギーが環状物と線状物で異なるとするなら, この点に関するさらなる解析が必要である。

5 おわりに

環状高分子と線状高分子の結晶化挙動, 特に結晶化速度についてこれまでに報告されてきた結果や議論を述べてきた。環状高分子の結晶化の報告は最近かなり多くなってきている[4]が, 環状と線状の違いの根拠は明らかになっておらず推測の域を出ない。高分子の結晶化についてこれまでに膨大な理論的実験的研究が行われ[23~25], 多くの解明がなされてきた。しかし, 環状と線状の結晶化の違いは, これまであまり触れられていなかった高分子の結晶化における何らかの事象を, もしかしたら顕在化させているのかも知れない。さらなる研究が待たれる。

文献

1) D. Kawaguchi, Y. Matsushita *et al.*, *Macromolecules*, **39**, 5180 (2006)
2) 本書 第III編
3) H. Takeshita, T. Shiomi, "Topological Polymer Chemistry", Ch. 15 (p. 317), World Scientific (2013)
4) R. A. Pérez-Camargo *et al.*, "Advances in Polymer Science vol. 276: Polymer Crystallization I", p. 93, Springer (2017)
5) H. Takeshita, T. Shiomi *et al.*, *Polymer*, **53**, 5375 (2012)
6) G.-E. Yu *et al.*, *Polymer*, **38**, 35 (1997)
7) J. Cooke *et al.*, *Macromolecules*, **31**, 3030 (1998)
8) E. J. Shin *et al.*, *Macromolecules*, **44**, 2773 (2011)
9) M. E. Córdova *et al.*, *Macromolecules*, **44**, 1742 (2011)
10) H.-H. Su *et al.*, *Polymer*, **54**, 846 (2013)
11) Y. Tezuka *et al.*, *Macromol. Rapid Commun.*, **29**, 1237 (2008)
12) 北原, 木村ほか, 高分子論文集, **68**, 694 (2011)
13) N. Okui, Y. Tezuka *et al.*, 物性研究, **92-1**, 51 (2009)
14) R. A. Pérez *et al.*, *React. Funct. Polym.*, **80**, 71 (2014)
15) N. Zaldua *et al.*, *Macromolecules*, **51**, 1718 (2018)

16) H. Takeshita, T. Shiomi *et al.*, *Polym. J.*, **42**, 482 (2010)
17) J. L. Lauritzen, D. Hoffman, *J. Res. Natl. Bur. Stand.*, **64A**, 73 (1960)
18) L. Mandelkern, "Crystallization of Polymers 2nd-Ed., Vol. **2**", Ch. 9 (p. 1), Cambridge Univ. Press (2004)
19) 奥居, "高分子基礎科学 One Point, 構造 II：高分子の結晶化", p. 51, 共立出版 (2012)
20) J. Roovers, *Macromolecules*, **18**, 1359 (1985)
21) Z. Li *et al.*, *Polym. Int.*, **65**, 1074 (2016)
22) H. Xiao *et al.*, *Macromolecules*, **50**, 9796 (2017)
23) L. Mandelkern, "Crystallization of Polymers 2nd-Ed., Vol. **1**, Vol. **2**", Cambridge Univ. Press (2002, 2004)
24) "Advances in Polymer Science vol. **191**: Interphases and Mesophases in Polymer Crystallization III", Springer (2005)
25) "Advances in Polymer Science, vol. **276**, vol. **277**: Polymer Crystallization: from chain microstructure to processing I, II", Springer (2017, 2017)

第4章　環状高分子の結晶化におけるトポロジー効果

山崎慎一[*]

1　はじめに

　高分子の結晶化の初期過程である一次核生成と結晶成長は鎖の絡み合いによって抑制されることはよく知られている[1~4]。なぜなら，一次核生成や結晶成長の際に，高分子鎖は核と融液界面に存在する絡み合いを解消し，折りたたまれながら結晶格子内へ滑り拡散しなければならないからである[5,6]。一次核生成と結晶成長に及ぼす絡み合いや折りたたみの効果を解明するために，環状高分子を用いて研究することは非常に有用である。なぜなら，環状高分子は鎖末端が関与した結び目絡み合いを構築することができず，分子鎖のコンフォメーションがどのように変化しても解消不可能な折りたたみが必ず存在するためである。結び目絡み合いの欠如や分子鎖形態の制限に由来する一次核生成や結晶化に及ぼす影響を，本稿では環状高分子のトポロジー効果と呼ぶこととする。これまでに，高分子の一次核生成や結晶成長過程に及ぼすトポロジー効果は十分明らかにされていない。

　図1は絡み合いが一次核生成や結晶成長を抑制する様子を模式的に表したものである。融液中の絡み合った高分子鎖が結晶化する際には，まず数本の高分子鎖が凝集した一次核が生成し，その一次核表面に分子鎖が吸着することにより二次核が生成して結晶が大きく成長する。一次核生成には外部物質の助けによらない均一核生成と核剤などの助けが必要な不均一核生成があり，高分子融液からの一次核生成は一般に不均一核生成であると考えられている。したがって，不均一一次核生成と結晶成長（二次核生成）との間には結晶下地面が外部物質か自分自身かという違いがある。一次核生成や成長過程のいずれにおいても，核がより大きな結晶へ成長するためには融液と核の間の界面にある絡み合いは解消されなくてはならない[5,6]。解消されなかった絡み合いはいわゆる pinning 効果として働き，鎖の滑り拡散運動を妨げるため，一次核生成速度 I や結晶成長速度 G の低下をもたらす。

　純度の高い環状の結晶性高分子の調製が困難であることもあり，その核生成や結晶成長に関する報告はこれまでに非常に数が限られている。手塚らは環状および直鎖状ポリテトラヒドロフラン（PTHF）の結晶成長について報告している[7]。それによると，同一分子量の環状および直鎖状 PTHF を比較すると，前者の G は後者のそれよりも小さい。この結果は，溶融状態におけるコンフォメーションエントロピーや結晶成長過程における成長面への吸着メカニズムなどのためであると推察されている。

---

　[*]　Shinichi Yamazaki　岡山大学大学院　環境生命科学研究科　准教授

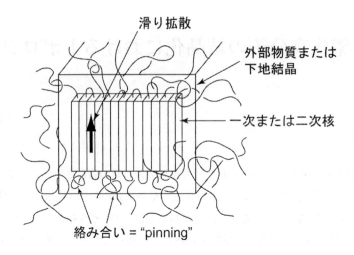

図1 高分子の核生成と結晶成長の絡み合いによる抑制

　一方，Córdova らは，環状および直鎖状ポリ(ε-カプロラクトン)（PCL）の結晶成長について報告している[8]。それによると，同一分子量の環状および直鎖状 PCL は同一結晶化温度 T_c において，前者の G は後者のそれよりも1桁程度大きい。このことは，環状高分子は直鎖状に比べ，結び目絡み合いがなく，融液中で拡散が容易であるため当然のことと結論している。さらに，Schäler らは，Córdova らと同様に環状および直鎖状 PCL のダイナミクスと結晶化について報告している[9]。同一分子量の比較ではないものの，環状 PCL は直鎖状のそれに比べ移動性が高く，その結果，環状 PCL は直鎖状のそれに比べ高い結晶化度を示すことを明らかにした。

　以上のように，環状高分子の結晶成長は直鎖状のそれに比べて遅いのか速いのか，完全に相反する結果が提示されている。また，環状高分子の一次核生成に関する報告はこれまでに全くない。現状，環状高分子の結晶化については統一的な見解を得るに至っていない。そこで本稿では，環拡大重合法を経由して調製された環状ポリエチレン（C-PE）と直鎖状ポリエチレン（L-PE）の核生成と結晶成長に関する筆者の研究[10,11]を紹介し，当該分野の現状の理解と今後の展望を概観したい。

2　環状ポリエチレン（C-PE）と直鎖状ポリエチレン（L-PE）の合成

　C-PE と L-PE の合成法の詳細は既報を参照されたい[12,13]。図2は C-PE および L-PE の合成法の概略である。重合条件を変えることで，重量平均分子量 M_w の異なる C-PE と L-PE を合成した。以下，本稿では，例えば $M_w = 44,000$ の C-PE を C-PE(44k)と略記する。

第4章 環状高分子の結晶化におけるトポロジー効果

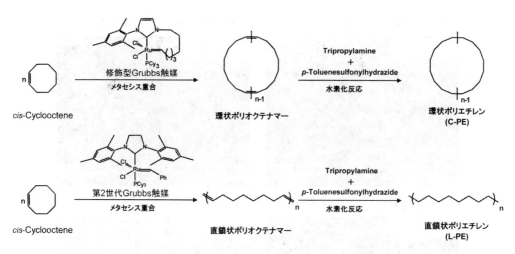

図2 環状および直鎖状ポリエチレンの合成スキーム

3 一次核生成速度 I と結晶成長速度 G の過冷却度 ΔT 依存性

図3は，C-PEとL-PEの融液からの等温結晶化で見られる結晶形態の一例である。C-PE(9k)の結晶形態は，先端がやや尖った木の葉状であった。C-PE(44k)やC-PE(87k)は，過冷却度 ΔT が大きいにもかかわらずC-PE(9k)に比べ生成・成長が遅いことがわかる。L-PE(44k)の結晶形態は比較的大きく角張った形状であった。図中の結晶の発生速度から一次核生成速度 I が，結晶のサイズが大きくなる速度から結晶成長速度 G が求められる。古典的核生成理論によると，I および G は次のように書ける[14]。

$$I = I_0 \exp(-\Delta G^* / kT) = I_0 \exp(-C / \Delta T^2) \tag{1}$$

$$G = G_0 \exp(-\Delta G^* / kT) = G_0 \exp(-B / \Delta T) \tag{2}$$

ここで，I_0，G_0，C および B は定数であり，k はボルツマン定数，T は絶対温度である。ΔT は $\Delta T = T_m^0 - T_c$ と定義され，T_m^0 は平衡融点である。I_0 や G_0 は拡散定数 D に比例し，絡み合いの解消，分子鎖の引き込み，滑り拡散などの全ての寄与を含んでいる。一方，C や B は臨界核生成自由エネルギー ΔG^* に比例し，不均一一次核生成と結晶成長の場合にはそれぞれ次のように書ける[15]。

$$\Delta G^* \propto \frac{C}{\Delta T^2} \propto \frac{\sigma \sigma_e \Delta \sigma}{\Delta g^2} \cdots 不均一一次核生成 \tag{3}$$

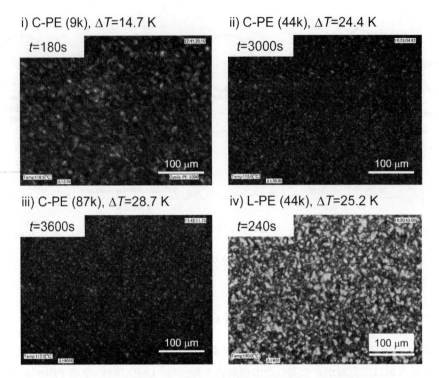

図3 環状および直鎖状ポリエチレンの融液からの結晶化の偏光顕微鏡写真
t は結晶化時間を表す。

$$\Delta G^* \propto \frac{B}{\Delta T} \propto \frac{\sigma \sigma_e}{\Delta g} \cdots 結晶成長 \tag{4}$$

ここで，Δg は融解の自由エネルギー，σ と σ_e はそれぞれ核の側面と端面（折りたたみ面）の表面自由エネルギー，$\Delta \sigma$ は核と核剤の表面自由エネルギーに関係した量である。一般に，折りたたみ鎖結晶では，σ_e は σ より大きい[16,17]。C-PE の σ は L-PE のそれと同じであり，調製法が同じ C-PE と L-PE では $\Delta\sigma$ も同じと考えられるので，C や B の違いは主に σ_e に帰すことができる。すなわち，C や B の違いは核の端面の折りたたみの規則性を反映し，C や B の値が小さいほど核の端面が乱れていることを意味する。

4 C-PE と L-PE の一次核生成速度 I の ΔT 依存性

図4は，C-PE と L-PE の I の ΔT 依存性である。全ての測定値は，式(1)に従い直線である。また，C-PE では，M_w の増加とともに，直線の傾き C が増加することがわかる。まず，C-PE と L-PE の比較を行う。これまでに，L-PE では，C の値は M_w に依存せず一定であり，

第4章 環状高分子の結晶化におけるトポロジー効果

$I_0 \propto M_w^{-2.4}$,すなわち M_w が増加すると I_0 は減少すると報告されている[1,18]。C-PE(115k)とL-PE(35k)の I がほぼ同一であることから,もし M_w が同一の両者であれば,I_0 は,C-PEの方がL-PEに比べて大きく,前者は後者に比べ一次核生成し易いことがわかる。これは,C-PEでは主にねじれ絡み合いだけを有するが,L-PEではその他に結び目絡み合いが存在するために,核生成が強く抑制されると考えられる。すなわち,L-PEはC-PEに比べより複雑な絡み合いを有するために,一次核生成における絡み合いの解消が難しくなり,絡み合いが拡散を妨げるpinning効果として働き,滑り拡散し難くなる。これらのことから,結び目絡み合いを持たないC-PEでは核生成が容易となるため,I_0 がL-PEに比べ大きくなると考えられる。続いて,C-PEの C の値の M_w 依存性について検討する。先述したように,式(3)から C の値が大きいことは,σ_e が大きいことを意味し,M_w の増加とともに核の折りたたみ面の規則性が向上していることを示している[15]。換言すると,M_w の低いC-PEの核の折りたたみ面は乱れており,loose loopが多数存在していることを示唆している。この理由は次のように考えることができる。M_w が小さいために,C-PEの取り得るコンフォメーションには非常に大きな制限があり,直鎖状高分子の結晶成長で考えられているようなステムが繰り返し折りたたまれていく結晶化が非常に困難であると予想される。また,ΔT から予想されるラメラ(板状結晶)の厚みに対して,環員数から取りうることができるラメラの厚みとの間に不整合が生じる可能性が非常に高い。したがって,図5に示すように,ラメラ中に取り込まれることのないloopが折りたたみ面に多数存在する。これが,M_w の低いC-PEの核の折りたたみ面が乱れてくる原因である。

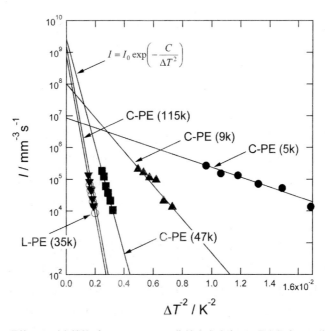

図4 環状および直鎖状ポリエチレンの一次核生成速度 I の過冷却度 ΔT 依存性

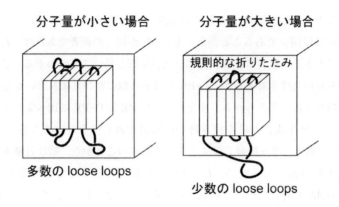

図5 分子量が異なる環状ポリエチレンの核の折りたたみ面の分子鎖形態

5 C-PE と L-PE の結晶成長速度 G の ΔT 依存性

図6は，C-PE と L-PE の G の ΔT 依存性である．すべての測定値は，式(2)に従い直線である．また，C-PE では，図4と同様に，M_w の増加とともに，直線の傾き B が増加することがわかる．まず，C-PE と L-PE の比較を行う．M_w が等しい C-PE(44k) と L-PE(44k) では，G_0 の値が前者に比べ後者は大きいことがわかる．この結果は，手塚らが報告した環状と直鎖状 PTHF の結果[7]と同じ傾向であり，Schäler らと Córdova らが報告した環状と直鎖状 PCL の結果[8,9]とは正反対の結果である．一次核生成においては，結び目絡み合いのない C-PE の I_0 は L-PE のそれよりも大きかったが，結晶成長における G_0 ではその関係が逆転している．したがって，結晶成長においては結び目絡み合いが二次核生成を抑制する効果以外の抑制効果が存在していると考えられる．その可能性の一つとして，奥居らが指摘している下地結晶面に対する分子鎖の吸着様式の違いを考えることができる[19]．図7は C-PE と L-PE の下地結晶面に対する吸着様式の違いを模式的に表したものである．L-PE では，C-PE のようなコンフォメーションの制限が存在しないために，これまで広く受け入れられているように，下地結晶面に対して一層吸着しながらステムを形成し，それが折りたたまれながら下地結晶面を覆い尽くし結晶成長面が前進していくような沿面成長をする．しかしながら，C-PE が L-PE と同様な一層吸着様式で結晶成長すると仮定した場合，B の値が同一である C-PE(44k) と L-PE(44k) において，核の折りたたみ面の規則性を同一にすることは非常に困難である．これを解決するためには，C-PE が下地結晶面に対して二層吸着し，その二層が同時に折りたたまれることで下地結晶面を覆い尽くす過程を考えればよい．この二層吸着による折りたたみ過程は非常に高いポテンシャル障壁が予想され，C-PE が結び目絡み合いを持たないことによる絡み合いの解消，鎖の引きずり込みや滑り拡散の容易さを打ち消してしまう以上の効果を持ち，全体として C-PE(44k) の G_0 は，L-PE(44k) のそれに比べて非常に小さくなっているものと推察される．続いて，C-PE の B の値の M_w 依存性について検討する．これは一次核生成における C の値の M_w 依存性と全く同じ理由で

第4章　環状高分子の結晶化におけるトポロジー効果

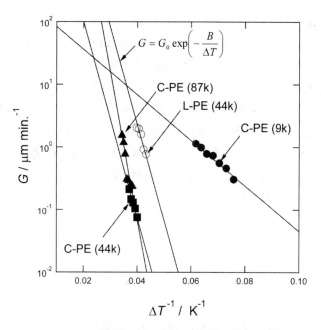

図6　環状および直鎖状ポリエチレンの結晶成長速度 G の過冷却度 ΔT 依存性

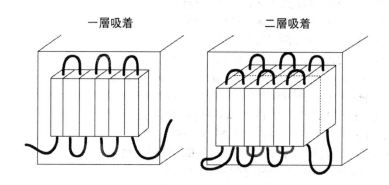

図7　結晶成長における下地結晶面に対する一層吸着と二層吸着の違い

説明できる。一次核生成と結晶成長の違いは結晶下地面が外部物質か自分自身かの違いしかないためである。したがって，二次核においても，M_w の低い C-PE の核の折りたたみ面が乱れている。

6　おわりに

鎖状分子の結晶化メカニズムの本質を理解するために，環状高分子の結晶化挙動を研究することは非常に有用であるが，本稿でも紹介したように，環状高分子の一次核生成や結晶成長過程に

おけるトポロジー効果を完全に理解できたとは言い難いのが現状である。特に結晶成長過程において，相反する結果が報告されている原因が，主鎖の化学構造の違いに由来するものなのか，あるいは環状高分子を調製する過程における化学構造の特異点の存在などによるものなのかなど，解明すべき課題は数多く残されており，今後の当該分野におけるさらなる研究の進展を待ちたい。環状高分子の調製技術は近年格段の進歩を見せており，完全に繰り返し単位のみから構成され，直鎖状前駆体高分子や環状多量体を臨界条件液体クロマトグラフィー法（LCCC法）などによって完全に取り除いた，化学構造が明確で分子量分布も極めて狭い純度100％の環状高分子も調製できるようになってきている。このような試料を用いることによって，当該分野の研究が一層発展していくものと期待される。

文　　献

1) M. Hikosaka *et al.*, *Adv. Polym. Sci.*, **191**, 137（2005）
2) J. Rault, *CRC Crit. Rev. Solid State Mater. Sci.*, **13**, 57（1986）
3) S. Yamazaki *et al.*, *Polymer*, **43**, 6585（2002）
4) S. Yamazaki *et al.*, *Polymer*, **47**, 6422（2006）
5) M. Hikosaka, *Polymer*, **28**, 1257（1987）
6) M. Hikosaka, *Polymer*, **31**, 458（1990）
7) Y. Tezuka *et al.*, *Macromol. Rapid Commun.*, **29**, 1237（2008）
8) M. E. Córdova *et al.*, *Macromolecules*, **44**, 1742（2011）
9) K. Schäler *et al.*, *Macromolecules*, **44**, 2743（2011）
10) S. Yamazaki *et al.*, *Bussei Kenkyu*, **92**, 47（2009）
11) T. Kitahara *et al.*, *Kobunshi Ronbunshu*, **68**, 694（2011）
12) C. W. Bielawski *et al.*, *Science*, **297**, 2041（2002）
13) S. F. Hahn, *J. Polym. Sci. Polym. Chem.*, **30**, 397（1992）
14) D. Turnbull & J. C. Fisher, *J. Chem. Phys.*, **17**, 71（1949）
15) F. P. Price, Nucleation in Polymer Crystallization, in "Nucleation", chapter 8, A. C. Zettlemoyer ed., Marcel Dekker, inc., New York（1969）
16) J. D. Hoffman *et al.*, *J. Res. NBS*, **79A**, 671（1975）
17) P. Corradini *et al.*, *Macromolecules*, **4**, 770（1971）
18) S. K. Ghosh *et al.*, *Macromolecules*, **35**, 6985（2002）
19) N. Okui *et al.*, *Bussei Kenkyu*, **92**, 51（2009）

第5章　単一分子分光法による環状共役高分子の
　　　　コンフォメーションおよび励起状態の解析

平田修造[*1], バッハ マーティン[*2]

1　はじめに

　環状の共役構造は直鎖状の共役構造に対して異なる光物性や光電子特性を示すことが報告されてきている。たとえば，環状共役系分子は直鎖状共役系分子と比較してコンフォメーションが歪む場合が多く，直鎖状では発現しないような電子構造を示し，結果的に蛍光色や蛍光量子収率などが大きく異なる例が報告されている[1]。また環状共役系分子と直鎖状共役系分子では，共役鎖間の電子的な相互作用も異なるため，薄膜形成時に蛍光量子収率や電荷輸送などに違いが生まれる場合がある。さらに環状共役系分子は分子末端が存在しないため，励起状態の失活サイトが少ないことや，末端基の化学反応由来の劣化などが抑制できる可能性を秘めている[2,3]。2000年以降，環状パラフェニレン[4~6]，環状チオフェン[7,8]，そしてカーボンナノベルト[9]などの環状共役低分子が合成されている。一方で環状フルオレン高分子[10]や環状ポルフィリン高分子[11]などの環状共役系高分子に関しては依然報告例は少ない。共役系高分子を用いると共役低分子と比較して湿式法によって安価にEL素子，太陽電池，トランジスターなどの光電子デバイスの作製が容易になるため[12~14]，環状共役高分子の特徴あるコンフォメーションに由来して発現する特有の電子構造や光電子機能を明確にし，それらがデバイスに対してどのような利点をもたらす可能性があるのかを考えていくことが重要である。しかし，環状共役系分子に対してコンフォメーションと励起状態における電子構造を詳細に解析した例は依然少なく未解明な点が多い。

　本稿では，単一分子分光法を用いて，共役高分子のコンフォメーションと励起状態を可視化する手法を述べ，環状および直鎖状のフェニレンビニレン（PPV）高分子のコンフォメーションと励起状態の電子構造を解析した最近の研究を紹介する[15]。

---

*　1　Shuzo Hirata　電気通信大学　大学院情報理工学研究科　助教
*　2　Martin Vacha　東京工業大学　物質理工学院　材料系　教授

2 共役系高分子のコンフォメーションの決定手法

共役系低分子は通常分子内に共役部位が1つ含まれ，分子の立体障害によりその電子構造が変化することで蛍光色，蛍光量子収率，そして蛍光寿命などが変化する。一方で共役系高分子では，先頭から末端まで全ての共役が連結しているわけではなく，欠陥や異性体の存在などの影響で共役が切断され，結果として共役セグメントが複数連結した状態を有している（図1）[16]。共役セグメントの各々で光吸収されたエネルギーは，通常励起エネルギーの小さい共役セグメントに移ることを繰り返す。この個々の共役セグメントの長さは，モノマーの骨格やモノマー間の立体障害，周囲の極性や運動性などで変化するため，コンフォメーションによりエネルギー移動過程が変化し，結果として蛍光色，蛍光量子収率，そして蛍光寿命などが変化する。

単一分子分光法の計測手法の発展に伴い，光の回折限界付近，さらに近年では光の回折限界以下の空間分解能の発光を検出する手法が提案されてきている[17, 18]。しかし，単一高分子鎖の大きさは，コンフォメーションや分子量によって数ナノメートルから数十ナノメートルであるため，単一高分子鎖のコンフォメーションを直接測定することはできない。上記課題から，単一分子の吸収異方性や蛍光異方性の測定を通して分子鎖のコンフォメーションを決定する手法が開発さ

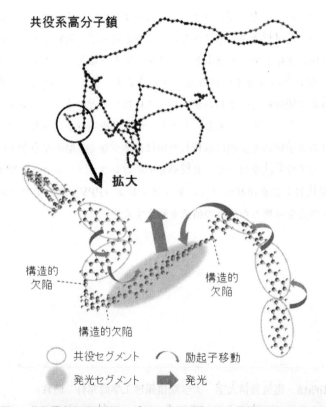

図1　共役系高分子の共役セグメントとセグメント間相互作用の模式図

第5章 単一分子分光法による環状共役高分子のコンフォメーションおよび励起状態の解析

れ，直鎖状高分子や環状共役オリゴマーなどに適用されてきた[19,20]。

図2aは単一分子蛍光イメージングを用いて，共役系高分子単一鎖のコンフォメーションを計測するために用いる光学系の模式図である。試料台に石英基板上に共役高分子鎖が一本一本分散された試料をセットする。次に図2aの (i) のように電気光学 (EO) モジュレーターを用いて，1つの共役系高分子鎖に対してp偏光とs偏光を高速で切り替えて照射する。p偏光の励起光が照射された際の単一鎖の蛍光強度 (I_p) とs偏光の励起光が照射された際の単一鎖の蛍光強度 (I_s) を計測し，$a_A = (I_p - I_s)/(I_p + I_s)$で定義される吸収二色性の値を決定する。基板上の150点程度の異なる共役系単一鎖に対してこの測定を繰り返し，a_Aのヒストグラムを作成する（図2b(i)）。次に，共役系高分子鎖の吸収は個々の共役セグメントで別々に生じ，全体の吸収はそれら個々の共役セグメントの遷移双極子モーメントのベクトル和で表されると考える。遷移双極子モーメント間の角度 (θ) とその角度の振れ幅 (ϕ) をさまざま変化させ，そのさまざまなコンフォメーションに対応するシミュレーションで得られたa_Aのヒストグラムを構築する（図2b(ii)）。最後に，図2b(i) の実験データと図2b(ii) のシミュレーションデータの形状を比較し，類似したものを選定することで，共役系高分子のコンフォメーションを絞りこむことが可能である。

しかし，a_Aの計測だけでは十分コンフォメーションを特定するところまでは到達できない場合が多い。それゆえさらなるコンフォメーションの絞り込みを行うために，共役系分子単一鎖からの蛍光二色性 (a_F) の測定を行う。図2aの (ii) のように，円偏光からなる励起光を個々の共役単一鎖に照射し，共役単一鎖から放射される蛍光をウォラストンプリズムで偏光に応じてi_pとi_sに分け，1つのCCDの画素の左右に結像させることでi_pとi_sを同時に計測する。a_Fは $(i_p - i_s)/(i_p + i_s)$ で定義されるため，基板上の150点程度の異なる共役系単一鎖に対してa_Fを計測し，a_Fのヒストグラムを構築する（図2c(i)）。次に，吸収二色性の計測では，吸収が全ての遷移双極子モーメントのベクトル和から構成されるとしてシミュレーションによるa_Aのヒストグラムを構築したが，蛍光過程では光吸収後に励起子がある特定の共役セグメントに移動してから蛍光を放射している可能性が高い。そのため，蛍光に寄与する共役セグメントが1個の場合からN個の場合までのすべて考え，シミュレーションで得られたa_Fのヒストグラムを構築する（図2c(ii)）。この際吸収二色性の解析で絞り込んだコンフォメーション以外のデータは排除しておく。図2c(ii) のシミュレーションデータの形状と図2c(i) の実験データの形状を比較し，最も類似したものを選定することで最終的なコンフォメーションを決定する。この蛍光二色性の解析では，発光に寄与する共役セグメントの数やその配置も決定されるため，光吸収後にどの共役セグメントにエネルギー移動が生じているのかなどの情報も得ることが可能である。

以上の過程を経ることで，共役系高分子のコンフォメーション，発光に寄与する共役セグメントの数，そして光吸収後の分子内エネルギー移動などの情報を得ることが可能である。

環状高分子の合成と機能発現

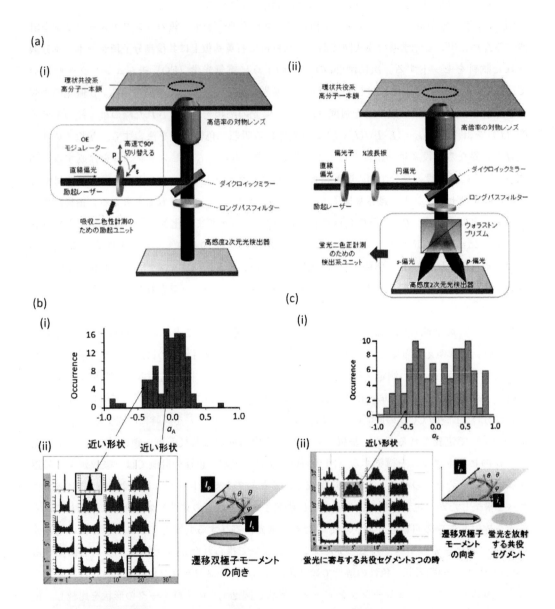

図2 単一の分子鎖に対しての吸収二色性および蛍光二色性の結果を用いたコンフォメーションの決定手法の概要

(a) (i) 吸収二色性の計測のための光学系,(ii) 蛍光二色性の計測のための光学系。(b) 吸収二色性によるコンフォメーションの絞り込み,(i) 実験で計測された a_A のヒストグラムの例,(ii) 複数の遷移双極子の角度の組み合わせによる a_A のヒストグラムの例。(c) 蛍光二色性によるコンフォメーションの絞り込み,(i) 実験で計測された a_F のヒストグラムの例,(ii) 発光する共役セグメントの数を考慮にいれた複数の遷移双極子の角度の組み合わせによる a_F のヒストグラムの例。

3 環状と線状のフェニレンビニレン高分子のコンフォメーションの決定

図 3a と 3b はそれぞれコンフォメーションが解析された直鎖状 PPV（*l*PPV）と環状 PPV（*c*PPV）の分子構造である。どちらも PPV のモノマーユニットが 34 個連結した分子となっている。合成直後は合成の反応機構から PPV モノマーユニットの多くが *cis* 体を含んでいるが，室温の溶液中では時間経過とともに *trans* 体になると考えられている。*l*PPV と *c*PPV は 420

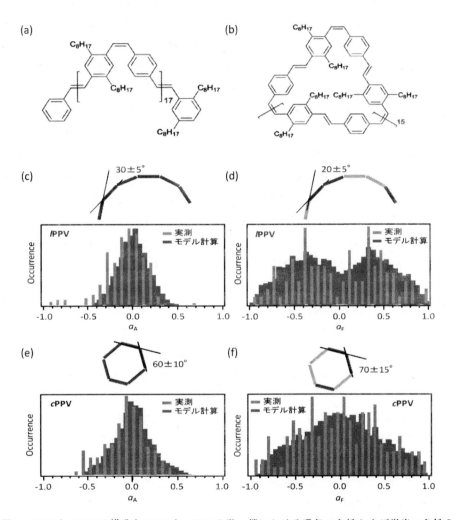

図3 *l*PPV と *c*PPV の構造と *l*PPV と *c*PPV の単一鎖における吸収二色性および蛍光二色性のヒストグラム

(a) *l*PPV の分子構造。(b) *c*PPV の分子構造。(c) *l*PPV の吸収二色性のヒストグラムおよびモデル計算が示すコンフォメーション。(d) *l*PPV の蛍光二色性のヒストグラムおよびモデル計算が示すコンフォメーションと蛍光に寄与する共役セグメントの位置の情報。(e) *c*PPV の吸収二色性のヒストグラムおよびモデル計算が示すコンフォメーション。(f) *c*PPV の蛍光二色性のヒストグラムおよびモデル計算が示すコンフォメーションと蛍光に寄与する共役セグメントの位置の情報。

nm 付近に第一吸収帯のピークを示し，470 nm 近傍に蛍光ピークを示す。過去の PPV オリゴマーの単一分子分光の実験結果から，470 nm に相当する発光は，PPV のモノマーユニットが 6 個程度連結した共役セグメントからの蛍光であることが確認されている[21]。今回の cPPV と lPPV は 34 個の PPV のモノマーユニットからなるため，PPV モノマーユニット 6 個程度からなる共役セグメントが単一鎖内に 6 個存在していると仮定し，単一鎖の吸収二色性や蛍光二色性を評価することで，コンフォメーションの探索が行われている。

　図 3c の灰色のグラフは，ポリメチルメタクリレート（PMMA）内に分散された 276 個の lPPV 単一鎖に関する a_A のヒストグラムである。6 個の共役セグメントを用いてこの形状を図 3d のようにシミュレーションで探索したところ 2 種類の構造が抽出され，その中には 6 個の共役セグメントが 30±5 度で連結した図 3c 内のコンフォメーションが含まれていることが確認された。さらに構造を絞り込むために計測された PMMA 内に分散された 108 個の lPPV 単一鎖の a_F が測定され，図 3d の灰色のヒストグラムの形状となることが確認された。図 3c で絞り込んだ 2 つのコンフォメーションの内，一つのコンフォメーションはこの図 3d の a_F の実測のヒストグラムの形状とは大きく異なるものであることが確認された。一方で 6 個の共役セグメントが 20±5 度で連結した図 3d 内に記載のコンフォメーションにおいて，3 つの共役セグメントのみが蛍光に寄与している場合，a_F の実測のヒストグラムの形状をほぼ再現することが可能であった。この図 3d 内に記載のコンフォメーションは図 3c に記載されたものと同様であった。このことから，lPPV は図 3d 内のようなコンフォメーションをしており，6 個の共役セグメントで吸収されたエネルギーが 3 個の共役セグメントに移動して 470 nm 付近の発光を示すと考えられている。

　cPPV に関しては，図 3e の灰色は PMMA 内の 136 個の cPPV に関する a_A のヒストグラムである。6 個の共役セグメントを用いてシミュレーションによりこの形状を探索したところ 2 種類の構造が抽出され，6 個の共役セグメントが 60±10 度で連結した図 3e 内のコンフォメーションが含まれていた。さらに構造を絞り込むための PMMA 薄膜内の 145 個の cPPV 単一鎖の a_F のヒストグラムは，図 3f の灰色のヒストグラムの通り観測された。この形状は図 3f 中に記載のコンフォメーションにおいて，3 つの共役セグメントのみが蛍光に寄与している場合に再現することが可能であった。さらに図 3f 中に記載のコンフォメーションは図 3e 中のものに類似していた。この a_A と a_F のヒストグラムの実測データとシミュレーションデータの比較から，cPPV は図 3f のようなコンフォメーションをしており，6 個の共役セグメントで吸収されたエネルギーが 3 個のセグメントに移動して 470 nm 付近の発光を示していると考えられている。

4　環状と直鎖状のフェニレンビニレン高分子の光物性の違い

　共役系高分子単一鎖の吸収二色性や蛍光二色性の情報に加え，単一鎖からの発光スペクトルと量子化学計算の情報を協働させることで，鎖内の電子構造に関する知見を得ることが可能であ

第5章　単一分子分光法による環状共役高分子のコンフォメーションおよび励起状態の解析

る。

　図4aと4eはそれぞれ*l*PPVと*c*PPVの単一鎖の蛍光スペクトルの例である。溶液状態とは異なり，高分子マトリックス中で固定化された状態では，*l*PPVと*c*PPVの単一鎖はさまざまな形状の発光スペクトルを示す。溶液中では450〜500 nmにピークを持つブロードな蛍光スペクトルを示すが，固体高分子マトリックス中ではさらに410〜430 nmにピークを示す青色蛍光成分を示す単一鎖が存在する。図4bと4fはそれぞれ*l*PPVと*c*PPVの単一鎖の蛍光のピーク波長のヒストグラムであるが，*c*PPVは*l*PPVと比較して410〜430 nmにピークを持つ蛍光成分が1.4倍多いことが観測されている。この青色発光成分は，高分子マトリックス内に単一鎖がドー

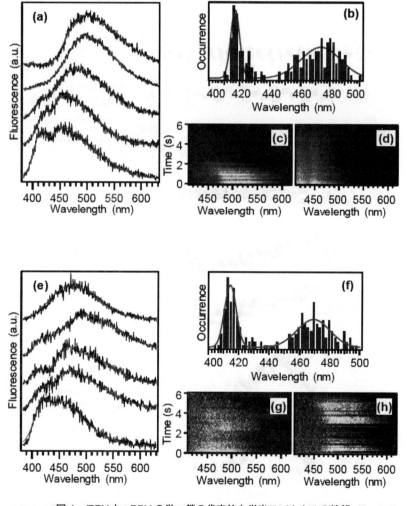

図4　*l*PPVと*c*PPVの単一鎖の代表的な蛍光スペクトルの情報
(a) *l*PPV単一鎖の蛍光スペクトル。(b) *l*PPV単一鎖の蛍光のピーク波長のヒストグラム。(c, d) *l*PPV単一鎖の蛍光スペクトルの時間変化。(e) *c*PPV単一鎖の蛍光スペクトル。(f) *c*PPV単一鎖の蛍光のピーク波長のヒストグラム。(g, h) *c*PPV単一鎖の蛍光スペクトルの時間変化。

プされて固定化された際に，一部のセグメントが歪んだ状態で固定化された結果，共役セグメントが切断され，その短い共役セグメントからの蛍光が放射されることに由来している。

450～500 nm にピークを持つ青緑色の発光は trans 体の PPV ユニットに由来しているのに対して，410～430 nm にピークを示す弱い青色発光は捻れた cis 体の PPV に由来していると考えられている。時間分解蛍光スペクトル測定の結果から，450～500 nm にピークを示す蛍光の寿命は 0.9 ns であるのに対して，410～430 nm にピークを示す蛍光の寿命は 6.8～6.9 ns と長いことが確認されている。それゆえ，青緑色蛍光の振動子強度（f）は大きいのに対して，青色成分の f は青緑色のそれに対して小さい。図5は PPV のモノマーユニット8つからなる構造を trans 体からさまざまな構造に変化させた場合の，最高占有軌道（HOMO）-最低非占有軌道

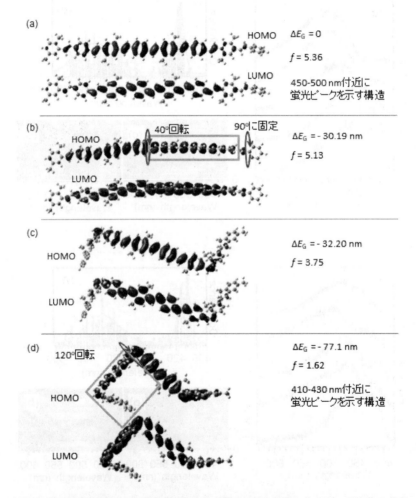

図5 量子化学計算による構造を変化させた際の f 値や蛍光エネルギーの変化の考察
(a) trans 体において欠陥がない場合。(b) trans 体においてフェニレンの軸回転により共役が切断された場合。(c) trans 体において構造の vending による欠陥が生じた場合。(d) trans 体において捻じれた cis 体により欠陥が生じる場合。

(LUMO)のエネルギーギャップの変化（ΔE_G）, f, そして蛍光に関与する電子軌道を量子化学計算により算出した結果である。図5aのように最も長波長に相当するエネルギーを示す遷移は$trans$体由来のコンフォメーションであるのに対して，$trans$体のPPV中のベンゼン環が軸回転することによって共役が切断される場合（図5b）に蛍光の短波長シフトが生じる。しかし実験結果で観測されるようなf値の低下は生じない。また，構造欠陥により$trans$体が大きく曲げられる場合も蛍光の短波長シフトが生じるがfの低下は小さい（図5c）。一方で，捻れたcis体においては，蛍光波長の大幅な短波長化とfの低下が生じる（図5d）。以上からスピンコート時に高分子マトリックス中で固定化される際に，捻れたcis状態で固定化された部位が多く存在していると考えられている。図4aと4bの比較からcPPVではlPPVに対して青色発光成分が1.4倍多く観測されているが，これはcPPVでは環状構造に由来して$trans$体を形成する確率が低下し，高分子マトリックスに固定化される際に捻れたcis体が含まれる確率が増え，結果的に青色発光成分がわずかに増加していると考えられている。

cPPV一本鎖の蛍光の時間変化から，光励起時に不安定に固定化された捻れたcis体のコンフォメーションが再び$trans$体に戻る挙動が観測されている。lPPVの単一鎖では光励起を繰り返すとブリンキングが生じながら分子が壊れることで共役が切れ，蛍光波長が短波長化しながら蛍光が弱くなっていく場合が多い（図4c, d）。これは一般的な直鎖状共役系高分子でしばしば観測される現象である。一方でcPPVの中には数は少ないがブリンキングをしながら，壊れる前に一度長波長側に発光スペクトルがシフトする分子も存在する（図4g, h）。cPPV一本鎖の捻れたcis体の一部が，光励起を繰り返す際の構造緩和の中で，$trans$体に戻ることで長波長側の発光を示していると考えられている。

5 おわりに

本稿では，単一分子分光を用いた環状共役系高分子のコンフォメーションの決定および励起状態の解析に関する最近の研究例を紹介した。より高性能な光応答性素子や光エレクトロニクスに向けて分子や材料を応用していくためには，分子の構造だけでなく，構造がどのように新しい励起状態や励起子の移動機構などにつながっていくのかを明確にしていくことが重要となる。単一分子分光と計算科学による考察は，コンフォメーションと励起状態の電子構造を一緒に議論することができる一つの強力なツールである。それゆえ，新しい環状共役高分子に対してこのような構造と電子状態の本質的な解析を行うことで，環状構造に特有な電子状態を見出していくことが重要になっていくと考えられる。さまざまな新規共役系環状構造が報告されてきているため，環状構造における構造と励起状態の深い洞察による知見が新しい光応答機能やデバイスの性能向上に寄与することを期待したい。

文　　献

1) Y. Segawa et al., *Org. Biomol. Chem.*, **10**, 5979 (2012)
2) Y. Kim et al., *J. Phys. Chem. C*, **111**, 8137 (2007)
3) Q. Wang et al., *J. Phys. Chem. C*, **116**, 21727 (2012)
4) R. Jasti et al., *J. Am. Chem. Soc.*, **130**, 17646 (2008)
5) H. Takaba et al., *Angew. Chem. Int. Edit.*, **48**, 6112 (2009)
6) S. Yamago et al., *Angew. Chem. Int. Edit.*, **49**, 757 (2010)
7) F. Zhang et al., *Angew. Chem. Int. Edit.*, **48**, 6632 (2009)
8) J. Krömer et al., *Angew. Chem. Int. Edit.*, **39**, 3481 (2000)
9) G. Povie et al., *Science*, **356**, 172 (2017)
10) S. C. Simon et al., *Adv. Mater.*, **21**, 83 (2009)
11) P. Neuhaus et al., *Angew. Chem. Int. Edit.*, **127**, 7452 (2015)
12) J. H. Burroughes et al., *Nature*, **347**, 539 (1990)
13) W. Ma et al., *Adv. Funct. Mater.*, **16**, 1617 (2005)
14) F. Garnier et al., *Science*, **265**, 1684 (1994)
15) B. J. Lidster et al., *Chem. Sci.*, **9**, 2934 (2018)
16) M. Vacha and S. Habuchi, *NPG Asia Mater.*, **2**, 134 (2010)
17) S. Habuchi et al., *Chem. Commun.*, **32**, 4868 (2009)
18) S. Habuchi et al., *Phys. Chem. Chem. Phys.*, **13**, 1743 (2011)
19) D. Hu et al., *Science*, **405**, 1030 (2000)
20) A. V. Aggarwal et al., *Nat. Chem.*, **5**, 964 (2013)
21) H. Kobayashi et al., *Phys. Chem. Chem. Phys.*, **14**, 10114 (2012)

第6章　環状自己組織化単分子膜の設計と表面特性

春藤淳臣[*1]，山本拓矢[*2]，手塚育志[*3]，田中敬二[*4]

1　はじめに

　材料の摩擦特性，濡れ性，接着性などは，表面の物理化学的性質に大きく影響される。そのため，古くから，様々な表面修飾・改質法が盛んに研究されてきた。そのなかで，簡便かつ効果的な表面改質の手法として，自己組織化単分子膜（SAM）の形成が注目されている。とくに，SAMはマイクロ電気機械素子の摩擦低減剤としてすでに実用化されており，その摩擦特性の制御は材料開発において重要である[1]。これまで，摩擦特性を制御するため，SAMを形成しうる様々な分子が設計・合成されており，化学構造と摩擦特性との関係が検討されてきた。しかしながら，分子は直鎖状のものに限られており，SAMの摩擦特性は末端基の性質に強く依存する[2,3]。このため，摩擦特性制御のアプローチとしては，分子末端の化学修飾が主流であった[4]。

　このような背景のもと，筆者らは，末端基を持たない環状分子とそれに基づく摩擦特性制御に着目した。環状分子は，溶液中において，「かたち」に基づく機能[5]を発現することが報告されており，SAMを形成した場合においても，「かたち」特有の摩擦特性を表面に付与できると考えられる。また，環状分子から成るSAM膜表面はアルキル鎖が折り曲がると予想でき，高分子ラメラ表面[6]のモデルとしても極めて興味深い。本稿では，環状構造をもつSAMの設計とその摩擦特性について解説する。

2　環状SAMの設計・調製

　図1は，環状構造をもつSAMの調製法を示した模式図である。これまで，アルカンジチオールを用いた環状SAMの調製が検討されてきた（図1a）[7,8,9]。この場合，両末端のチオール基が金基板に固定化されれば，ループ構造（loop）が得られる。しかしながら，実際には，一方のチオール基が金と結合せずにアルカンが基板に対して垂直になった構造（turn up），あるいは，両

[*1]　Atsuomi Shundo　九州大学　大学院統合新領域学府／大学院工学研究院／カーボンニュートラル・エネルギー国際研究所（I2CNER）　准教授

[*2]　Takuya Yamamoto　北海道大学　大学院工学研究院　応用化学部門　准教授

[*3]　Yasuyuki Tezuka　東京工業大学　物質理工学院　材料系　教授

[*4]　Keiji Tanaka　九州大学　大学院工学研究院／大学院統合新領域学府／カーボンニュートラル・エネルギー国際研究所（I2CNER）　教授

環状高分子の合成と機能発現

方のチオール基が金と結合して，アルカンが基板に対して平行になった構造（lie down）が得られる[9]。そこで，環状アルカンジスルフィドに基づくSAM形成に注目した（図1b）。環状アルカンジスルフィドの場合，一方のチオール基が金と結合すると，もう一方のチオール基が隣接しているため，ループ構造の形成が期待できる。図2は，本研究で用いた環状および直鎖状のジスルフィドの化学構造である。SAMは，一般的に，金基板をチオール分子のエタノール溶液に浸漬させることで得られる[10]。環状ジスルフィドは，エタノールに溶解しなかったため，溶媒としてジクロロメタンを選択した。金を被覆したマイカ基板を200 μM ジクロロメタン溶液に室温下6時間浸漬させて，SAMを得た（SAM-c）。また，リファレンスとして，同様の手順で，直鎖状ジスルフィドから成るSAMも調製した（SAM-l）。

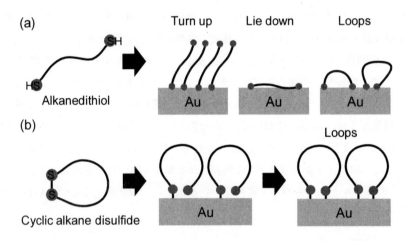

図1 （a）アルカンジチオールおよび（b）環状アルカンジスルフィドを用いた環状SAMの形成

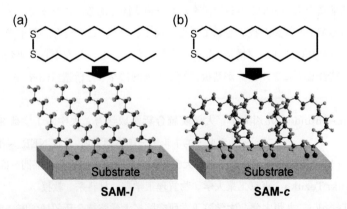

図2 （a）直鎖状および（b）環状アルカンジスルフィドの化学構造，それらから成る自己組織化単分子膜

第 6 章　環状自己組織化単分子膜の設計と表面特性

3　SAM の調製とキャラクタリゼーション

　金基板上への単分子膜の形成は，X 線光電子分光（XPS）測定に基づき確認した。図 3 は，放出角（θ_e）を 90° とした際の SAM-l および SAM-c の XPS S$_{2p}$ スペクトルである。一般に，硫黄元素のスペクトルには，3/2 および 1/2 スピン軌道からの 2 つのピークが観測される[11]。得られたスペクトルを，エネルギー差が 1.2 eV また強度比が 2：1 の二つのピークでフィットすると，S$_{2p3/2}$ ピークは SAM-l と SAM-c ともに 162 eV に観測された。この値は，-SH 基（164 eV）および SS 結合（163 eV）などの非結合性硫黄における S$_{2p1/2}$ の束縛エネルギーとは異なることから，直鎖状および環状ジスルフィドは，チオール-金結合を介して基板上に固定化されているといえる。

　図 4（a）は，原子間力顕微鏡（AFM）観察に基づく SAM-l および SAM-c の表面形態像で

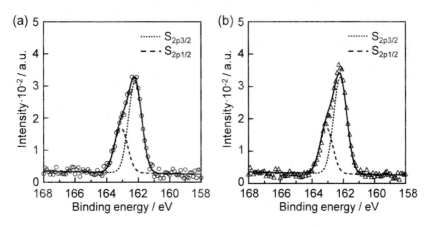

図 3　(a) SAM-l および (b) SAM-c の XPS スペクトル
プロットは実験値，点線は S$_{2p3/2}$ および S$_{2p1/2}$ に対応した波形分離曲線。

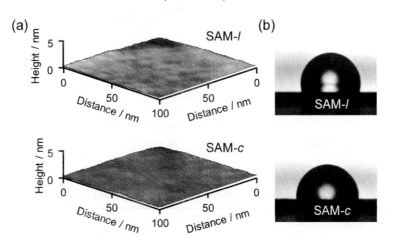

図 4　(a) SAM-l および SAM-c の AFM 像，(b) SAM 表面における純水の液滴写真

ある。両膜の二乗平均平方根粗さ（R_{RMS}）は 0.3 ± 0.1 nm であり，極めて平滑であった。また，図 3 (b) には SAM 上における水滴の写真も示している。SAM-c の接触角（θ）は 97.0 ± 1.4°であり，SAM-l の場合の 105.6 ± 0.9° よりも有意に小さかった。Fowkes の考察[12]に基づきメチレンとメチルで完全に被覆された表面の対水接触角を推定したところ，それぞれ 97° および 106° であり，実験で得た SAM-c および SAM-l の θ と同程度であった。したがって，SAM-l および SAM-c の表面は，それぞれメチル基およびメチレン基でほぼ完全に覆われていると考えられる。

X 線反射率（XR）測定により，SAM-l 中のアルキル鎖および SAM-c 中のアルカン鎖の厚さおよび密度を評価した。図 5 は XR の散乱ベクトル依存性である。散乱ベクトル（q）は，$(4\pi/\lambda)\cdot\sin\theta_i$ で与えられる。ここで，λ と θ_i は X 線の波長と入射角である。図中で SAM-c のデータは一桁オフセットをかけて表示している。プロットは実験値であり，実線は炭化水素と金基板から成る二層モデルに基づきフィッティングした計算値である。計算値が実験値をよく再現したことから用いたモデルは SAM 膜の構造を反映していると考えてよい。表 1 はフィッティングに用いたパラメータである。σ_1 と σ_2 は，それぞれ，空気/炭化水素と炭化水素/基板界面の粗さ（ガウス関数における標準偏差に対応）であり，h_t と ρ は炭化水素の厚さと密度を表している。

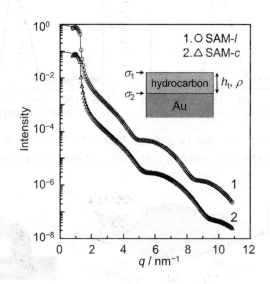

図 5 SAM-l および SAM-c の XR 曲線
プロットは実験値，実線は挿入図に示した二層モデルによるフィッティング曲線。

表 1 XR 曲線から求めた膜厚（h_t），密度（ρ），界面粗さ（σ_1, σ_2）

	h_t / nm	ρ / g·cm^{-3}	σ_1 / nm	σ_2 / nm
SAM-l	1.5$_3$	1.23	0.19	0.20
SAM-c	1.3$_2$	1.21	0.20	0.20

第 6 章　環状自己組織化単分子膜の設計と表面特性

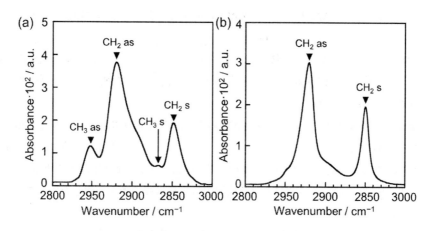

図 6　(a) SAM-l および (b) SAM-c の FTIR スペクトル

SAM-c の σ_1 および σ_2 は SAM-l のそれらと同程度であった。一方，h_t と ρ については，SAM-c の値は SAM-l のそれらに比べて小さかった。この結果は，SAM-c 中のアルカン鎖は SAM-l 中のアルキル鎖と比較して疎にパッキングされていると考えれば理解できる。XPS 測定で得られた C_{1s} と Au_{4F} のピーク積分強度比と光電子放出角度の関係を，XR 測定の結果を考慮して解析した結果，SAM-l および SAM-c の表面被覆率はともに約 100% であると見積もられた[13]。以上の結果から，アルキル鎖およびアルカン鎖は金基板を均一に覆っていると結論できる。

　アルキル鎖およびアルカン鎖のコンフォメーションを評価するため，赤外反射吸収分光 (FTIR-RAS) 測定を行った。図 6 は (a) SAM-c および (b) SAM-l における C-H 伸縮領域のスペクトルである。SAM-l のスペクトルにおいて，末端メチル基由来の非対称 C-H 伸縮振動に起因するピークが 2,952 cm^{-1} に観測された。また，メチレンの対称および非対称 C-H 伸縮振動に由来する吸収がそれぞれ 2,850 および 2,919 cm^{-1} に観測された。これらの吸収波数は，all-*trans* 配座にあるメチレンのそれら[14]と良く一致している。一方，SAM-c の場合，メチレンの吸収波数は，2,853 および 2,923 cm^{-1} であった。これらは，all-*trans* 配座にあるメチレンの波数よりも高く，また，all-*gauche* 配座の場合[15]よりも低い。この結果は，金表面におけるアルカン鎖は，*trans* および *gauche* 配座を含むことを示している。*gauche* 配座の存在はループ状のアルカン鎖を仮定すれば，理解できる。

4　SAM の表面特性

　SAM の摩擦特性は水平力顕微鏡 (LFM) 測定に基づき評価した。この測定では，SAM 表面に接触させたカンチレバー探針を一定荷重で一方向に往復させ，カンチレバーの捻れから摩擦力を評価する。図 7 は，LFM 測定に基づき評価した SAM-l および SAM-c の荷重と摩擦力の関係である。測定は，先端の曲率半径 (r) が 10 nm の探針を用い，走査速度 1.0 μm·s^{-1}，温度

298 Kの条件で行った。SAM-lの場合，摩擦力は荷重に依存して単調に増加しており，摩擦係数に対応するプロットの傾き（α）は4.6×10^{-2}であった。これは，分子が密にパッキングしたSAMで観測される一般的な摩擦挙動である。一方，SAM-cの場合，α値は14 nNの荷重を境に変化した。すなわち，低荷重領域では$\alpha = 3.7 \times 10^{-2}$と比較的低くSAM-$l$と同等であったが，高荷重領域では$\alpha = 0.1$に増加した。

一般的なn-アルキルチオールからなるSAMの場合，高荷重の印加はn-アルキル鎖の酸化を促進し，塑性変形を引き起こすことが知られている[16]。そこで，SAM-cで観測されたα値の変化と表面状態の関係を検討するため，荷重の負荷/除荷サイクル過程において摩擦力を測定した。その結果，SAM-cの除荷過程における摩擦力は負荷過程の値と一致した[13]。この結果は，摩擦力の荷重依存性は可逆であり，それゆえ，探針先端はSAM表面に損傷を与えていないことを示唆している。また，XPS測定により，負荷/除荷サイクル後の試料表面は酸化されていないことも確認した[13]。したがって，SAM-cについて観測されたα値の変化は，アルカン鎖の酸化ならびに塑性変形では説明できない。

炭素数が8以下の短いn-アルキル鎖からなるSAMは，より長いアルキル鎖からなるSAMと比較して，大きな摩擦係数を示すことが報告されている[17]。この結果は，アルキル鎖のパッキング密度に基づいて説明されている。すなわち，充填密度が低い場合，探針の走査によって，炭素－炭素結合の回転などでコンフォメーションが変化し，その変化が大きなエネルギー散逸，ひいては，高い摩擦力をもたらす[18]。前述したように，SAM-cのループ状アルカン鎖は，SAM-lのアルキル鎖と比較して疎にパッキングされている。したがって，SAM-cの場合においても，荷重の増加に伴いループ状アルカン鎖のコンフォメーションが変化して，摩擦力が大きくなる可能性がある。この場合，ループの変形に要する荷重，つまりαの変化がみられる荷重は，ループ状アルカン鎖のパッキング密度に依存すると考えられる。

この仮説を検証するため，パッキング密度が異なるSAMを調製し，その摩擦挙動を評価し

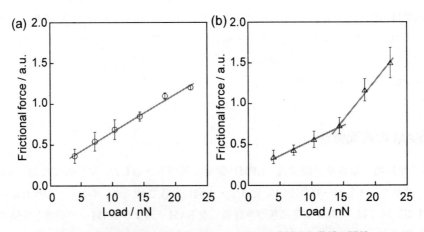

図7　(a) SAM-lおよび (b) SAM-cにおける摩擦力と荷重の関係

第6章 環状自己組織化単分子膜の設計と表面特性

た。環状ジスルフィド溶液中の金基板の浸漬時間を1時間および1.5時間に短縮することで，低密度のSAM（SAM-c_1およびSAM-$c_{1.5}$）を調製した。SAM-c_1およびSAM-$c_{1.5}$は，SAM-cと同様に，ループ状アルカン鎖で完全に覆われた平滑な表面を有していた[13]。一方，ループのパッキング密度は，SAM-c_1 < SAM-$c_{1.5}$ < SAM-c の順に低く，また，膜厚も同じ順に小さかった[13]。膜厚の低下は，パッキング密度が低いほど，ループが基板に対して垂直方向に潰れるように変形していると考えれば理解できる。図8は，(a) SAM-c_1, (b) SAM-$c_{1.5}$ および (c) SAM-cにおける摩擦力の荷重依存性を示している。αの変化はすべての場合で観測されたが，その際の荷重（閾値）は，SAM-c，SAM-$c_{1.5}$およびSAM-c_1で異なった。図9 (a) は，閾値とパッキング密度の関係である。密度の低下に伴い，閾値は減少したことから，パッキング密度が低いほど，ループの変形が起こりやすいことが示された。したがって，図9 (b) のように，SAM-cで観測された摩擦転移は，金基板表面におけるループ状アルカン鎖のコンフォメーション変化を反映していると考えられる。

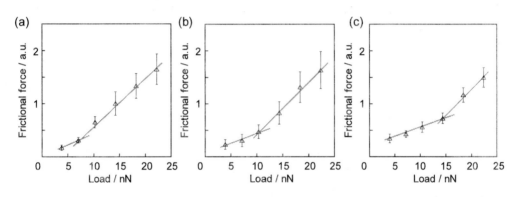

図8 (a) SAM-c_1, (b) SAM-$c_{1.5}$ および (c) SAM-c における摩擦力と荷重の関係

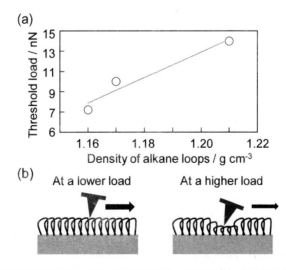

図9 (a) 荷重の閾値と環状アルカンの密度の関係，および (b) 摩擦力変化を示した模式図

5 おわりに

　環状ジスルフィドを金基板に固定化することで，ループ状アルカン鎖からなる自己組織化単分子膜，SAM-c を調製した。LFM 測定において，荷重の増加に伴い摩擦力が増加したが，ある荷重以上で摩擦力の増加が顕著になった。このような，荷重によって誘起される摩擦転移は，直鎖状アルキル鎖からなる SAM-l では観測されなかった。SAM-c における摩擦転移は可逆であり，ループ状アルカン鎖のコンフォメーション変化を反映していることが明らかになった。以上の結果は，分子鎖末端の化学修飾などの従来の手段とは異なり，分子鎖のコンフォメーションに基づく摩擦特性制御の可能性を示している。本稿で解説した概念が様々な表面機能材料に拡張されることを期待している。

謝辞

　本研究は，九州大学大学院　堀耕一郎氏（現・高エネルギー加速器研究機構）との共同研究の成果です。厚く御礼申し上げます。

文　　献

1) R. Maboudian et al., *Sens. Actuators A*, **82**, 219 (2000)
2) V. Chechik et al., *Adv. Mater.*, **12**, 1161 (2000)
3) P. T. Mikulski et al., *Langmuir*, **21**, 12197 (2005)
4) S. Lee et al., *Langmuir*, **17**, 7364 (2001)
5) S. Honda et al., *Nat. Commun.*, **4**, 1574 (2013)
6) T. Kajiyama et al., *Macromolecules*, **28**, 4768 (1995)
7) T. Ederth, *J. Phys. Chem. B*, **104**, 9704 (2000)
8) U. K. Sur et al., *J. Colloid Interface Sci.*, **266**, 175 (2003)
9) S. Kohale et al., *Langmuir*, **23**, 1258 (2007)
10) J. C. Love et al., *Chem. Rev.*, **105**, 1103 (2005)
11) L. Pasquali et al., *Langmuir*, **27**, 4713 (2011)
12) F. M. Fowkes, *J. Ind. Eng. Chem.*, **56**, 40 (1964)
13) A. Shundo et al., *Langmuir*, **33**, 2396 (2017)
14) P. E. Laibinis et al., *J. Am. Chem. Soc.*, **113**, 7152 (1991)
15) A. N. Parikh et al., *J. Phys. Chem.*, **98**, 7577 (1994)
16) J. D. Kiely et al., *Langmuir*, **15**, 4513 (1999)
17) X. Xiao et al., *Langmuir*, **12**, 235 (1996)
18) M. T. McDermott et al., *Langmuir*, **13**, 2504 (1997)

環状高分子の合成と機能発現《普及版》　　　　　　　　　(B1461)

2018年12月26日　初　　版　第1刷発行
2025年 5 月 9 日　普及版　第1刷発行

　　　監　修　手塚育志　　　　　　　　　　Printed in Japan
　　　発行者　金森洋平
　　　発行所　株式会社シーエムシー出版
　　　　　　　東京都千代田区神田錦町 1-17-1
　　　　　　　電話 03（3293）2065
　　　　　　　大阪市中央区内平野町 1-3-12
　　　　　　　電話 06（4794）8234
　　　　　　　https://www.cmcbooks.co.jp/

〔印刷　柴川美術印刷株式会社〕　　　　　　　　　ⒸY.TEZUKA,2025

落丁・乱丁本はお取替えいたします。

本書の内容の一部あるいは全部を無断で複写（コピー）することは，法律
で認められた場合を除き，著作者および出版社の権利の侵害になります。

ISBN978-4-7813-1830-1　C3043　¥5700E